오로지
일본의 맛

오로지
일본의 맛

영국 요리 작가의
유머러스한 미각 탐험

마이클 부스 지음
강혜정 옮김

글항아리

애스거와 에밀에게

차
례

내 친구
토시

"허허, 배가 너무 나와서 자기 거시기도 안 보인 지 오래됐잖아! 바지도 터지기 직전이고. 자네가 몸집을 숙이기라도 하면 하늘이 가려져서 해도 보이지 않을 지경이야!"

과연 내 친구 토시다운 독설이다. 그러나 프랑스 요리와 일본 요리의 상대적인 장점이 무엇인가를 놓고 더없이 절도 있는 토론을 벌이던 상황에서 나올 만한 결론은 결코 아니다 싶다.

노르망디 연안 옹플뢰르에 위치한 인기 있는 프랑스 음식점 사.카.나Sa.Qua.Na에서 저녁을 먹던 참이었다. 주방장 알렉상드르 부르다는 요즘 프랑스 요식업계에서 한창 '뜨고 있는' 스타 요리사였다. 나는 부르다의 가벼운 손놀림과 그가 사용하는 식재료의 신선함에 대해서 아무 사심 없이 말했을 뿐인데, 결과적으로 부르다가 만든 음식과 일본 요리를 조금은 경솔하게 비교한 꼴이 되었다. 하지만 달리 생각해보면, 나는 부르다가 과거 일본에서 3년 동안 일했던 사실을 알고 있었으므로, 부르다의 요리가 일본에서 먹어본 음식으로부터 영향을 받았으리라고 짐작한다 해서 그렇게 이상할 것도 없었다.

그러나 이런 비교가 앞에 앉은 친구 곤도 가쓰오토시를 화나게 하리라는 사실을 알았어야 했는데 간과한 것이 실수라면 실수였다.

"자네가 일본 음식에 대해 알긴 뭘 알아? 응?" 토시가 속사포처럼 쏘아붙였다. "자네가 일본 음식에 대해서 뭘 좀 안다고 생각해? 그건 일본에서만 가능한 일이라고! 여기 유럽에서는 일본 요리를 맛볼 수 없으니까. 이 사람이 만든 것은 일본 요리하고는 거리가 멀어도 한참 멀어. 어디에 전통이 있나? 계절감은? 의미는? Tu connais rien de la cuisine Japonaise. Pas du tout![자네는 일본 요리에 대해서 아무것도 몰라. 전혀 모른다고!]" 그간의 경험을 통해서 나는 이런 갑작스러운 언어 변경이 입을 삐죽 내미는 행동과 마찬가지로 불길한 신호라는 것을 알고 있었다. 토시가 완전히 폭발하기 전에 어떻게든 반격을 해야 했다.

"정말 심심하고 맛없다는 것쯤이야 충분히 알지. 일본 음식은 모양이 전부잖아. 맛이라고는 전혀 없어. 편안함이 있기를 하나 온기가 있기를 하나. 사람을 환대하는 마음이 느껴지기를 하나. 지방이 없으니 맛도 없을 수밖에. 도대체 어떤 음식이 있는데? 날로 먹는 생선, 국수, 튀긴 채소 정도지. 게다가 모두 타이, 중국, 포르투갈 같은 데서 훔쳐온 것들이지. 뭐, 그래도 상관없겠지? 뭐가 되었든 간장에 적시기만 하면 모두 똑같은 맛이 되니까. 안 그래? 잘 드는 칼에 인근에 좋은 생선 가게 하나만 있으면 일본 요리는 누구든 할 수 있잖아. 그것 말고 뭐가 있어? 대구 정소니, 고래 고기 따위는 말도 하지 마. 코빼기라도 보여주고 말을 하든지."

두 해 전에 파리 르 코르동 블뢰 요리학원에서 공부할 때 토시를 처음 만났다. 한국인과 일본인 사이에서 태어난 20대 후반의 토시는 큼직한 키에 무척 진지해 보이는 표정이 특징이다. 수수께끼 같은 수많은 껍질로 둘러싸여 때로는 속내를 알 수 없다 싶지만 비트 다케시영화감독 겸 배우인 기타노 다케시北野武의 예명를 연상시키는 무뚝뚝하고 걸걸한 겉모습 뒤에 포복절도할 내용을 아무렇지도 않게 내뱉는 천연덕스러운 유머감각을 지니고 있는 친구였다.

요리사들이 입는 흰색 작업복을 며칠씩 빨지 않고 입다보면 흘리고 끼얹고 튀기고 쏟은 물감으로 뒤범벅된 잭슨 폴록의 그림이 따로 없다. 뒤범벅된 물질이 물감이 아니라 음식 재료라는 점이 다르다면 다를 것이다. 아무튼 거의 모든 학생의 작업복이 잭슨 폴록의 추상화처럼 변했을 때도 토시의 작업복은 항상 얼룩 하나 없이 완벽한 모습이었다. 토시가 만들어 내놓는 음식도 언제나 깔끔하기 이를 데 없는 완벽한 모습이었다. 특히 음식 주위로 흰색의 넓은 여백이 돋보였다. 도구 관리에도 열심인 토시답게 그가 쓰는 칼은 워낙 날카롭게 갈아져 있어서 만지기가 겁날 정도였다. 이처럼 완벽한 그이지만 학생들을 가르치는 프랑스인 요리 선생들과는 충돌이 끊이지 않았다. 이들은 약속이나 한 듯 하나같이 토시의 점수를 깎았다. 토시가 생선을 몇 초 이상 가열하기를 거부했고, 채소도 항상 선생들이 좋아하는 부드러운 상태가 아니라 바삭한 튀김으로 내놓았기 때문이다. 지속적인 충돌로 토시의 내면 깊은 곳에는 프랑스 사람과 프랑스 요리에 대한 쉽게 사그라지지 않을 분노의 씨앗이 뿌려졌지만 그래도 그는 파리에 머물고 있었다. 짐작건대 토시가 이래저래 맞지 않는 프랑스에 굳이 머무는 데는 혼자서라도 무지한 프랑스인을 우월한 일본 요리의 세계로 이끌고 말겠다는 오기로 똘똘 뭉친 결심도 일조하지 않았나 싶다.

"저기 수녀가 섹스에 대해서 모르는 만큼이나 프랑스 사람들은 일본 음식을 몰라." 언젠가 토시는 지나가는 수녀를 가리키면서 그렇게 말했다.

졸업 후에 토시는 파리 6구에 있는 일식당에 취업했는데 그야말로 '정통'이라는 느낌이 드는 그런 곳이다. 길에서는 거의 보이지 않지만 안에 들어가면 천국처럼 아늑한 분위기로, 일본인 관광객들 사이에서만 입소문을 타고 있는 그런 곳이다. 학교를 떠난 뒤에도 토시와 나는 계속 연락하며 지냈고 가끔씩 만나 식사하면서 음식 이야기를 나누곤 했다. 그러다보면 어느새 어린아이들처럼 서로 욕하고 험담하기 일쑤였지만.

그렇지만 이번에는 상황이 살짝 다르게 끝났다. "오케이. 가만 좀 있어봐. 오케이?" 말은 들리지만 토시의 머리는 보이지 않는 상태였다. 가방 안에서 뭔가를 찾느라고 고개를 숙이는 바람에 탁자에 가려 보이지 않는 것이었다. "줄 게 있어. 아는 거라곤 하나도 없는 주제에. 이거나 읽어봐."

토시가 커다란 양장본 책을 하나 내밀었는데 표지에는 튀어오르는 물고기 한 마리가 흐릿하게 그려져 있었다. 순간 많이 놀랐지만 꼭 읽어보겠다며 약속하고 고맙다는 인사도 했다. 처음 겪는 낯선 상황이라 당황했다는 표현이 맞지 않을까 싶다. 토시가 나한테 무언가를 준 것은 그때가 처음이었다. 예를 들면 일행에게 술을 한잔씩 사고, 얻어먹기도 하는 개념을 토시에게 설명하고 납득시키는 데도 한참이 걸렸다. 그런 토시가 나한테 책을 주다니. 더구나 누가 봐도 비싸 보이는 책이었다. 집으로 돌아가는 버스에서 무릎에 책을 펼쳐놓고 읽기 시작했다. 그때 처음으로 나는 그동안 토시가 나와 르 코르동 블뢰 선생들에게 느꼈을 모욕감이 얼마나 크고 강렬했을까를 이해하기 시작했다. 토시가 나를 꾸짖으면서 "머리 나쁜 흰둥이 외국인"이라고 불렀던 적이 얼마나 많았던가를 생각하면 이제야 깨달았다는 것이 신기할 정도이지만.

토시가 내민 책은 쓰지 시즈오辻静雄의 『일본 요리: 단순함의 예술Japanese Cooking: A Simple Art』로 1979년에 처음 나온 책의 개정판이었다. 요리 잡지 『구르메Gourmet』의 편집자인 루스 라이실과 미국의 전설적인 음식비평가로 고인이 된 M. F. K. 피셔가 서문을 썼다는 사실만 봐도 보통 책이 아님을 알 수 있었다. 나중에 알게 된 사실이지만 이 책은 지금도 영어로 쓰인 일본 요리 안내서로서 남다른 지위를 차지하고 있으며, 세계 각지의 일식 애호가들 사이에서는 한 세대가 넘도록 일종의 일식 '바이블'로 추앙되고 있다.

"이것은 단순한 요리책이 아니라 철학서다." 라이실은 서문에서 그렇게 평한다.

물론 여기에는 굽기, 찌기, 삶기, 샐러드, 튀김, 초밥, 국수, 절임까지 200가지가 넘는 요리 레시피가 소개되어 있다.(나한테는 대부분이 생경했다.) 그러나 쓰지 시즈오는 레시피를 설명하는 과정에서 일본인에게 밥이 지니는 정신적 의미부터 일본 요리에서 식기류의 역할까지 온갖 것을 설명하고 있다. "일본인이 비록 검소하게 생활하기는 해도 요리는 맛이 전부이니 그릇은 아무래도 상관없다고 생각하지는 않는다." 쓰지는 책에서 이렇게 말한다. 쓰지는 일본 음식에서 계절이 지니는 근본적인 중요성도 강조한다. 일본에서는 요리를 하는 사람이나 먹는 사람 모두 특히 짧은 기간에만 맛볼 수 있는 재료를 귀하게 여겨 사실상 종교적 숭배에 가까운 애정을 보이며 즐기는 경향이 있다. 쓰지의 책을 통해서 나는 또한 일본인들이 순전히 입에 닿는 느낌, 즉 식감 때문에 사실상 '무맛'인 여러 재료를 요리에 사용한다는 것도 알게 되었다. 이런 유의 식재료로 대표적인 것이 두부, 우엉, 곤약 등이다.(곤약은 '악마의 혀'라고도 불리는 구약나물의 땅속줄기를 가루내어 응고시켜 만든 것으로 고밀도에 끈적끈적한 질감이 특징이다. 색깔은 진한 갈색부터 흐릿한 회색까지 다양하다.) "가다랑어 살코기를 쪄서 나무토막처럼 딱딱하게 말린 다음 대패질하듯 얇게 깎아내어 사용한다"고 나와 있는 가쓰오부시 가다랑어포라고 번역하기도 하지만 엄밀히 말하면 가쓰오부시는 얇게 썰기 전 말려서 나무토막처럼 단단해진 가다랑어 살코기 덩어리를 가리킨다. 일본인이 아침 식사로 많이 먹는다는 콩을 발효시켜 만든 낫토 등도 나한테는 낯설고 그런 탓에 왠지 두려우며 당혹스럽기도 했다. 이외에도 특이한 발효식품이 많았다. 된장, 간장, 낫토, 해삼 내장 젓갈 등도 잊히지 않는다.(어떻게 잊겠는가!?) 이처럼 많은 발효식품을 보니 일본인은 치즈나 요구르트 같은 '부패시킨' 먹거리에 유난히 까다롭다는 기존 인상이 아무래도 틀렸다는 생각이 들었다.

일본인이 음식에 열을 과도하게 가하지 않으려고 조심한다는 사실은 나도 이미 알고 있는 바였다. 재료의 신선도와 단순한 조리법을 무엇보다 중시하며, 과도한 열을 가하면 이런 부분이 훼손된다고 보기 때문이다. 역시 쓰지도 "뼈 주위에서 어렴풋이 핑크색을 띠는 닭고기" 요리에 대해 아무렇지 않게 이야기한다.(나중에 알게 된 사실이지만 일본에서는 생으로 닭고기를 먹는 닭고기회도 드물지 않다고 한다.)

쓰지의 책에서는 겸손이라는 외피를 쓰고 있지만 알고 보면 은근한 자부심이 느껴지는 대목도 여기저기 있었다. "많은 일본 요리가 얄팍하고 알맹이가 없어 보일지 모른다. 그러나 사실은 재료 자체의 은은하고 자연스러운 맛과 향을 즐기려 하는 것일 뿐이다." 쓰지는 서문에서 이렇게 말한다. 가끔은 요즘의 달라진 세계 음식 트렌드와는 맞지 않는 그런 내용도 보인다. 특히 쓰지는 날로 먹는 음식에 대해서 서구인들이 결벽증에 가까운 반감을 보인다고 우려하는데, 세계 곳곳에서 생선초밥이며 회를 즐기는 요즘 추세를 보면 기우였다는 생각이 든다. "[서구인들은] 일본에서 가장 사랑받는 음식인 생선회를 극도로 생경하고 사실상 야만적인 음식, 미식에 대한 엄청난 모험심과 용기가 있어야만 먹을 수 있는 음식으로 생각한다!"

그보다 더 난감한 점은 디저트가 없다는 것이었다. 『일본 요리: 단순함의 예술』에는 글자 그대로 하나도 없다. 이것이 일본 요리 전반을 반영한다면 불가사의한 데다 상당히 우울한 일이 아닐 수 없었다. 마치 결코 웃지 않는 사람에 대한 이야기를 들은 그런 기분이었다. 어쩌면 쓰지 시즈오가 단것을 좋아하지 않아서 디저트 이야기가 빠졌을지도 모른다고 생각하면서 계속 읽어내려갔다.

피셔가 일본 요리의 "우아한 향연"이라고 표현한 500페이지를 보는 내내 무엇보다 인상적이었던 것은 쓰지의 글이 얼마나 선견지명이 있는가 하는 점이었다. 현지에서 생산된 신선한 제철 음식을 먹어라. 유제품과 육류 섭취는 줄이고 채소와 과일 섭취를 늘려라. 재료 자체를 깊이 존중하고 요리하는 사람의 손길을 최소화하는 조리법을 써라. 모두 오늘날 서구세계에서 입이 아프도록 떠들어대는 주문들이 아닌가. 이런 점에서 쓰지의 책은 비록 30여 년 전에 집필되었지만 오늘을 사는 우리 모두에게 중요한, 어쩌면 결정적일지도 모르는 가르침을 담고 있는 철저히 현대적인 요리책이다.

'단순함의 예술'이라는 책의 제목에 걸맞게 쓰지 시즈오가 소개하는 레시피들은 단순했는데, 이를 보면서 문득 이렇게 간단한 일본 음식 만들기를 거의 시도하지 않는 것이 크나큰 실수는 아닐까 하는 생각마저 들었다. 실제로 집에서 일본 요리를 시도해본 사람은 별로 없을 것이다. 어쩌다 시도한다 해도 정통과는 거리가 있는 엉성한 초밥 정도일 때가 많다. 집에서 하는 인도, 타이, 중국, 프랑스, 이탈리아 요리는 지극히 흔한 일인데도 말이다.(나는 딱 한 번이기는 하지만 독일 요리도 만들어본 적이 있다.) 직접 만드는 것은 고사하고 식당에서 일식을 먹을 때도 똑같은 대여섯 가지 토핑이 올라간 생선초밥이나 일본어로 마키라고 부르는 김초밥, 아니면 엉성하게 튀겨진 튀김이 전부다. 그러나 쓰지의 설명을 보면, 일본 음식은 놀라울 정도로 건강에 좋고 맛있을 뿐만 아니라 만들기도 누워서 떡 먹기만큼이나 쉽다. 일식에는 장시간 끓인 육수나 복잡한 양념이 필요하지 않고 재료 손질도 대부분 간단하다. 쓰지의 책을 보면 튀김 반죽조차 힘들여 곱게 섞을 필요가 없다. 오히려 대충 덩어리지게 해야 한다.

물론 토시 앞에서는 대놓고 인정하고 싶지 않지만 쓰지 시즈오의 책은 내게 심오한 영향을 미쳤다. 쓰지의 책을 접하기 전에도 나는 요리사들이 단순함simplicity에 대해서 이러쿵저러쿵 장황한 설명을 늘어놓고, "재료가 스스로 말하게 두라"는 둥, 자기들은 현지에서 생산된 제철 식재료만을 가지고 요리한다는 둥 쓰지와 비슷한 이야기를 하는 것을 많이 들었다. 그들은 약속이나 한 듯 같은 이야기를 늘어놓았다. 잡지나 신문에 실을 인터뷰를 할 때마다 요리사들이 저런 내용을 단조로운 어조로 웅얼

거리는 소리를 듣다보면 머리가 멍해지곤 했다. 그러나 정작 그들이 만든 요란하고 복잡한 요리들을 보면, 말과 행동이 일치하지 않는다는 생각을 떨칠 수 없었다. 그런데 토시가 내민 책에는 그런 모든 생각을 실제로 구현하고 있는 작가, 그리고 한 나라의 요리가 있었다.

『일본 요리: 단순함의 예술』이 내 마음에 그렇게 깊이 와닿았던 데에는 다른 이유도 있었다. 파리에서 3년 동안 죽어라 먹은 결과로 나는 그만큼의 대가를 치르고 있었다. 무엇보다 콜레스테롤 수치가 위험할 정도로 높아졌다. 그동안 찾아가서 시식한 식당들의 '미슐랭 스타' 하나하나가 살이 되어 허리에 차곡차곡 쌓인 것인지, 내 허리는 사실상 미슐랭 사의 타이어를 두른 그런 모양새가 되어 있었다. 프랑스의 타이어 제조 회사인 미슐랭 사에서 발간하는 여행안내서에서 가볼 만한 좋은 식당을 선정해 등급별로 별을 하나에서 세 개까지 부여했는데, 이를 '미슐랭 스타'라고 부른다. 계단을 오를 때면 어김없이 숨이 차올랐고, 이러다가 머지않아 양말도 제대로 못 신는 게 아닌가 싶어 슬슬 걱정되기 시작했다. 짓궂은 토시가 가만있을 리 없었다. 토시는 내 배를 손가락으로 찌르면서 손가락이 살에 묻혀 사라져버린 양 깜짝 놀라는 척하기를 즐겼다. 물론 토시는 경주견으로 많이 쓰이는 휘핏만큼이나 날씬하고 탄탄한 몸매를 자랑했다. 최근 97세가 되신 토시의 할머니는 지금도 직접 텃밭을 가꾼다고 했다. 일본인이 지구상의 어떤 종족보다 오래 산다는 사실을 알고 있느냐고 토시가 물었다. 이유가 뭔지 알아? 바로 음식 때문이지.

"있잖아, 자네가 지금부터 일본 음식을 먹기 시작하면, 예순 살까지는 살 수 있을 거야." 토시가 신경 긁는 소리를 했다. "나는 평생 두부, 생선, 콩, 된장, 채소, 쌀을 먹고 살았으니 100세까지는 문제없겠지." 토시는 일본 음식을 만드는 갖가지 식재료가 이런저런 면에서 건강에 좋다는, 우리 입장에서는 쉽게 믿기지 않는 주장들을 펼쳤다. 표고버섯은 암을 치료하고, 무는 여드름을 예방하며, 연근은 콜레스테롤을 낮춰준다고 했다. 휑한 내 이마를 가볍게 두드리면서 미역을 많이 먹어야 한다고도 했다. 미역이 대머리를 치료해주기 때문이란다.("대머리 일본 남자를 본 적 있어? 응?") 토시의 주장에 따르면, 콩은 콜레스테롤 수치를 낮추고, 암을 예방하고, 인간의 영생을 보장하는 그야말로 기적의 식품이었다.

자극을 받은 나는 일본 음식과 관련된 책 읽기에 열을 올리기 시작했다. 어쩌면 그러지 않는 편이 더 나았을지도 모른다. 첫 출간 이후 30년의 세월이 흘렀고, 그동안 일본 요리를 다룬 나름 권위 있는 영어책들이 다수 나왔지만 토시가 내민 쓰지 시즈오의 책은 여전히 일본 요리의 시작이자 끝, 말하자면 결정판이었기 때문이다. 물론 초밥에 관한 책만 해도 수십 권에 달한다.(일류 초밥 요리사의 실력에 진심으로 경의를 표하는 책은 거의 없었지만.) 일본 음식이 건강에 좋다는 내용을 다룬 책도 일부 있었다. 일본에서 '요쇼쿠洋食'라고 하는 서구화된 일본 요리에 대해 논한 책도 두어 권 있었다.(『제멋대로 요리책The Wagamama Cookbook』이 그런 유에 속한다.) 그러나 현재 일본 요리의 상황, 지금 일본에서는 무엇을 먹고 있는지, 향후 일본 요리는 어떻게 될 것인지 등을 다룬 책은 거의 없었다.

1970년대 말에 쓰지는 이미 정통 일본 요리가 쇠퇴하는 것에 대해 우려를 표명하고 있다. "유감스럽지만, 현재 우리 요리는 정통 일본 요리라고 말할 수 없다. 각종 냉동식품으로 오염되고 말았다." 쓰지는 또한 외국 요리가 일본인의 미각에 부지불식간에 영향을 미치고 있다고도 지적했다. 쓰지는 특히 냉동 참치가 인기를 끌기 시작한 당시의 새로운 세태를 한탄하면서 냉동 참치가 "일본의 요리 전통을 망치고 있다"고 비난했다.

쓰지가 『일본 요리: 단순함의 예술』을 쓴 뒤 어언 30여 년의 세월이 흘렀다. 그동안 상황은 어떻게 변했을까? 쓰지가 말하던 정통 일본 요리가 아직 남아 있을까? 아니면 쓰지의 동포들도 우리처럼 프라이드치킨과 참치 캔의 맹공 앞에 무릎을 꿇고 말았을까?

토시에게서 받은 그날 끝까지 읽어버렸을 정도로 쓰지 시즈오의 책은 내게 인상적이었다. 너무 강렬한 인상 때문이었을까? 그날 바로 나는 성급하고 충동적인 결정을 내리게 되는데, 당시에는 몰랐지만 이후 내 인생 전체에 엄청난 영향을 미치게 되는 결정이기도 했다. 일본에 가서 직접 눈으로 보고 혀로 맛을 느껴보기로 결심한 것이었다. 일본 음식의 현주소를 직접 조사하고, 일본인들의 요리 기술과 재료에 대해서 가능한 한 많이 배우고, 쓰지의 불길한 예측이 사실이 되었는지의 여부도 확인하고 싶었다. 지금도 요리에 대해 일본인에게서 배울 점이 여전히 많을까? 아니면 『일본 요리: 단순함의 예술』은 이제 사라진 요리 전통을 추억하는 애잔한 비가悲歌가 되어버렸을까? 일본인의 장수 비결이며, 일본 음식의 각종 효능에 대한 토시의 주장은 과연 사실일까? 만약 그렇다면 일부라도 서구인의 식생활에 도입하는 것이 가능할까? 아니면 일본 요리는 서구인의 식생활과는 결코 양립할 수 없는 걸까? 일본 사람들은 정말로 고무밴드 대신 풀을 이용해 양말을 고정시킬까? 토시는 분명 그렇게 말했는데.

말하자면 나는 일본으로 일종의 음식 기행을 떠나고 싶었다. 도중에 먹고, 인터뷰하고, 배우고, 탐험하면서 북단에 위치한 홋카이도 섬부터 도쿄, 교토, 오사카, 후쿠오카 등을 거쳐 남단의 오키나와 섬까지 천천히 체계적으로 둘러보고 싶었다. 일본 고유의 식재료들을 맛보고 일본 요리의 철학과 기술을 접하고 싶었고, 일본 음식이 건강에 어떻게 좋은지도 당연히 제대로 공부하고 싶었다. 당시 나는 살을 빼고 싶은 마음이 간절했고, 그러려면 이전과는 다른 건강한 식생활을 찾아 실천해야 했다. 물론 서구에도 저지방 요구르트, 웨이트 와처스 프로그램 같은 대안들이 있지만 나로서는 좀처럼 매력을 느낄 수 없었다. 웨이트 와처스 Weight Watchers는 체중 감량과 유지에 도움되는 다양한 제품과 서비스를 제공하는 회사로 미국에 본사를 두고 있다. 하지만 쓰지 시즈오의 책은 스스로 만드는 법을 배우기만 하면 기분 좋게 먹을 수 있겠구나 싶은 요리, 말하자면 눈도 즐겁고 건강에도 좋을뿐더러 만들기도 쉬운 음식의 세계를 보여주었다.

그날 밤 나는 우선 아내 리슨에게 그런 생각을 말해보았다.

"어머나. 진짜 좋은 생각이에요. 나도 정말 일본에 가보고 싶었는데. 애들 데리고 일본을 여행하면 얼마나 좋을까요. 아마 애들에게 평생 잊지 못할 좋은 추억이 될 거예요. 생각해봐요!" 아내의 예상치 못한 반응에 놀란 것은 오히려 내 쪽이었다.

"잠깐. 그게 아니야. 그러니까…… 내 말은 그런 뜻이 아니라…… 있잖아, 사실 그런 계획은 아니고…… 조사도 하고…… 인터뷰도 하고, 뭐 그런 건데……."

하지만 때는 이미 늦었다. 나를 보는 아내의 눈빛을 보니 마음은 이미 저 멀리 일본에 가 있었다. 화려한 기모노를 입고, 모래 위에 갈퀴로 완벽한 물결무늬를 만들어놓은 일본식 정원 앞에서 무릎 꿇고 참선을 하며, 면세점에서 번쩍거리는 상자에 담긴 고가의 화장품들을 마구 사들이는 따위의 기분 좋은 상상에 빠져 있음이 분명했다. 그간의 경험으로 이럴 때는 싸워봐야 소용없다는 것을 알고 있기에 나는 입을 다물었다.

사실 그건 나한테도 좋은 일이었다. 현대를 사는 많은 아빠가 그렇듯이 나도 항상 아이들과 보내는 시간이 적다는 죄책감에 시달리고 있었다. 나는 어엿한 직장을 가지고 있지 않았다. 그러니까 휴가를 꼬박꼬박 챙길 수 있는 직업이 아니라는 의미다. 실제로 나는 5년 넘게 휴가를 제대로 챙기지 못했다. 그렇지만 어디 별장을 빌려서 2주간 수영장 옆에서 늘어져 지낸다거나, (그보다 더한 상황으로) 디즈니랜드 같은 곳을 간다는 생각만 해도 머리가 지끈거리고 우울해졌다. 그런데 여기 일과 가정을 결합시킬 방법이 있었다. 음식에 대한 아빠의 열정을 아이들과 공유하면서 아이들 마음속에 호기심의 씨앗을 뿌리고, 씨앗이 자라는 내내 부자간을 긴밀하게 결합시켜줄 그런 방법이. 하지만 어찌보면 일본행은 여러 면에서 지극히 이기적인 결정이었기에 이것을 부모로서 의무를 다하는 고귀한 희생으로 포장하는 게 왠지 사기 치는 기분이 드는 것도 사실이다. 일본에 가서 지내고 싶은 마음은 굴뚝같지만, 한편으로 나는 며칠 이상 가족을 보지 못하면 아무것도 못 하고 무너지는 그런 사람이기도 했다.

그리하여 8월 초의 어느 날 저녁, 나는 한 장이 아니라 넉 장의 일본행 오픈티켓을 예매했고, 토시가 일본 음식 문화의 핵심이라고 말한 지점들을 지나는 현실적인 여정을 짜기 시작했다.

일단 3개월이 조금 안 되는 기간 동안 가족 단위 맛기행을 떠나기로 했다. 비행기로 일본의 수도 도쿄로 날아가 3주를 보내면서 서서히 환경에 적응할 예정이었다.(이는 나중에 생각해보니 참으로 어리석은 생각이었다.) 토시는 도쿄가 식당 수나 종류 면에서도 가히 일본의 수도라 할 만하다고 강조했다. 일본 어느 곳보다 식당이 많고 종류도 다양하다는 것이다. 토시는 도쿄에서 일본 최고의 초밥집, 튀김집은 물론이고 수많은 놀라운 것을 보게 되리라고 말했다.(마지막 정보를 말하면서는 히죽히죽 웃었다.)

이어서 도쿄에서 비행기를 타고 북쪽 홋카이도 섬으로 날아갈 예정이었다. 도쿄가 고층 빌딩이 즐비한 데다 항상 바삐 움직이는 인파로 가득한 전형적인 대도시라면, 홋카이도는 탁 트인 자연에서 느긋함과 여유를 만끽할 수 있는 그런 곳이다. 맛기행 측면에서 보자면 최고의 해산물을 맛볼 수 있는 장소이기도 하다. 우리는 홋카이도의 도청 소재지인 삿포로에 숙소를 마련하고 열흘 정도 지내기로 했다.

그러고는 다시 혼슈 섬으로 돌아간다. 이번에는 도쿄보다 남쪽에 위치한 교토가 목적지다. 과거 수백 년 동안 일본의 수도였고 지금도 일본의 정신적, 문화적 중심지인 곳이다. 토시에 따르면 이곳은 가이세키會席 요리의 본고장이다. 가이세키는 복잡한 코스로 이루어진 최고급 요리로 우아함, 깊이, 맛 등 모든 면에서 프랑스 최고급 요리에 비할 바가 아니라고 토시는 거듭 강조했다. 이외에도 교토에서 잊지 말고 맛봐야 할 음식이 바로 두부다. 세계에서 가장 맛있고 신선한 두부가 생산되는 고장이기 때문이다.

교토에서는 총 3주 정도를 보내면서 당일치기로 인근 지역을 방문할 예정이다.(토시는 일본인이 성스러운 산으로 여기는 고야 산高野山과 서구인에게 친숙한 유럽 분위기가 느껴지는 고베 등을 꼭 둘러보라고 권했다.) 교토에서의 일정이 끝나면 기차를 타고 멀지 않은 오사카로 가게 된다. 교토가 전통이 살아 숨 쉬는 고도古都를 대표한다면, 오사카는 전형적인 현대의 대도시다. 지리적으로 멀지 않은데도 오사카의 음식이 교토와는 전혀 다르다는 사실을 굳이 토시가 말하지 않아도 알고 있던 터였다. 1년 전 『르 몽드』지의 저명한 요리비평가 프랑수아 시몽을 인터뷰할 기회가 있었는데, 당시 그가 오사카 음식에 대해 열변을 토했기 때문이다. 시몽은 오사카를 세계에서 가장 흥미로운 음식 도시라고 불렀다.

이어서 우리 가족은 동남쪽으로 이동해 규슈 섬의 후쿠오카로 가게 된다. 초고속 열차인 신칸센을 타고 이동하는데 그것 자체가 크게 기대되는 부분이기도 하다. 토시는 마음에 들 것이고, 현지 라면을 꼭 먹어보라는 것 외에 후쿠오카에 대해서는 많은 말을 하지 않았다. 하지만 마지막 목적지인 오키나와 이야기로 넘어가자 그야말로 입에 침을 튀기며 이런저런 말을 쏟아냈다. 토시는 오키나와가 사실상 일본이 아니라고 말했다. 지정학적으로야 당연히 일본에 속하지만 여타 지역과는 확연히 다른 고유한 음식 문화와 생활 방식을 보유하고 있다는 의미다. 100세 장수의 비결을 알고 싶다면 바로 이곳에서 답을 찾아야 한다. 오키나와는 100세 이상 인구가 세계 어느 지역보다 많은 곳이다. 우리는 이곳에서 2주를 보낼 예정이다.

오키나와에서의 일정이 마무리되면 도쿄로 돌아와 며칠 머물다가 귀국하게 된다.

어린아이들을 데리고 이런 여행을 하겠다는 것이 현실적인 결정인지 확신이 서진 않았지만, 아이들이 일본과 일본인에 대해 가능한 한 많은 것을 보고 듣고 경험했으면 한다는 마음만큼은 틀림없었다.

당시 첫째 애스거의 나이는 여섯 살, 둘째 에밀은 네 살로 둘 다 유럽 이외의 지역을 여행해본 적은 없었다. 애스거는 내가 그나이에 그랬던 것처럼 편식이 심해서 먹는 게 주로 감자로 만든 공룡 모양 음식에 한정되어 있었다. 한편 에밀은 예민한 식도 때문에 항상 걱정이었다. 워낙 토하는 일이 많아서 우리 가족은 옷이며 가구에 배어 있는 시금털털한 토사물 냄새에 익숙해져서 신경 쓰지 않을 정도가 되었다. 이런 아이들이 낯선 땅에서 과연 무엇을 먹게 될까?

한편, 나로 말할 것 같으면 스칼릿 조핸슨이 나왔던 「사랑도 통역이 되나요?」와 구로사와 아키라 감독의 영화에 나오는 진부한 모습 외에는 일본에 대해 이렇다 할 지식이나 이미지가 없는 상태였고, 일본어도 토시가 가르쳐준 예의 바른 인사말 몇 마디 외에는 아는 바가 없었다. 솔직히 나는 토시가 '예의 바른 인사말'이라고 가르쳐준 것들이 사실은 외설 수준의 비속어이리라고 거의 확신하고 있었다.(현장에서 확인한 결과는 어땠을까? 내 짐작이 틀리지 않았다.)

진짜 일본은 어떤 모습일까? 이동하기는 편할까? 그곳 사람들은 어떻게 살고 있을까? 수정처럼 맑은 계곡과 콘크리트 숲, 자로 잰 듯 반듯하게 정리된 정원, 눈 덮인 산, 고딕 로리타 패션의 소녀, 게이샤…… 이 모든 것이 혼재된 곳에 과연 유럽에서 온 호기심 많고 평범한 가족이 (환대를 받는 것은 고사하고) 비집고 들어갈 만한 작은 공간이라도 있을까?

브레인트리
상공에서
불타는 혜성

우리는 보잉 747기의 날개 부분에 위치한 창가 자리에 앉아 있었다. 좌석 앞에 설치된 비디오 화면을 보다가 무심코 창밖으로 고개를 돌렸다. 멀리 엔진에서 액체가 세차게 뿜어져 나와 증발하는 모습이 눈에 들어왔다. 이건 뭔가? 갑자기 속이 울렁거린다.

항공유다.

주위를 둘러보았다. 옆에 앉은 애스거는 입까지 헤벌쭉 벌린 채 비디오 화면에 빠져 있다. 좀 전에는 만화였는데 지금은 영화 「저수지의 개들」로 바뀌어 있다. 대상은 다르지만 에밀 역시 자기 앞의 사물에 넋이 나가 있다. 바로 접이식 테이블이다. 그야말로 수도 없이 접었다 폈다를 반복하고 있는 참이다. 리슨은 편안히 책을 읽고 있다. 엔진에서 뿜어져 나오는 항공유를 본 사람은 나뿐이다. 어쩌면 내 상상일지도 모른다고 생각하며 다시 한 번 창밖을 본다. 여전히 항공유가 흘러나오고 있다. 여승무원한테 알리기라도 해야 하나?

그때 기내 스피커에서 기장의 목소리가 들린다. "승객 여러분! 엔진 하나에 사소한 문제가 발생한 것 같습니다. 히스로 공항으로 돌아가기 위해 연료를 폐기해야 합니다. 이는 통상적인 절차이니 걱정하실 필요는 없습니다. 착륙 준비가 되는 대로 알려드리도록 하겠습니다."

나리타 국제공항까지 총 열두 시간 비행 중 두 시간이 흐른 뒤인데, 다시 런던으로 돌아가서 한없이 지루한 터미널에서 기약도 없이 기다려야 하는 상황이다. 그나마도 운이 좋을 때의 이야기다. 운이 나빴다가는 브레인트리 상공에서 죽음의 화염에 휩싸일 판이다.

우리가 죽지 않았다는 것은 독자 여러분도 충분히 짐작하는 바이리라. 하지만 조금 과장해서 말하자면 우리는 그보다 더한 상황을 견뎌야 했다. 히스로 공항 터미널 4에서 다섯 시간 동안이나 꼼짝없이 발이 묶여 있었다. 설상가상으로 배까지 고팠다. 당장의 허기를 면할 무언가를 찾아 난민처럼 헤매다가 결국은 프레타망제영국에 본사가 있는 패스트푸드 체인점 초밥으로 급한 대로 끼니를 때웠다. 축축하고 맛도 없고 먹고 나니 속까지 더부룩했다. 굳이 긍정적인 측면을 찾자면 향후 몇 달 동안 먹을 '진짜' 초밥과의 비교에 도움이 되었다고는 할 수 있으리라. 그것도 나중에 생각해보니 그런 것이고 당시에는 여행 시작부터 재수에 옴 붙었다는 생각밖에는 들지 않았다.

"이건 일종의 전조야." 견과가 들어간 차가운 밥을 삼키면서 내가 침울하게 중얼거렸다. "시작부터 상황이 이렇게 좋지 않은데 무슨 희망을 가질 수 있겠어?"

"마이클, 우리는 아직 영국을 뜨지도 않았어요." 리슨이 다독이듯 차분하게 말했다. "나는 만사가 잘될 거라고 확신해요."

3.

출발 전의
다짐

좌석도 바로 세우고 앞에 접이식 테이블도 제자리로 올리면서 본격적으로 착륙을 준비하는 시점이다. 하지만 일본 땅을 밟기 전에 분명히 해두고 싶은 몇 가지가 있다. 때로 나는 공연히 다른 사람을 화제 삼아 싸구려 농담을 한다는 지적을 받는다. 말하자면 한번 웃겨보자고 죄 없는 사람을 놀림감으로 만든다는 것이다. 게다가 무심결에 인종차별적인 발언을 내뱉는 경우도 종종 있다.(이런 발언에 가장 많이 등장하는 이들이 이탈리아 사람인데, 이탈리아 남자들이 워낙 특이한 행동을 많이 하기 때문이다.) 또한 잘 알지도 못하면서 판에 박힌 편견을 쏟아내는 경향도 있다. 이처럼 부족한 부분이 많은 사람이다보니 일본에 가기 전에 미리 몇 가지 원칙을 정하는 편이 좋겠다는 생각이 들었다. 근거 없는 고정관념을 드러내는 무책임한 표현, 고리타분한 농담, 구성원 전체를 싸잡아 폄하하는 일반화의 오류 등은 일본과 일본인을 설명하는 글에서 수도 없이 보았고, 그렇기에 이 책을 집필하는 과정에서 반드시 피하고 싶은 것들이다. 이런 마음에서 나는 앞으로 가능한 한 지키겠다고 약속하는 '다짐 목록'을 작성했다. 일종의 가이드라인이라고 봐도 좋으리라.

- 나는 아래 사항들을 지키겠다고 다짐한다.
- 일본인이 'r'과 'l' 발음을 구별하지 못하는 것에 대해 왈가 왈부하면서 잘난 체하지 않기로 다짐한다.
- 일본인의 작은 키를 가지고 농담을 하지 않는다.
- 기술적으로 아주 복잡한 일본 화장실에 대해서 재미있어하며 자꾸 이야기하지 않는다.
- 일본 문화의 특정 부분이 아무리 낯설고 이상하게 느껴지더라도, 일본 방문은 "지구에 있으면서 다른 별에 간 듯한 느낌을 맛볼 수 있는 가장 좋은 방법"이라는 식으로 이야기하지 않는다.
- 부정확하게 번역된 영어 메뉴명('후렌치 후라이드' 같이 드실래요?), 독창적인 영어를 사용한 자동차 이름(Mazda Friend-ee Bongo), 티셔츠 문구, 상점 이름(도쿄에서 봤던 Nudy Boy) 등을 지적하며 비웃지 않는다.

결코 쉬워 보이지는 않는데……?

- 고딕 로리타 패션의 10대 소녀들에게 몰래 다가가 사진을 찍지 않는다. 고딕 로리타Gothic Lolita는 레이스나 프릴이 달린 단색 드레스에 복고풍의 장신구로 치장한 일본 소녀들의 패션을 가리킨다.
- 내가 지금도 이해하지 못하고 앞으로도 결코 이해하지 못할 수준 높은 일본 문화와 마주쳤을 때, 경외감에 빠져 마냥 침묵하지 않는다.(예를 들면 "가부키[혹은 전통 정원 혹은 서예]를 잘 알지는 못하지만, 내면의 깊이가 강렬하게 느껴져서 나도 모르게 목소리를 낮추고 천천히 뒷걸음질치게 되었다" 정도로는 코멘트를 한다.)
- 밤의 일본 도시를 묘사하면서 영화 「블레이드 러너」를 들먹이지 않는다.
- 전쟁, 가미카제 조종사, 스모 선수에 관해 농담하지 않는다. "포크라는 편리한 도구가 있다는 사실을 알면서도 여전히 젓가락을 사용하는 일본인에게 감탄을 금할 수 없습니다" 식의 농담, 혹은 일본인의 똑같은 헤어스타일 등을 놓고 농담하지 않는다.

그렇다면 과연 얼마나 성공했는지 이제부터 살펴보도록 하자.

4.

브로콜리
반입 불가

　도쿄의 밤거리에서 우리는 그야말로 망연자실해 있었다. 택시에서 내려 8월 말의 덥고 텁텁한 대기 속으로 나오자마자 신주쿠 역에서 끊임없이 밀려나오는 인파가 우리를 압도했다. 도쿄에서도 가장 번화가에 속하는 신주쿠 역은 밤낮으로 인파가 끊이지 않는 곳으로 유명하다. 휘황찬란한 조명과 엄청난 인파에 놀라 멍하니 서 있는 우리 네 사람 주변으로 수많은 사람이 마치 제비처럼 떼 지어 움직이고 있었다.

　우리는 서너 시간 전인 그날 저녁 장시간 비행에 녹초가 된 채로, 그렇지만 시차를 생각하면 여전히 팔팔한 상태로 도쿄에 도착했다. 우리의 뇌는 아직 이른 오후밖에 되지 않았다고 믿고 있었기 때문이다. 낯선 이국에 왔다는 사실은 세관을 통과하기도 전인 여권검사대에서 분명해졌다. '브로콜리 반입 금지NO

BROCCOLI'라는 표지가 떡하니 붙어 있었던 것이다. 글자 그대로 브로콜리 그림에 금지 표시의 빨간 선이 그어진 형태였다. 브로콜리 밀반입이 요즘 도쿄에서 문제되고 있나? 다른 배추속 식물들도 모두 금지인가?

런던 히스로 공항에서 온 여느 승객들과 마찬가지로 우리는 잃어버린 가족이라도 되는 양 짐가방을 소중하게 끌어안고 공항을 나와 호텔로 향했다. 감사하게도 나중에는 생각을 바꾸게 되지만, 도착 당시 에밀은 일본이 영 마음에 들지 않았던 모양이다. "냄새 나." 밖에서 공항 버스를 기다리는데 에밀이 말했다. "어디서?" 하고 물었더니 "그냥 몽땅"이라고 말하면서 미간을 찌푸렸다.

공항 버스는 차들이 빽빽하게 들어선 10차로 히가시간토 고속도로 위를 느릿느릿 달렸다. 대형 러브호텔, 쇼핑몰, 파친코장 등을 지나쳤고, 유명한 도쿄 타워도 언뜻 보였는데 파리 에펠탑보다 큰데도 주변의 높은 건물들에 압도되어 오히려 왜소해 보였다. 빙글빙글 돌아 나오는 나들목을 몇 번이나 지나면서 서쪽으로 65킬로미터를 달린 뒤에야 버스는 도쿄 도심에 도착했고 우리는 그날 두 번째로 지상에 발을 디뎠다.

사실 도쿄에는 도심이 따로 없다. 공항 버스에서 언뜻언뜻 본 풍경이 말해주듯이 일본의 수도 도쿄는 동서남북 어디를 봐도 고층 건물과 고속도로가 시야에 들어오는, 말하자면 도심이 끊임없이 이어지는 미궁 같은 곳이다. 도쿄의 도심을 찾으려 했다가는, 거기까지는 아니더라도 도쿄라는 도시를 전통적인 의미에서의 도시로 이해하려고만 했다가도, 도저히 납득되지 않아 반쯤은 미쳐버리지 않을까 싶다. 친구 토시는 도쿄를 20개쯤 되는 작은 도시가 순환철도인 JR야마노테 선으로 연결되어 돌아가는 톱니바퀴 구조로 생각하는 편이 낫다고 말했다. 말하자면 JR야마노테 선이라는 거대한 바퀴 안에서 20개의 작은 바퀴가 부지런히 돌아가고 있는 것이다.

아오야마青山에 위치한 취사 가능한 호텔에 도착해 찬장과 서랍장까지 열어보면서 구석구석 둘러보고 나니 허기가 밀려왔고, 우리는 처음으로 도쿄라는 도시에서 모험을 해보기로 했다. 그러나 도쿄는 함부로 모험해볼 그런 도시가 아니었다. 일단 문밖을 나서는 순간 지구상의 어떤 도시에서도 경험하지 못한 느낌이 사람을 압도한다. 달리 말하자면 나가자마자 쓰나미처럼 밀려오는 인파에 휩쓸리게 된다. 우리 가족처럼 일본 최고의 번화가로 꼽히는 신주쿠에서 택시를 타고 내렸다가는 더더욱 그럴 수밖에 없다.

도쿄에는 1200만 명의 사람이 산다. 일본 전체 인구의 10분의 1이 국토의 2퍼센트 면적에 모여 사는 셈이다. 이들 중 무려 200만 명이 매일 신주쿠 역을 경유하기 때문에 신주쿠 역은 세계에서 가장 붐비는 역이라고 한다. 그날 밤, 그 200만 명이 모두 나와 우리를 맞이하는 것만 같았다. 이동 중인 영양 무리의 한가운데에 들어간 그런 기분이었다. 무리 구성원들이 모두 말쑥하게 차려입고 있다는 점은 달랐지만.

택시에서 내린 직후 에밀은 엄청난 군중에 겁을 먹었는지 한동안 내 허벅지에 찰싹 달라붙어 있었다. 하지만 무리가 놀라울 정도로 질서정연하게 움직이고 있다는 사실이 분명해지자 이내 긴장을 풀었다. 실제로 이곳에는 통근하는 사람, 쇼핑하러 나온 사람, 놀러 나온 사람 등등 실로 다양한 이들이 모여 있었지만 신기하게도 충돌 하나 없이 매끄럽게 이동하고 있었다. 수중 음파탐지기를 이용해 미리 장해물을 파악하고 각자의 목적지로만 조용히 흘러가는 물길 같다고나 할까? 한편, 머리 위에는 거대한 액정 TV가 설치되어 쉴 새 없이 영상을 내보내고 있었다. 하필 토미 리 존스가 나와 캔 커피를 마시는 모습은 아무리 봐도 어울리지 않는다 싶었다. 희끗희끗한 머리칼이 얼마나 자세하게 화면에 비치는지 해상도가 놀라울 뿐이었다.

키득키득 웃으며 자기들끼리 신난 여자아이들이 에밀에게 관심을 보이자 잠시 긴장을 풀었던 에밀이 다시 내 옆으로 바짝 붙었다. 에밀은 자기 엄마가 가진 묘한 카리스마를 지니고 있었다. 굳이 원하거나 애쓰지 않아도 자연스레 사람들의 관심을 끄는 것이 꼬맹이 '락스타' 같다고나 할까? 에밀보다 붙임성이 있는 편인 애스거의 금빛 머리칼과 갈색 눈동자 역시 사람들의 관심을 끌기 시작했다. 머지않아 예의 바른 아가씨들이 사탕과 스티커 등을 들고 와서 에밀과 애스거에게 상냥하게 말을 걸고 사진을 같이 찍자고 하는 상황이 빈번해졌다. 에밀과 애스거가 세상에서 제일 좋아하는 두 가지가 사탕과 스티커였으니 아이들 입장에서는 이보다 더 반가운 우연이 없었다. 우리 아이들이 가진 불가사의하지만 다행히도 무해한 매력이 일본의 특정 여성층에게 유독 어필하면서 생기는 이런 현상은 거리에서 왕실 사람을 마주친 영국인이 보이는 반응과 비슷했다. 당연히 우리로서는 처음 경험하는 일이었는데, 우리 아이들뿐만 아니라 대부분의 서양 아이에게 해당되는 현상인 듯싶었다. 에밀과 애스거가 사인을 할 줄 알았다면, 일본에 머무는 몇 달 동안 족히 수백 장은 해주었으리라.

신주쿠 역은 단순히 기차를 타는 역이 아니라 내부에 필요한 모든 것이 구비된 자족적인 공간이라고 봐도 무방하다. 지상과 지하에 백화점, 식당, 사무실, 술집 등이 모두 갖춰져 있어 역 안에서 종일을 보내도 불편함이 없을 정도다. 그렇다보니 엄청 넓은 데다 길도 미로처럼 복잡할 수밖에 없다. 일본 자체가 처음인 우리 가족은 결국 길을 잃었는데, 요행히 일본에서 최대 규모에 속한다는 백화점 지하 식료품 매장으로 들어가게 되었다. 흔히 백화점 지하에 있는 이런 식료품 매장을 일본어로는 '데파치카'라고 하는데 '백화점 지하'를 줄인 말이라고 한다.

대부분의 일본 대형 백화점 지하에는 슈퍼마켓과 각종 테이크아웃 상점이 결합된 이런 공간이 있다. 동서양을 막론하고 상상 가능한 모든 종류의 신선한 식재료와 가공식품은 물론이고 상상조차 하기 힘든 것도 많다. 우리는 잠시 이리저리 돌아다녔다. 원래 먹을 것을 보면 사족을 못 쓰는 나는 사실상 황홀경에 빠져 있었고, 다른 가족들은 흥미야 크게 일지 않았지만 워낙 대단한 규모와 종류에 나름 강한 인상을 받은 상태였다. 신선한 재료로 만든 전문 식당 수준에 뒤지지 않는 초밥, 각종 튀김, (빵가루를 묻혀 튀긴 돼지고기 커틀릿이라고 생각하면 무방한) 돈가스, 두부, 주먹밥, 진한 색깔의 달콤한 양념장을 발라 반짝반짝 윤이 나는 장어구이…… 그야말로 현대 일본인의 식생활을 보여주는 축소판 같았다. 가격을 보고 혀를 내두르게 되는, 말하자면 비싸기로 유명한 과일들도 보였다. 정갈한 줄무늬에 오렌지색 과육을 자랑하는 홋카이도 산 캔털루프 멜론은 개별 포장되어 무려 2만1000엔에 팔고 있었다.(20만 원에 육박하는 금액이다. 기록을 보면 하나에 125만 엔에 팔린 멜론도 있었다고 한다.) 빨간 리본을 묶어 나무상자에 하나씩 넣어둔 모습이 19세기 러시아 황실의 보물이었다는 파베르제 달걀을 연상시켰다. 제정 러시아 시대 보석 디자이너이자 세공사인 카를 구스타포비치 파베르제가 만든 호화로운 귀금속으로 장식한 달걀 모양 공예품으로 현재 42개가 남아 있다. 망고는 1만5000엔, 사과는 꼭지 때문에 상하는 일이 없도록 사각형 스펀지로 하나하나 세심하게 포장되어 있었다. 작은 건어물이 쌓여 있는 통들도 보였고, 장어 뼈를 모아 튀긴 튀김도 있었다.(뭐든 버리지 않고 활용하면 좋은 것이니까. 그렇지 않은가?) 유리 칸막이 너머의 작은 주방에서는 요리사들이 딤섬, 국수, 찹쌀떡(쌀가루로 만들며 보통은 달콤한 팥 앙금으로 속을 채운다) 등을 바삐 만들고 있었다. 프랑스 치즈만 모아놓은 진열대도 있었는데, 파리에서 내가 가는 시장과 비교해도 손색없을 만큼 종류도 다양한 데다 가격도 크게 비싸지 않았다. 공들여 꾸민 케이크, 롤빵, 마카롱 등도 파리 샹젤리제 거리의 라 뒤레 본점만큼, 아니 어쩌면 그보다 훨씬 더 깔끔한 모양으로 정리되어 있었다. 그때 애스거가 내 소매를 잡아 당기면서 이제는 정말 뭔가 먹어야 한다는 사실을 상기시켰다.

신주쿠 역 일대는 역을 사이에 두고 동서 지역이 많이 다른 모습을 보인다. 역은 가운데서 일종의 완충지대 역할을 한다고 봐도 좋으리라. 신주쿠 역 서쪽에는 사무실과 호텔 같은 고층 건물들이 밀집되어 있다. 반면 동쪽의 가부키 정歌舞伎町은 식당, 회전초밥집, 상점, 주점, 나이트클럽 등이 미로처럼 늘어선 도쿄 최대의 유흥가다. 우리는 바로 이 동쪽으로 나왔다.

가부키 정과 인근 고루덴가이는 일본치고는 상당히 외설스러운 장소로 Vanity(허영), Seduce(유혹) 같은 이름의 호화 룸살롱은 물론이고, 젊은 남자가 여성 손님의 시중을 드는 소위 호스트바 등이 고층 빌딩의 여러 층에 욱시글거린다. 주변 대여섯 블록의 모든 건물, 모든 층의 간판에 밤이면 휘황찬란한 불이 들어온다. 식당, 주점, 가라오케 등등 종류는 제각각이지만 하나같이 '어서 들어오라'며 손님을 유혹하고 있다. 그야말로 충격적인 장소이며 「블레이드 러너」에 나오는 일본의 모습은 바로 여기서 영감을 얻었다고 한다.(이번에는 공연히 하는 말이 아니라 정말이다.)

밤에 어린아이들을 데리고 가기에는 영 아니다 싶을 수도 있으리라. 그러나 가부키 정은 야쿠자 활동의 중심지이기는 해도 (아니 어쩌면 그렇기 때문에) 깨끗하고 안전하며 상당히 절도 있는 분위기였다. 영국 뉴웨이브 밴드 카자구구가 떠오르는 한껏 부풀린 머리칼의 제비족 같은 주점 삐끼들은 예외였지만. 게다가 애스거와 에밀이 좀더 나이가 있었다고 해도 주변에 널린 창이라고는 없는 룸살롱에서 일어나는 (둘의 입장에서는 당연히 털끝이 쭈뼛해지는) 행위들에 대해서는 아무것도 모를 터였다. 일본에서 '분홍색'은 서구 포르노 업계 용어로 '푸른색'과 같은 의미다. '패션 마사지fashion massage'는 '손으로 해주는 것'이고, '패션 헬스fashion health'는 '구강 섹스'였다.(적어도 토시의 설명에 따르면 그랬다.) 전하는 이야기에 따르면, 도쿄에는 '터키탕'이라는 퇴폐 목욕탕이 여럿 있었는데 터키 대사가 실수로 한 곳에 들렀다가 외교 문제로 비화되는 바람에 도쿄의 모든 '터키탕'이 '소프랜드soapland'로 이름을 바꿔야 했다고 한다.(믿거나 말거나 토시가 들려준 이야기는 그랬다.)

30만 개쯤 되는 도쿄 식당의 상당수가 가부키 정의 상점 및 건물 밀집 지역에 있다. 이들 식당 중 대다수가 딱 한 가지 종류의 요리, 심지어 한 가지 요리만을 전문으로 한다. 일본에서는 한 집에서 다양한 종류의 음식을 파는 식당이라고 하면 주로 기차역에 있다. 누구나 알듯이 기차역 식당이란 서둘러 먹고 떠나야 하는 '뜨내기손님'을 상대로 저렴한 가격에 평범한 수준의 음식을 파는 곳이다. 내가 보기에는 도쿄의 먹거리가 다른 나라와는 비교가 안 될 정도로 풍요로운 핵심 요인이 바로 이런 전문 식당에 있지 않나 싶다. 파리만 해도 '아시아' 식당 한곳에서 타이, 중국, 베트남, 일본 등지의 음식을 모두 파는 모습을 흔히 볼 수 있다. 종류는 많지만 어느 요리든 평범한 삼류 수준을 벗어나지 못한다. 그러나 도쿄의 요리사들은 자신이 선택한 종류의 요리와 관련된 그야말로 미묘한 차이와 변화에까지 세심한 주의를 기울이고 기술을 터득하며, 오랜 세월이 흐르는 동안 실력은 늘고 늘어서 튀김, 초밥, 철판구이, 메밀국수 등의 진정한 장인으로 성장해간다. 가게 입장에서는 도쿄의 최대 번화가인 이곳조차 임대료가 그리 높지 않기 때문에 수십 명의 단골만 확보되면 충분히 운영할 수 있다. 한편 고객들은 입맛이 까다롭고 같은 요리라도 다른 전문가의 것과 비교하면서 평가할 만큼 충분한 안목을 갖추고 있다.

이런 환경에서 유일한 문제는 당연히 선택이다. 얼마나 어려운지 거의 무력감을 느낄 지경이었다. 사실 나는 상황이 좋을 때도 식당을 고르는 데는 서툰 편이다. 하물며 도쿄가 초행인 사람이라면 식당 외관만 보고는 어떤 음식을 파는 곳인지조차 파악하기 쉽지 않다. 밖에 사진 메뉴가 걸려 있는 집이야 예외겠지만 말이다. 하지만 사진이 있다고 무작정 믿어서도 곤란하다. 얼마나 많은 나라에서 사진과 실물이 다른 경험을 했던가! 일본 음식점 앞의 사진도 반드시 그렇다고는 할 수 없지만 아무튼 일본에 도착한 첫날 저녁 식사인 만큼 뭔가 특별한 것을 먹고 싶었다.

신주쿠 역 북쪽 철로변에는 좁은 골목길이 있는데, 손님 대여섯 명이 들어가면 꽉 차는 인간적인 느낌의 이자카야(술과 안주, 간단한 요리 등을 파는 일본식 선술집)들이 늘어서 있다. '소변 골목'으로 해석되는 숀벤요코 거리라고 하는데, 1940년대 말 도쿄의 흔적이 남아 있는 장소로 어둡고 추레하며 침울한 분위기가 감돈다. 영화 「매시」에서 호크아이가 휴가차 자주 가던 곳과 비슷한 분위기다. 「매시M*A*S*H」는 한국전쟁 당시 야전병원을 무대로 펼쳐지는 이야기를 담은, 1970년에 미국에서 제작된 블랙 코미디 영화다. 1972년부터는 속편 격의 TV 드라마가 제작되어 1983년까지 방영되었다. 과거 도쿄 암시장의 단편을 고스란히 담고 있는 모습은 마치 시간이 멈춘 듯했다. 화려하기로 세계에서도 손꼽히는 유흥가 한가운데서 개발업자들의 유혹에 굴하지 않고 예전 모습을 유지하기란 분명 쉽지 않았으리라.

숯불구이 그릴과 국수를 삶는 가마솥에서 나오는 연기 및 증기 때문에 공기는 무겁고 탁했으며, 오랜 세월 기름이 달라붙어 생긴 투명하고 얇은 막 때문에 모든 표면이 갈색으로 변색되어 있었다. 다른 나라에서라면 어떤 곳이 '소변 골목'이라는 명칭을 달고 있는 데다 이렇게 어둡고 추레한 모습이라면 가지 말아야 할 '기피 장소'로 꼽혔을 것이다. 그러나 토시는 이곳이 전혀 위험하지 않으며, 주인 겸 주방장과 단골들은 항상 낯선 사람을 환영한다고, 그리고 여기서 나오는 음식은 라면, 꼬치구이, 볶음국수 등 뭐가 됐든 젓가락을 놓지 못할 만큼 맛있을뿐더러 값도 싸다며 누누이 강조했다.

우리는 주저주저하며 포마이카로 마감한 L자 모양의 자그마한 카운터로 다가갔다. 카운터 너머에서는 연세 지긋한 노부인이 철판 위에서 부지런히 쇠주걱을 놀리고 있었다. 몸을 숙인 모습이 전체적으로 물음표를 연상시켰다. 꼬불꼬불한 면발 때문에 다루기 힘들어 보이는 라면을 능숙하게 휘젓고 있었다.(일반 면이 아니라 라면으로 볶음국수를 만들고 있어서 이게 뭔가 싶어 살짝 헷갈리는 기분이었다.) 노부인은 뽀글뽀글한 회색 파마머리에 빨간 앞치마를 두른 모습이었고, 머리 위에는 막대 모양의 형광등이 빛나고 있었다. 분명 흔히 볼 수 있는 손님은 아니었을 텐데도 부인은 우리를 흘끗 보고 말 뿐이었다. 내가 국수를 가리키면서 손가락으로 두 개라는 표시를 하고 미소를 지었다. 부인이 고개를 끄덕이더니 작업을 시작했다.

공간은 좁은 만큼 효율적으로 설계되어 있었다. 카운터 위에는 유명한 깃코만 사에서 나온 간장병과 젓가락 통이 놓여 있었다. 벽 여기저기에 나무판에 일본어로 쓴 메뉴판이 걸려 있고, 빨간색과 흰색 등이 천장에 대롱대롱 매달려 있었다. 우리는 빨간 플라스틱 스툴 위에 앉았다. 그리고 간장 베이스의 달콤한 소스로 양념하고 새빨간 생강절임과 말린 해초 가루를 고명으로 얹은 볶음국수 2인분을 나눠 먹었다.(여기서 사용한 간장 베이스의 양념장은 검은 빛깔에 톡 쏘면서도 단맛이 나는데 데리야키 소스와도 비슷하다. 일본 각지의 온갖 음식에 사용되는 양념장이다보니 우리 가족도 일본에 머무는 몇 달 동안 수도 없이 맛보게 된다.) 냉정하게 판단해도 상당히 중독성 있는 맛이었다.

직장인으로 보이는 검은색 양복을 입은 손님들이 자기네 팔뚝 크기인 갈색 맥주잔을 들고 우리를 향해 건배를 외치더니, 작은 유리잔에 가득 따라 나와 리슨에게 주었다. 하루를 마무리하는 시간이다보니 넥타이도 느슨하게 풀고 나름의 여유를 즐기는 모습들이었다. 그리고 앞뒤가 맞지 않는 영어로 우리가 어디서 왔는지, 일본에 얼마 동안 있었는지, 일본 음식을 어떻게 생각하는지 등을 정중하게 물었다. 애스거와 에밀이 젓가락질을 못 해

고생하는 것을 보고 주인은 가게 여기저기를 뒤져 작은 포크 두 개를 가져다주었다. 이런 호의 속에서 우리 가족은 기분 좋게 주문한 요리를 먹었다.

이런 곳에서는 이쪽 가게에서 소량의 면 요리를 먹고, 저쪽 가게로 옮겨 꼬치구이를 먹는 식으로 옮겨다니면서 음식을 맛보는 일이 흔하기에 우리도 그렇게 해보기로 했다. 이번에는 꼬치구이집이었다. 우리는 역시 대여섯이 들어가면 끝인 작은 가게의 숯불구이 그릴 앞에 자리를 잡았다. 듬성듬성 수염이 난 젊은 남자가 불을 때면서 부지런히 꼬치를 뒤집고 있었다. 다른 손님이 먹고 있는 꼬치, 카운터와 주방 사이 유리 진열대에 놓인 꼬치들을 손가락으로 가리키면서 몇 개를 주문했다.

솔직히 바비큐를 생각하면 나는 불안한 마음이 앞서는 사람이다. 고기가 지나치게 익거나, 설익거나, 새까맣게 타버릴 때가 많기 때문이다. 운이 나쁘면 그 세 가지가 동시에 나타나기도 한다. 아무튼 일반적으로 숯불구이는 오븐에서 구워낸 것보다 못할 때가 많다. 그러나 일본인은 세계 어느 나라 사람보다 숯불구이를 능수능란하게 다루는데, 아주 간단하면서도 획기적인 혁신 덕분이다. 바로 재료를 작게 만드는 것이다.

내가 꼬치구이라고 번역한 일본어 '야키토리燒き鳥'는 글자 그대로 해석하면 '숯불에 구운 닭고기'이지만 닭고기만이 아니라 아스파라거스, 메추리알, 토마토, 각종 채소 등을 이런 식으로 요리한다. 핵심은 한입 크기로 자른 고기와 역시 짧게 자른 파를 번갈아 꼬치에 끼우는 것이다.(꼬치 하나에 고기가 서너 조각 들

어간다.) 그렇게 만든 꼬치를 뜨거운 숯불 위에서 몇 분 동안 구운 뒤 양념장을 바르고, 다시 숯불 위에서 잠깐 구운 다음 손님에게 내놓는다. 건강에 아주 좋다고는 할 수 없지만 메스암페타민만큼이나 중독성이 강한 요리이며, 마취약을 사용하지 않고 아이들에게 채소를 먹이는 더없이 좋은 방법이기도 하다.(마취제 사용은 비용 대비 효율이 워낙 떨어지는 데다 리슨에 따르면 윤리적인 문제까지 있다.)

닭의 간, 오도독오도독 씹히는 식감이 일품인 모래주머니(조류는 이빨이 없기 때문에 이곳의 근육을 이용해 음식을 잘게 부순 다음 소화시킨다), 껍데기, 염통 등이 모두 닭꼬치에 사용되는 주재료이지만 그날 유리 진열대 안에는 뭔지 알 수 없는 한 가지 꼬치만 놓여 있었다. 일본에서 꼬치구이를 맛볼 쉽지 않은 기회를 날려버리기 싫어서 일단 있는 대로 주문했다. 위에 바른 양념장 맛 이외에 특별한 맛은 없었지만 오도독오도독 씹히는 식감은 특이했다.

그것은 닭의 연골 부분이었다. 구체적으로 닭 가슴 위쪽의 연골이었다. 특별히 맛있는 편은 아니지만 에밀은 연골 꼬치 하나를 전부 씹어 먹더니 이어서 닭 간 꼬치까지 깨끗이 먹어치웠다. 달콤한 양념장의 위력을 실감하는 순간이었다.

꼬치구이를 만드는 요리사는 누구나 자기만의 양념장 제조 비법을 갖고 있고 절대로 남에게 알려주지 않는다. 쓰지 시즈오는 진짜 실력 있는 꼬치 요리 전문가는 양념장이 절대로 떨어지지 않게 한다고 썼다. 줄어들기 시작하면 새로 첨가하는 것이다.

양념장에는 물이 절대 들어가지 않기 때문에 어떤 양념장은 몇 년이고 계속 사용할 수 있다는 의미이기도 하다. 핵심 재료는 이 외에 여러 일식 양념장에 들어가는 재료와 동일하다. 간장, 사케, 미림조미료로 쓰는 달콤한 술의 일종으로 소주에 찐 찹쌀과 쌀누룩을 첨가하여 만든다, 설탕이다. 여기에 닭 뼈를 넣고 오래 끓인 다음 일본어로 구주葛라고 하는 칡녹말 같은 점도를 높이는 물질을 첨가하기도 한다. 덩어리 형태를 띠는 칡녹말은 옥수수녹말과 달리 맛과 냄새가 없고 연하다. 간장과 미림은 같은 양으로 하고, 사케와 설탕을 이보다 살짝 적게 넣는 것이 맛있는 양념장을 만드는 기본이다.

자욱한 숯불 연기 속에서 아이들이 꼬챙이에 꽂힌 닭 내장을 기분 좋게 우적우적 씹어 먹는 모습을 바라보노라니 참으로 묘한 기분이 들었다. 지구 반대편에서 콘플레이크와 토스트로 시작한 하루가 이렇게 마무리되다니, 너무 비현실적이어서 꿈이 아닌가 싶으면서 한편으로 이상하게 흐뭇하고 행복했다. 우리 가족은 그렇게 일본에 연착륙했다.

이튿날은 일본에 도착하기까지 힘든 금욕의 시간을 견뎌준 애스거와 에밀을 위한 보상의 시간이었다. 애스거와 에밀의 머릿속에 일본은 음식과는 하등 관계없고 오로지 한 단어와 동의어였다. 바로 포케몬이다. 둘은 오래전부터 포케몬에 푹 빠져 있었다. 포케몬은 기발하고 비현실적인 만화 캐릭터로, 이들이 등장하는 일본 만화는 세계적으로 인기 폭발이지만 다른 한편으로 열여덟 살이 넘은 성인에게는 도무지 이해가 안 가는 내용이기도 하다. 일본에 오기 전부터 도쿄 시나가와品川에 있는 포케몬 전문 상점에 들르기로 약속해둔 터였는데, 그날이 토요일이라는 사실을 망각한 게 실수라면 실수였다. 우리가 도착했을 무렵 가게 안은 이미 포케몬 티셔츠, 인형, 도시락, 열쇠고리 등을 사달라고 아우성인 예닐곱 살짜리 아이들로 발 디딜 틈이 없었다. 인파와 왁자지껄한 분위기에 놀라 잠시 멍하니 있던 애스거와 에밀도 금세 현장 적응을 마치고, "이거. 저거. 우와! 저것도!……" 라고 외치며 바구니 가득 물건을 담기 시작했다. 어찌나 많은 물건을 담아대던지 무슨 장기 농성에라도 대비하는 이들 같았다.

내가 이해하기로 포케몬 인형에 대한 엄청난 수요는 상점에 있다는 자체에서 생기는 것이지, 인형의 실용성이나 예술성과는 무관하다. 말하자면 회사에서 대량으로 찍어내는 대로 수요가 만들어지는 구조이니 기업 입장에서는 이만큼 완벽한 상품도 없다. 생산 자체가 수요로 직결되는, 말하자면 생산자가 고객보다 절대적 우위를 차지하고 있는 제품의 최고봉은 역시 일본의 닌텐도가 아닐까 싶다. 포케몬도 닌텐도만큼은 절대적인 위치가 아니라는 생각이 든다.

다음 목적지는 키디랜드였다. 도쿄 최대의 장난감 가게라는데 막상 가보면 생각보다 작은 규모에 놀라게 된다. 거기서도 역시 포케몬 매장을 둘러보고 있는데, 아이를 데리고 나온 여성이 우리에게 다가왔다.

"몇 살이에요?" 여성이 애스거를 가리키면서 물었다.

"여섯 살입니다"하고 대답했더니 여성은 적잖이 놀란 기색이었다. 내가 네 살 정도로 보이는 그녀의 아들은 몇 살인지 물었다. "여덟 살입니다. 그런데 이 애가 보통인가요?" 여성이 애스거를 보면서 다시 물었다.

"글쎄요. 보통이 어떤 의미인가에 따라 달라지겠지요."

"앗, 아-빠-." 아이가 큰소리로 부르는 바람에 그렇게 대화는 끝났다.

건너편에 있는 작은 음료 매점이 눈에 들어왔다. 식초 음료를 팔고 있었는데 요즘 일본에서 한창 유행이라고 들은 터였다. 체리 맛을 하나 사서 벌컥벌컥 들이켰다. 처음에는 괜찮았다. 체리 향에 달콤한 설탕 맛이 섞여 있었는데 씹어 먹는 옛날 구충제 같기도 했다. 하지만 곧장 속이 타들어가는 느낌이 들었다. 진짜 식초를 마셨을 때의 그런 느낌이었다. 그래도 이것은 양반일지 모른다. 요즘 도쿄에서 '칼로리 제로'라고 하여 유행한다는 또 다른 음료는 돼지 태반으로 만든 젤리 형태의 음료라고 들었다.

헬로 키티의 본고장인 하라주쿠原宿를 걷다가 (스택 힐에 버섯 머리처럼 퍼진 레이스 달린 치마를 입은) 소위 '고딕 로리타' 복장의 10대 소녀들을 보고 몰래 사진에 담았다.(아무래도 앞에 말한 다짐들을 충실하게 지키지는 못하고 있지 않나 싶다.) 피 묻은 앞치마까지 두른 간호사, 평소 좋아하는 만화 캐릭터, 프랑스 하녀, (키퍼 서덜랜드 주연의 옛날 영화에 엑스트라로 나올 법한) 'LA 불량소녀' 이미지 등등 워낙 흥미로운 모습이어서 사진을 찍고 싶은 유혹을 떨쳐버릴 수가 없었다.

그리고 숙소로 돌아가는 택시를 잡았다. 파리에서 택시 잡기는 말벌을 잡는 것과 같다. 잡기까지도 엄청난 인내심이 필요한 데다 잡은 다음에도 결국은 침에 쏘이고 마는, 말하자면 시작과 끝이 모두 좋지 않을 가능성이 농후하다는 뜻이다. 그러나 일본 택시 운전사들은 뭐랄까, 애초부터 종자가 다른 느낌이다. 그야 말로 우수한 기사 종족 같다. 도로변에 서서 팔을 내밀고 있으면 (혹은 애스거의 경우 「스타워즈」 제다이검에 불을 켜고 있으면) 몇 초도 지나지 않아 네모난 도요타 자동차가 와서 멈춘다. 그리고 뒷문이 저절로 열리면 아이들은 신기해서 숨이 넘어간다.

"우와…… 우와! 봤어? 봤어?" 에밀이 흥분해서 말했다.

"내가 한 거야! 내가 제다이 포스를 써서 열었다고!" 애스거의 대답이다.

뒷좌석에 올라탄 다음 흰색 장갑을 낀 운전사에게 지도를 보여주면서 목적지를 가리켰다. 택시 기사가 미소와 함께 고개를 끄덕이더니 운전을 시작했다. 10분 뒤 우리는 미터기에 찍힌 정확한 금액을 지불했고, 역시 자동으로 뒷문이 열리자 우르르 내렸다. "소지품 모두 챙기는 거 잊지 마세요!" 기사가 등 뒤에서 말했다.

아주 간단하지 않은가? 택시 기사는 손님이 원하는 장소까지 데려다주고, 손님은 미터기에 찍힌 대로 정확한 금액을 지불하고. 그런데 당연한 것 같은 이런 상황이 내게는 오히려 신선하고 낯설었다. 멋대로 요구하는 추가 요금, 위험천만한 곡예 운전, 특별한 이유도 없이 생기는 대립, 마지막에는 팁이 적다고 투덜대는 소리를 듣는 상황에 워낙 익숙해진 탓이다.

이런 신선한 택시 탑승 경험 때문에 숙소로 들어오자마자 한 가지 목록을 작성해야겠다는 생각이 들었다.

파리와 비교했을 때 도쿄의 좋은 점

(발생 순서대로)

- 개똥이 없다.
- 팁을 요구하지 않는다.
- 쓰레기가 없다.
- 그러고 보니, 쓰레기통도 없다.
- 나보다 키가 큰 사람이 없다.
- 물건을 훔치는 사람도 없고, 자기네 언어를 못 한다고 해서 속이려들거나 무례하게 구는 사람도 없다.
- 이렇게 많은 식당이 있는데도 다들 망하지 않고 어떻게든 먹고산다.
- 잠시라도 누구보다 키가 크다는 것은 정말 신나는 일이다.
- 택시를 쉽게 잡을 수 있다.
- 심지어 비가 오는 날에도.
- 택시 기사가 손님이 원하는 목적지까지 데려다주리라 믿고 안심해도 된다.
- 이런저런 불평이나 부당한 요금 청구 없이.
- 상점 직원들은 진심으로 손님의 행복을 바라는 것처럼 행동한다.

• 일본에서라면 나도 농구 선수로 제법 잘나갈지도 모른다.

숙소로 돌아오니 관리인이 태풍이 올라오고 있다고 알려주었다. "그럼 어떻게 되는 건가요?"라고 묻자 "거센 바람. 그리고 비요"라고 대답했다. 듣고 나니 살짝 걱정되었다.

이튿날이 되자 과연 바람이 거세게 불었다. "맛있는 음식은 우리를 행복하게 한다"는 슬로건을 내건 인근 슈퍼마켓에서는 '태풍 대비용 세트'를 팔고 있었는데, 담요와 이틀간의 음식 및 음료가 들어 있었다. 이런 분위기 때문에 한층 더 걱정되기는 했지만 아무래도 과잉 반응이라고 생각하고는 넘어갔다. 그러나 오후가 되자 바람과 비가 유리창을 강하게 때렸고 이런저런 물건이 바람에 날려다녔다. 문제는 저녁거리가 아무것도 없다는 것이었다. 밖에 나가서 뭐라도 구해와야 하는 상황이었다.

밖에 나갔더니 바람이 어찌나 거센지 비가 수직이 아닌 수평으로 날리고 있었다. 거리는 텅 비어 있었다. 사람도, 차도 없었다. 몸을 한껏 숙이고 바람 속을 헤쳐나가면서 속으로 생각했다. 이건 미친 짓이라고. 상점 밖의 자전거 한 대가 바람에 넘어져 서서히 도로 옆으로 움직이고 있었다. 나는 서툰 무언극이라도 하는 사람처럼 힘들게 앞으로 나아갔다. 택시 한 대가 지나갔다. 유리에 얼굴을 대고 밖을 내다보던 상점 주인이 나를 보더니 눈을 동그랗게 떴다. 이런 날씨에 거리에 사람이 있는 것을 보고 적잖이 놀란 모양이었다. 온몸이 흠뻑 젖고 말았지만 어찌어찌하여 슈퍼마켓에 도착했다.

안으로 들어오니 잔잔한 음악까지 들리는 것이 완전히 다른 세상이었다. 매장을 둘러보던 나는 상품 겉면에 영어 설명이 거의 없다는 사실에 당황해서 멍해지고, 그야말로 완벽하게 진열된 과일과 채소를 보고 감탄하느라 다시 한번 멍해졌다. 일본인은 농산물의 신선도와 때깔 유지에 엄청난 주의를 기울이는 모양이었다. 농산물 하나하나가 티 하나 없이 완벽한 상태를 유지하고 있었다. 사과는 에어브러시 처리를 해서 장미 꽃잎처럼 빨간 빛깔이었고, 가지는 광택제를 발라 반들반들 윤이 났다. 토마토조차 형태며 색깔이 균일했다. 모든 것이 새것 같았고 밭에서 막 따온 것 같았다. 안에는 나 말고 손님이 딱 한 명 있었는데, 우엉 뿌리에 붙은 바코드 위에 자기 휴대전화를 댄 채 흔들고 있었다. 휴대전화 화면에는 어느 농부의 모습이 나타났다. 바코드가 붙은 우엉 뿌리를 생산한 농부인 모양이었다. 나중에 알고 보니 이런 시스템을 통해서 일본 소비자들은 해당 농산물이 언제 생산되었는지를 (시간 단위까지) 알 수 있고, 이를 통해 일본산이고 유기농이라는 사실을 확인할 수 있었다. 이는 중국산과 관련된 여러 차례의 먹거리 파동을 겪고 난 뒤 생겨난 시스템이었다.

나는 은은하게 들리는 너바나의 「스멜스 라이크 틴 스피릿 Smells Like Teen Spirit」에 맞춰 콧노래를 흥얼거리면서 초밥, 국수 등 몇 가지 식품을 장바구니에 담은 다음 계산을 하고 나왔다.

밖에 나오니 엄청난 바람에, 비에 아마겟돈이 따로 없었다. 심호흡을 하고 몸을 잔뜩 숙인 채로 바람 속으로 들어갔다. 그리고 천천히 앞으로 나갔다. 그러나 50미터쯤 가니 감당하기 힘든 상황이 되었다. 겁이 더럭 나서 가장 먼저 눈에 들어오는 열린 문으로 무조건 뛰어 들어갔다. 우산부터 속옷, 광대 복장까지 온갖 물품을 단돈 100엔(1000원)에 파는 이른바 '100엔 숍'이었다. 헬로 키티 우산을 샀는데 가게를 나가 펼치는 순간 민들레 홀씨처럼 허망하게 바람에 날아가버렸다.

거의 기다시피 하여 어찌어찌 숙소로 돌아왔다. TV 뉴스를 보니 「오즈의 마법사」에서처럼 집이 통째로 날아가고, 남쪽 해안에서는 강한 파도에 휩쓸린 배들이 뭍까지 밀려와 있었다. 이어서 일본어로 더빙된 「미스터 빈」을 방영해주었다.

호텔 관리인이 내일 아침에는 태풍이 진정될 터이니 걱정하지 말라고 알려주었다. 내일은 특별한 점심 약속이 잡혀 있었기 때문에 날씨가 궂으면 어쩌나 걱정했는데 정말 다행이었다.

5.

스모 선수처럼
팽창한 나

"스모 하는 사람들이에요?" 에밀이 양손으로 자기 귀를 가린 채 내게 속삭였다. 엄청난 살집을 자랑하는 거구의 남자 둘이 기저귀를 연상시키는 마와시만을 두르고 무시무시한 소리를 지르면서 뒤엉켜 겨루는 모습을 보고 던진 질문이다.

물어보는 것이 당연했다. 스모 선수들은 에밀이 세상에 태어나 4년 동안 살면서 마주친 어떤 종류의 인간과도 닮지 않았으니 말이다. 더구나 이곳은 형 애스거가 "여기는 아빠처럼 뚱뚱한 사람이 한 명도 없어요"라고 말했던 일본이 아닌가!

일본인들의 평균 체격만 보면 스모만큼 그들에게 어울리지 않는 국기國技도 없다 싶겠지만 사실 스모는 아주 오래전부터 일본의 국기 역할을 해왔다. 원래 스모는 일본 전통 신앙인 신도神道의 제례에서 출발해 8세기에는 천황이 즐겨 보는 운동 경기가 되었다. 요즘 들어 인기가 다소 시들해졌다고는 해도 여전히 수백만 일본인이 TV를 통해 스모 경기를 관람하며, 우리 기준에서는 의외다 싶지만 유명 스모 선수들은 섹스 심벌로 많은 여성 팬에게 사랑을 받고 있다. 영국으로 치면 축구 선수 데이비드 베컴 같은 존재다.

나로서는 정말 궁금한 일이 아닐 수 없었다. 지방 함량이 현저히 낮은 식생활 때문에 국민 대다수가 호리호리한 체격인 나라에서 스모 선수들은 어떻게 바다코끼리처럼 거대한 몸집을 만드는 것일까?(스모 선수를 일본어로 '리키시力士'라고 하는데 글자 그대로 해석하면 '힘센 남자'라는 의미다.) 만약 내가 스모 선수처럼 거구가 되고 싶다면 어떻게 해야 하는 걸까? 나는 이들의 식사가 분명 지방이 많은 고기, 아이스크림, 감자튀김, 초콜릿 등으로 이루어졌으리라고 상상했고, 밥을 먹고는 곧장 잔다는 이야기도 들은 적이 있다. 내가 꿈꾸던 식사와 생활이 아닌가? 세상 어딘가에 내가 꿈꾸는 삶을 영위하는 사람들이 있다고 생각하는 것만으로도 묘하게 위로가 되었다.

토시에 따르면 스모도장에 접근하기는 여간 어려운 일이 아니다. "절대 그럴 기회는 없을 거야." 토시의 말을 그대로 옮기자면 그랬다. 토시는 스모 선수들은 대부분 건방지고, 몸집만큼이나 둔하며, 고가의 발모제나 향수 등에 사족을 못 쓰는 그런 부류라고 폄하하면서 그들을 '마지막 남은 진정한 사무라이'라고 찬양하는 나를 비웃곤 했다. 그럼에도 불구하고 토시는 우리 가족이 일본으로 출발하기 전에 중요한 팁 하나를 주었다. 나한테 일본인 중개자가 필요하다는 충고였다. 내가 만나고 싶은 사람에게 정식으로 접근할 방법을 아는 사람, 일본사회의 관습을 이해하고 입구를 지키는 문지기를 다룰 줄 아는 사람이 있으면, 힘들어 보이는 많은 일이 가능해지리라는 충고였다.

도이 에미코(애칭 '에미')가 바로 그런 인물이었다. 미국 어느 신문사의 도쿄지사에서 조사 업무를 맡고 있는 여성으로 나는 지인을 통해 그녀를 소개받았다. 지금 생각해봐도 에미는 최고의 조력자였다. 1억2700만이나 된다는 일본인 중에 과연 에미를 능가할 적임자가 있었을까? 도저히 그럴 것 같지 않다. 에미는 다방면에 박학다식했을 뿐만 아니라 보통 일본 여자들과는 달리 음식을 좋아하고 먹는 것을 좋아했기 때문에 더더욱 도움이 되었다.

우리는 그날(일본에 온 지 사흘째 되는 날) 이케가미 역 밖에서 처음으로 에미를 만났다. 사실 나는 많이 긴장한 상태였다. 때아닌 소개팅이라도 하는 그런 기분이었다. 아내와 아이들이 함께 있었는데도 말이다. 하지만 워낙 편안하고 반갑게 맞아주는 에미의 태도에 다들 금세 긴장이 풀렸다. 에미는 호리호리한 몸매에 우아한 외모의 싱글 여성으로 나이는 나보다 두 살 많았고, 보석이며 진주가 주렁주렁 달린 장신구를 몹시 좋아했다. 사실 내가 긴장을 많이 했던 이유는 가족을 데리고 왔기 때문이었다. 전문 기자가 취재에 가족을 대동하는 것은 흔치 않은 일이다. 그러나 에미는 이상하게 생각하기는커녕 진심으로 반가워하면서 에밀과 애스거를 안아주었다.

에미는 10대 시절 한동안 캐나다에서 산 경험이 있어서 서구인 특유의 별난 사고방식도 충분히 이해했다. 덕분에 이후 몇 달 동안 우리는 편안한 분위기에서 많은 도움을 받을 수 있었다. 게다가 에미는 아주 유능했다. 직접 만나기 전 이메일로 이야기를 나눌 때부터 신기하다 싶을 만큼 내가 원하는 것을 정확하게 '파악했다'. 나 스스로도 명확히 알지 못할 때가 많은데도 말이다. 내가 일하면서 이따금 보이는 체계적이지 못한 모습, 종종 저지르는 에티켓상의 실수를 에미가 내심 못마땅해하는 것이 때로는 느껴졌지만(예를 들면 내가 사람을 만나면서 명함을 잊어버리고 나온 적이 여러 번 있는데 그럴 때 에미의 표정이 잠시 경직되곤 했다) 전체적으로 에미는 놀라울 정도의 인내심과 아량을 지닌 박식한 가이드였다.

리키시, 즉 스모 선수들의 숙소 겸 훈련장인 스모도장(일본어로는 스모베야相撲部屋) 방문을 기적적으로 성사시킨 사람도 바로 에미였다. 토시가 절대로 불가능하다고 했던 일이다.

오노에 스모도장은 도쿄 남부, 이케가미라 불리는 교외 주택가에 위치해 있었다. 바둑판처럼 반듯하게 구획된 땅에 앙증맞을 정도로 작은 앞마당이 딸린 저층 주택이 다닥다닥 붙어 있었는데, 도로에 보도가 없는 것이 특징이라면 특징이었다. 리키시 여덟 명과 (왕년에 한 가닥 하던 스모 선수 출신인) 사범, 사범의 아내 및 어린 아들 둘이 함께 생활한다는 도장 역시 작은 규모였다. 밖에서 보면 한 뼘 간격쯤 되지 않을까 싶을 정도로 다닥다닥 붙어 있는 콘크리트 주택들 사이에 끼어 있는, 골 진 합판으로 만든 단층 건물이었다. 합판 때문인지 어엿한 건물이라기보다는 가건물 같은 인상을 풍겼고, 흔히 대도시 외곽에 있는 임대용 창고를 연상시키기도 했다. 어딘지 엉성한 이런 분위기는 안으로 들어가도 마찬가지였다. 일본어로 '도효土俵'라고 하는, 갈색 흙이 깔린 원형 씨름판과 그보다 높이 설치된 나무 마루가 전부였다. 우리는 이곳 나무 마루에 앉았다. 한쪽 모퉁이에 역기가 몇 개 놓여 있을 뿐 훈련 장비라고 할 만한 것은 보이지 않았다.

도장까지는 통근자들로 붐비는 야마노테 선 기차를 타고 갔다. 워낙 사람이 많아 자리가 귀했기 때문에 가능한 한 공간을 많이 차지하지 않으려고 애스거를 내 무릎에 앉히고, 에밀은 리슨의 무릎에 앉혔다. 가는 동안 나는 애스거와 에밀에게 스모를 비롯한 일본의 스포츠에 대해 이런저런 설명을 해주었다.

"음. 그러니까, 정말 정말 뚱뚱한 남자 둘이 싸우는 경기야. 제과점 로랑 아저씨랑 비슷하지만 그보다도 몸집이 크지."

에밀이 눈을 동그랗게 뜨고 물었다. "로랑 아저씨보다도 커요?"

"그래. 그보다 크지. 엄청 뚱뚱해. 처음 나오면 먼저 주변에 소금을 뿌리고 자기 허벅지를 살짝 치는 동작을 해. 그리고 경기 시작을 알리는 종이 울리면 어떻게든 상대를 넘어뜨려야 한단다. 먼저 상대를 넘어뜨리는 사람이 이기는 거야. 경기가 끝나면 머리 숙여 인사하고 서로에게 고맙다고 말하지. 아! 맞다! 옷을 거의 입지 않고 싸워. 거기만 빼고 말이야. 그러니까, 아빠 생각에는 기저귀 같은 것 하나만 걸쳤어."

마지막 말을 하자 아이들은 도저히 믿기지 않는다는 듯이 키득키득 웃어댔다. 실제로 한동안 아이들은 이 말을 믿지 않았다. 분명 아빠가 또 장난치는 거야.(차가 노래의 힘으로 달린다고 말했던 때처럼.)

그렇기 때문에 실제 모습을 그야말로 생생하게 보여줄 수 있다는 사실이 더욱 뿌듯했다. 우리가 앉은 마루 위에는 다다미가 깔려 있었고, 머리 위에는 대형 평면 TV가 걸려 있었다. 이곳 마루는 리키시들의 거실이자 식당이면서 동시에 침실이었다. 스모 선수들이 훈련을 계속하는 내내 애스거와 에밀은 손가락으로 귀를 막고 우리 뒤에 웅크리고 있었다. 한두 명이 우리 존재를 알아채고는 서로 눈짓을 교환하기는 했지만 그것뿐, 선수들은 한눈팔지 않고 예정된 훈련에 매진했다. 폴로셔츠에 반바지를 입은 하마스 게이시 사범이 씨름판 주위를 돌면서 선수들을 살피고 감독했다.

"희한하게도 상당히 아름답네요." 리슨이 내게 속삭였다. 내가 아내에게 장난스러운 표정을 지으며 속삭였다. "마와시 먹어 들어가는 것 좀 봐. 정말 엄청난데." 하지만 리슨은 내 말을 듣고 있지 않았다. 선수들이 몸을 구부렸다, 폈다, 밀었다 하면서 실전 흉내를 내는 모습을 완전히 넋이 나간 사람마냥 바라보고 있었다. '부쓰카리게이코'라고 하는 격렬한 연습에서는 리키시 한 명이 도효 안에 가만히 서 있고, 다른 한 명이 그를 도효 끝에서 끝으로 밀치는 연습을 한다. 커다란 옷장을 힘껏 미는 그런 모습이다. 엄청나게 힘든 훈련으로, 상대를 밀치는 역할을 맡은 리키시들은 마지막에는 하나같이 바닥에 쓰러져 거친 숨을 몰아쉬면서 고통에 신음했다.

스모에는 체급 구분이 없으며, 체중과 체격에 상관없이 경기를 한다. 당연히 체중이 더 나간다고 해서 승리가 보장되지는 않는다. 우리가 보는 동안에도 230킬로그램이나 나가는 '스모 몬스터'라는 별명의 리키시에게 몸집이 작은 리키시가 돌진해서 도효 너머 벽까지 밀어붙인 적도 있었다.

스물세 살인 에스토니아 출신 선수의 차례가 되었다. 바루토라는 닉네임의 카이도 호벨손은 스모계의 떠오르는 스타로, 체중은 175킬로그램에 불과했지만 얼핏 보기에도 오노에 도장의 다른 선수에 비해 실력이 한 수 위였다.('바루토'라는 닉네임은 카이도 호벨손의 고향인 발트 해를 가리키는 'Baltic'을 일본식으로 읽은 것이다.) 바루토는 힘들어하는 기색 하나 없이 같은 도장 소속 리키시 다섯 명을 해치웠다. 한번은 상대를 도효 끝에서 끝까지 미는 정도가 아니라 구경꾼들이 모여 있는 문밖의 거리까지 밀어버린 적도 있었다. 애스거는 직접 보고도 믿기지 않는지 거듭 확인을 했다. "우와, 아빠, 저거 봤어요?"

훈련이 끝나자 리키시들은 모퉁이 싱크대에 놓여 있는 긴 손잡이가 달린 국자를 이용해서 손을 씻고 뒤뚱뒤뚱 걸어와서 우리에게 인사를 했다. 다들 애스거와 에밀에게 관심이 많아 보였다. 에밀은 겁을 먹고는 내 뒤로 숨어버렸지만, 애스거는 땀범벅에 얼굴이 벌겋게 상기된 거인들에게 당당히 손을 내밀었다. 바루토가 애스거를 번쩍 들어 자기 어깨 위에 올려놓았다. 이것을 보고 에밀도 앞으로 나왔고 바루토는 역시 크고 통통한 다른 손으로 에밀을 들어 반대쪽 어깨에 올려놓았다. 스모 몬스터도 자랑스럽게 영어로 자기소개를 했다. "세계에서 가장 무거운 스모 선수입니다"라고.

바루토는 일본에서 지낸 지 4년이 되었다고 말했다. 내가 "10대에 여기 왔으면 문화적 충격이 컸겠네요"라고 말하니 그렇다고 속내를 털어놓았다. "처음 일본에 왔을 때는 확실히 힘들었습니다. 무엇보다 음식을 먹지 못했지요. 외국에서 온 스모 선수라면 누구나 그럴 겁니다." 게다가 스모계에서는 어린 신참이 선배들한테 구타를 당하는 일도 비일비재하다. 그 주에도 도키타이잔時太山이라는 열일곱 살짜리 신참 연습생의 비극적 죽음을 다룬 기사가 일본 신문을 도배하고 있었다. 도키타이잔은 나고야의 어느 스모도장에서 선배들의 집단 괴롭힘과 폭행에 시달리다가 결국 사망하고 말았다. 도키타이잔 사건으로 일반인은 잘 모르던 어린 신참들의 충격적인 도장생활이 공개되었다. 어린 신참들은 보통 새벽 네 시에 일어나 청소와 아침 식사 준비로 하루를 시작해 자정이 넘어서야 잠자리에 들었다. 일과가 도장 일로 완전히 채워져서 잠시 밖에 나갈 짬조차 없었다.

도키타이잔은 30분간의 '부쓰카리게이코'로 끝나는 장시간 훈련을 마친 뒤 심부전으로 사망했다. 부검 결과 심각한 타박상에 코뼈와 갈비뼈가 부러졌고 여기저기 화상 흔적이 남아 있었다. "참을성을 길러준다"면서 담뱃불로 지져서 생긴 화상이었다. 도키타이잔은 지난달 도장에서 세 번이나 도망쳤지만 그때마다 아버지가 다시 도장으로 돌려보냈다.

바루토라고 해서 쉬웠을 리가 없다. 더구나 외국인이라는 부담까지 안고 있는 처지 아닌가! 일본의 국기인 스모는 오랜 세월 큰 변화 없이 전통을 고수해왔다. 그런 의미에서 외국인 선수의 유입은 스모라는 운동이 시작된 이래 생긴 '유일한' 대규모 변화라고 해도 과언이 아니다.(외국인 선수는 유사한 씨름 전통이 있는 몽골, 불가리아, 그리스 등에서 주로 들어온다.) 외국인 선수의 유입은 스모계 내외에서 그만큼 많은 논란을 불러일으키고 있기도 하다. 외국인으로서 최초로 크게 성공을 거둔 선수는 사모아계 하와이 출신으로 284킬로그램의 거구였던 고니시키小錦였다. 1982년 처음 경기를 시작한 그는 스모에서 두 번째로 높은 등급인 오제키에 올랐다. 맥주 100잔에 주먹밥 70개를 앉은 자리에서 먹을 수 있었다고 하는데 통풍, 위궤양, 무릎 통증 등으로 고생하다가 몇 해 전에 은퇴했다. 그 후 역시 하와이 출신인 아케보노 다로曙太郎는 고니시키의 성공을 넘어서 최고 등급인 요코즈나가 되었다. 그러나 일본 스모협회는 외국인 선수가 자국 출신 선수만큼, 아니 많은 경우 그보다 우월한 실력을 뽐내는 현실을 쉽게 받아들이지 못하고 있다. 그렇기 때문에 어느 사이엔가 규칙이 외국인 선수들에게 불리하게 바뀌어 있는 경우가 종종 있다. 일본에서 텔레비전으로 스모 경기를 봐도 외국인 선수에게 우호적이지 않은 분위기를 금세 감지할 수 있다. 외국인이 이기면 화면에 비춰주는 시간이 얼마나 짧은지 모른다. 그즈음 몽골 출신 스모 선수로 요코즈나가 되어 최고의 인기를 구가하던 아사쇼류아키노리朝靑龍明德가 고향 울란바토르에서 축구를 하는 동영상이 유튜브에 올라왔다. 부상당한 다리 치료차 고국에 간다던 외국인 요코즈나가 축구장에서 뛰는 모습에 일본인들의 시선이 고울 리 없었고, 다른 외국인 선수들은 잘못한 것 없이 눈치를 봐야 하는 상황이 되었다. 자신들에게 결코 우호적이지 않은 상황이지만 바루토처럼 일본을 찾는 외국인 스모 선수들의 발길은 끊이지 않는다. 상위 스모 선수들은 50만 달러가 넘는 고액 연봉을 받기 때문이다.

점심시간이었다. 내가 기다리고 있던 시간이기도 했다. 리키시들은 순번을 정해 돌아가면서 음식을 만든다. 오늘은 스모 몬스터의 차례여서 그가 주방으로 향했다. 훈련할 때와 다름없이 마와시('기저귀')만 걸친 채로였다. "이리 와보렴. 씨름판을 직접 보고 싶지 않니?" 바루토가 그렇게 말하면서 애스거와 에밀을 씨름판으로 불렀다. 에밀은 엄마 뒤로 종종걸음을 쳐버렸지만 애스거는 주저주저하면서도 신발을 벗고 바루토를 따라 도효로 들어갔다. 바루토가 금방이라도 덤벼들 기세로 몸을 잔뜩 웅크린 채 애스거에게도 따라 하라고 하자 아이는 적잖이 놀란 모양이었다. 애스거가 불안한 표정으로 우리 쪽을 보자 나는 괜찮다는 표시로 미소 지으며 고개를 끄덕여주었다. 용기를 낸 애스거가 에스토니아인에게 덤벼들자 바루토는 아이의 힘에 밀린 것처럼 바닥에 벌렁 넘어지더니 내친김에 드러누워 다리를 버르적거리는 시늉까지 해 보였다. 바루토가 여섯 살짜리 꼬마한테 패했다는 충격으로 고개를 절레절레 흔들면서 몸에 묻은 흙을 털어내는 동안, 애스거는 스스로의 힘에 깜짝 놀라서 입을 다물지 못한 채로 멍하니 서 있었다. 바루토는 도효 가장자리에 앉아서 다리 찢기 동작을 했다. 유연성이 리키시에게 중요하다는 사실을 확인할 수 있는 모습이었다. 한편 밖을 보니 아직 어려서 일본 여행을 흐릿하게밖에 기억하지 못할 에밀조차 절대 못 잊을 듯싶은 희한한 광경이 펼쳐지고 있었다. 스모 선수 한 명이 빙빙 원을 그리면서 자전거를 타고 있는데, 서커스에서 코끼리가 자전거를 타는 모습과 영락없이 똑같아서 우리 가족 누구의 기억에서든 영원히 지워지지 않을 광경이었다.

나는 스모 몬스터(진짜 이름은 야마모토 야마)를 따라 좁은 부엌으로 들어갔다. 스모 몬스터가 일을 하느라 움직일 때마다 허벅지 살이 출렁이면서 잔물결이 이는 모습이 인상적이었다. 부엌 대부분의 공간을 차지하고 있는 것은 냉장고 두 대였다. 드디어 스모 선수들의 식사 비밀을 알게 되는구나 하고 생각하니 흥분으로 심장이 마구 뛰었다. 스모 몬스터는 내가 자신들의 점심 식단에 관심을 갖는 것이 내심 흐뭇한 모양이었다. 오늘은 예전부터 스모 선수들이 즐겨 먹었던 전골 요리인 잔코나베를 만들 예정이라고 했다. "정말 여러 종류가 있습니다. 열 가지 정도. 우리끼리 순번을 정해 돌아가면서 잔코나베를 만드는데 각자 잘하는 종류가 다르답니다. 오늘 것은 닭고기와 간장을 넣은 잔코나베입니다." 스모 몬스터는 무와 당근을 마치 연필 깎듯이 썰어(일본어로 '소기기리'라고 하는 썰기 방법) 간장으로 양념한 다음 물이 끓고 있는 솥에 넣었다. 이어서 소금 반 국자를 넣었다. 레시피 같은 게 있을까? "없어요. 이건 남자가 하는 요리입니다. 세세한 부분은 신경 쓰지 않아요. 중요한 것은 충분한 양입니다. 많은 양을 쉽게 만들기 위해 잔코나베가 생겨난 것이지요. 예전에는 스모도장이 훨씬 더 컸습니다. 씨름꾼이 100명 정도는 됐지요. 솥 하나로 요리해서 많은 사람이 먹을 수 있는 그런 음식이 필요했습니다."

스모 몬스터가 잔코나베에 정신이 팔려 있는 틈을 타 나는 냉장고 안을 슬쩍 들여다보았다. 케이크나 초콜릿 같은 게 잔뜩 있으리라고 생각했는데 전혀 딴판이었다. 예상과 달리 냉장고 안은 옥수수, 두부, 닭고기, 각종 채소로 채워져 있었다. 진정 건강한 식재료의 진열장이 아닌가! 내가 먹고 싶어도 못 먹는 것들을 이들은 잔뜩 쌓아놓고 먹는 줄 알았는데 솔직히 살짝 실망이었다.

스모 몬스터는 프로 스모 선수가 되기 전에 경영학을 공부했다고 했다. 나는 스모를 해서 부자가 된 사람들이 있느냐고 물었다. "900명 중 70명 정도의 리키시만 큰돈을 법니다. 저는 아직도 돈 걱정을 하는 처지지요." 말하면서 그는 닭고기를 썰어 솥에 넣었다. 몇 분 정도 더 끓인 뒤 배추를 넣고 이어서 두부를 넣었다. "이렇게 손 위에서 두부를 잘라야 합니다." 말처럼 스모 몬스터는 자신의 넓은 손바닥을 도마처럼 사용하고 있었다. 그리고 민첩한 동작으로 표고버섯과 팽이버섯을 넣었다. "이렇게 하지 않으면 다 부서져버립니다. 단단한 것을 먼저 익히고 부드러운 것은 나중에 넣어야 합니다."

훈련장으로 돌아오니 하마스 게이시 부부가 리슨에게 우리 가족을 식사에 초대한다고 말해놓은 상황이었다. 우리가 낮은 식탁(밥상)이 놓여 있는 마룻바닥에 앉자 사범(도장 사람들은 하마스를 그렇게 불렀다)이 자기 옆에 와서 앉으라고 손짓을 했다.

"모두 자식 같은 아이들이지요." 하마스가 주변을 어슬렁거리는 리키시들을 가리키면서 설명했다. 한 명은 도효에 물을 뿌리고 있었고, 나머지는 (나중에 안 사실이지만) 우리가 식사를 끝내고 자신들이 밥상에 앉을 때를 기다리고 있었다. "돈이 많이 드는 아들들이지요! 우리는 한 가족처럼 생활합니다. 아내가 아이들의 빨래를 해주지요. 아이들은 바로 여기서 자고요. 우리 친자식들도 여기 아이들과 형제처럼 지냅니다. 나는 (친)자식들에게 이들이 수고해준 덕분에 우리가 먹고산다고 항상 말합니다."

내가 냉장고에서 초콜릿을 보지 못해 살짝 실망했다고 말하자 하마스가 껄껄 웃음을 터뜨렸다. "이렇게 몸집을 키우는 가장 좋은 방법은 고기, 생선과 함께 탄수화물을 많이 섭취하는 것입니다. 물론 훈련도 병행되어야 합니다. 지방을 늘려서는 곤란합니다. 몸이 다치지 않도록 근육을 키워야 합니다. 그렇지만 스모 선수 식사도 그동안 많이 바뀌었습니다. 지금은 소시지 같은 수입품을 전보다 많이 먹습니다. 예전에는 생선을 지금보다 훨씬 더 많이 먹었지요."

보통 리키시는 10대에 선수생활을 시작해서 30대 초반에 끝낸다. 47세에도 경기를 뛰는 선수가 있고, 하마스 사범 자신도 불과 3년 전 37세의 나이로 은퇴하기는 했지만 이는 예외에 속한다. 하마스 사범은 이미 많이 날씬해진 모습이었다. 선수생활을 그만둔 뒤로 거의 30킬로그램을 감량했다고 했다. 오랜 세월 맞아서 뭉개진 귀만 한때 최고의 씨름꾼으로 싸워온 그의 삶을 말해주고 있었다. 어떻게 그렇게 많은 체중을 감량하는 데 성공했을까? "선수생활을 그만둔 뒤로는 먹는 양을 줄였습니다. 특히 탄수화물 섭취를 줄였지요. 에너지 소모가 적어지니까 자연히 식욕도 줄더군요. 그러나 리키시 생활을 할 때부터 앓아온 당뇨는 여전합니다."

리키시들이 많이 걸리는 병은 당뇨만이 아니다. 그들은 고콜레스테롤, 고혈압, 심장병 등에 취약하다. 1990년대에 스모협회는 스모 선수들의 건강 관리 차원에서 정기 건강검진 제도를 만들어 시행하고 있는데, 덕분에 상황이 많이 나아졌다. 리키시들이 나이 들어 겪는 건강 문제의 다수는 현역 시절 경기력 향상을 위해 사용한 약물 때문이다. 스모에서는 도핑 테스트 같은 약물 규제가 아예 없으며, 따라서 스테로이드 같은 약물 사용이 만연해 있다. 프로 사이클 선수처럼 이들도 성공을 위해서라면 어떤 신체적 위험도 감수하는 것 같다. 예전에는 리키시들이 일반인과 같은 기대수명을 누렸다. 그러나 나머지 국민의 기대수명은 점점 더 길어지는 반면, 리키시들의 기대수명은 1960년대 초반까지도 50대 중반에 멈춰 있었다. 그럼에도 불구하고 최근 연구 결과에 따르면 스모 선수들의 체지방 수치가 터무니없이 높지는 않으며, (비만인 사람들에게 흔히 높게 나타나는) 요산과 포도당 수치도 비교적 정상 수준이었다. 연구 결과를 종합해보면 리키시들은 의외로 상당히 건강한 것으로 나타났다.

비교적 건강에 좋다고는 해도 차려진 점심 밥상은 규모가 엄청났다. 단백질이 풍부한 잔코나베뿐만 아니라 계란말이, 쌀밥, 작은 소시지는 물론이고 구운 스팸까지 있었다.(예로부터 스모 선수들은 네발 달린 짐승의 고기를 먹지 않는다. 네발로 긴다는 것은 패배자를 의미하기 때문이다. 하지만 가공된 돼지고기는 네발 달린 짐승의 고기로 치지 않는 모양이다.) 우리 가족이 먹어봐야 밥상에 차려진 음식의 양에는 변화가 거의 없었다. 이제는 고된 훈련을 마친 스모 선수들이 맛있는 식사와 달콤한 낮잠으로 응분의 보상을 누릴 시간이었다.

이날 오노에 스모도장의 훈련은 특히 강도 높게 진행되었는데, 9월 스모 대회가 9월의 첫 주인 다음 날 시작되기 때문이었다. 우리로서는 이런 좋은 기회를 놓칠 수 없었다. 다음 날 일찍 일어난 우리는 기차를 타고 강을 건너 도쿄 동쪽에 위치한 료고쿠로 갔다. 료고쿠는 300년 전부터 스모 대회가 열리는 장소였고, 지금은 국립 스모 경기장인 고쿠기칸國技館이 있다. 경기장 밖에는 깃대에 꽂힌 형형색색의 현수막들이 나부끼고 있었다. 리키시들이 도착하자 주위로 팬들이 몰려들었다. 우리가 입장권을 사려고 기다리는 동안 택시가 한 대 도착하더니 네 명의 리키시가 내렸다. (리키시들의 남다른 무게 때문인지) 택시 차체가 눈에 띄게 가라앉은 모습이 인상적이었다. 대담한 꽃무늬 기모노 차림에 머리카락에는 기름을 잔뜩 발라 완벽하게 정돈한 상태였다. 마치 수컷 고릴라들이 하와이 공항의 귀빈 환영단으로 분장

한 듯한 그런 모습이었다.

이전까지 나는 텔레비전에서 스모 경기를 보면서 특별히 멋있다고 생각해본 적이 없었다. 작은 화면은 묘하게도 스모 선수들을 훨씬 더 우스꽝스럽게 만드는 경향이 있다. 그러나 경기장 안에서 빨간 방석 위에 가부좌를 하고 앉아 관람하는, 바로 눈앞에서 벌어지는 경기는 완전히 달랐다. 일본에서 스모 경기와 스모 선수가 왜 그렇게 인기가 높은지 100퍼센트 이해되었다. 우선 본격적인 경기가 시작되기 전에 일종의 의식처럼 하는 행위가 분위기를 띄웠다. 스모 선수들이 어기적어기적 씨름판으로 들어와 마와시에 매달려 넓적다리 앞에서 달랑거리는 '사가리'라고 하는 막대기들을 잡고 단정하게 갈무리한 다음, 몸에 붙은 모기를 손으로 때리듯이 자기 허벅지와 마와시를 철썩 때리는 동작을 하고 양쪽 무릎을 깊이 구부린 채 엉거주춤 앉는다. 그리고 생각지도 못한 광경이 펼쳐졌다. 시합이 시작될 때까지 리키시는 허리를 잔뜩 숙인 채로 싸울 준비가 되었다는 자세를 취하는데, 상대보다 심리적으로 우위를 차지하려는 일종의 기 싸움을 벌이는 시간이라고 보면 된다. 리키시의 주먹을 쥔 한쪽 손등이 도효 바닥의 흙에 닿고 이어서 다른 손도 지면에 닿으면 싸움을 시작할 준비가 되었다는 신호다. 그런데 호흡이 맞지 않는 것일까? 한 리키시가 마음을 바꿔 아무 일도 없었다는 듯이 일어서서 상대에게 등을 보이며 돌아선다. 그러고는 수건으로 얼굴을 닦고, 도효에 소금을 뿌리고, 자기 허벅지를 때리는 등의 복잡한 절차를 다시 시작한다. 이처럼 뭔가 맞지 않아 상투적인 의식을 반복하는 일이 몇 분에 걸쳐 대여섯 차례 이어지기도 하는데, 그동안 스모를 잘 아는 관중은 스모 특유의 이런 기 싸움에 뜨거운 박수를 보내며 선수들을 격려한다.

일단 시합이 시작되면 몇십 초 내에 승부 날 때가 많다. 시작했나 싶으면 끝나는 워낙 짧은 시간이라 제대로 감상이나 될까 싶겠지만 몰입하다보면 긴장과 흥분을 느끼는 순간이 여러 번 있다. 거구의 남자 둘이 서로에게 덤벼들어 상대를 밀어 넘어뜨리려다가 뒤섞여 겹쳐 넘어지기라도 하면 씨름판 위에 지방이 덕지덕지 붙은 커다란 산이 만들어진다.(왠지 아찔해서 도효 주변으로 튼튼한 밧줄을 치는 것이 좋지 않을까 하는 생각이 자꾸 들었다.) 시합에서 이기는 기술은 여자들이 화났을 때처럼 손바닥으로 치기부터 정면으로 충돌한 상태에서 한쪽이 지칠 때까지 가만히 서서 버티기까지 다양하다. 당시 대회에서 결국 우승하게 되는 어느 스모 선수는 상대를 가볍게 들어서 커다란 통을 던지듯이 도효 밖으로 던져버렸다.

경기 관람을 마치고 나는 애스거, 에밀, 리슨과 함께 고쿠기칸 옆에 있는 스모 레스토랑으로 점심을 먹으러 갔다. 요시바吉葉라는 곳인데 예전 스모도장을 식당으로 개조해 사용하고 있었다. 전날 방문했던 오노에 스모도장보다 규모가 훨씬 더 컸고, 전직 스모 선수들이 종업원으로 일하고 있었다. 우리가 도착했을 즈음 몇몇 종업원이 스모 선수 복장으로 무대에서 공연을 하고 있었는데, 내용을 알아들을 수는 없었지만 분위기로 보아 '스모 스탠드업 코미디' 같은 것이 아닐까 싶었다. 간혹 손님이 1000엔짜리 지폐를 공연 중인 종업원의 마와시에 찔러넣었는데, 스트립 클럽에서 랩댄서에게 돈을 찔러주는 것을 생각하면 되리라. 얼마 지나지 않아 우리가 주문한 잔코나베가 부글부글 끓는 상태로 도착했다. 전날 오노에 도장에서 먹었던 것보다 한층 업그레이드된 형태였다. 표고버섯, 새우, 도미, 가리비, 돼지고기, 닭고기, 참치 덤플링, 당면, 유부, 계란말이 등등이 푸짐하게 들어가 있었다. 정말 끝내주는 맛이었다. 일본의 전골 요리와 국물 요리가 으레 그렇듯이 엄청 뜨거워서 고생하기는 했지만. 나머지 셋이 우아하게 적당한 양을 먹고 식사를 끝낸 지 한참 뒤에도 나는 꾸역꾸역 음식을 밀어넣었고 내 위는 순대 껍데기처럼 빵빵하게 늘어났다. 이제 그만 먹어야겠다고 마음먹은 순간, 여종업원이 엄청난 양의 면을 가지고 와서 국물에 넣고 젓가락으로 획획 휘젓는 것이 아닌가!

안타깝지만 이제는 그만 먹어야 했다. 그 이상은 무리였다. 적어도 그때만큼은 내 몸이 스모 선수처럼 팽창한 기분이었다.

6.

세계적으로
유명한
일본의 요리 프로그램

나는 일본에서 가장 유명한 다섯 사람 중 한 명과 악수를 나눴다. 그의 이름은 기무라 다쿠야木村拓哉였다. 누구냐고?

사실 나도 몰랐던 사람이다.

그만이 아니라 나머지 네 사람도 근처에 있다. 가짜 석벽, 파스텔 색조, 화려한 꽃, 스테인드글라스 창 등으로 꾸며진 디즈니랜드의 성이 연상되는 TV 스튜디오 안이다. 일본 최북단의 홋카이도부터 남단 오키나와까지, 어린 학생부터 부모와 조부모까지, 말하자면 지역과 세대에 상관없이 일본인이면 누구나 알고 있다는 사람들이었다. 그들의 이름은 나카이 마사히로中居正廣, 이나가키 고로稻垣吾郎, 구사나기 쓰요시草彅剛, 가토리 신고香取慎吾다. 들으니 뭐 좀 떠오르는 것이 있는지?

스모 경기를 관람한 다음 날이었다. 도쿄에 도착한 지 며칠밖

에 지나지 않았는데 이번에도 에미는 내가 보고 싶어하는 것을 신기하게도 알아냈다. 나 스스로도 깨닫지 못한 상태인데 말이다. 일본 텔레비전이 유독 음식 관련 프로그램에 집착하는 이유를 알아보고 싶다는 희망을 얼핏 내비친 적이 있기는 하다. 음식, 요리, 식당, 식료품 생산자 등에 관한 프로그램의 순수한 양을 기준으로 보면, 일본 텔레비전이 영국이나 미국 텔레비전을 훨씬 넘어선다. 어떤 어림 계산에 따르면 일본 텔레비전에서 내보내는 프로그램의 40퍼센트 이상이 '음식 관련 프로그램'으로 분류될 수 있다. 물론 깊이 들여다보면, 장인 정신이 빛나는 무명의 생산자를 찾아 소개하는 진지한 프로그램부터 세계적으로 유명한 요리 경연대회 프로그램인 「철인 요리왕料理の鉄人」 같은 화려하고 요란한 프로그램까지 실로 다양한 형식과 내용을 취하고 있다.(엄청난 인기를 누렸던 「철인 요리왕」은 안타깝게도 지금은 제작되지 않지만 재방송은 계속되고 있다.) 일본에 와서 처음 며칠을 보내면서 직접 경험해보니 일본 텔레비전 프로그램의 이런 특징이 더더욱 가슴에 와닿았다. 일본 텔레비전을 시청할 때 리모컨을 두세 번만 조작하면 음식 관련 프로그램이 나오고야 만다는 사실이 분명해졌다.

사정이 이렇다보니 조그만 케이블 채널이라도 상관없으니 음식 관련 프로그램 제작자를 만나 이야기를 나누고, 녹화하는 모습도 한두 번 보면 좋겠다는 막연한 생각을 하기는 했다. 그러나 에미의 계획은 나의 소박한 바람을 훨씬 더 넘어서는 것이었다. 덕분에 나는 지난 10년 동안 일본에서 가장 인기 있었던 쇼 프로그램 녹화 장면을 직접 볼 수 있게 되었다. 이곳 스튜디오 안에 직원이나 출연자가 아닌 사람은 나뿐이었다.

사실 나는 (Sports, Music, Assemble People의 약어라는) SMAP라는 그룹도, 개별 멤버에 대해서도 들어본 적이 없었다. 한때 5인조 남성 아이돌 그룹의 멤버였던 이들이 30대 초반이 된 지금은 토크쇼나 요리 쇼 진행자, 영화배우 등으로 바뀌었지만 변함없는 사실이 하나 있다. 대적할 자가 없는 일본 최고의 TV 스타라는 점이다. 데뷔 이래 12년이 넘는 세월 동안 이들 다섯 젊은이는 일본의 모든 엔터테인먼트 분야를 정복했고 여전히 최강자로 군림하고 있다. J-Pop(사고가 정지되지 않았나 싶은 10대 소녀들을 타깃으로 하는 내가 보기에는 시원찮은 일본 대중음악)과 텔레비전은 물론이고 최근에는 개별적으로 출연하는 영화 분야까지 그들이 진출하지 않은 영역은 없다. 그런 과정에서 이들은 막대한 부를 축적했고, 집착에 가까운 헌신을 보이는 다수의 팬을 확보했으며, 일본 내에서 할리우드 스타는 저리 가라 할 정도의 명성을 얻었다. 실제로 일본을 찾는 할리우드 스타들은 '비스트로 SMAP(Bistro SMAP)'가 일본 홍보활동의 필수 코스이자 출발점이라고 인식하고 있을 정도다.(최근 게스트만 봐도 맷 데이먼, 마돈나, 캐머런 디아즈, 니컬러스 케이지 등 면면이 화려하기 그지없다.) SMAP가 진행하는 버라이어티 쇼 「SMAP×SMAP」의 한 코너인 '비스트로 SMAP'는 일본 최고의 음식 프로그램일 뿐만 아니라 매주 평균 3000만 명이 시청하는 일본 최고의 텔레비전 쇼이기도 하다. 잠깐씩 예외가 있기는 했지만 일본의 넘버원 TV 프로그램의 지위를 10년 넘게 지켜오고 있다. 도쿄에서 지하철을 타고 이동하다보면 SMAP 멤버들이 나와 포카리 스웨트라는 달콤한 '스포츠' 음료를 선전하는 광고를 반드시 보게 된다.('포카리 스웨트Pocari Sweat'라는 이름은 아무리 생각해도 매력적이라고 보기에는 무리가 있다.) 모리타워 옆의 고층 광고판에도 SMAP 멤버가 나오는 일본항공 광고가 걸려 있고, 이들의 최신작 영화나 텔레비전 드라마 광고를 사실상 도처에서 볼 수 있다.

나는 항상 글로벌 스타보다는 국내 스타가 특정 국가 국민의 취향과 열망을 훨씬 더 강하고 정확하게 반영한다고 생각해왔다. 프랑스 가수 클로드 프랑수아나 영국의 배우 겸 코미디언 겸 가수 겸 작곡가인 노먼 위즈덤만 떠올려봐도 그렇지 않은가? 그렇다면 일본인들이 사랑하는 SMAP는 일본이라는 나라, 그리고 일본 사람들에 대해서 무엇을 말해주는가? 무엇보다 확실한 것은 일본 사람들이 외모가 훌륭하고, 예의 바르고, 건강해 보이는 젊은 남자를 좋아한다는 사실이다. 나아가 일본에서 사랑받는 남성 아이돌 그룹은 어찌 보면 개성이 없는 천편일률적인 모습이기도 하다. 하나같이 발라드를 노래할 때는 상처 입은 강아지처럼 애절한 표정을 짓고, 랩을 할 때는 껄렁껄렁한 불량배 분위기를 풍기며 백스트리트 보이스의 활기찬 안무를 한층 세련되게 다듬어놓은 듯한 그런 춤을 선보인다. 하지만 동시에 SMAP는 일본에서 잘생긴 남성 아이돌 그룹이 하는 전형적인 역할과 한계를 넘어선 연예인들이기도 하다. 일등공신은 바로 '비스트로 SMAP'다. 이 요리 쇼를 통해서 이들은 집 안에서 앞치마를 두르고 요리를 하는 사람은 여자라는 오랜 전통을 깼다. '비스트로 SMAP'라는 요리 쇼와 부산물로 나온 일곱 권의 요리책은 일본 남자들의 요리에 대한 생각에 엄청난 영향을 미쳤다. 덕분에 일본 남자들은 남자가 집에서 요리하는 것이 아무 문제 없다고, 면을 볶거나 정성껏 회를 떠서 무채 위에 가지런히 올려놓는 것이 결코 부끄러운 일이 아니라고 믿게 되었다. 요즘은 과거 어느 때보다 더 많은 일본 남자가 집에서 요리를 하는데 이런 변화를 가져온 중요한 계기 중 하나가 SMAP다. 이들이 현대 일본 음식 문화에 누구보다 강한 영향을 주었다고 해도 과언이 아니다.

그렇다면 도대체 어떤 신기한 재주를 부리기에, 일본인 네 명중 한 명이 매주 월요일 밤 10시면 여기에 채널을 고정하게 되는 것일까?

세트는 코너 명칭처럼 2층짜리 비스트로, 즉 작은 식당처럼 꾸며져 있었다. 일종의 지배인 격으로 요리를 하지 않고 진행만 하는 밴드 멤버 마사히로가 말편자 모양의 세트 2층에서 모습을 드러낸다. 검은색 조끼에 흰색 와이셔츠, 검은색 바지 차림이다. 나머지 네 멤버는 주방장 유니폼에 모자를 쓰고, 두 명씩 팀을 이루어 주방이 있는 아래층에서 대기하고 있었다. 무의식중에 중앙 카메라 뒤로 한 걸음 물러서던 나는 바닥의 선에 걸려넘어지는 바람에 무대감독의 눈총을 받았다. SMAP 멤버 중에서도 '익살꾼'으로 통하는 가토리 신고가 의아하다는 시선으로 나를 홀끗 보더니(그도 그럴 것이 나는 스튜디오에서 유일한 서양인이었다) 다음 순간 윙크를 하면서 손을 흔들어주었다. 그때 무대 감독이 카운트다운을 시작했다. 나도 신고에게 미소로 화답했다. 15분 전만 해도 가토리 신고라는 사람을 전혀 몰랐지만 유명인이라면 사족을 못 쓰는 나인지라 일본 연예계 제왕들과의 만남으로 기분이 엄청 좋아진 터였다.

마사히로가 이번 주의 게스트를 소개하자 연기자 생활을 하는 일본인 남편과 아내가 위층 문을 통해 나와서 안내를 받아 게스트용 탁자 앞으로 갔다. 마사히로의 오프닝 멘트에 현장 직원들이 엄청 큰소리로 과장되게 웃었다.(내 옆에 있던 남자는 출연자들의 발언이나 동작 하나하나에 그런 반응을 보이고 있었다. 마치 최대한 크게 웃는 것이 일인 사람처럼.) 알고 보니 진행자가 게스트로 나온 부부의 친구이고 그들의 집에 가본 적도 있었다. "우리가 막 유명해지기 시작했을 무렵 포르노를 보러 댁에 갔던 것이 떠오르는군요." 진행자의 말에 다들 웃음을 터뜨렸다. 게스트 중에 부인은 요염한 표정으로 키득키득 웃었다. 여느 때와 마찬가지로 마사히로가 게스트에게 무엇이 먹고 싶은지 물었다. "여기는 정해진 메뉴가 없으니까 뭐든 원하는 대로 주문해도 됩니다!"라는 역시 항상 하는 멘트와 함께. 부부는 '채소가 많이 들어간 중국요리'를 주문했다. 다른 네 명의 SMAP 멤버가 요리에 필요한 모든 재료가 준비되어 있는 아래층 주방으로 나왔다.

네 남자가 요리하는 장면을 비춰주는 사이사이 "부인을 사랑하십니까?" 같은 좀더 직설적인 질문과 게스트의 답변이 양념처럼 들어갔다. 무대 뒤에 있는 전문 요리사가 이따금 이런저런 조언을 해주기는 했지만 조리대 앞의 SMAP 멤버들은 분명 직접 요리를 했다. 그것도 상당한 정도의 자신감과 기술을 가지고 노련하게 해냈다.

"SMAP 멤버들은 12년 동안 6500가지가 넘는 요리를 만들었습니다." 녹화가 끝나고 스튜디오 내의 식당에서 이런저런 대화를 나누는데 프로그램 PD가 해준 말이다. 멤버들이 직접 메뉴를 만들어내기도 한다고 덧붙였다. 미국이나 영국 게스트들은 어떻게 생각하던가요?(일본 TV 특유의 전통을 보여주는, 참으로 '일본다운' 프로그램이었기에 물어본 것이었다.) "정말 마음에 들어합니다. 니컬러스 케이지는 볼프강 퍽_{오스트리아에서 태어난 미국인으로 유명 요리사이자 레스토랑 주인 겸 배우}이 만든 요리보다 맛있다고 극찬했습니다. 캐머런 디아즈는 두 번이나 출연해서 노래하고 춤도 추었지요! 마돈나는 신고가 만든 샤브샤브를 정말 좋아했습니다. 처음 프로그램을 시작할 때는 멤버들 모두 요리에 서툴렀습니다. 하지만 그들은 새로운 도전을 두려워하지 않았지요. 오랫동안 노래하고 춤을 추었던 그들이지만 이제 요리라는 새로운 영역에 도전해보고 싶었던 겁니다. 처음에는 쌀 씻기, 양배추 썰기 같은 아주 간단한 것도 몰라서 하나하나 배워야 했습니다. 멤버들은 대단한 요리를 해서 사람들에게 강렬한 인상을 주려고 하지 않았습니다. 새로운 도전에 의미를 두었지요. 그러데 지금은 새로운 메뉴를 만들어내는 작업까지 하고 있습니다. 예전에 없던 새로운 요리를 만들어내는 일을 정말 좋아합니다. 자신들이 음악하면서 보여주었던 창의성을 요리를 하면서도 보여주는 것이지요. 처음에는 생각지 못했는데 이 프로그램 때문에 가정에서도 남자들이 앞치마를 두르고 요리하는 새로운 유행이 시작되었지요. 예전에는 생각도 못 할 일이지요. 남자들은 부엌에 들어가면 안 된다는 속담이 있을 정도였으니까요. SMAP가 상황을 완전히 바꿔버린 겁니다."

이들의 성공 비결이 대체 뭡니까? "첫째, 이들은 비틀즈와 비슷합니다! 멤버 각자가 [옆집 사는 친근한 소년, 반에서 인기 짱인 익살꾼, 든든한 오빠, 폼 나는 반항아, 귀염둥이 식으로] 구별되는 각자의 특징을 가지고 있습니다. 둘째, 시청자들이 SMAP 멤버가 스튜디오를 찾은 게스트를 진심으로 환영하고 성심성의껏 대접하고자 한다는 느낌을 받습니다. 어쩌면 이것이 가장 중요한 이유일 겁니다. 멤버들은 정말로 편안하게 쇼와 음식을 즐겼으면 하는 마음으로 게스트를 대하고 관객들이 그런 진심을 감지하는 것이지요. 이것이 프로그램 성공의 진정한 비결입니다. SMAP는 음식을 통해 관객과 소통합니다. 이것이 세계 곳곳에서 점점 중요한 소통 방식이 되어가고 있습니다."

스튜디오 이야기로 돌아가면, 중간에 진행자는 게스트가 네 멤버가 부지런히 음식을 만들고 있는 아래층 주방으로 가서 둘러보게 한다. 마음이 따뜻해지는 훈훈한 대화가 이어진다. 위층으로 돌아온 게스트 앞에 두 팀에서 완성한 요리가 도착한다. 평가 시간이다. 적팀에서는 크림 랍스터 볶음면에 돼지뼈 스프를, 황팀에서는 두부, 소 혀, 상어 지느러미, 시금치, 상추가 들어간 양파 소스를 얹은 볶음밥을 만들었다. 게스트들은 모든 음식에 '오이시이'(정말 맛있다)를 연발했지만 이번 주 승자는 황팀이었다.

갑자기 신고가 여장을 하고 나타났다. 짧은 체크무늬 치마에 긴 머리 가발을 쓴 모습이었다. 그리고 노래를 한 곡 불렀는데, 오늘의 게스트 중 부인이 가수 시절에 불렀던 노래라고 했다. 다들 배꼽이 빠져라 웃어댔는데 신고가 하는 말을 전혀 이해하지 못하는 내게도 정말 우습고 재미나게 보였다는 사실을 인정하지 않을 수 없다. 신고는 실감나는 표정 연기의 대가였던 버스터 키턴무성영화 시대에 활약한 미국 영화배우 같은 분위기와 매력을 지니고 있었다. 마사히로 역시 카리스마가 넘치고 심지가 강해 보이는 모습이 젊은 시절 빌리 크리스털을 연상시키는 에너지가 느껴졌다. 하지만 나머지 세 멤버는 이도 저도 아닌 애매한 느낌 아니면 우거지상, 맹한 백치미 같은 것이 있긴 했지만 적어도 내가 보기에는 두드러진 개성이나 매력이 없었다.

텔레비전 요리 쇼 녹화가 끝나면 스태프들은 기다렸다는 듯이 남은 음식을 향해 돌진하고 출연자는 가능한 한 빨리 현장을 떠난다. 이곳도 전반적인 분위기는 다르지 않았다. 다만 친근한 옆집 소년 격인 구사나기 쓰요시는 현장에 남아 스태프들이 주변을 치우는 동안에도 꿋꿋이 밥 한 그릇을 비웠다. 내가 한쪽 모퉁이에 앉아 밥을 먹고 있는 그에게 다가가서 인사를 건네자 쓰요시는 온화한 미소로 화답해주었다. "멋진 쇼네요" 하고 말하니 쓰요시가 다시 미소를 지었다. 쓰요시가 내 영어를 이해한 것인지 알 수 없었다. 아무튼 식사를 방해한 것 같은 미안한 마음에 더 이상 말을 걸지는 않았다.

녹화가 끝나고 후지 TV 스튜디오 밖으로 나오니 벌써 저녁 시간이었다. 수백 명의 SMAP 팬이 스튜디오 밖에 기다리고 있어서 이들을 뚫고 빠져나오기가 쉽지 않았다. 리슨과 애스거, 에밀은 나와 동행하지 않고 도쿄 도심의 요요기 공원과 여러 사원을 둘러보면서 오후를 보냈다. 내가 그날 스튜디오에서 만난 일본 유명 연예인들 이야기를 해도 아내와 아이들은 감동은커녕 시큰둥한 반응을 보이리라. 하지만 일본 아이돌이 정말 좋은 일을 한다는 생각을 지울 수 없었다. 한때 영국의 아이돌 그룹으로 이름을 날렸던 버스티드 멤버들이 과연 샤브샤브를 할 수 있을까? 아무래도 아니지 싶다.

수준이 다른
튀김 요리

　도쿄 도심의 상업지구는 정신없이 바쁘게, 열정적으로 일하는 사람들로 북적이는 벌집 같은 곳이다. 하늘 높은 줄 모르는 빌딩숲 사이에 미로처럼 뻗은 골짜기마다 이런저런 거래를 하고, 순식간에 수백만 달러를 벌기도 하고 잃기도 하면서 바삐 움직이는 사람들의 소리가 끊이지 않는다. 적어도 주중에는 분명 그렇다. 하지만 주말이 되면 한없이 적막해진다. 서부 영화에 단골로 등장하는, 메마른 회전초가 바람에 이리저리 굴러다니는 황량한 풍경을 기억하는지? 주말 이곳이 딱 그런 분위기다. 실제로 거대한 떼까마귀가 독수리처럼 머리 위를 맴돌고 있어 한층 더 을씨년스럽게 느껴진다. 이런 상황을 종합하면 주말 이곳의 미로 같은 거리에서 길을 잃으면 물을 사람이 없다는 의미가 된다. 친구 토시가 도쿄 최고의 튀김 가게라고 누누이 일러주었던 그곳을 찾을 수 없다는 의미도 된다. 아내와 아이들은 대낮의 열기 속에서 점점 지쳐갔다. 벌써 한 시간 가까이 나는 "얼마 안 남았어……"나 "바로 여기 모퉁이 근처인데……" 같은 말로 가족들을 다독이면서 미로 속을 헤매고 있었다. 30분 전부터는 졸려서 퍼진 네 살짜리 아이를 짊어진 채로 말이다. 에어컨 하나 무게는 족히 되는 아들 녀석 때문에 다리가 풀릴 대로 풀린 상태였다.

도쿄의 번지수는 논리적인 순서와는 거리가 멀기로 악명 높다. 어떤 건물이 지어지면 그 순간 번지가 부여되는 식이다. 오노 요코 거리 1번지가 도로 중간쯤에 있고, 바로 옆에는 3005번지가, 맞은편에는 80번지가 있는 일도 비일비재하다. 이런 상황에서 어떻게 편지와 택배가 배송되는지는 불가해한 동양의 신비가 아닐 수 없다. 이렇게 열악한 조건에서 우리는 코딱지만 한 크기에 간판조차 없다는 튀김 가게를 찾으려 했다. 건물 밖에 번지수나 표지판도 없다고 들었다. 토시가 준 한자가 적힌 종잇조각을 가지고 있기는 했다. 얼마나 오래 소중하게 쥐고 있었던지 쭈글쭈글한 데다 너덜너덜하기까지 했다. 그러나 애초에 가게 밖에 간판 따위가 없으니 종이에 적힌 한자를 그림이다 생각하고 맞춰볼 수조차 없었다. 말하자면 그곳의 존재를 말해주는 겉으로 드러나는 증거는 아무것도 없는 그런 가게를, 물어볼 사람 한 명 없는 곳에서 찾고 있는 상황이니 누가 봐도 단념하는 편이 현명했다.

실제로 찾으리라는 희망을 거의 접을 무렵이었다. 지금 생각해

보면 모든 상황이 찾기 힘들다는 쪽에 무게를 실어주고 있었으므로 그때까지 포기하지 않고 버틴 게 오히려 이상할 정도였다. 그런데 그때 정말 난데없이 주름이 자글자글한 작은 노인이 우리 앞에 나타났다. 엎드린 자세에 가까울 정도로 등이 굽었고 짧게 깎은 백발에 울퉁불퉁한 지팡이를 들고 있는 노인이었다. 혹여 놓칠세라 나는 재빨리 구겨진 종이를 노인의 턱 밑으로 내밀었다. 떨리는 손으로 종이를 받은 노인은 이리저리 돌려가며 꼼꼼히 한참을 살폈고, 마침내 우리를 보고 따라오라는 손짓을 했다. 왼쪽으로 한 번 돌고, 다시 오른쪽으로 돈 다음 길을 건넜다. 이어서 노인은 화분이 여럿 놓여 있고 구슬로 꿰어 만든 커튼으로 가려진 출입구 앞에 멈춰 서더니 손으로 그쪽을 가리키면서 들어가라는 제스처를 해 보였다. 이곳이 진정 최고의 튀김을 맛볼 수 있다는 튀김의 전당이란 말인가? 쉽게 믿기지 않았다. 나는 숨을 가다듬은 다음 커튼을 젖히고 들어가서 지나가는 남자 종업원을 향해 들고 있던 종잇조각을 흔들었다. 종업원이 고개를 끄덕이더니 메뉴판을 가져다주었다. 리슨과 아이들이 내 뒤를 따라 식당 안으로 들어왔다. 고맙다는 인사를 하려고 노인 쪽을 봤으나 그는 온데간데없이 사라져버린 후였다. 혹시 유령이었을까? 우리 가족의 집단적인 절박함이 불러낸 신기루, 말하자면 환영에 불과했을까? 우리 의지로 그가 존재하게 되었던 것일까?

하지만 그것은 순간적인 감상일 뿐이었다. 살짝 시선을 낮추니 미소를 짓고 있는 노인이 보였다. 나는 등이 한참 굽은 노인보다 더 낮게 몸을 숙여 감사 인사를 하고, 튀김을 함께 먹자고

청했다. 노인은 손사래를 치는 한편으로 고개까지 세차게 가로
저었다. 우리 가족이 아편굴이라도 가자고 했나 싶을 만큼 강경
한 거부의 표현이었다. 결국 우리는 작별 인사를 하고 헤어졌다.

　우리가 도착한 시간은 가게의 점심 영업시간이 끝나기 직전이
었다. 우리 말고 손님은 딱 한 사람뿐이었다. 정장 차림의 여자
손님이었는데 카운터에 앉아서 개방된 구조의 작은 주방에 있
는 요리사에게 직접 서빙을 받으며 음식을 먹고 있었다. 종업원
이 우리를 옆의 작은 방으로 안내했다. 다다미가 깔린 마룻바닥
에 앉으니 노화된 관절에서 투두둑 소리가 났다. 이런 관절 소리
는 이후 일본에 있는 두어 달 동안 점점 더 커진다.

　뱅어, 오징어, 뱀장어, 새우를 주문했는데, 새우 대가리가 따
로 나와서 애스거와 에밀이 적잖이 놀랐다. 튀김 하나하나가 정
말 훌륭했다. 바삭바삭 씹히는 울퉁불퉁한 튀김옷에는 윤기가
흘렀지만 먹어보면 기름기가 없이 담백했다. 안의 생선은 아직도
김이 나는 촉촉한 상태로 완벽하게 조리되어 있었다. 마지막으
로 나온 것은 작은 바지락이 들어간 된장국과 맛깔스러운 갈색
튀김 덩어리가 밥 위에 얹혀 있는 가키아게 튀김덮밥이었다. 된
장국은 향이 얼마나 좋은지 나도 모르게 입맛을 다시고 있었다.
밥에 올린 튀김 덩어리에는 에밀 손톱 크기밖에 되지 않는 작은
조개관자들이 잔뜩 들어 있었다. 일본 식당에서 밥과 국이 나오
면 곧 식사가 끝난다는 신호. 애스거와 에밀마저도 고생해서
찾아올 가치가 있었다고 인정했다. 이리하여 튀김이 파스타와
케첩을 몰아내고 아이들이 좋아하는 음식 목록의 최상위에 오

르게 되었다.

토시는 자기 이름을 말하면 요리사가 이야기를 나누러 올 것이라고 장담했다.

엄청 친절한 배려처럼 보이겠지만 그간의 경험으로 보면 토시의 도움을 받아들일 때는 의심도 해보면서 살짝 신중을 기할 필요가 있었다. 파리에서 토시는 일본어로 '메-시'라고 하는 명함 만드는 일을 도와주었다. 일본에서는 모든 사회 교류에 명함이 필수였으므로, 나도 일본어로 명함을 만들어야 했다. 내가 원한 명함 문구는 "마이클 부스, 영국 기자"였다. 하지만 토시 말고 내가 아는 다른 일본인이 우연히 명함 시안을 보더니 "도와주세요. 나는 학습장애를 앓고 있어요"라고 쓰여 있다고 알려주었다. 물론 토시의 작품이었다. 인쇄를 맡기기 하루 전에 요행히 발견했으니 망정이지 아니었으면 일본까지 와서 놀림감이 될 뻔하지 않았는가!

그럼에도 불구하고 나는 혹시나 하는 마음으로 종업원에게 토시의 이름을 말했고, 종업원이 요리사에게 이를 전했다. 아니나 다를까 토시의 말대로 요리사가 우리 앞에 모습을 드러냈다. 그사이에 손님 몇 명이 더 들어왔다. 주방에서 작업하는 모습을 지켜봐도 될까요? 다행히 요리사는 괜찮다고 했다.

이곳 튀김은 연한 갈색의 오톨도톨 얇은 튀김옷은 바싹 튀겨져서 바삭바삭한데, 안의 채소나 생선은 살짝 익어 촉촉하고 부드러운 것이 특징이었다. 튀김으로서는 그야말로 최상의 상태였기에 비결이 너무너무 궁금했다. 영국에서 먹는 튀긴 생선이나 감자 튀김옷과는 확연히 다른 이유가 무엇인가? 영국에서 그런 튀김을 먹으면 겉은 기름에 절어 눅눅하고, 속은 지나치게 익을 때가 많지 않은가?

"튀기는 생선에 대한 지식이 가장 중요하지요." 요리사가 밖에서도 훤히 보이는 비좁은 주방에서 설명했다. 보글보글 끓는 기름으로 인한 열기 때문에 요리사도 나도 얼굴이 벌겋게 달아올랐다. "그리고 채소에 대한 지식이요. 그리고 양념, 기름에 대해서도요. 그리고 반죽도요. 나는 10년 동안 작업을 거들면서 배우기만 했습니다. 겨우 1년 전에야 직접 반죽할 수 있게 되었지요."

가당치 않게도 나는 점심 식사 자리에서 그것을 마스터하려 하고 있었다. 쓰지 시즈오가 『일본 요리: 단순함의 예술』에서 말한 것처럼 "튀김 기술은 수백 년 전 유럽과 중국을 통해 일본에 처음 소개되었지만 일본인은 이를 더없이 세련된 요리 예술로 끌어올렸다." 그리고 쓰지는 튀김 밑에 까는 종이 접는 법을 꼼꼼하게 설명한다. 그것만 해도 대단했다. 이날 만난 요리사는 몇 가지 비결을 추가로 알려주었다. 우선 튀김옷 반죽. 밀가루, 물, 달걀만 넣고 튀김 반죽을 하는데 이때 사용하는 물은 얼음처럼 차갑다. 또한 자기가 직접 만든 특제 튀김 가루를 사용하는데, 밀가루 외에 소량의 베이킹파우더와 쌀가루가 들어간다고 했다. 달걀은 껍데기가 진한 것이 특징이다. 알고 보니 일본 달걀은 대부분 껍데기 색깔이 진했다. 반죽 그릇에 가루, 물, 달걀 순으로 넣는다. 음식에 계란이 먼저 입혀지고 가루가 나중에 입혀져야 하기 때문이다. 만든 반죽은 곧장 사용한다.(맥주가 들어가는 튀김 반죽은 냉장고에 한동안 넣어두기도 하는데 여기서는 그런 일이 전혀 없다.) 다음 비결은 일본어로 고로모(튀김옷)라고 부르는 반죽을 절대로 많이 저어주면 안 된다는 것이다. 실제로 이곳 요리사는 젓가락으로 대충만 휘휘 젓는 식이었다.

"그릇 주변에 들러붙은 덩어리가 많은데요." 내가 따지듯이 말했다. 곱게 섞이지 않은 반죽을 보니 일 보고 밑 안 닦은 것처럼 뭔가 찜찜했다. 꼼꼼히 저어서 들러붙은 덩어리들을 없애고 싶었다. 요리사가 수수께끼 같은 미소를 지으며 말했다. "맞습니다. 이런 덩어리들이 있어야 좋습니다. 이제 젓가락 한 쌍으로는 반죽을 저어 재료에 묻히고, 튀김용으로는 다른 젓가락을 씁니다. 둘을 구별해야 합니다. 다음 할 일은 기름 온도를 테스트하는 것입니다." 대다수 요리책에서는 튀김 기름 온도로 180도 정도가 좋다고 말한다. 그러나 진짜 노련한 튀김 요리사는 튀기는 재료에 따라서 기름 온도를 조절한다. 이곳 요리사가 설명하는 이유는 이렇다. 기름 온도가 180도라고 해도, 반죽 안에 있는 내용물 대부분은 다량의 수분을 함유하고 있기 때문에 물의 끓는점인 100도 이상에서 조리하기가 어렵다. 수분이 온도를 100도로 제한해버리기 때문이다. 튀김옷을 입히기 전에 재료에서 가능한 한 수분을 제거해야 하는 이유도 여기에 있다. 솜씨 좋은 요리사는 튀김 안의 재료가 완벽하게 조리되는 시점을 정확하게 안다. 그것이 기술인데 워낙 전문성이 요구되는 것이라 튀김 요리사는 감을 유지하기 위해 다른 요리는 하지 않는다. 정확한 시점은 당연히 튀겨지는 재료와 반죽에 따라 다르지만, 튀김옷을 어떻게 입히느냐에 따라서도 달라진다. 요리사가 뱀장어를 가지고 시범을 보여주었다. 뱀장어에 튀김옷을 입힌 다음 껍질 옆쪽 부분의 반죽을 살짝 긁어냈다. 이렇게 하면 열기가 껍질을 뚫고 들어가서 내용물이 단시간에 마침맞게 익는다.

내가 그동안 적당한 튀김 온도가 180도라는 말에 속은 것이 못내 억울하다는 표정을 짓자 요리사는 180도가 가정용 요리에는 적합한 온도라고 인정했다. 집어넣는 즉시 빵조각이 '쏴아' 소리를 내면서 표면으로 떠올라야 적당한 온도다.(한편 일본 내에서도 지역에 따른 기호 차이는 있다. 일본의 동쪽 간토関東 지방 사람들은 튀김이 황갈색으로 바싹 튀겨지는 것을 좋아하는 반면, 일본의 서쪽 간사이関西 지방 사람들은 연한 색깔로 약하게 튀긴 것을 좋아한다.)

요리사가 기다란 젓가락으로 새우 한 마리를 집어 사기 반죽 그릇에 넣더니 이내 기름 속에 떨어뜨렸다.(튀김용 반죽 그릇은 사용하기 편하게 한쪽이 운두가 낮았다.) 감탄이 일 정도로 민첩한 손놀림이었다. 몇 초 뒤 기름 속에 있는 새우를 잡고 살짝 흔들더니 이내 끄집어냈다. "그게 다예요?" 하고 물으니 당연하다는 듯이 고개를 끄덕인다. "기름은 정확히 어떤 것인가요? 식물성 기름인가요?" "음, 간토 지방에서는 약간의 참기름을 넣지만 간사이 지방에서는 그렇지 않습니다. 중요한 것은 한꺼번에 너무 많은 채소를 넣으면 기름 온도가 내려가서 튀김옷이 바삭하지 않다는 겁니다."

지금까지 호되게 당한 덕분에, 대부분은 허둥대고 서두르다가 망치고, 가끔은 한눈팔다가 음식을 너무 익히는 바람에 망친다는 사실은 그간의 경험을 통해서 스스로도 잘 알고 있는 바였다. 아무튼 튀김 섭취에 대해서 말하자면, 인간의 몸은 튀긴 음식을 무한대로 먹을 수 있게 되어 있지는 않다. 일본인은 항상 무즙을 넣은 찍어 먹는 양념장과 함께 튀김을 내놓는다.(양념장은 다시마와 말린 가쓰오부시에 미림과 묽은 간장을 넣어 만든 일본식 '육수'인 '다시'를 기본으로 만든다. 순수한 튀김 맛을 즐기는 사람은 고운 소금만 찍어서 먹기도 한다.) 그렇게 먹는 것이 기름진 음식을 소화시키는 데 도움이 된다고 믿기 때문이다. '일본의 아버지'라 불리는 전설적인 쇼군 도쿠가와 이에야스德川家康가 튀김을 너무 많이 먹어서 죽었다는 말이 있다. 그래서 일본인들은 지금도 튀김을 과하게 먹지 않도록 조심한다.

나는 스코틀랜드 특산품으로 통하는 마스바Mars Bar 튀김이라는 개념을 요리사에게 설명하려고 했다.마스바는 미국 초콜릿 회사인 마스 사에서 만든 초콜릿 바로, 1990년대 스코틀랜드 피시앤드칩스 가게에서 여기에 튀김옷을 입혀 튀기는 마스바 튀김을 처음 만들어 판매했다. 요리사는 아무래도 믿기는 않는다는 표정으로 실눈을 떴다. 메모지에 그림까지 그려 보여주자 더 미심쩍다는 표정을 지으며 옆에 있던 다른 요리사까지 불렀다. 둘이 일본어로 몇 마디 주고받더니 기대에 찬 눈빛으로 내 쪽을 바라보았다. 좀더 명확한 설명을 기다리는 눈치였다. "스코틀랜드에서…… 그러니까, 하기스양의 내장을 잘게 다져 갖은 양념을 한 다음 양 위에 넣고 삶은 우리나라 순대와 비슷한 스코틀랜드 전통 요리라는 요리 알죠? 숀 코네리 몰라요?"

"그들은 총과 성경만이 아니라 튀김도 가지고 왔다." 일본 통으로 일본에 관한 다수의 글을 남긴 미국 작가 도널드 리치는 16세기 중엽 유럽 선교사들의 일본 방문을 이야기하면서 그렇게 말했다.

물론 또 감사하게도, 당시 선교사 중에는 스코틀랜드 사람이 없었다.

8.

두 요리학교 이야기:
1부

일본 요리계의 정점에는 누구도 채우지 못할 것 같은 빈자리가 하나 있다. 1993년 쓰지 시즈오가 죽은 이후 그를 대신할 확실한 리더가 존재하지 않는 것이다. 일본 요리와 관련된 문제에서 어떤 해법을 제시했을 때, 누구라도 의심 없이 받아들일 그런 권위자가 아직까지 나타나지 않고 있다. 후쿠오카 사람이라면 어떤 양념장에 메밀국수를 찍어 먹어야 하는지에 대해서 누구라도 믿을 만한 분명한 대답을 해줄 사람, 뱀장어를 석쇠에 구울 때는 어떻게 연출하는 것이 좋은지를 정확히 말해줄 사람이 없다는 것이다. 몇몇이 쓰지 시즈오의 뒤를 잇겠다고 나서기는 했지만 아직까지는 누구도 성공하지 못했다.

현재 두 명의 강력한 경쟁자가 있지 않나 싶은데 마침 둘이 일본의 양대 요리 흐름을 대표하고 있다는 점도 흥미롭다. 도쿄를 중심으로 하는 일본 동쪽 지방, 즉 간토 지방의 요리와 교토와 오사카를 중심으로 하는 일본의 서쪽, 즉 간사이 지방의 요리를 대표하고 있는 것이다.

사실상 모든 종류의 일본 요리에는 간토 방식과 간사이 방식이 따로 있고, 말할 필요도 없이 양쪽 진영에서는 자신들의 방식이 우월하며 상대의 방식은 야만적이라는 신앙과도 같은 믿음을 가지고 있다. 일본 열도를 둘러보는 음식 기행을 계속하면서 나는 이런 사실을 점점 더 분명하게 깨달았다. 이런 대립은 뱀장어의 살을 발라내는 방법부터, 면을 차갑게 먹을지 뜨겁게 먹을지, 생선초밥에 들어가는 밥의 당도를 어떻게 해야 할지까지 사실상 모든 부분에 걸쳐 있었다.

공교롭게도 경쟁관계에 있는 간토와 간사이 지역에는 일본 최고 수준을 자랑하는 대규모 요리 학교가 하나씩 있다. 각각의 요리 전통을 계승하고 발전시키는 보루이자 요새라고 할 수 있으리라. 먼저 간사이 지역인 오사카에는 쓰지요리전문학교辻調理師專門學校가 있다. 쓰지 시즈오가 1960년에 설립했고 현재는 아들인 쓰지 요시키가 대를 이어 운영하고 있다. 한편 도쿄에는 간토 요리의 수호자로 1939년에 설립된 핫토리영양전문학교服部営養專門學校가 있다. 이곳 역시 현재는 설립자의 아들인 핫토리 유키오 박사가 운영하고 있다.

현대 일본 요리를 짊어지고 있는 리더라고 자인하는 인물이 둘 있다면, 바로 핫토리 유키오와 쓰지 요시키일 것이다. 나중에 나도 확인하게 되는 바이지만 경쟁관계에 있는 두 사람의 사이는 썩 좋지 않다. 둘 다 부유한 가정에서 태어나 최고 교육을 받은 세련된 사람이지만 직접 만나보면 전혀 위압감을 주지 않고 편안하다는 공통점도 있다. 아무튼 이들은 일본 요리계의 교황 자리, 즉 좋아하는 정도를 넘어 음식을 '숭배하는' 일본인의 확실한 문화적, 정신적 지주가 되는 그런 위치를 놓고 경쟁 중이다.

그러므로 21세기 초반 일본 음식의 미래를 논하면서 이들과 이들이 이끄는 두 요리학교 이야기를 빼놓을 수는 없다. 먼저 핫토리 유키오 박사에 대해 살펴보도록 하자.

핫토리 유키오 박사는 경쟁자인 쓰지 요시키에 비해 대중적인 인지도가 훨씬 더 높다. 핫토리는 일본이 (그리고 내가) 사랑하는 요리 프로그램 「철인 요리왕」에 고정으로 출연한 덕분에 미국 메이저 리그 선수에 맞먹는 유명세를 누리고 있다. 선구적인 요리 경연 프로그램이라고 평가받는 「철인 요리왕」을 한 번도 본 적 없는 사람에게 그것이 주는 짜릿한 흥분과 강렬한 재미를 제대로 전달하기란 쉽지 않다. 아무튼 프로그램을 보면 전문 요리사가 내부 패널인 철인 요리사 중 한 명에게 도전장을 내밀고 요리 실력을 겨루는 구조다. 철인 요리사들은 각각 프랑스 요리, 일본 요리, 중국 요리, 이탈리아 요리 전문가다. (실제로 의학박사 자격증이 있기 때문에) '박사'라는 별칭으로 불리는 핫토리 유키오는 프로그램 발전에 기여한 바가 크다. 메뉴를 개발하고 해설자로서 화려한 세트 위쪽에 설치된 발코니에 앉아 대결 모습을 보면서 중간중간 비평을 한다. 1970년대 미국 NBC에서 인기리에 방영된 인형극 「머핏 쇼The Muppet Show」에 나오는 스

태들러와 월도프를 기억하시는지? 발코니에 나란히 앉아서 비판을 늘어놓으며 다른 캐릭터들을 방해하는 역할인데 두 명이 아니라 한 명이라는 점은 다르지만 「철인 요리왕」에서 핫토리의 역할도 이들과 크게 다르지 않다. 안타깝게도 일본 버전의 「철인 요리왕」은 1999년에 막을 내렸다.(미국 버전은 2001년까지 계속되었고, 이를 통해 마쓰히사 노부유키松久信幸를 비롯해 여러 명의 스타 요리사가 탄생했다.) 그러나 핫토리는 이후에도 「사랑의 앞치마 愛のエプロン」 같은 흥미로운 제목의 프로그램을 비롯해 여러 음식 프로그램에 고정으로 출연하고, 식품 다양성에 관한 대대적인 캠페인 광고에 등장한다든지 하는 식으로 계속해서 대중의 관심과 사랑을 받았다.(도쿄 열차를 타면 핫토리의 모습이 SMAP 멤버들 모습만큼이나 자주 보인다. 물론 SMAP의 요리 쇼에도 출연한 적이 있다.)

최근 일본의 대표적인 영자 신문인 『재팬 타임스』에 실린 소개 기사에서는 핫토리 유키오를 "일본에서 제일 바쁜 남자"라고 표현하고 있다. 꾸준히 방송 출연을 하고 (학생이 1800명이나 되는) 학교를 운영하는 한편 『재팬 타임스』에 매주 음식 칼럼을 연재하며 10여 권의 저서도 냈다. 또한 지난 15년 동안 '바른 식생활 교육'을 의미하는 쇼쿠이쿠食育 캠페인을 이끌고 있기도 하다. 쇼쿠이쿠 캠페인은 일본 정부가 점점 더 서구화되어가는 국민의 식생활을 건강에 좋은 전통 식생활로 되돌리려는 목적으로 고안한, 음식과 건강에 관한 교육 프로그램이다.

이런 모든 정보를 종합해보면, 핫토리 유키오는 내가 현대 일본 음식 문화에 대한 의견을 구하기에 부족함이 없는 완벽한 사람이었다. 에미가 필요한 절차를 밟아 약속을 잡았고, 약속 당일 나는 숙소에서 전철로 두 정거장 거리에 있는 핫토리 요리학교로 갔다. 애스거와 에밀, 리슨은 숙소에 남아 포케몬 DVD를 실컷 보면서 쉬기로 했다.

핫토리 요리학교는 도쿄 중심가의 부촌, 요요기 공원 근처 대형 사무실 건물에 자리 잡고 있었다. 건물 밖에는 핫토리가 조엘 로부숑과 악수를 나누는 대형 포스터가 걸려 있다. 조엘 로부숑은 유명한 프랑스 요리사로 현재 가장 많은 미슐랭 스타를 확보하고 있기도 하다. 나는 조엘 로부숑이 주방장으로 있는 파리 레스토랑에서 2년간 근무한 인연이 있다.(그때는 로부숑이 지금처럼 유명하지 않았지만.)

황송하게도 핫토리가 직접 접수처까지 나와 맞아주었다. 검은색의 매끄러운 실크 마오수트를 말쑥하게 차려입은 멋쟁이였다. 은빛 머리카락은 머릿기름을 발라 깔끔하게 빗어 넘겼고 테 없는 안경을 쓰고 있었다. 신발 한 켤레 값이 내 1년 의복 예산을 넘어서겠구나 싶었고, 일광욕으로 검게 탄 피부는 거기에도 적지 않은 돈이 들어갔음을 말해주었다.

학교 여기저기를 안내해주던 핫토리가 스페인의 유명 레스토랑 엘 불리El Bulli, 스페인 바르셀로나에 있는 미슐랭 스타 최고 등급을 받은 레스토랑의 불도그 로고로 장식된 커다란 문을 열었다. 핫토리를 따라 안으로 들어가니 '아틀리에'라고 하는 회의가 가능한 조리실이 나왔다. 창밖으로는 나무가 늘어선 메이지 거리가 보인다. 우리가 자리에 앉자마자 직원이 녹차와 작은 접시에 담긴 쿠키를 내왔다.

일본인의 식생활이 도대체 언제부터, 구체적으로 어떻게 잘못된 방향으로 가고 있는지가 궁금했다. 서구만큼 상황이 심각하지는 않지만 일본인이 갈수록 뚱뚱해지고 있다면서 식생활 변화에 우려를 표하는 현지 영자 신문 기사를 읽은 참이었다. 신문에서는 가공식품, 유제품, 설탕, 지방 섭취는 늘어나는 반면, 채소와 과일 섭취는 줄고 있으며, 일본 전통 식품의 인기가 내리막을 걷고 있다고 한탄했다. 일본 음식에서 사실상 '신성시'되는 쌀 소비량조차 1세기 전에 국민 1인당 150킬로그램에서 지금은 60킬로그램으로 줄었다. 또한 어류 섭취량은 절반 이하로 줄어든 반면, 육류 섭취량은 두 배 이상으로 늘었다.

핫토리는 미국을 탓했다.

"전후 일본인들은 미국인에게 경도되었습니다. 그들의 크고 강인한 육체에 감명을 받았고, 그들이 빵과 감자, 신발 밑창만큼이나 두꺼운 스테이크를 먹는 모습을 보고 따라 하기 시작했지요. 일본 사람들은 육체적으로 강해져야 한다는 엄청난 압박을 느꼈고, 미국인처럼 되려고 버터, 우유, 밀가루 등을 점점 더 많이 먹었습니다. 학교의 점심 급식 메뉴가 하루아침에 쌀에서 빵으로 바뀌었습니다. 콩, 해초, 익힌 채소, 쌀, 생선 같은 일본 음식을 훨씬 더 넘어섰지요. 지방 섭취가 늘어나면서 당뇨와 심장 질환 역시 증가했습니다. 과거 우리 일본인은 콩과 생선, 두부를 통해 필요한 단백질을 섭취하는 이상적인 식사를 하고 있었습니다. 하지만 요즘 젊은이들은 정크 푸드, 즉석식품 같은 질 낮은 음식에 빠져 지냅니다."

핫토리는 일본인과 서구인의 신체적 차이 때문에 문제가 더 심각해졌다고 설명한다. 일본인의 창자는 서구인들의 것보다 평균 60~70센티미터가 긴데, 이는 힘든 환경에 적응해온 진화의 결과물이다. 과거 일본은 국내 식량 생산량 부족으로 잦은 기근에 시달렸다. 그런 까닭에 건강에 좋은 소량의 음식에서 최대한의 영양소를 뽑아낼 수 있도록 유전적으로 진화한 결과가 길어진 창자다. 창자가 긴 만큼 음식물을 오래 몸 안에 담아둘 수 있기 때문이다. 하지만 식생활이 많이 바뀐 지금 일본인들의 이런 신체적 특성이 도움이 되기는커녕 몸을 해치는 독으로 작용하고 있다. 서구화된 식생활을 통해 섭취한 온갖 지방, 첨가물, 당분을 몸에 오래도록 담고 있어야 하기 때문이다. 핫토리의 설명을 들어보자. "일본은 식량 위기와 기근으로 고생한 역사가 깁니다. 그런 탓에 일본인의 DNA 깊숙한 곳에는 다음 주 혹은 다음 달까지 먹지 못할지도 모른다는 두려움이 각인되어 있습니다. 그래서 가능한 한 몸에 오랫동안 음식을 담고 있도록 진화했습니다." 일본인이 하와이로 이주한 뒤, 현지인과 똑같은 식사를 해도 현지인보다 훨씬 더 살이 쪘는데 바로 이런 이유에서라고 한다. 나로서는 생각지 못한 대단한 발견이었다.

핫토리는 요즘 젊은 세대를 그다지 좋게 생각하지 않았다. "젊은 사람들은 선배들처럼 주방에서 열심히 배우고 일할 각오가 되어 있지 않습니다. 당연히 요리 수준도 떨어질 수밖에 없지요.

죽을힘을 다해 열심히 하면 정말 많은 것을 배웁니다. 그러나 요즘 일본을 보면 학교에서도 가정에서도 규율과 징벌이 사라지고 있습니다. 요즘 사람들은 너무 쉽게 포기해버립니다. 또 항상 칭찬만 듣다보니 비판을 받아들이지 못해 발전하지 못합니다. 우리 학교 학생들도 마찬가지더군요."(『재팬 타임스』를 보면 핫토리는 말을 듣지 않는 아이들의 손이나 엉덩이를 때리는 체벌에도 찬성하는 입장이다. 기사에서 핫토리는 "시기를 놓치면 고칠 수 없게 됩니다!"라고 말했다.)

당연히 핫토리의 체벌과 교육에 대한 생각은 전후 일본 분위기의 산물이다. 현재 핫토리는 예순네 살이다. 그렇기 때문에 핫토리가 「철인 요리왕」이나 「사랑의 앞치마」 같은 대중 취향의 프로그램에 출연한다는 사실이 더 놀랍게 느껴진다.

의외로 핫토리는 「철인 요리왕」을 자랑스럽게 생각했다. "「철인 요리왕」 이전에는 젊은이들이 요리사에 관심이 별로 없었습니다. 「철인 요리왕」은 대중이 사랑하는 슈퍼스타 요리사들을 만들어냈지요. 젊은 친구들이 그런 모습을 보고 자극을 받았습니다. 「철인 요리왕」 이전에는 초등학교 학생들을 상대로 조사한 인기 직업 순위에서 요리사는 서른다섯 번째에 불과했습니다. 하지만 「철인 요리왕」 이후로 1위가 되었고, 지금도 5위를 차지하고 있습니다."

우리가 만났을 당시 핫토리는 막 영국 여행을 마치고 돌아온 참이었다. 당연히 나는 영국 음식에 대해서 어떻게 생각하는지, 영국에서 접하는 일본 음식에 대해서는 어떻게 생각하는지를 물었다. "다른 나라에서 접하는 일본 음식도 점점 더 좋아지고 있습니다." 핫토리가 예의 바르게 말했다. 내가 알기로 핫토리는 일정 기준을 만족시키는 해외 일식당에 정부 공인 인증서를 발급하자는 일본 농림수산부의 정책 수립 과정에도 참여하고 있었다. 하지만 예의를 차리느라 진짜 자기 생각을 말하지 않는 것은 아닐까 하는 생각이 들었다. 이런 마음을 알았던 것일까? 핫토리가 "팻덕The Fat Duck, 런던 교외에 있는 미슐랭 스타 최고 등급을 받은 레스토랑으로 분자 요리로 유명이 마음에 들었습니다"라고 덧붙였다. 팻덕 이야기가 나오자 내가 대뜸 물었다. "일본에서는 왜 분자 요리가 유행하지 않는 건가요? 특히나 도쿄는 새로운 것, 재미난 것에 관심이 많은 도시 같은데요."

"하하!" 어딘지 오만함이 느껴지는 웃음이었다. "일본에는 40년도 더 전부터 분자 요리가 있었습니다. 토마토 주스인가 뭔가로 만드는 인조 캐비어 있죠? 일본 시장에는 40년 전부터 있었습니다.[그의 말이 옳다. 인조 캐비어 만드는 데 쓰이는 똑같은 응고제가 두부를 만드는 데 쓰이고 있었다.] 페란 아드리아엘 불리의 수석 요리사는 일본 식재료를 좋아하더군요. 귀국할 때 정말 여러 가지를 사가지고 갔습니다. 6년 전에는 유자를 가르쳐주자 좋아서 어쩔 줄 모르더군요. 그리고 된장, 생고추냉이[와사비], 가쓰오부시 등도 정말 마음에 들어했습니다." 알고 보니 칡이나 우무처럼 분자 요리에서 점성을 높이는 용도로 쓰이는 여러 재료도 일본 것이었다.

핫토리가 조금 초조한 기색으로 자기 시계를 흘끗거렸다. 인터뷰를 마무리해야 할 시간인 모양이었다. 그에게 묻고 싶었던 마지막, 중요한 질문이 하나 있었다. 일본에서 최고의 레스토랑은 어디인가?

"아, 최고의 레스토랑 말입니까? 보통 사람은 들어가지 못하는 곳입니다. 일반인에게 오픈된 곳이 아니라는 의미지요." 그곳을 생각만 해도 기분이 좋은지 핫토리의 얼굴 가득 미소가 번졌다. "예약도 불가능합니다. 전화번호부에도 올라 있지 않으니까요. 회원 중에 아는 사람이 있어야 입장이 가능합니다. 제가 회원이지요. 매년 그곳 요리사가 제게 초대장을 보내줍니다. 한 달에 한 번 날짜를 선택해서 식사를 할 수 있지요. 그러면 요리사가 예약 확인 사실을 알려줍니다. 페란 아드리아를 데려간 적이 있습니다. 감탄해서 거의 울먹이더군요. 조엘 로부숑도 데려갔습니다. 로부숑 역시 울었습니다. 거기서 식사하는 사람들의 얼굴을 보면 압니다. 맛을 보는 순간 자기도 모르게 얼굴에 미소가 퍼진답니다. 그곳 요리사는 재료 하나하나의 맛과 특성을 최대한 살려 요리합니다. 정말 놀라울 정도지요. 특히 다시의 달인입니다. 나는 15년째 그곳에 다니고 있습니다."

"우와! 거기서 꼭 한번 식사를 해보고 싶네요!"

핫토리가 내 눈을 들여다보고 다시 생각하는 표정으로 잠깐 자기 손을 내려다보았다. 그리고 다시 고개를 들더니 말했다.

"저와 함께 가시지요."

"네? 그 레스토랑을 보러 가자는 말씀인가요?"

핫토리가 검은색 작은 수첩을 꺼냈다.

"아닙니다. 먹으러 가는 것이지요. 10월 30일. 오후 6시 30분. 긴자에 있는 소니 빌딩 밖에서 만나시죠. 레스토랑 이름은 미부王生입니다."

"감사합니다. 정말 감사합니다. 정말 기대되는군요." 이렇게 좋은 기회가 오다니 믿기지가 않았다. 일본의 요리계의 최고 권위자(이렇게 초대까지 해주니 나한테는 더더욱 그렇게 느껴졌다)가 자신이 일본 최고 레스토랑이라고 평가하는 곳에서 같이 저녁 식사를 하자고 나를 초대하다니! 이거야말로 결코 놓쳐서는 안 될 운명의 저녁 식사가 아닌가!

핫토리가 갖고 있는 초대장은 그것만이 아니었다. 핫토리가 계속 시계를 봤던 이유인 다른 초대장이 있었다. 그날 오후 핫토리의 학교에서는 일본 요리 아카데미 주최의 제1회 '일본 요리 경연대회' 간토코신関東甲信 지역 대회가 개최된다고 했다. 현재 일본에서 활동하는 최고의 요리사를 찾아내자는 것이었다. 핫토리는 대회 심사위원장이었다. 같이 가서 보고 싶으냐고? 물어볼 필요도 없는 얘기지.

두 시간쯤 뒤에 다시 학교로 와보니 경연 참가자 수십 명이 반짝반짝 광이 나는 엄청 넓은 주방 두 곳에서 한창 요리를 하고 있었다. 참가자는 모두 남성이었는데 일본에는 서구보다 여성 요리사가 훨씬 더 드물다. 행사를 취재하러 온 기자들이 대여섯 있었는데, 서구인은 내가 유일했다. 요리사들 사이를 자유롭게 돌아다니도록 허락받은 사람도 내가 유일한 듯했다. 어쩌면 이미 요리사들 사이를 휘젓고 다니는 나를 누구도 감히 제지하지 못해서 결과적으로 그렇게 된 것인지도 모른다. 어느 쪽이든 나는 물정 모르는 외국인이라는 지위를 십분 활용했다. 요리사들의 작업 모습을 지켜보는 것은 항상 즐거운 일이다. 민첩한 손놀림, 빠른 속도, 요리에 대한 열정을 보면 최면에 걸린 것처럼 빠져들고 만다.

경연에 참가한 요리사는 세 시간 동안 세 가지 요리를 4인분씩 만들어야 한다. 3인분은 세 명의 심사위원을 위한 것이고 나머지 하나는 전시용이다. 참가자들의 나이는 30대부터 50대에 걸쳐 있었고, 각각 최소 5년 이상 전문적으로 요리한 경험을 가지고 있었다. 지역 대회인 오늘 경연에서 우승하는 한 사람만이 2008년 초 교토에서 열리는 결승에 진출하게 된다. 교토에서 열리는 결승전에서 우승하면 상금으로 100만 엔(약 1000만 원)을 받는다. 하지만 상금보다 중요한 부상이 하나 있다. 2008년 10월 독일 프랑크푸르트에서 열리는 요리 올림픽에 일본 대표로 참가하게 되는 것이다.

경연장 대기에 감도는 팽팽한 긴장감이 손으로 만져질 것만 같았다. 진한 다시 향기만큼이나 강한 긴장감이었다. 나는 다시가 일본 요리에서 차지하는 비중이 얼마나 큰가를 서서히 깨달아가고 있었다. 다수의 전통 프랑스 요리의 기본이 송아지 고기 육수이듯, 그리고 많은 이탈리아 요리의 기본이 토마토소스이듯 일본에서는 다시가 기본이 되는 요리가 많았다. 그러나 프랑스 요리의 퐁드보[송아지 고기 육수]와 일본 요리의 다시는 여러

면에서 차이가 있다. 송아지 뼈를 오븐에 넣고 구운 다음 푹 삶아야 하는 퐁드보는 보통 여섯 시간 정도가 걸리지만 다시는 몇 분이면 만들어진다는 점이 가장 큰 차이가 아닐까 싶다.

일본 요리의 기본 중에 기본이라는 이치반다시一番出汁[다시마와 가쓰오부시를 물에 넣고 끓여서 첫 번째로 우려낸 국물]를 만드는 조리법을 보면, 엽서 크기의 말린 다시마 조각을 물에 넣고 서서히 가열하다가 물이 끓기 직전에 빼낸다.(이렇게 빼내지 않으면 향이 나빠질 수 있다.) 그리고 가쓰오부시(가다랑어를 훈제해 숙성시킨 다음 말린 살코기를 대패질하듯이 얇게 깎은 것) 조각을 한 줌 집어넣고 1분 정도 우러나게 내버려둔 다음 체로 걸러낸다. 그러면 끝이다. 기본은 이렇지만 기호에 따라 추가할 수 있는 다양한 재료가 있다. 가다랑어 외에 다른 말린 생선, 여러 가지 해초, 말린 버섯 등등. 그러나 기본 다시는 된장국부터 튀김 양념장/디핑 소스까지 실로 다양한 일본 요리의 토대가 된다.

나는 한 참가자가 대여섯 줌의 가쓰오부시를 넣고 다시를 만드는 모습을 잠시 지켜보았다. 요리사는 몇 분 동안 우러나도록 내버려두었는데 저러면 안 되지 싶어 보는 내가 더 걱정되었다. 다른 요리사는 닭 날개와 파를 넣고 다시를 만들었는데, 살짝 프랑스풍에 가깝지 않나 싶었다. 향은 끝내줬지만 아무래도 일본 요리 같지 않다는 생각을 지울 수 없었다.

나머지 참가자들도 썰고, 휘젓고, 모양을 내고, 튀기고, 볶는 작업을 하느라 여념 없었다. 한편 몇몇 심사위원은 주방을 돌아다니면서 매서운 눈초리로 참가자들의 작업 과정을 살피고 있었다. 경연 참가자들이 얼마나 체계적으로 조리를 하는지, 위생 상태는 어떠한지 등을 꼼꼼히 체크하는 것이 목적이다. "좋은 요리사가 되려면 시작할 때부터 전체 공정을 머릿속에 그리고 있어야 합니다." 한 심사위원이 내게 속삭였다. "목표가 확실해야 합니다. 시식하고 점수를 매기는 심사위원들은 따로 있습니다. 요리사들이 주방에서 일하는 모습을 보고 시식에 영향을 받으면 안 되니까요. 아주 효율적으로 깔끔하게 요리해내는 모습을 보면 맛에 상관없이 요리사가 좋게 보일 수 있습니다. 그렇지만 식당에 가서 음식을 먹을 때는 그런 과정을 볼 수 없지요."

한 요리사는 알갱이가 붙어 있는 밀대 하나를 집어 그대로 기름에 넣고 튀겼다. 그러자 붙어 있던 밀 알갱이들이 팝콘처럼 부풀어 올랐다. 요리사는 이것을 접시를 꾸미는 장식으로 활용했다. 상당히 아방가르드적인 취향이다 싶었다. 같은 요리사가 이번에는 생선 살코기 위에 비늘들을 놔둔 채로 석쇠에 굽자, 열기 때문에 비늘들이 수정처럼 화려한 모습으로 변했다. 지켜보는 나에게는 마냥 신기하게만 느껴졌다.

나한테는 생소한 재료를 사용하는 요리사도 많았다. 쑥을 가지고 작업하는 요리사가 있는가 하면 곤약을 쓰는 요리사도 있었다. 곤약은 맛이나 냄새가 없는 투명한 젤리 같은 물질로 구약나물의 알줄기를 가공하여 만든 것이다. 소화에 좋다고 알려져 있다. 치자 열매, 백합 뿌리, 사케 양조 과정에서 나오는 술지게미, 목이버섯 등을 조리대 위에 올려놓고 부지런히 손을 놀리는 요리사도 있었다.

참가 번호 13번, 고다마 유사쿠에게 이번 대회를 위해 따로 연습을 했느냐고 물었다. "아닙니다. 이건 제가 우리 식당에서 만들던 메뉴입니다." 고다마는 사장이 나가라고 해서 대회에 참가하게 되었다고 했다. "그런데 공간이 한정된 낯선 주방에서 요리하는 것이 생각보다 훨씬 힘들군요. 공간을 어떻게 활용할까 생각해보고 왔으면 좋았을 거라는 생각이 듭니다. 가장 큰 문제는 시간입니다. 원하는 맛을 내기 위해 재료를 하룻밤 묵히기도 하는데 여기서는 불가능합니다. 그래서 맛을 뽑아내기 위해서 재료를 끓였다가, 얼음에 넣어 식히고, 다시 끓였다가 얼음에 넣어 식히는 과정을 반복해야 합니다."

한 참가자의 대나무 찜기에 불이 붙는 바람에 화재 경보가 울렸고 보조 요원들이 한바탕 곤욕을 치렀다. 지저분해진 냄비와 프라이팬이 쌓여갈수록 경연장 안의 긴장도 높아졌다. 요리사들의 손놀림이 한층 더 빨라졌고, 더불어 소음도 점점 더 커져서 경연장 안은 일종의 '패닉 상태' 같았다.

종료 시간이 다가오면서 참가자들이 서서히 요리를 마무리했다. 하나하나 요리가 완성될 때마다 보조 요원들이 아래층의 창문 없는 작은 방으로 가져간다. 핫토리와 역시 잘나가는 요리사인 다른 두 명의 심사위원이 개별 탁자에 앉아 시식을 기다리는 곳이다. 또한 한 접시씩은 경연장 한쪽 벽에 일렬로 늘어선 탁자 위로 가져갔는데, 나중에 참가자들이 직접 보고 비교할 수 있도록 한 것이다.

아래층은 그야말로 쥐 죽은 듯 조용한 가운데 이따금씩 사기 그릇에 젓가락 부딪는 소리, 점수를 기록하느라 종이 위에 볼펜 굴러가는 소리, 한 가지 요리 시식을 끝낸 다음 입안을 헹구기 위해 물을 마시는 소리만이 들렸다.

핫토리는 중앙 탁자에 앉아 있었다. 내가 가능한 한 소리를 내지 않고 조용히 구석 자리에 앉으려 하는데, 핫토리가 고개를 들어 내 쪽을 봤다. 미간을 잔뜩 찌푸린 것이 영 불만스러운 모습이었다. 시식 도중 이따금 머리를 가볍게 흔들고, 새로운 요리가 도착할 때마다 깊은 한숨을 쉬는 것으로 보아 도통 마음에 들지 않는 눈치였다. 시식을 한 다음 짜증스럽다는 표정을 노골적으로 드러낼 때도 있었다. 무엇이 잘못된 것일까?

한 시간쯤 뒤에 평가가 끝났고 핫토리가 일어서서 방을 나갔다. 나는 재빨리 그를 따라가서 다른 심사위원 한 사람과 함께 엘리베이터를 탔다. 엘리베이터 문이 닫히자마자 핫토리의 표정이 완전히 일그러졌다.

"봤지요! 기막힌 노릇입니다. 도대체 무슨 생각들을 하고 있는지 모르겠더군요. 정말 참담한 노릇입니다!" 내가 깜짝 놀랄 만큼 강경한 어조였다.

"그렇지만 제가 보기에는 훌륭한 요리 같던데요." 내가 말했다.

"아니요. 절대 아닙니다. 다시를 제대로 만들 줄 아는 사람이 한 명도 없더군요. 정말 끔찍했습니다! 기가 막힐 만큼 수준이 낮았습니다. 여기 학생들하고 같은 수준이었지요. 너무 짜고, 맛이 너무 강하고."

한 시간 뒤 경연 참가자를 비롯한 관계자 전부가 핫토리 요리

학교의 대표 조리연습실인 레드룸에 다시 모였다. 경연 당시 요리사 복장이었던 참가자들은 이제 사복을 입고 있었다. 삼삼오오 모여 잡담을 나누는 이들도 있었고, 넥타이나 볼펜 등을 초조하게 만지작거리는 이들도 있었다. 물론 참가자들 중에 누구도 요리사로서의 자부심을 깔아뭉개는, 사형 집행과도 같은 충격적인 평가와 질타가 자신들을 기다리고 있다는 사실을 꿈에도 알지 못했다.

잠시 뒤에 핫토리가 동료 심사위원 및 보조 요원들과 함께 들어왔다. 조리 과정을 평가하는 심사위원 중 한 사람이 먼저 발언했다. 제한된 시간에 긴장이 상당했을 텐데도 참가자들이 훌륭하게 해주었다고 치하하는 내용이었다. 이어서 핫토리가 딱딱하게 굳은 표정으로 연단에 섰다.

"여러분 중 다수가 기본적인 기술조차 부족하다는 생각이 들었습니다. 간을 맞추고, 다시를 만들고, 불을 다루는 아주 기본적인 것들 말입니다. 모두 중요한 부분인데도 말입니다. 음식에 소금을 과하게 넣는 사람이 많았습니다. 일본 요리에서 기본 중의 기본인 다시를 제대로 만드는 사람이 거의 없었습니다. 일부 요리는 사실상 가정 요리 수준이었습니다. 솔직하게 말하자면 시식하면서 '이들이 전문 요리사가 맞는 것인가?' 하고 자문해야 할 정도였습니다. 부디 여러분이 일본 요리의 기본으로 돌아갔으면 합니다. 다시, 소금, 불을 제대로 익혔으면 합니다. 여러분이 세계가 존경하는 일본의 진정한 맛을 제대로 익혔으면 합니다!"

참가자들 중 누구도 이런 신랄한 비난을 예상하지 못했을 것이다. 나로서는 측은한 마음이 앞섰다. 그날은 나라 전체가 쉬는 휴일로, 보통은 가족들과 함께 성묘를 가는 날이었다. 아마 주중에 유일한 휴일이었을 것이다. 휴일까지 반납하고 세 시간 동안 죽을힘을 다해 요리를 만들었는데 실력이 형편없다는 질타를 듣고 있는 것이다. 다들 적지 않은 충격을 받은 모습이었고, 우승자도 마찬가지였다. 우승자가 플라스틱 메달을 받는 순간에도 박수 소리는 뜨문뜨문 들릴 뿐이었다.

끝나고 나는 두 명의 참가자에게 핫토리의 말을 듣고 어떤 생각을 했는지 물었다. "여기를 콕콕 찌르더군요." 한 사람이 자기 가슴을 치면서 말했다. "맞아요. 하지만 그분 말이 맞습니다." 다른 사람이 덧붙였다.

9.

세계 최대의
해산물 시장

생각해보면 가리는 음식이 많은, 특히 날로 먹는 생선을 노골적으로 거부하는 식성 까다로운 아이 둘을 데리고 일본을 여행하는 경우, 기생충 박물관 방문은 그리 현명한 선택이 아니다. 기생충에 대해 알고 막연한 두려움을 극복하기는커녕 역효과를 내기 십상이기 때문이다. 그곳 박물관의 명물인 8.8미터나 되는 촌충을 직접 보고 나면 평소 생선초밥을 좋아하던 사람이라도 먹고 싶은 생각이 멀리 달아나버린다.

나는 유난하다 싶을 만큼 위생을 강조하면서 자연 상태에 예민한 반응을 보이는 동시에 항문기 유아처럼 배설물을 비롯한 지저분한 것에서 쾌감을 느끼는 흥미로운 양면성을 보이는 사람이다. 이외에도 나는 흥미롭고 기이한 의학 사례에 관한 이야기도 좋아한다. 이처럼 상충되는 저속하고 미개한 본능이 기생충 박물관에서 충족되리라는 예감이 들었고 실제로 그랬다. 또한 애스거와 에밀 역시 박물관 안의 온갖 벌레와 배설물을 보면서 쾌감을 느끼리라고 생각했다.

생선에는 50종이 넘는 기생충이 산다고 알려져 있으며, 박물관에 전시된 특정 부위를 확대한 사진들로 보건대 이들 중 일부는 매우 끔찍한 모습이다. 보기만 해도 마구 구역질이 나는 역겨운 유충을 가진 녀석들도 있다. 어떤 것들은 사람을 죽음에 이르게도 한다. 고환이 더플백 크기만큼 부푼 남자 사진은 지금 생각해도 몸서리가 쳐진다. 아마 죽을 때까지 잊히지 않고 나를 괴롭힐 것이다. 작은 기생충이 어떻게 사람을 저렇게까지 만드는 걸까? 무슨 목적으로?

비위 약한 사람들을 배려해서 일부러 박물관을 꼭꼭 숨겨두었는지도 모른다. 도쿄 교외, 같은 모양의 집들이 늘어선 이름 없는 주택가의 2층과 3층에 자리하고 있으니 말이다. 기생충 때문에 각종 질병에 걸려 고생하는 다수의 환자를 자기 병원에서 치료하면서 경각심을 느낀 의사 가메가이 사토루가 1953년에 이곳 기생충 박물관을 설립했다. 일본인에게 식품 위생의 중요성을 알리려는 노력의 일환이다. 가메가이는 평생 환자를 치료하면서 4만5000개나 되는 기생충 표본을 모았고, 그런 과정에서 현미경으로 봐야 보이는 작은 벌레, 폐수, 변기 등에 다소 건강하지 못한 집착을 키우게 되었다.

특이하게도 우리가 방문했던 날 박물관을 찾은 관람객은 대부분 연인들이었다. 재미난 박물관 데이트다 싶었다. 다들 벌레,

고양이, 쥐, 곤충 등에 있는 기생충이 이리저리 옮겨다니는 과정을 나타낸 다양한 모형과 도표 등을 진지한 표정으로 꼼꼼히 살폈다. 기생충의 입체 절단 모형은 물론 포름알데히드에 들어 있는 섬뜩한 표본들도 있었다. 무수히 많은 다리에 머리에는 역시 무수히 많은 가시가 돋은, 끔찍한 외계인 같은 기생충 표본도 있었다.

보고 싶은 독자들을 위해 알려드리자면 이곳의 정확한 명칭은 메구로 기생충 박물관이다. 실물처럼 만든 개똥 모형도 시선을 사로잡으면서 동시에 보는 이를 불편하게 만드는 전시물 중 하나다. 강에서 물고기를 거쳐 인체로 들어오는 기생충의 먹이 사슬을 표현한 그림도 여럿 있다. 그리고 8미터나 된다는 '문제의' 거대 촌충이 있다. 송어를 먹고 촌충이 생긴 어떤 남자의 몸에서 제거한 것이다. 유리 상자 안에 겁먹은 유골처럼 대롱대롱 매달려 있다. "나한테 저런 게 있으면 밧줄로 사용할 수 있을 텐데." 에밀이 맥가이버 같은 엉뚱한 모습을 보이며 말했다.

자연산 연어는 특히 날로 먹기에 위험한 생선이다. 민물과 바닷물을 모두 다니면서 양쪽 세계의 가장 나쁜 것들을 주워오기 때문이다. 연어는 촌충은 물론이고 고래회충 유충도 옮길 수 있다. 고래회충 유충이 우리 몸에 들어가면 위경련을 비롯해 심각한 질병을 유발할 수 있다.(양식한 물고기는 자연산에 비해 기생충이 있을 확률이 낮다. 양식 과정에서 각종 화학약품을 잔뜩 투여하기 때문이다.) 이들 기생충은 숙주인 인체에서 수십 년 동안 살기도 한다. 물론 생선을 (140도 이상의 고온에서) 조리하거나 극저온에서 동결하면 기생충이 죽는다. 그렇다고 죽은 기생충이 식감을 돋우는 것도 아니니 애초에 없는 편이 나을 것이다. 생선을 날로 먹는 위험을 최소화하려고 집에 있는 냉장고 냉동실에 넣는다고 항상 문제가 해결되는 것은 아니다. 냉동해서 기생충이 죽으려면 온도가 영하 20도 이하로 내려가야 한다. 그러나 가정용 냉장고의 냉동실 온도가 영하 20도 이하로 내려가는 경우는 흔치 않다. 담수와 해수를 넘나드는 연어가 안전하지 않다면, 급속도로 변질되는 속성을 가진 고등어는 몇 배 더 위험하다. 생선초밥이 처음 생긴 18세기에 고등어 초밥을 만들 때는 먼저 식초에 넣고 초절임을 했는데 변질되기 쉬운 고등어의 성질 때문이었다.

"그런데 저런 것이 어떻게 우리 몸 안에서 살 수 있어요?" 애스거가 거대한 촌충을 가리키면서 물었다. 나는 이런 질문이 항상 두렵다. 그래서 과학 비스무리한 분위기가 풍기는 박물관에 가면 항상 긴장하게 된다. "하늘은 왜 파란색이에요?"와 같은, 나로서는 답변 불가인 질문들이 나올 수밖에 없기 때문이다. 나란 사람은 중요한 것과 관련해서는 아는 바가 아무것도 없기 때문이다. 당황한 내가 도와달라는 의미로 리슨을 봤다. "저기 도시락 온다." 일부러 그랬는지는 잘 모르겠지만 리슨 덕분에 아이의 관심이 도시락으로 옮겨간 것은 사실이다.

기생충 모양 열쇠고리와 이곳의 명물인 8미터짜리 촌충을 활용한 티셔츠 등이 쌓여 있는 기념품 가게를 마지막으로 우리는 박물관을 나왔다. 아무튼 나오면서 드는 생각은 우리 모두 자연, 특히 바다와 조금은 교감할 필요가 있다는 것이었다. 벌레에게 잡아먹힐지도 모른다며 생선을 거부하는 일행을 둘이나 데리고 일본 여행을 계속하기에는 아무래도 무리가 있었다. 다행히 나한테 해결책이 하나 있었다.

　세계 최대의 어시장을 떠난 뒤에야 드는 생각은 신기하게도 생선 비린내가 조금도 나지 않았다는 것이다. 매일 200만 킬로그램의 해산물이 드나들고, 자갈이 깔린 통로에는 생선 피와 내장, 바닷물이 넘쳐나는데도 말이다.
　누군가가 전 세계의 모든 바다를 샅샅이 훑어서 찾은 그날의 수확물을 이곳 도쿄중앙도매시장(쓰키지築地라는 별칭으로 더 널리 알려져 있다)으로 가져왔다고 말해도 나는 분명 믿었을 것이다. 그렇게 많은 해산물이 하나같이 신선해서 나는 냄새라고는 바다 자체의 냄새뿐이었다.(신선한 정도가 아니라 아직 팔팔하게 살아 있는 해산물도 많았다.)
　여러모로 더없이 훌륭한 젊은 초밥 요리사 오사무의 안내를 받아 시장을 둘러볼 기회를 가졌다는 점에서 우리 가족은 정말로 운이 좋았다. 오사무는 무슨 문제든 척척 해결해주는 해결사 에미의 친구로 도쿄 동부 교외 통근권에서 한참 떨어진 곳에서 초밥 전문점을 운영하고 있었다. 직업이 직업이니만큼 오사무는 신선한 생선과 채소를 사려고 거의 매일 쓰키지에 들른다고 했다. 그런 그가 친절하게도 우리의 가이드가 되어주겠다고 했으니 그저 감사할 따름이다.
　쓰키지는 세계 최대 해산물 시장으로 하루에 1200만 명 분의 해산물을 공급한다. 해산물 시장으로 진입하는 외곽에는 외부 시장이라는 의미의 '조가이 이치바'가 있는데, 중앙의 해산물 시장만큼 유명하지는 않지만 생선을 제외한 각종 일본 전통 식재료들을 살 수 있는 좋은 장소다. 대패처럼 얇게 썰기 이전의 말린 가다랑어 살코기는 물론이고 실로 다양한 종류의 말린 해조류 등을 볼 수 있다. 이곳을 지나는 도중에 우리는 문을 활짝 열어놓아 내부가 환히 보이는 일부 상점에서 특이한 물건들을 보았다. 한 곳에서는 박제된 판다, 악어, 표범 등과 함께 찬찬히 한참을 들여다보면 수컷의 성기임을 알 수 있지만 너무 마르고 쭈글쭈글해져서 어떤 동물의 것인지는 파악 불가능한 물건을 팔고 있었다. 환경 파괴 논란이 끊이지 않는 산호 역시 팔고 있었다.

시장 바로 밖에는 니미요케이나리 신사가 있었는데, 매일 시장을 방문하거나 시장에서 일하는 사람들 중 일부가 일본 전통 술인 사케를 바치면서 변덕스러운 바다로부터 보호해달라고 기원하는 곳이다. 잠깐의 방문이든 장시간 노동이든 매일 쓰키지 시장을 찾는 사람의 수는 무려 6만 명에 달한다. 도쿄의 괜찮은 식당 주인들 대부분이 쓰키지 시장의 단골이다. 중국인이나 한국인 부두 노동자, 트루 월드 같은 회사에서 나온 도매업자들도 있다.(트루 월드는 문선명 목사가 이끄는 통일교 산하 조직으로 세계 최대의 참치 도매 회사 중 하나다.) 저렴하고 질 좋은 제품을 찾아다니는 주부나 소매업자도 빼놓을 수 없으리라. 그리고 당연히 1677명의 시장 상인이 있다. 이들 중 넷은 이곳에서 장사를 시작한 시점이 무려 400년 전으로 거슬러 올라간다. 1923년 간토 대지진이 일어나기 전까지는 시장이 현재의 도쿄 역 근처에 있었다고 한다.

이곳 해산물 시장은 쓰키지의 심장이자 영혼이다. 하지만 들어가는 순간부터 위험을 감수해야 한다. 수백 대나 되는 지게차에 치여 죽을 수도 있다는 점을 감안하면 위험은 상당하다고 봐야 하리라. 지게차 앞쪽에는 엄숙한 표정으로 꼿꼿이 서서 좁고 복잡한 골목을 통과할 방법을 찾는 운전자가 있고, 뒤쪽에는 생선이 들어 있는 하얀 스티로폼 박스가 가득 실려 있다. 좁고 복잡한 시장 골목에 워낙 익숙하기 때문인지 지게차들은 정신없이 빠른 속도로 이리저리 움직인다. 이런 지게차의 움직임에 따라 바닥에 흥건히 고여 있는 바닷물이 이리저리 튀곤 한다. "아이들은 데려가지 마세요." 토시는 내게 그렇게 경고했었다. "거기 아이들을 데려오는 사람은 없어요. 상인들이 살을 발라서 황새치로 팔아버릴 겁니다!" 오사무는 (일반 상식과 달리 쓰키지에서는) 항상 보행자가 디젤 차량에 길을 양보한다고 주의를 주면서 에밀과 애스거를 걱정스럽게 바라보았다. 내가 애스거와 에밀의 손을 단단히 움켜쥐고, 벌집처럼 빽빽이 늘어선 가게들 사이로 이리저리 움직이는 오사무의 뒤를 따랐다. 오사무가 평소 다니는 단골 가게들을 찾아가는 중이었다.

마치 세계 최대의 수족관에 들어온 그런 기분이었다. 우리 앞에는 기이한 해양생물들이 끝없이 펼쳐져 있었다. 수조 안에, 스티로폼 상자 안에, 혹은 산처럼 쌓아놓은 얼음 위에. 모든 상품에는 킬로그램당 가격이 표시되어 있었다. 큼지막한 고래 고기부터 사람 속눈썹 크기밖에 되지 않는 갈색 새우까지 없는 게 없었다. 선홍색의 고래 고기는 어딘지 모르게 선정적이었고, 부드러운 대팻밥이 깔린 판 위의 새우는 아직도 살아서 파닥파닥 움직이고 있었다. 시장은 실내여서 인공조명을 사용하고 있었고, 좌판이 워낙 빽빽하게 늘어서서 지게차와 부두 노동자는 고사하고 사람 둘이 지나가기도 힘든 상태였다. 번들거리는 포장용 조약돌은 넘어지기 딱 좋아서 각별한 주의를 요했다.

쓰키지 시장의 최고 스타는 물론 참치다. 그렇기 때문에 이곳에서 열리는 새벽 참치 경매와 터무니없이 높은 가격에 대해 이야기한 글이 많다.(물론 고래 고기 가격이 훨씬 더 비싸기는 하지만.) 엄청 길게 늘어선 도매업자들은 고기 보존에 여념 없다.(이산화탄소가 생고기를 붉게 유지시켜준다.) 그리고 능숙한 생선 장수가 꼼꼼하고 정확하게 살을 발라내는 솜씨는 가히 예술의 경지다. 길이가 1미터는 되는 얇은 '사무라이 칼'로 무게가 300킬로그램이나 나가는 사람 크기의 참치를 손질하려면 장정 넷이 필요하다. 오사무는 7종의 참치 가운데 가장 인기가 있는 것이 참다랑어이며, 참다랑어 중에서도 가장 맛있는 부분은 '도로'라는 부위라고 했다. 지방이 가장 많은 부위로 배에 해당되지만 대가리에서도 아주 가깝다. 재미난 것은 1960년대만 해도 일본 사람들이 참치라는 생선 전체, 특히 오도로 부위를 고양이 먹이로나 쓸 뿐 사람이 먹을 것은 아니라고 생각했다는 점이다. 그러나 전후 일본 사람들이 지방을 좋아하게 되면서 상황이 급변했고, 서구에서 폭발적이다 싶을 만큼 증가한 생선초밥의 인기 역시 이런 흐름에 일조했다. 육류에서와 마찬가지로 서구 사람들은 기름지고 지방이 많은 생선과 부위를 선호했기 때문이다.

여름이면 일본 북부 홋카이도 인근 바다에서 최상품 자연산 참치가 잡힌다. 홋카이도 인근에서 잡히는 참치는 거의 전적으로 오징어만 먹고 산 녀석들이다. 겨울에는 미국 동해안에서 잡힌 참치가 최상품이다. 하지만 대부분은 야생 상태에서 잡은 새끼를 지중해부터 북아메리카, 멕시코까지 여러 지역 어장에서 사육한 것이다. 자연산 포획은 할당량이 정해져 있는데, 이를 어기는 일이 종종 있어서 자연산 참치의 수가 위태로울 정도로 줄어들고 있다. 어떤 이는 사실상 멸종 직전이라고 보기도 한다. 최근 일본은 참치 양식 기술에서 상당한 발전을 이루었다. 어린 참치를 포획해서 사육하는 것이 아니라 알 상태부터 가두어 사육하는 방법이다. 자연 상태에서 그렇게 멀리, 빨리 헤엄치는 물고기에게는 불가능하다고 생각했던 방법이다. 그러나 구체적인 방법으로 들어가면 옳은가 그른가를 놓고 논란의 여지가 있으며, 현재는 이런 양식 방법이 매우 비싸다는 단점이 있다.

지금까지 참다랑어 한 마리의 최고가는 2020만 엔(약 2억 원)이었는데, 그것으로 1만 개의 생선초밥을 만든다고 해도 수지가 맞지 않는 터무니없는 가격이다. 오사무에 따르면 이는 2001년에 지급된 금액인데 이후 해당 도매업자는 파산했다고 한다. 최근에는 600만 엔(약 5500만 원)이 최고가였다.

우리가 시장에 도착한 시간은 참치 경매 끝부분을 볼 수 있는 시점이었다. 참치 경매는 시장 뒤쪽 축구장 크기만 한 홀에서 진행되는데 안타깝게도 관광객들에게는 공개되지 않는다. 파란색 고무장화에 작업복을 걸친 남자들이 갈고리와 손전등을 들고 냉동 참치의 꼬리 부분에 드러난 진홍색 살을 꼼꼼히 살피고 있었다.(이때 그들 앞에 있던 참치는 멕시코산이었다.) 참치들은 바닥의 나무판 위에 줄지어 놓여 있었는데, 모양이 마치 검은색 냉동 중성자 폭탄 같았다. 경매인이 기괴한 소리를 내고 있었다. 문외한인 나한테는 이슬람교도의 기도 소리만큼이나 낯설고 기이했다. 오사무가 경험 많은 구매자들은 참치의 유질油質, 빛깔, 기생충 흔적 같은 것을 확인한다고 설명해주었다. 하지만 오사무도 경매인이 내는 소리가 무슨 뜻인지는 전혀 모른다고 했다.

계속 오사무를 따라가니 선사 시대 고생물을 연상시키는 따개비, (동해에 있는 쓰루가 만에서 채취한) 내 손바닥만 한 굴, 도쿄 남쪽 아이치 현에서 나는 내 팔뚝만 한 홍합, 주둥이에서 뿜어내는 거품이 왠지 쓸쓸하고 암담한 느낌을 주는 온갖 크기와 종류의 게들이 나타났다. 탕으로 인기가 많은 자라가 통에 무질서하게 쌓여 있었다. 작은 통에 담긴 자라의 발은 별도로 판매된다. 특대 사이즈 전복, 괴상한 성인 용품을 닮은 해삼, 살아 있는 화석 같은 투구게, 살짝 열린 껍데기 사이로 조심조심 바깥세상을 훔쳐보는 가리비. 에밀이 갑자기 얼어붙은 듯이 멈춰 섰다. 아이 앞에는 작은 접시 크기는 되는 거대한 생선 눈알이 쟁반에 담겨 있었다. 한번은 아이가 아가리를 벌린 거대한 생선을 가리키면서 "바다 괴물이다!"라고 소리쳤다. 그러자 오사무가 친절하게 "참치"라고 말해주었다.

쓰키지 시장에 있는 내내 나는 오사무에게 눈짓으로 이런저런 질문을 던졌다. 저건 뭡니까? 자주색의 울퉁불퉁한 표면에 공처럼 생긴 것이 수중에서 나는 용과가 아닌가 싶은 물체를 가리키니 멍게라는 답이 돌아온다. 저건 뭡니까? "문어 주둥이 부분이지요." 지금 저 사람이 뭐 하고 있는 겁니까? "저건 뱀장어입니다. 살을 바르고 있군요." 생선 장수가 아직 살아 있는 뱀장어의 눈 부분에 핀을 찔러넣어 나무 도마에 고정시키더니 짧고 뭉툭한 나무 손잡이가 달린 칼로 뼈에서 살코기를 분리해냈다. 생선 장수의 재빠른 손놀림 속에서 뱀장어는 서서히 숨을 거두었다. 세상에, 저건 도대체 뭡니까? "미루가이, 왕우럭조개지요." 오사무가 미소를 지으며 대답했다. 내 평생 본 것 가운데 가장 괴이하게 생긴 해양 생물이었다. 살의 일부를 껍데기 밖으로 내밀고 이리저리 비트는데, 그 모양이 정말 가관이었다. 음경 달린 조개랄까?

꿈틀대는 실뱀장어가 가득 들어 있는 커다란 검은색 양동이도 보였다. 꿈틀꿈틀하는 모습이 신기했는지 애스거와 에밀이 고개를 숙이고 한참을 들여다보았다. 애스거가 양동이 속으로 손가락을 넣어보라며 동생을 부추겼고, 몇 번의 망설임 끝에 에밀이 해냈다. "간지러워!" 에밀이 흥분해서 소리쳤다. 아이들 장난을 바라보던 생선 장수가 웃음을 터뜨렸고 생선이 그려진 스티커 두 개를 주었다. 아이들한테는 최고로 행복한 순간이었다. 이곳에서 살아 꿈틀대는 해산물은 실뱀장어만이 아니었다. 시선이 닿는 어디든 거품이 뽀글뽀글 올라오는 수조가 있었고, 수조 안에는 왠지 모르게 애절한 눈길로 우리를 바라보는 해양생물들이 가득했다. 수조 안의 오징어는 신기하게도 모두 한 방향을 향하고 있었다. 문어는 거대한 빨판으로 수조 유리를 압박하고 있었다. 또 다른 수조에는 넙치들이 차곡차곡 포개져 있었다. 애스거가 공포에 질린 표정으로 그야말로 흉측하게 생긴 왕통쏠치를 가리켰다. 얼룩덜룩한 반점에 축 처진 입이 아무리 좋게 보려 해도 흉측했고, 독으로 유명한 복어만큼은 아니라도 척추 부분에 맹독을 지니고 있는 녀석이기도 했다.

에밀이 정체 모를 조개류가 자기 팔에 바닷물을 찍 내뿜자, 꽥 소리를 질렀다. 놀란 아이가 자기도 모르게 뒷걸음질 치는 바람에 몇 가지 연쇄 사고가 일어나고 말았다. 내가 사건의 주인공과 직접 관련이 없었다면 코믹 영화의 한 장면으로 보였을 그런 것이었다. 에밀의 갑작스러운 움직임에 지게차 한 대가 급제동을 해야 했고, 이로 인해 지게차에 실려 있던 상자 하나가 인근 좌판 위로 떨어졌다. 떨어진 상자 때문에 좌판 위에 쌓여 있던 진분홍색 대형 새우들이 자갈길 위로 우르르 쏟아졌다. 미안한 마음에 리슨이 재빨리 몸을 숙여 급히 새우를 집다가 새우가 손에서 꿈틀거리자 놀라 다시 떨어뜨리고 말았다.

"이리 와서 보세요." 오사무가 차분하게 말했다. 마치 항상 4인조 사고뭉치들을 데리고 쇼핑을 다녀버릇해서 아무렇지도 않다는 듯이. 오사무가 도매업자 친구에게 우리를 데려갔다. 친구는 허리까지 올라오는 고무 방수복을 입고 있었다. 도매업자 친구의 좌판 주위로는 살아 있는 물고기가 잔뜩 들어 있는 여러 개의 수조가 놓여 있었다. 바다와 해산물에 관한 지식이 얕은 나로서는 "감성돔과로 보이는" 물고기들이라는 표현이 최선이리라. 오사무가 수조에 있는 물고기 하나를 가리키자 친구가 수조에서 꺼내 오랜 세월 사용한 흔적이 역력한 피로 물든 나무 도마 위로 가져갔다. 이어서 커다란 식칼로 머리 뒤쪽을 내려친 다음 머리와 몸통이 연결된 부분을 절반 정도만 절단했다. 그리고 재빠른 손놀림으로 도마에서 물고기를 집어 들고, 반듯이 펴진 철사 옷걸이 같은 것을 가져와서 골수 정중앙을 지나도록 물고기 등에 꽂아넣었다. "물고기를 동결시키는 것과 비슷합니다." 오사무가 에드바르 뭉크의 그림에나 나올 법한 경악스러운 표정을 짓고 있는 네 사람을 향해서 말했다. "죽지 않았습니다. 굳어 있는 상태지요." 애스거와 에밀로서는 도저히 이해가 가지 않을 말이었다. 머리가 반쯤 잘려나가고, 등뼈에 꼬챙이가 꽂혔는데 어떻게 물고기가 아직 살아 있을 수 있어요? 물론 내가 답을 알 리 만무했다.

계속 가니 작은 나무 판 위에 깔끔하게 정리되어 있는, 일본어로 '우니'라고 하는 성게의 알이 보였다. 노란빛 도는 분홍색의 작은 알갱이로 이루어진 덩어리인데 모양 때문인지 다들 알이라고 부르지만 정확히 말하자면 생식선이다.(성게는 자웅동체, 즉 암수 한 몸이다.) "화장실 세제 냄새가 나는데요." 내가 몸을 숙여 냄새를 맡으면서 오사무에게 말했다. 딱 한 번 파리에서 성게를 시식해봤을 때의 냄새를 떠올리자 저절로 표정이 일그러졌다.

"요 녀석들을 맛보고 나면 그런 말이 안 나올 겁니다." 오사무가 우니, 즉 향이 강한 검은색 공들을 가리키면서 미소를 지었다. 결과적으로 말하자면 그가 옳았다.

우리는 그날 저녁 오사무의 식당에서 임금님의 수라상처럼 근사한 식사를 했다. 먹는 동안 정말 불안하게 혀에서 꿈틀대는 새우와 오사무가 말한 우니가 하이라이트였다. 오사무는 가시가 많은 검은색 성게 껍데기에 사각형 칼의 끝부분으로 칼집을 넣어 쪼갠 다음 '혀'라고 하는 털로 덮인 부분을 제거하고 통째로 접시에 내놓았다. 삶은 달걀을 통째로 내놓듯이 말이다. 잘라낸 껍질 조각들이 마치 더듬이처럼 오사무의 도마 위에서 계속 팔딱거렸다. 성게 알, 아니 생식선은 정말 맛있었다. 내가 성게 알을 놓고 이런 이야기를 하리라고는 스스로도 생각지 못한 일이다. 기름진 데다 크림처럼 부드럽고, 몹시 달콤한 바다 향기가 느껴졌다. 파리에서 맛이 뚝 떨어지게 만들던 암모니아 냄새 따위는 만약 있다고 해도 바다 향기에 덮여 느낄 시간조차 없었다.

쓰키지는 향후 몇 년 이내에 만의 건너편으로 이전할 예정이다. 세계 최대 해산물 시장에 걸맞는 최신 설비를 갖춘 새로운 건물을 짓는 공사가 한창 진행 중이다. 내가 해줄 말은 무슨 수를 써서든 이전하기 전에 지금의 쓰키지 시장을 보라는 것이다. 담보대출을 받든, 적금을 깨든, 차를 팔든, 아니면 이웃의 콩팥이라도 팔아서 돈을 마련하라고 조언해주고 싶다. 내가 보기에 이곳 쓰키지에는 인간이 만든 세계 최대의 불가사의가 담겨 있다. 어찌 보면 지구상의 하나의 종으로서 인간이 보여주는 용기, 창의력, 탐욕의 궁극적인 결정체가 이곳 쓰키지 시장이 아닌가 싶기도 하다. 무엇보다 음식 애호가들의 입장에서 지구상에 이보다 더 크고 넓은 볼거리는 없다고 확신한다.

MSG에 대한
사과

나는 우리 아이들에게 불순물 없는 순수한 식품, 건강에 좋은 식품을 먹이기 위해 최선을 다한다. 가능한 한 유기농 제품을 이용하고, 매일 신선한 요리를 준비하고, 식품을 살 때는 성분에 나와 있는 (EU에서 인가한) 식품 첨가물 코드 번호, 야자유, 말토덱스트린, 인공 조미료, 트랜스 지방 등을 꼼꼼히 체크한다. 몸에 나쁜 포화지방과 몸에 좋은 다가불포화지방을 구별할 줄도 안다. 하지만 내가 다른 무엇보다 경계하는 성분이 하나 있으니 바로 글루탐산 모노나트륨monosodium glutamate, 약어로 흔히 MSG라고 부르는 성분이다. 인간에게 혐오 식품으로 알려진 대부분의 식품에서 MSG가 발견된다. 즉석 샌드위치, 즉석 소스, 슈퍼마켓에서 파는 피자, 저지방이나 다이어트에 좋다고 주장하는 각종 음식, 프링글스 등등. 2008년 프링글스 제조사는 프링글스를 감자칩에서 제외시켜달라는 탄원서를 법원에 제출했고 탄원이 받아들여져 과자류에 붙는 세금을 면제받게 되었다. 근거는 프링글스가 사실상 감자와는 아무런 상관이 없는, 거의 공산품에 가까운 제품이라는 것이었다. 2009년 항소심에서는 감자칩이 맞으므로 과자류에 붙는 세금을 내야 한다는 판결이 나왔다.

즉, MSG는 우리 아이들에게 해로운 음식인지 아닌지를 판단하는 중요한 기준이며, MSG 포함은 내게 일종의 경고등 같은 역할을 한다. 그러므로 일단 성분에 MSG가 보이면 사지 않는다. 자기분해 이스트autolyzed yeast나 가수분해 콩 단백질hydrolyzed soybean protein 등도 마찬가지다. 이름만 바꿨다뿐 MSG와 다를 바 없기 때문이다.

우리는 수십 년 동안 MSG의 해악에 대해 반복적으로 듣고 배웠다. 1968년 로버트 호 만 궉이라는 의사는 중국 음식을 먹고 목에 감각이 없어지는 등 여러 증상이 나타났다는 주장을 『뉴잉글랜드 의학 저널New England Journal of Medicine』에 게재했다. 그는 이런 증상을 일컫는 중국 음식점 증후군Chinese restaurant syndrome(줄여서 CRS, 혹은 Kwok's diseases라고도 한다)이라는 신조어를 만들고 이런 증상의 원인이 MSG라고 주장했다. 곧이어 다른 연구자들이 글을 통해 이외에도 두근거림, 두통 등의 증상이 MSG 때문에 생긴다고 주장했으며, 이후로 MSG는 알츠하이머부터 소아 천식, 주의력 결핍 장애까지 온갖 증상의 원인이라는 비난을 받아왔다. 최근 인터넷에서 읽은 글을 보면, 과학자들이 연구한 결과 충분히 많은 양을 투여할 경우 MSG 때문에 쥐의 머리가 폭발할 수도 있다는 사실이 밝혀졌다고 한다.

세계 최대의 MSG 생산업체는 아지노모토味の素라는 일본 회사인데, 이곳에서는 매년 190만 톤의 MSG를 생산해 세계 각지로 수출한다. 1908년 MSG를 발견한 이케다 기쿠나에池田菊苗 교수가 설립한 회사로, 아지노모토라는 회사 이름을 글자 그대로 해석하면 '맛의 본질' 혹은 '맛의 바탕'이라는 의미가 된다. 이케다 기쿠나에 교수는 다시마가 글루탐산glutamate이라는 특별히 맛있는 아미노산의 천연 원료임을 밝혀냈고, 만약 그것을 인공으로 만들어낼 수 있다면 정말 좋은 화학조미료가 되리라고 생각했다. 이듬해에 이케다 교수는 이를 소금으로 안정화시킨, 흰색 결정 분말의 형태로 만들어 글루탐산 모노나트륨MSG이라 명명하고 특허를 냈다. 이후 수십 년 동안 냉동식품과 통조림이 가정 요리의 지평을 바꾸는 동안 MSG는 이런 가공식품들이 생산 공정에서 잃어버린 맛과 식감을 더해주는 데서 중요한 역할을 했다. MSG가 다이어트 식품에서 특히 널리 쓰이는 것도 이런 이유에서다.

그것이 전부가 아니다. 파리에서 토시는 내게, 아지노모토 회사가 몇 해 전 MSG 소비량을 늘리기 위해 용기 위의 구멍을 슬쩍 키웠다는 이야기도 해주었다. 혹시 누가 엿듣고 있지는 않은지 주변을 두리번거린 다음 속삭이듯 들려준 이야기였다. 그것이야말로 반드시 밝혀야 할 스캔들이 아니고 무엇이었겠는가!

나름 투철한 기자 정신을 지닌 나는 도쿄에 간 이상, 어떻게든 아지노모토 사에 침투해 그들의 부도덕하고 부정직한 행동을 폭로하는 것이 내 목적, 아니 의무라고 생각하지 않을 수 없었다. 그렇지만 도쿄 니혼바시에 위치한 아지노모토 본사의 높은 담을 어떻게 해야 넘을 수 있단 말인가? 어떤 기발한 책략을 써야 사악한 사이비 종교 같은 조직의 눈에 보이지 않고서 삼엄한 경비망을 뚫고 접근할 수 있을까?

우선 나는 회사 홍보 담당 부서에 전화를 걸어 그곳에 들러 몇 가지 질문을 해도 좋은지 물었다. 그들은 대뜸 환영이라면서 언제 올 것인지를 물었다. 너무 선선한 대답이 믿기지 않았던 내가 재차 확인했다. 이렇게 쉽게 허락해주는 것이냐면서 오라고 하는 말이 맞느냐고. 그쪽에서는 그렇다고 확인해주면서 내일 11시에 보자고 했다. 나는 "좋습니다"라고 대답하고 전화를 끊었다.

나는 (일종의 불의의 습격으로 의표를 찌르기 위해서) 5분 먼저 도착해 아지노모토 타워 입구의 넓은 대리석 홀에 서 있었다. 연락했던 담당자를 기다리는 동안 수프, 분말 다시, 순수 MSG 같은 회사 상품들을 재빨리 훔쳐보았다.(지금 생각해보면 몰래 훔쳐볼 필요가 전혀 없는 것들이었지만 말이다. 입구 홀에 버젓이 전시되어 있는데 훔쳐볼 이유가 뭔가?)

홍보팀 소속 젊은 여자 직원이 나와 반갑게 인사를 하더니 5층 회의실로 안내했다. 친절이 몸에 배어 있는 정말 상냥한 직원이었다. 회의실에 들어갔더니 다들 나보다 먼저 와서 기다리고 있었다.(이런!) 홍보팀 부실장 야마모토 시게히로와 회사 과학 분야 대변인인 니노미야 구미코가 역시나 친절한 미소를 지으며 나를 맞았다. 잘못한 것은 아무것도 없다는 듯이 당당하고 해맑은 표정으로.

나는 탁자를 사이에 두고 그들과 마주앉은 다음 펜과 노트, 준비한 질문지를 꺼냈다. 그리고 인터뷰를 시작했다. 속으로는 퓰리처상 생각을 계속해서 긴장감을 놓지 않으려 했다.

이하는 2007년 9월 21일 아지노모토 사에서 있었던 인터뷰 내용이다.

나 [흠흠 하면서 목청을 가다듬고 부산하게 노트를 넘기면서] 그러니까, MSG 말입니다. 그건 정말 안 좋은 거죠. 그렇지 않습니까?

야마모토 [예의 바르게 웃으면서] 그렇지 않습니다. 설탕이나 소금 정도로만 가공하는 제품입니다. 원래는 해조류인 다시마에서 나오는 물질이지요. 이건 그냥 기본양념일 뿐입니다.

나 [잠시 말없이 노트를 본 뒤] 그렇다면 두통이니 마비 등에 관한 이야기는 어떻게 되는 겁니까?

야마모토 그건 오래전에 이미 틀렸다는 게 입증되었습니다. 미국의 음식비평가이자 작가인 제프리 스타인가튼이 쓴 「MSG가 그렇게 몸에 해롭다면, 모든 중국인이 두통에 시달리지 않는 이유는 무엇인가」라는 글을 읽어보셨는지요? 세계보건기구WHO, 미국 식품의약청FDA과 UN에서도 모두 인체에 무해하다는 결론을 내렸습니다.

나 스타인가……튼이라고요?…… 제 노트에는 그런 글에 대한 내용이 전혀 없는데. 잠깐만요. [처음보다 더 부지런히 노트를 이리저리 넘기는 사이, 의자에서는 특유의 삐걱 소리가 났고, 긴장으로 공연히 헛

기침이 나왔다.] 오케이. 그럼 감칠맛은 어떻습니까? 이곳 제품이 식품의 감칠맛을 높인다고 주장하지만, 누구도 감칠맛이라는 것이 존재한다고 실제로 증명하지는 못했죠. 그렇지 않습니까?

니노미야 사실 마이애미대학 연구팀이 2000년에 감칠맛 미각 수용체를 발견한 이래로, 과학계에서는 감칠맛이 존재하며 기본 미각 중 하나라는 사실을 놓고 어떤 의문이 존재한다고는 생각지 않습니다. 현재 감칠맛이 우리 몸에서 작동한다는 데는 의문이 없습니다.

나 [오랜 침묵. 깊은 한숨.] 그렇지만 아지노모토가 MSG로 세계를 정복하려는 것은 사실 아닌가요? 아지노모토에서 MSG 용기 위에 구멍을 일부러 키워서 소비량을 늘리려 했다는 증거가 있습니다. 거기에 대해서는 무슨 말을 하실 건가요?

야마모토 [회의실에는 최대한 예의를 지키려 하는 낮은 웃음소리가 퍼졌다.] 분명히 30년 전에 구멍을 키웠습니다. 그것은 사실입니다. 하지만 이유는 다릅니다. 된장국에 MSG를 넣을 때 생기는 문제 때문이었습니다. 국에서 올라온 증기 때문에 구멍 주위에 분말이 엉겨붙어 자꾸 막히는 문제를 해결하려고 했던 것입니다. MSG가 우리 회사의 독창적인 제품인 것은 맞습니다. 그렇지만 우리 목적은 감칠맛을 널리 알리고 보급하려는 것이지 다른 뜻은 없습니다. 우리는 다른 누군가의 음식 문화를 파괴하고 싶지도 않고, MSG를 모든 사람이 사용하게 만들고 싶지도 않습니다. 다만 일본 음식 전체에서 중요한 감칠맛이라는 개념을 널리 알리고 싶을 뿐입니다. 일본인의 요리법을 사람들에게 알리고 싶습니다. 다시에 대해서 좀더 많은 것을 알려주고 싶지만, 심지어 일본 내에서도 아무런 사전 준비 없이 다시마와 가쓰오부시만 가지고 다시를 만들기는 어렵습니다. 물론 식당에서는 그렇게 하지요. 하지만 가정에서 사용하기에는 MSG만 한 제품이 없다는 것이 제 생각입니다.

나 음, 이 모든 것이 사실이라면, 미국은 왜 그렇게 MSG를 강력 반대하는 것입니까?

야마모토 일본에서 발견된 것이기 때문이겠지요. 어쩌면 미국인은 화학약품처럼 보이는 식품, 그것도 외국에서 만들어진 그런 식품은 먹고 싶지 않은 것인지도 모릅니다.

나 그럴 수도 있겠네요. 하지만 서구의 어떤 요리사도 감칠맛을 믿지 않잖아요? 그렇죠? 그러니까, 내 말은 감칠맛 없이도 우리는 수백 년 동안 잘 살아왔다는 겁니다. 유럽이나 미국에서는 감칠맛에 별로 관심이 없잖아요?

야마모토 미슐랭 스타로 유명한 팻덕의 헤스턴 블루먼솔이라는 요리사를 알고 계십니까? 여러 해 전 감칠맛에 대한 정보를 요청하는 아주 짧은 편지를 보내왔습니다. 그리고 2004년 우리가 교토에서 개최한 감칠맛 워크숍에 왔습니다. 그때 제게 이렇게 말하더군요. "감칠맛이라는 개념이 진정 가슴에 와닿습니다." 블루먼솔은 현재 요리를 하면서 다시와 다시마를 사용하고 있습니다. 스페인에서 엘 불리라는 세계 최고의 레스토랑을 운영하는 페란 아드리아도 마찬가지지요. 그거 아십니까? 프렌치 론드리French Laundry, 미국 나파밸리에 있는 프렌치 레스토랑 주방장 토머스 켈러가 다음 심포지엄에 참석하기로 했습니다.

아무래도 내 조사가 부족했던 것 같다. 나는 잘못해서 벌을 받았을 때의 찜찜한 기분으로 5층 회의실을 나왔다. MSG와 감칠맛에 대해 좀더 조사를 하겠다고 굳게 다짐하면서. 아래는 내가 이후 MSG에 대해서 알아낸 진실이다.

우선, 아지노모토 사에 소송 같은 건 준비하지 마시라고 부탁하고 싶다. 나는 가진 것도 없는 사람이고, 본보기로 벌을 줄 만큼 널리 알려진 사람도 아니니 너그러이 이해하고 넘어가주었으면 한다고. 기존 기록을 바로잡자면 MSG 때문에 쥐의 머리가 폭발한 적은 없다. 또한 MSG에는 어떤 독성도 없다. 적어도 소금 이상으로 독성이 있지는 않다. 미국 식품의약청은 MSG에 대한 모든 경보를 해제했고 UN과 EU도 마찬가지다. 알고 보니 MSG가 유해한 부작용이 있다고 주장한 1960년대에 수행된 연구들은 쥐에게 터무니없이 많은 양을 투여한 것이었다. 성인으로 치면 500그램을 먹은 것과 맞먹는 그런 양이었다. 그러므로 아지노모토 사도 MSG에 부작용을 보이는 이들이 있다는 사실은 인정하지만, 이런 부작용은 가지나 소과 가죽 등에 알레르기 증상을 보이는 사람이 있는 것과 다를 바가 없다. MSG는 탄수화물과 당분을 발효시켜 만든 인조 글루탐산일 뿐 그 이상도 이하도 아니다.

이제 일본어로 '우마미うまみ'라고 하는 감칠맛에 대해서 이야기해보자. 감칠맛과 MSG가 밀접하게 연관된 것은 맞지만 결코 동일한 것은 아니다. 감칠맛은 흔히 짠맛, 단맛, 쓴맛, 신맛에 이은 제5의 미각이라 불린다.(물론 일부 신경과학자는 50가지 이상의 미

각이 존재한다고 주장하지만 그렇게 깊게 들어가지는 말도록 하자. 일본인이 세계에 감칠맛의 존재를 확인시키는 데만 해도 충분히 오랜 시간이 걸렸으니까.) 다시마에 있는 감칠맛의 존재를 확인한 이케다 기쿠나에 교수는 당시 글에서 이렇게 말했다. "맛에 관심이 많은 사람이라면 아스파라거스, 토마토, 치즈, 고기 등이 갖고 있는 복합적인 맛에서 공통된 어떤 맛을 발견할 것이다. 워낙 특이해서 단맛, 신맛, 짠맛, 쓴맛으로 정리된 네 가지 미각 중 어디로도 분류할 수 없는 맛이다." 감칠맛은 일본 음식에만 국한되지 않는다. 치즈(특히 파르메산 치즈)와 토마토도 강력한 감칠맛을 가지고 있으며, 자연 건조한 햄, 송아지 고기 육수, 맑은 고기 국물로 만든 콩소메 수프, 우스터소스 등도 마찬가지다. 아기가 먹는 모유에도 감칠맛이 풍부하며(우유보다 훨씬 더 많다) 석쇠에 굽거나 튀긴 고기 껍질도 마찬가지다. 사실 감칠맛이 '무엇이다'라고 정의하기보다는 감칠맛이 풍부한 식품을 열거함으로써 설명하는 편이 쉬울 때가 많다. 때문에 사람들은 감칠맛이 풍부한 식품 찾기에 매달리는 경향이 있다.

우리에게 친숙한 네 가지 기본 맛은 목적이 분명하다. 짠맛은 음식에 염분이 들어갔는지 아닌지를 말해준다. 당연히 단맛은 당분이 있다는 의미가 된다.(따라서 에너지를 주는 음식이라는 의미도 된다.) 한편 쓴맛과 신맛은 독성이나 덜 익었다는 경고로 유용하다. 그렇다면 우리 몸에는 왜 감칠맛 미각 수용체가 필요할까? 감칠맛은 글루탐산의 존재를 말해주고, 글루탐산의 존재는 다시 말하면 단백질이 있다는 의미가 되기 때문이다. 단백질은 인간 생존에 없어서는 안 될 필수 영양소다. 그러므로 인간의 혀에 음식에 포함된 단백질을 감지하는 수용체가 있다는 사실이 이치에 맞는다. 글루탐산은 음식이 맛있게 느껴지게 해주는 핵심 성분 중 하나지만, 짠맛의 소금, 단맛의 설탕 같은 '대표' 식품이 없다. 글루탐산과 감칠맛의 성질은 다른 맛을 강화하고 구체화하면서 음식을 더 맛있게 만드는 것이다. 그렇기 때문에 (네 가지 기본 맛에 비해) 파악 자체가 쉽지 않은 것이다. 감칠맛은 채소나 과일 등이 충분히 익었음을 알리는 지표이기도 하다. 따라서 우리는 감칠맛을 통해 채소와 과일의 영양 상태가 가장 좋은 때가 언제인지 알 수 있다. 최적의 상태로 익었을 때 감칠맛이 가장 풍부하기 때문이다. MSG가 하는 역할은 음식에서 감칠맛이 나도록 만드는 아미노산의 일종인 글루탐산의 맛을 인공적으로 만들어내는 것이다.

감칠맛은 실제로 마흔 가지가 넘는 혼합물에서 발견되지만 글루탐산과 몇몇 리보뉴클레오티드, 특히 이노신산과 구아닐산에서 가장 강하게 존재한다. 너무 생소하다고? 물론 나도 자세히는 알지 못하는 용어들이다. 그러나 일본 음식과 관련하여 알아야 할 가장 중요한 사실은 일본인이 요리에서 감칠맛을 높이는 데는 도가 튼 사람들이라는 것이다. 세계 최고 수준이라 해도 과언이 아닐 것이다. 된장국이라는 요리 한 가지만 봐도 이런 점이 잘 드러난다. 이케다 교수가 발견한 대로 다시마는 지구상의 어떤 음식보다 더 많은 양의 글루탐산을 함유하고 있다. 된장국에 사용되는 다시, 즉 '육수'에 들어가는 또 다른 핵심 재료인 가쓰오부시는 이노신산이 가장 풍부한 천연 재료 중 하나다. 한편, 표고버섯에는 구아닐산이 굉장히 풍부한데 이것 역시 된장국에 자주 사용된다. 감칠맛을 내는 '3대 식품'을 대라면 다시마, 가쓰오부시, 표고버섯이 되리라. 그런데 더 놀라운 것은 셋이 결합되면 감칠맛이 산술적이 아니라 기하급수적으로 증가한다는 것이다. 다시마의 글루탐산이 가쓰오부시의 이노신산, 표고버섯의 구아닐산과 합쳐지면, 감칠맛 수치가 여덟 배로 껑충 뛴다. 맛을 느끼는 뇌 부분에 마약이라도 주입한 것 같은 효과를 낸다고나 할까?

이탈리아 사람들도 소위 감칠맛 '시너지 효과' 창출에는 일가견이 있다. 파르메산 치즈와 토마토를 결합하면 누구라도 혹 가는 강력한 맛의 펀치를 날릴 수 있다는 사실을 이미 오래전에 터득한 것을 보면 그렇다. 파르메산 치즈는 글루탐산 수치가 다시마에 이어 두 번째로 높은 식품이다.(다시마가 100그램당 2240밀리그램이고 파르메산 치즈는 100그램당 1200밀리그램이다.) 프랑스 사람들도 풍부한 고기 맛에 향이 좋을 뿐 아니라 아미노산 덩어리인 송아지 고기 육수를 통해 수백 년 전부터 감칠맛 극대화를 꾀해왔다. 한편 영국인은 좀더 평범한 원료에서 감칠맛을 발견했는데, 바로 이스트 추출물로 주로 빵에 발라 먹는 마마이트다.

발효 혹은 어떤 식으로든 숙성시킨 식품은 감칠맛이 증가하는 경향이 뚜렷하게 나타난다. 숙성 과정을 통해 단백질이 분해되어 아미노산으로 바뀌기 때문이다. 가쓰오부시 역시 숙성 과정을 거칠 때가 많다. 사케, 미소, 간장 등도 마찬가지인데 모두 감칠맛이 풍부하기로 유명한 식품들이다. 방어, 숭어 등의 알을 소금에 절여 말린 보타르고라는 지중해 음식과 이외에 말리거나 훈제한 생선 알 등도 마찬가지다. 아이슬란드와 그린란드에서 즐겨 먹는 삭힌 상어 요리, 베트남의 느억맘 같은 동남아에서 즐겨 먹는 생선 소스 등도 있다. 동남아의 생선 소스는 재료와 공정 면에서 고대 로마인들이 즐겨 먹었던 가룸과 상당히 유사하다. 물론 숙성시킨 치즈도 빼놓을 수 없다. 로크포르 치즈와 스틸턴 치즈는 특히 글루탐산이 풍부하리라 생각된다.

글을 읽는 독자들이 "그래서 어쩌라고?" 반문하는 소리가 들리는 것도 같다. 제5의 맛이 있으면 어쩔 건데? 내내 느끼며 살아오던 무언가에 새삼 이름을 붙인 것일 뿐이지 않은가? 그게 무슨 대수라고. 이렇게들 말할지 모르겠다. 하지만 이것은 분명 '큰일'이다. 음식을 맛있게 만드는 것이 무엇인가를 알면, 지금보다 맛있는 음식을 만들 방법을 찾을 수 있기 때문이다. 팻덕의 주방장 헤스턴 블루먼솔은 '바다의 소리'라는 요리를 만든다. 손님들이 자리에 앉아 아이팟으로 바다 소리를 들으면서 해초, 바닷가 모래 역할을 하는 타피오카^{열대작물인 카사바 뿌리에서 채취한 식용} ^{녹말가루}, 가루 형태의 다시마, 된장, 전복 거품, 굴즙을 곁들인 미역 줄기 같은 주로 바다에서 난 재료로 만든 요리를 먹는다. 소리와 요리 재료뿐만 아니라 요리의 모양 역시 포말이 이는 바닷가 풍경을 담고 있다. 정말 근사할 것 같지 않은가? 더구나 요리 재료를 보면 감칠맛이 풍부한 식품들의 집합이 아닌가! 이런 조합에서 오는 감칠맛 상승효과는 분명 상상을 초월할 것이다.

요리에서 감칠맛을 극대화하는 방법을 알면 건강에도 상당히 득이 된다. 감칠맛은 음식에 특별한 깊이와 풍미를 더해서 소금, 지방, 설탕 등을 줄이고도 맛있는 요리가 가능하게 해준다. 소금, 지방, 설탕 모두 우리 서구인의 건강과 생명을 위협하는 성분이 아닌가! 하지만 감칠맛은 칼로리 증가나 다른 건강상의 위험 없이 음식의 맛을 더해준다.

인체는 일종의 자동 감칠맛 제한 장치를 가지고 있는 것처럼 보인다. 일단 충분한 감칠맛을 섭취하면 식욕이 눈에 띄게 저하된다. 그래서 이때부터는 감칠맛이 풍부한 음식을 과다 섭취하기보다는 담백한 음식을 찾는다. 감칠맛 연구소에서 나온 최신 정보에 따르면, 인간의 입뿐만 아니라 위장에도 감칠맛 수용체가 있으며, 위장의 감칠맛 수용체가 단백질 소화에서 중요한 역할을 한다고 한다.(아지노모토 사가 감칠맛 연구소에 연구비를 대고 있다는 사실은 말해두어야겠다. 당연한 이야기지만 아지노모토는 감칠맛에 대한 사람들의 관심을 최대한 높이려고 애를 쓴다. 그래야 빠르고 쉬운 감칠맛 첨가제인 MSG를 많이 팔 수 있기 때문이다.) 혀에 있는 감칠맛 수용체가 글루탐산을 감지하면 위장의 감칠맛 수용체에 신호를 보내고, 신호를 받은 위에서는 해당 음식, 특히 고기 소화에 필요한 최적의 환경을 미리 만들어둔다는 것이다. 위장뿐만 아니라 췌장에서도 비슷한 현상이 일어난다. 물론 감칠맛이 풍부한 음식을 즐긴다는 사실과 그로 인해 올라가는 만족감만으로도 소화는 한결 수월해진다.

MSG 첨가는 요리에 감칠맛을 더하는 효과적인 방법이다. 물론 요리 하나에 MSG를 몇 주먹씩 집어넣는다면 반갑지 않은 부작용이 생기고 음식 맛이 끔찍해질 수도 있겠지만, 적당량을 넣으면 확실히 음식 맛이 좋아지고, 덕분에 혀에서 느끼는 '식감'도 좋아진다. 하지만 요리에 들어가는 주재료를 통해 감칠맛을 만들어내는 방법이 훨씬 더 좋다. 첨가물보다는 천연 원료가 좋다는 것은 만고불변의 진리다. 순수한 MSG는 '베이컨 맛 감자칩' 같은 맛이 나는데, 순도 100퍼센트의 감칠맛은 아니다. 공장에서 만든 분말보다는 말린 다시마와 방금 깎아낸 가쓰오부시로 만든 다시가 더 맛이 좋고 깊이도 있으며 만족감도 크다. 그때그때 끓이는 육수가 마트에서 파는 고형 즉석 스프보다 맛있는 것과 같은 이치다.

11.

바다에서
제일 바쁜
물고기

어물쩍 넘길 방법이 없으니 이쯤에서 이실직고하는 편이 나을 듯싶다. 글루탐산에 관한 장이 끝나고 나니 이제 생선 가공을 집중적으로 다룬 장을 읽을 차례다. 아무래도 냄새가 난다고? 그렇다. 나는 일본 사람들이 강조하는 감칠맛과 특히 다시에 점점 더 호기심을 느끼고 있었다.

그렇다보니 다시에 사용되는 감칠맛이 풍부한 두 가지 핵심 재료에 대해 궁금한 것이 많아졌다. 바로 다시마와 가쓰오부시다. 다시마에 대한 집중 탐구는 북쪽 홋카이도로 이동한 다음으로 예정되어 있으니 아직은 기다려야 했다.(이때가 9월 말인데 이로부터 일주일 뒤 홋카이도로 이동할 계획이었다.) 나는 에미에게 도쿄에 머무는 동안 가쓰오부시 제작 과정을 직접 볼 수 있는 방법이 있느냐고 물었다.

가쓰오부시는 말려서 발효시킨 가다랑어 살코기로 나무토막처럼 단단하고 색깔은 흐릿한 황토색을 띤다. 그냥 보면 화석처럼 굳은 반듯한 바나나 모양이다. 보통은 대팻밥처럼 얇게 깎은 형태로 진공 포장되어 판매된다. 음식 위에 그대로 올리기도 하고, 다시 만드는 국물에 넣어 국이나 양념에 풍미를 더하기도 한다. 특히 뜨거운 음식 위에 그대로 올려놓으면 얇디얇은 가쓰오부시가 음식 열기에 반응해 춤을 추듯 움직이는 것이 흥미롭다. 가만히 바라보고 있노라면 가쓰오부시의 춤사위에 나도 몰래 빠져들게 된다. 대팻밥처럼 얇게 깎은 가쓰오부시는 봉지에서 꺼내 그냥 먹어도 아주 맛있어서 자꾸 손이 간다. 훈연 식품 특유의 중독성 있는 매캐하면서도 시큼한 맛과 살짝 비릿한 뒷맛이 있다. 생선이라는 점은 다르지만, 내가 생각해낼 수 있는 가장 가까운 비교 대상을 찾자면 종잇장처럼 얇게 썬 최상품의 파타 네그라 햄의 짭짤한 육질 맛이 아닐까 싶다. 아무튼 맛이 정말 끝내준다. 파타 네그라 햄은 주로 스페인에서 생산되는 이베리코 돼지 뒷다리를 소금에 절여 만든 생햄이다. 정식 명칭은 하몬 이베리코Jamón ibérico이지만 이베리코 돼지의 특징인 검은 발굽이 햄으로 만든 뒤에도 남아 있기 때문에 검은 발굽이라는 의미의 스페인어 파타 네그라pata negra라고도 불린다.

"문제없어요." 에미가 시원스럽게 대답했다. "남동생이 최고 중 하나로 꼽히는 가쓰오부시 회사에서 일하거든요. 전화해볼게요."

이튿날 에미와 나는 '탄환처럼 빠르다'는 초고속 열차, 신칸센을 타고 도쿄에서 야이즈燒津로 향했다. 야이즈는 도쿄와 나고야 중간에 위치한 항구도시다.(고맙게도 아내는 이번에도 남아서 아이들과 놀아주겠다고 선선히 동의해주었다. 모리 타워 미술관과 수족관을 둘러보기로 했다.) 신칸센 안에서 에미가 이런저런 설명을 해주었다. "정말 잘된 일이에요. 야이즈는 '가다랑어 타운'이랍니다. 가다랑어 가공업을 해서 번 돈으로 건설되었지요. 야이즈 가쓰오부시는 일본 전역에서 유명합니다. 자체 상표를 가지고 있어요. 야이즈에는 가다랑어를 햇빛에 자연 건조하는, 그러니까 전통 방식 그대로 가쓰오부시를 만드는 회사도 있다고 들었어요."

야이즈는 가다랑어잡이로 유명한 일본의 3대 항구도시 중 하나다. 그래서인지 일본의 다른 시골 마을보다 확실히 더 번창하고 있다는 느낌을 주었다. 하지만 모든 번영에는 대가가 따르는 법이라고 했던가? 택시에서 내리자마자 야이즈가 지불해야 하는 대가가 온몸으로 느껴졌다. 생선 훈제 냄새가 그야말로 진동하고 있었다. 물론 나한테는 톡 쏘는 맛있는 냄새였다. 하지만 의복, 머리카락 등에 항상 그런 냄새가 배어 있는 생활을 한다면 매력적이라고 생각하기는 힘들지 않을까? 냄새와 더불어 각종 기계, 디젤 엔진, 지게차, 컨베이어 벨트 소리 등이 뒤섞인 소음이 들려왔다. 바로 뒤에서 엄청난 소음이 들려 고개를 돌려 보니 대형 화물차가 검은빛이 도는 은빛에 반짝반짝 광이 나는 '어뢰'들을 다량의 핏빛 바닷물과 함께 수조로 비워내고 있었다. 온전한 모습의 진짜 가다랑어를 보기는 이때가 처음이었다.

골 진 철판으로 만든 수십 개의 창고 건물로 이루어진 '야이즈 수산가공 단지'는 별개의 작은 마을 같았다. 단지 안에는 총 24곳의 공장이 있는데, 하나하나가 어떤 식으로든 이 육중하고

기름기 많은 붉은 살 생선을 가공하는 작업과 연관되어 있다. 바로 이곳에서 더없이 신선한 회부터 통조림까지 갖가지 가다랑어 제품이 만들어진다. 어떤 회사에서는 내장을 꺼내 소금에 절여 발효시킨 가다랑어젓을 전문으로 만드는데 아주 별미다. 다른 회사는 말려서 분쇄한 뼈를 가지고 학교 급식에 사용되는 칼슘 보조식품을 만든다. 가다랑어를 삶은 국물마저 버리지 않고 즉석 라면에 맛을 내는 용도로 사용한다. 그리고 당연히 이곳의 여러 회사가 가쓰오부시를 만들고 있다. 보면 볼수록 용도가 무궁무진한 놀라운 물고기라는 생각이 들었다.

"여기서는 버려지는 것이 전혀 없습니다." 야이즈 홍보 담당이 우리를 회의실로 안내하면서 말했다. "내장과 염통까지도 가공되어 비료로 만들어집니다. 가다랑어의 어획량이 줄면서 가다랑어잡이 배의 수도 줄고 있습니다. [가격을 통제하고 있는] 정부에서는 바다에 있는 가다랑어 개체 수가 안정적이라고 말하지만 우리는 그렇게 생각하지 않습니다. 잡아올 고기는 별로 없고, 고기 잡는 데 드는 기름값은 비싸지는 반면, 수요는 증가하고 있습니다. 그래서 우리는 잡은 가다랑어 한 마리, 한 마리에서 생산량을 최대화해야 합니다."

야이즈에서는 매년 1만2000톤 정도의 가다랑어를 가공 처리하는데, 하루에 대략 6만 마리 정도가 된다. 그러나 2004년만 해도 연간 1만7000톤이었다. 나는 이런 모든 정보를 일본에 도착한 이래 힘들게 봤던 회사 비디오를 통해서 알게 되었다. 모든 비디오가 항상 똑같은, 떨리는 현악기 음과 거창하게 들리는 해

설자의 음성으로 시작된다는 특징이 있었다. 비디오는 그들이 "바다가 주는 축복을 (하나도 버리지 않고) 최대한 활용하고 있다"는 사실뿐만 아니라, 가다랑어의 이동 패턴도 설명해주었다. 가을에 가다랑어가 북쪽(구체적으로 홋카이도 남동 연안)에서 돌아오는 여정을 일본어로 '모도리戻り'(귀가, 귀로)라고 하는데 이때는 기름지고 살이 많은 시기다. 이때 잡힌 가다랑어는 주로 생으로 혹은 살짝 구워서 먹는다.(이처럼 단순 식용으로 먹는 가다랑어는 참치보다 낮은 등급으로 간주된다.) 반면 봄이 되면 가다랑어는 '검은 해류'라는 의미의 구로시오 해류黑潮를 따라 남쪽, 주로 필리핀에서 올라오는데, 이때는 살이 적은 시기로 가쓰오부시를 만들기에는 이편이 더 좋다. 하지만 이런 이동 패턴도 바뀌고 있다. 가다랑어가 이전보다 북쪽으로 가서 산란을 하고, 구로시오 해류의 흐름 자체도 달라지고 있다.

가다랑어 양식을 시도해봤는지 물었다. "아직까지는 참치와 같은 상황입니다. 양식은 경제성이 없어요. 양식 가다랑어는 크기가 너무 작고, 참치보다 활동성이 훨씬 더 강해서 쉽지가 않습니다." 홍보 담당자의 답변이다. 가다랑어는 심지어 수면 중에도 헤엄을 친다고 한다. 일본인들이 부지런한 사람을 두고 '가다랑어처럼 부지런히 일한다'고 말할 정도다.

우리가 도착했을 때 대형 트럭에서 수조로 들어가던 그 고기가 실로폰 건반처럼 딱딱한 살코기 덩어리로 바뀌는 공정을 보고 싶었다. 통통한 생가다랑어가 쓰키지 시장 주변 상점에서 봤던 가쓰오부시 덩어리로 탈바꿈하는 과정이 무척 궁금했다.

이런 공정을 보기 위해 우리는 야이즈 외곽으로 향했다. 홍보 담당자가 먼저 해동시켜서 머리와 내장을 제거한다고 설명했다. 이어서 가다랑어를 삶은 뒤, 현지 여성 군단이 하루에 6만 마리나 되는 가다랑어의 뼈를 한 마리 한 마리 수작업으로 제거한다. 삶고 나면 살이 약해지므로 온전한 살코기 모양을 유지하면서 뼈를 제거하려면 직접 손으로 하는 수밖에 없다. 일본인들은 음식의 맛만큼이나 모양에도 신경을 쓰기 때문에 잘못해서 모양이 흐트러지면 곤란했다. 이런 공정이 이루어지는 공장 한 곳으로 들어갔다. 막대 형광등을 켠 어두운 실내에는 비린내가 진동하고 증기가 자욱했다. 내부의 표면이란 표면은 모두 갈색 생선 기름으로 덮여 있었다. 파란색 위생모를 착용하고 소매를 걷어올린 채로 고무장갑을 끼고 있는 대략 50명의 여성이 나란히 서 있고, 컨베이어 벨트 위에서는 익힌 물고기가 지나가고 있었다. 도대체 어떻게 하나 싶어 한 여성을 유심히 봤다. 민첩한 손놀림으로 가다랑어 한 마리를 집더니 손에서 두 번 뒤집자 뼈가 제거되고 네 조각으로 나뉜 살코기만 남았다. 순식간에 이뤄진 아주 완벽한 작업이었다. 제거한 뼈는 분쇄되도록 아래 구멍에 넣고, 살코기는 옆의 격자무늬 쇠판 위에 조심스럽게 올려놓는다. 솔직히 이것은 내내 고약한 냄새에 시달려야 하는 지저분하고, 정신적으로도 힘든 노동이었다.

다음으로 훈제와 발효 과정이 진행된다. 훈제 시에 사용하는 나무가 달라지면 최종 맛도 달라지는 모양이었다. 졸참나무를 쓰는 회사도 있고, 벚나무를 쓰는 회사도 있었다. 하지만 완성된 가쓰오부시 맛에 영향을 주는 것은 나무만이 아니다. 훈제한 횟수에 따라서도 맛이 달라진다. 수분이 20퍼센트 정도만 남도록 살코기를 건조하는 표준 횟수는 10회에서 20회 사이다. 우리는 거대한 훈제 가마를 봤는데, 여기에도 역시 당밀처럼 찐득찐득한 갈색 물고기 기름이 말라붙어 있었다. 그렇지만 최상품 가다랑어는 소금에 절여 이틀 동안 햇빛에 자연 건조한다. 가다랑어를 소금에 절여 이런 식으로 발효시켰다는 기록은 중세 시대까지 거슬러 올라간다. 에미가 말한 바에 따르면 야이즈의 한 회사는 지금도 이런 식으로 가다랑어를 가공하고 있다. 물론 날씨가 허락하는 한에서.

이렇게 손질된 살코기는 누룩곰팡이가 가득한 뜨겁고 습한 저장실로 들어간다. 거대한 오븐이라고 생각해도 좋으리라. 이런 저장실 중 일부는 수십 년의 역사를 보유하고 있어 살코기에 특유의 맛을 주입하는데, 진짜 전문가는 이런 맛의 차이까지 구별한다. 이는 일종의 발효 과정으로 된장, 간장, 사케에서 발효 과정이 그렇듯이 가쓰오부시의 복합적인 맛과 감칠맛에 중요한 영향을 미친다. 곰팡이는 맛 좋은 효소를 만들어내는데, 이것이 가다랑어 살코기 안의 단백질을 아미노산, 특히 이노신산IMP으로 바꾼다. 이런 발효 과정은 6주가 걸리는데 그동안 대여섯 번 정도 살코기를 꺼내 햇빛에 말려 곰팡이를 죽이고, 다시 넣어 새로운 층의 곰팡이를 기르는 작업이 반복된다. 이런 작업을 통해 맛이 한층 더 깊어진다. 생선 살코기가 나무처럼 딱딱해지면 최종 단계인 대패질, 즉 깎기를 할 차례다.

가쓰오부시를 깎는 용도로는 별도로 나온 도구를 이용한다. 목수들이 쓰는 대패의 위아래가 바뀐 구조에 밑에는 깎여 나온 대팻밥을 담는 용기가 붙어 있다. 일류 요리사는 글자 그대로 다시를 만들기 직전에 필요한 만큼만 깎아 사용한다. 깎는 순간부터 맛과 향이 감소하기 때문이다. 물론 대다수 요리사는 얇게 깎아서 진공 포장한 것을 사용하지만. 한편, 대부분의 가정에서는 분말 형태의 가쓰오부시를 사용하는데 주로 아지노모토 상표가 붙어 있는 것이 많다.

마지막으로 우리는 완제품 가쓰오부시를 파는 인근의 작은 상점에 갔다. 야이즈 홍보 담당자는 덩어리 가쓰오부시 두 개를 가볍게 두드려보면서 제품 고르는 법을 보여주었다. 밀도가 높을수록 질이 좋고 맛도 좋으며 가볍게 두드렸을 때 금속성 소리가 난다.(또한 쓰지 시즈오가 『일본 요리: 단순함의 예술』에서 말한 내용에 따르면, 가쓰오부시에 녹색 곰팡이 자국이 있으면 수분이 지나치게 많은 것이고, 노란 빛깔이면 산이 지나치게 많은 것이다.) 홍보 담당자가 덩어리 하나를 절반으로 쪼개 속을 보여주었는데 나무의 나이테 같은 줄무늬가 있었다. 줄무늬 색깔이 중앙에서 바깥쪽으로 갈수록 진한 자주색에서 갈색으로 바뀌었다. 분위기를 보아 하니 내가 야이즈를 방문한 최초의 서구인인 듯했다. 최초라고 생각하니 공연히 우쭐한 기분이 들었던 걸까? 나는 그곳에서 무모한 결정을 내리고 만다. 가쓰오부시 두 덩어리를 몇천 엔이나 주고 떡하니 산 것이다. 깎을 도구가 없다는 현실 따위는 생각할 여유가 없었다. 알고 보니 괜찮은 가쓰오부시 대패는 엄청나게 비쌌다.

지금도 우리 집 냉장고 안쪽에는 그때 사온 가쓰오부시가 있다. 물론 깎지 못한 덩어리 그대로. 가끔 나는 덩어리를 꺼내 애지중지 어루만지고 코를 킁킁거리면서 얼마나 맛있을까를 상상한다.

12.

진짜
고추냉이 먹기
캠페인

일본 이외 지역의 식당에서 와사비 자포니카wasabia japonica, 즉 고추냉이가 나오는 일은 매우 드물다. 나의 경우 초밥 접시 옆에 작은 방울 모양으로 놓인 연두색 연고 같은 물질을 딱 한 번 먹어봤다. 콧속이 얼얼해지는 매운맛이었는데 알고 보니 일본인들이 말하는 진짜 고추냉이와는 상당히 거리가 있었다. 아니, 사실상 비교 불가라는 말이 더 맞을지도 모른다. 하늘에서 떨어지는 진짜 눈과 스프레이로 뿌리는 인공 눈 같은 관계랄까?

희귀한 일본 산물에 대해서 나처럼 흥미를 갖고 있지 않은 리슨과 애스거, 에밀은 기자니아라는 일종의 테마 공원에서 시간을 보내는 쪽을 택했다. 아이들이 소방관, 치과 의사, 그래픽 디자이너 같은 직업을 선택해 일을 하고 초콜릿이나 소다수 등으로 바꿀 수 있는 돈을 버는, 말하자면 직업 체험 테마파크다.(나중에 아이들한테 들은 이야기를 종합해보면 도쿄 기자니아는 대단한 곳임에 분명했다. 애스거와 에밀은 지금도 거기서 도쿄 경찰 역할을 했던 이야기를 한다. 그런데 자기들이 정말로 두 시간 동안 경찰이었다고 믿고 있지 않나 싶을 정도다.)

아무튼 아내와 아이들이 기자니아에서 실감나는 체험을 하는 동안 나는 통역사 역할을 해주는 에미를 대동하고 도쿄에서 남쪽으로 100킬로미터가량 떨어진 시즈오카静岡 현, 이즈伊豆의 아마기 산天城山 지역으로 갔다. 후지 산富士山 남쪽에 위치한 산림이 우거진 반도다. 이곳은 일본어로 '온센'이라고 하는 온천이 유명한 곳이지만, 일본인들에게는 고추냉이 하면 자동으로 떠오를 만큼 고추냉이로 유명한 지역이기도 하다. 일본에서 생산되는 고추냉이의 60퍼센트 이상이 이곳에서 재배된다. 돈으로 환산하면 1년에 무려 25억 엔어치가 된다.

우리는 기차를 타고 근처까지 간 다음 차를 빌려 산악지대로 들어갔다. 제일 먼저 들른 곳은 이곳의 고추냉이생산자협회 회장이 부인과 함께 운영하는 작은 상점 겸 고추냉이 가공 센터였다. 회장 안도 요시오를 만나기 위해서였다. 안도 요시오는 고추냉이 캐릭터가 그려진 커다란 야구모를 보란 듯이 쓰고 있는 50대 후반의 남자였다. 이곳에는 요시오를 포함해 355명의 고추냉이 생산자가 있다고 했다.

요시오는 고추냉이가 세계에서 재배하기 가장 까다로운 식물에 속한다고 말했다. 딱 맞는 기후 조건에 다량의 담수가 필요하다고 했다. "고추냉이는 아주 깨끗한 흐르는 물에서 길러야 합니다." 요시오의 설명이다. "물이 핵심입니다. 수온은 대략 섭씨 12도에서 13도 사이여야 합니다.[16도가 넘거나 10도 이하로 떨어져서는 절대로 안 된다.] 그리고 항상 1센티미터 깊이를 유지하면서 초당 18리터 속도로 흘러야 합니다. 여기는 산에서 흘러나오는 정말 좋은 물이 있습니다. 하지만 기후도 그에 못지않게 중요합니다. 1년 내내 시원한 여름 날씨여야 하고 물이 있어야 합니다."

요시오는 나한테 살펴보라고 진짜 고추냉이 뿌리 하나를 내밀었다. "이런 정도면 도쿄에서 2000엔(약 2만 원) 이상에 팔립니다. 부자들만 살 수 있지요. 수량도 아주 제한적입니다." 차를 타고 가다가 도로변에 세워진 플라스틱 모형을 몇 번 지나친 적은 있지만(일본인도 미국인처럼 길가에 커다란 모형을 세워 지역 특산품을 광고하기를 좋아한다), 온전한 고추냉이 뿌리를 제대로 보기는 이때가 처음이었다. 울퉁불퉁 작은 혹들이 달린 것을 빼면 영락없는 남근 모양이었고, 위쪽에는 기다란 잎들이 달려 있어 뿌리 아래 끝까지 늘어졌다. 요시오가 내민 고추냉이 뿌리는 바나나 크기와 비슷했다. 이보다 더 크게도 키울 수 있지만 일본 슈퍼마켓에서 주로 보이는 고추냉이 뿌리는 흔히 먹는 초콜릿 바 크기일 때가 많다. "15개월에서 2년 정도 키우고 나면 연간 어느 때고 수확이 가능합니다. 고추냉이는 자랄수록 점점 더 매운맛이 강해집니다." 요시오의 설명이다.

일본인들은 이 수수께끼 같은 식물(뿌리줄기 식물로 서양고추냉이의 먼 친척뻘 된다)을 1744년부터 재배해오고 있다. 원래는 특히 물고기에 있는 박테리아를 죽이는 살균제로 사용되었다. 생선회와 고추냉이가 단짝처럼 붙어다니게 된 이유도 여기에 있다. 고추냉이는 식욕을 돋우는 음식으로도 알려져 있다.

생고추냉이와 마트에서 튜브 형태로 파는 고추냉이가 어떻게 다른지 물었다. 요시오는 말도 안 된다는 표정으로 고개부터 내저었다. 애초에 비교가 불가능하다는 것이다. "굳이 비교하자면, 이렇게 재배한 고추냉이가 공장에서 만든 고추냉이보다 맵습니다. 하지만 목이 타는 것처럼 독하게 매운 것이 아니라 훨씬 더 달콤하면서도 맵습니다. 그리고 향도 더 좋지요. 당연히, 일본산이 최고지요."

타이와 중국에서도 고추냉이를 재배하고 있다고 들었기에 이에 대해 물었더니 요시오는 아까보다 한층 더 맹렬하게 고개를 젓는다. "타이에서는 흐르는 물이 아니라 흙에서 고추냉이를 재배합니다. 화학약품도 많이 들어가지요. 중국도 마찬가지고요." 하지만 이곳과 같은 방식으로 물을 공급하고 비슷한 기후 환경에서 재배하는 곳이 어딘가에 분명 있지 않을까요? 고추냉이처럼 돈이 되는 작물을 제대로 된 방법으로 키우려고 했던 곳이 여기만은 아니었을 텐데요? "맞습니다. 캐나다와 뉴질랜드에서 이런 식으로 재배한다고 들었습니다. 거기 제품들은 아무래도 좀더 나을 겁니다." 하지만 요시오의 얼굴에 드러난 표정은 다른 말을 하고 있었다. 다른 지역 고추냉이 품질을 도저히 믿지 못하겠다는.

요시오가 말하는 고추냉이 재배 방식이 쉽게 머리에 그려지지 않았다. 1센티미터 깊이의 흐르는 물에 기른다니 도대체 어떤 모습일까? 혹시 재배하는 모습을 직접 볼 수 있을까요? 처음에 요시오는 긍정도 부정도 아닌 애매한 표정을 짓더니 부인과 낮은 목소리로 잠시 상의했다. 그러고는 보통은 보여주지 않는다면서 재배지를 비밀로 하는 편이 좋은 분명한 이유가 있다고 했다.(흥미롭게도 고추냉이 도둑들이 있다고 했다.) 하지만 먼 길을 온 정성을 보아 재배지를 보여주겠다고 했는데, 그러려면 산으로 더 올라가야 했다.

요시오가 낡은 도요타 픽업트럭을 몰고 앞장섰으며 우리 차가 뒤를 따랐다. 한 시간 넘게 소나무, 삼나무, 대나무 등이 심어진 숲길을 달렸다. 관광객이 많이 찾는 온천 마을에서는 한참 떨어진 곳이었다. 이 숲속 어딘가에 (요시오가 키우는 재배종과는 다른) 야생 고추냉이가 흐르는 물속에서 자라고 있으리라고 상상하니 한층 더 흥분되었다.

마침내 우리는 깊고 어두운 골짜기에 도착했다. 한쪽은 탁 트여서 아래로 근사한 풍경이 펼쳐졌고, 폭이 좁은 반대쪽에서는 고추냉이의 생명줄인 맑은 강물이 산꼭대기에서 흘러내려오고 있었다. 여기서부터 고추냉이 논까지는 풀이 무성한 산길이었다. 우리의 출현에 놀랐는지 에르메스 스카프처럼 화사한 빛깔의 잠자리며 나비들이 덤불숲 여기저기서 날아오르고, 도마뱀들이 사방으로 흩어졌다. 나무 위의 거미줄에는 밝은 초록색 거미들이 대롱대롱 매달려 있었다. 비밀스럽고 소중한 무언가를 보게 된다는 생각에 숙연한 느낌마저 들었다. 이곳에서 요시오는 일본 최고의 (따라서 세계 최고의) 고추냉이를 기를 뿐만 아니라(요시오는 각종 상도 받았다), 최근 일본 총리의 발언에 따르면 일본 최고의 농산품 중 하나를 재배하고 있으니 이런 느낌이 과한 것도 아니리라.

계곡 바닥 전체가 벼를 재배하는 논처럼 계단식으로 정리되어 있었다. 차이점은 끝이 뾰족하고 기다란 초록색 이파리가 아니라 장군풀처럼 잎이 넓은 고추냉이 들판으로 덮여 있다는 것이었다. 강은 눈에 보이지 않았지만 흐르는 물소리가 어찌나 큰지 귀가 먹먹할 정도였다. 요시오가 강물은 15센티미터 깊이의 모래판에 빽빽이 심어진 고추냉이 밑으로 흐르고 있다고 말해주었다. 고추냉이 위에는 검은색 그물을 쳐놓았는데 햇빛과 떨어지는 나뭇잎으로부터 보호하기 위해서라고 했다. "경사도가 아주 정확해야 합니다. 경사가 조금만 급해도 유속이 너무 빨라집니다. 또 다른 문제는 여기 사는 사슴입니다. 사슴들이 고추냉이 잎을 좋아합니다." 그 말을 들으니 호기심이 생겨 하나 먹어보았다. 같은 십자화과인 로켓과 비슷하지만 달콤하면서도 매운 고추냉이 특유의 뒷맛이 있었다.

요시오에게 고추냉이 섭취와 관련해 말해줄 팁 같은 것이 있느냐고 물었다. "아아! 줄기를 사케 지게미에 넣어 절임을 해서 먹어보셔야 합니다. 정말 맛있어요." 일본을 떠날 때 몇 뿌리 가져가볼까 하는 생각이 들었다. 얼마나 오랫동안 보관할 수 있나요? "말리면 한 달 정도 보관이 가능합니다. 하지만 습기가 끼면 검은색으로 변합니다."

"저어", 작별 인사를 하고 막 고추냉이 논을 떠나려 하는데 요시오가 우리를 불러 세웠다. "정말 고추냉이에 관심이 있다면 꼭 만나볼 사람이 있습니다."

흰 벽 여관이라는 의미의 시라카베소는 시즈오카 온천 지역에 있었다. 옥외에 두 개의 온천탕이 있는 전형적인 온천 게스트하우스로 우다 하루요시와 우다 이쿠코 부부가 운영하고 있었다. 요시오의 지인인 우다 이쿠코는 고추냉이에 매료되어 오래전부터 시즈오카대학의 기나이 나오히데 교수 밑에서 고추냉이를 연구하고 있었다. 기나이 나오히데 교수는 고추냉이 뿌리의 의학적인 효용을 연구하는 분야의 전문가다.

옛날식으로 다다미를 깐 소박한 방바닥에 앉자 이쿠코가 고추냉이를 먹는 기본 원칙을 설명했다.(우리가 앉은 다다미방에서는 아주 깔끔하게 다듬어진 일본 전통 정원이 보였다.) "상어 가죽을 씌운 도마 위에서 갑니다. 부드럽고 곱게 갈리면서도 질기지요. 또한 반드시 동그라미를 그리며 갈아야 합니다. 고추냉이에 산소가 섞이면 매콤한 맛이 더 강해지기 때문입니다. 그리고 뿌리 위쪽이 아래쪽보다 답니다." 이쿠코는 말만이 아니라 상어 가죽 도마를 갖다놓고 고추냉이 뿌리 가는 시범을 직접 보여주었다. 그녀의 말대로 동그라미를 그리면서 부드럽게 갈았다.

이쿠코가 고추냉이를 갈기 시작하자 저렇게 큰 뿌리 하나를 모두 먹어야 하는 것은 아닌지 내심 걱정이 앞섰다.(사실 엄청 큰 뿌리였다.) 불안해하는 기색이 이쿠코에게도 느껴졌던 모양이다. "걱정하지 마세요. 진짜 고추냉이는 목에 그렇게 자극적이지 않습니다. 인공 고추냉이처럼 탈 듯이 맵다거나 코까지 얼얼해지는 그런 맛이 아닙니다. 그리고 말입니다, 고추냉이를 먹고 술을 마시면 숙취에 시달리지 않습니다. 항균 효과에 해독 작용까지 있으니까요."

고추냉이에는 각종 미네랄과 비타민은 물론이고 소염 작용을 하는 대략 20종의 이소티오시안염isothiocyanate(겨자와 브로콜리에도 있는 화합물)이 함유되어 있다. 덕분에 고추냉이는 알레르기와 습진에도 효과가 있는 치료제다. 항균 작용이 있다는 말은 충치 치료에도 도움이 된다는 의미다. 고추냉이는 또한 설사를 진정시키는 데도 효과가 있다. 하지만 진짜 관심을 끄는 것은 따로 있다. 연구자들에 따르면, 고추냉이에 풍부한 이소티오시안염이 암의 전이를 막는 효과가 있다고 한다. 고추냉이야말로 진정한 '슈퍼 푸드'가 아니고 무엇이겠는가!

확실히 실제 고추냉이는 튜브에 담겨 판매되는 것과는 맛이 많이 달랐다. 이소티오시안염은 고추냉이를 가는 과정에서 기분 좋은 얼얼한 맛을 더해주고, 공기 중으로 증발하면서 짧지만 코가 얼얼해지는 역시 싫지 않은 열기를 내뿜는다. 때로 요리사들은 고추냉이의 매운맛을 더욱 활성화시키기 위해서 설탕을 살짝 넣기도 한다.

이쿠코가 그날 오후에 먹을 요리들을 내놓기 시작했다. 우선 절인 진달래, 국화, 해파리가 나왔다.(해파리는 오도독 씹히는 맛이 정말 일품이었다.) 빛깔 고운 전복 껍데기가 나왔기에 뒤집어봤더니 안에서 전복이 아직도 꿈틀대고 있었다. 이쿠코가 전복을 뜨거운 철판에 올려놓고 1분 정도 가열한 다음, 얇게 썰어 고추냉이 덩어리를 곁들여 내놓았다. 깜짝 놀랄 만큼 부드러운 맛이었다. 이 지역은 고추냉이뿐만 아니라 멧돼지 고기로도 유명한 곳인지라 이어서 멧돼지 고기가 나왔다. 열흘 동안 된장과 누룩 속에 넣고 절여 연하게 만들었다고 하는데 그렇게 하면 살코기가 숟가락으로 떠먹어도 될 만큼 부드러워진다. 야생 고기 특유의 냄새가 깊이 배어 있는 풍부한 맛이 고추냉이의 달콤함과 정말로 잘 어울렸다. 이번에도 접시 한쪽에는 작은 고추냉이 덩어리가 단정하게 놓여 있었다.

이쿠코에게 어쩌다가 고추냉이에 그렇게 빠지게 되었는가를 물었다. "7년 전부터였지요. 우리 지역 특산물을 최대한 활용해서 사람들이 놀랄 무언가를 해내고 싶었습니다." 분명 그녀는 목표한 바를 해냈다. 덕분에 튜브로 판매되는 고추냉이와 초밥을 먹으며 느끼던 내 만족감과 기쁨이 영원히 사라져버렸지만 말이다. 과연 나는 인공 고추냉이 맛에 다시 적응할 수 있을까? 그날 오후가 끝나갈 즈음 나는 혼자서 고추냉이 뿌리 절반을 먹었는데 어떤 부작용도 느껴지지 않았다. 부작용은커녕 정말 맛있고 분위기 있는 식사였다. 식사는 고추냉이 아이스크림과 멜론으로 끝났는데 그렇게 즙이 풍부하고 달콤한 멜론은 내 평생 처음이었다.

숙소로 돌아오면서 나는 일단 맛을 보기만 하면 세상은 진짜 고추냉이에 열광하리라는 생각을 떨쳐버릴 수가 없었다. 예전에도 나는 단일 재료를 중심으로 만든 식사를 해본 경험이 있다.

한번은 초콜릿을 주제로 만든 식사였는데, 초콜릿 리소토, 초콜릿을 곁들인 사슴 고기 스튜, 초콜릿 무스로 이루어져 있었다. 그때 이후로 나는 한동안 초콜릿을 먹지 않았다. 파리에서는 수플레만 파는 레스토랑에서 점심을 먹었다. 세 가지 수플레로만 이루어진 식사였다. 아무리 맛있었다고 해도 역시 한동안은 다시 먹고 싶지 않았다. 그러나 이것은 수준이 달랐다. 완전히 중독되고 말았다.

그러므로 이제부터 진짜 고추냉이 먹기 캠페인을 시작하려 한다. 여러분도 함께하심이 어떠할지?

13.

주방용품
거리

   진짜 고추냉이 먹기 캠페인까지 시작한 마당에 우리 집 주방에 이를 위한 필수품인, 나무에 상어 가죽을 댄 강판이 없다면? 내 삶 자체가 부끄러운 오류와 가식으로 가득한 엉터리에 가짜일 수밖에 없다. 그럴 수는 없으니 어떻게든 준비해야 할 텐데 과연 어디서 사는 걸까?

   상어 가죽 강판을 사기에 최적의 장소를 알아내는 데는 그리 많은 검색이 필요하지 않았다. 갓파바시合羽橋 거리는 도쿄의 '반드시 봐야 할 장소' 목록에서 쓰키지 시장 다음으로 중요한 자리를 차지하고 있었다.

   갑자기 삶이 부질없다 느껴지고 무엇에도 의욕을 느끼지 못해 기분 전환이 필요할 때면 신발이나 의복, 휴대전화 액세서리 등을 구경하고 사면서 시간을 보내는 사람이 있다. 음반 가게에서 희귀 음반들을 뒤지며 며칠씩 보내는 사람이 있는가 하면, 내 친구 중 한 명은(절대 나는 아니다) 복고풍 양복점 앞을 지나칠 때면 반드시 들어가서 양말 고정용 밴드와 허리띠를 구경한다. 내 경우 주방용품 부분에서 통제 불능의 구경 습관이 가장 많이 나타난다. 나는 좋은 주방용품점에 가면 아무리 오래 둘러봐도 질리지가 않는다. 영업시간이 끝났다며 쫓아낼 때까지라도 행복하게 둘러보고 있을 사람이다. 파리에서도 나는 스토킹 수준으로 주방용품점들을 드나들었다. 실제로 물건을 사는 일은 드물지만 항상 사고 싶은 마음을 억누르느라 스스로를 고문하는 편이다. 한 번 쓰고 나면 좀처럼 거들떠보지 않을 것임을 스스로 아주 잘 아는 소형 주방 가전들이 나를 괴롭히는 주범이다. 얼마 지나지 않아 싱크대 맨 밑 칸으로 들어가든가 예전 세탁기 설명서나 냉장고용 봉지 조이개 등과 함께 어딘가에 처박히고 말 것임을 알면서도 사지 못해 안달하는 나를 스스로도 이해할 수가 없다. 이미 가지고 있지만 기능이나 디자인 면에서 한층 업그레이드되어 나온, 그래서 그만큼 비싼 고급 제품 때문에 갈등할 때도 많다. 호두나무 도마, 전문가용 믹서 같은 것이 대표적이다. 힘들이지 않고 과일 껍질을 벗기거나 깎고, 멜론 속을 둥글게 파내거나 사과 가운데 부분을 원통형으로 파내는 식의 소위 아이디어 상품들도 마찬가지다. 그럴싸해 보이지만 가뭄에 콩 나듯 어쩌다 한번 사용하고 존재조차 망각하기 쉬운 제품들이다. 더구나 생각해보면 과일칼과 약간의 집중력 및 세심함만 있으면 별도의 도구 없이도 가능한 작업들이다. 그런데도 금속 빛깔 그대로 혹은 곱게 크롬 도금을 해서 이런저런 명칭을 붙여 나온 작은 도구들을 보면 어김없이 유혹을 느끼곤 한다.

그러나 나의 '페티시즘', 즉 물건에 대한 집착이 진정으로 빛을 발하는 곳은 따로 있다. 바로 '식당용품 판매점'이다. 요리를 직업으로 하는 이들이 출장뷔페용 음식을 포장할 랩과 은박지, 튜브에 들어 있는 특대 사이즈 겨자 소스, 소금 등을 일반인이 슈퍼마켓에서 사는 것보다 훨씬 더 저렴한 비용으로 구매하는 그런 곳이다.

런던에는 이런 상점이 10여 곳 있고, 파리에는 그보다 훨씬 더 적다. 더구나 파리는 그나마 있는 상점도 대부분이 도심의 대형 쇼핑센터인 레 알 부근이나 차이나타운에 있다. 아무튼 도쿄 갓파바시 거리는 나 같은 주방용품 중독자를 위한 진정한 메카라고 할 수 있다. 주변 샛길까지 포함해서 거리 전체에 주방용품을 파는 상점이 늘어서 있다. 지상에서 생각할 수 있는 모든 요리에 필요한, 상상 가능한 모든 도구를 팔고 있다고 생각하면 된다. 어쩌면 상상을 넘어선 것들까지.

이곳은 백화점 쇼윈도처럼 번쩍번쩍 꾸민 화려한 쇼핑 거리는 아니다. 4차로 주변으로 늘어선 저층 건물들에 각종 상점이 들어서 있는데, 진열과 홍보에 각별히 신경을 쏟는 요즘의 소매점과는 달리 이곳 상점들은 그런 부분에 관심을 갖지도 공을 들이지도 않는다. 그러나 도쿄의 식당들이 그렇듯이 이곳 갓파바시 거리 상점들은 다른 어느 곳의 주방용품점과도 비교가 되지 않는 새로운 경지를 자랑한다. 각각의 상점이 주방용품 중 특정

한 형태, 혹은 특정한 항목만을 전문으로 취급하기 때문이다. 강박적이다 싶을 정도의 열정을 가지고.

예를 들면 나는 쿠키 모양을 찍어내는 틀만 파는 상점에서 길지 않은 시간을 보내면서 적지 않은 돈을 썼는데, 그야말로 수천 가지 틀이 진열되어 있었다. 밥솥만 파는 상점도 있었는데 모르긴 몰라도 세계에서 이만큼 다양한 밥솥을 파는 가게는 없을 것이다. 어느 가게에서는 난생처음 보는 거대한 튀김 기름통, 소파 크기의 초대형 개수대를 보고 무슨 말을 해야 할지 몰라 한참을 멍하니 서 있기도 했다. 바로 옆 상점에서는 메뉴판과 메뉴판 꽃이만 팔고 있었고, 금전등록기와 주문서만 취급하는 가게도 있었다. 도로 건너편에는 식당 밖에 진열하는 용도로 쓰이는, 플라스틱 음식 모형을 파는 유명한 가게가 있었다. 알록달록 칠한 초밥 모형들 때문에 멀리서 보면 사탕 가게처럼 보이기도 한다. 가게 여주인이 지금은 플라스틱으로 만들지만 19세기에는 밀랍으로 이런 모형을 만들었다는 이야기를 들려주었다. 도쿄의 뜨거운 여름에 밀랍 모형들이 어떻게 버텼을까 궁금했다.

한편, 상어 가죽 고추냉이 강판을 찾는 데는 운이 따라주지 않았다. 거기 사람들을 붙잡고 아무리 물어도 제대로 된 답이 나오지 않았다. 일본인들 입장에서는 내가 무언극 배우처럼 손짓 발짓 써가며 길을 묻는 모습이 도통 이해는 되지 않고 오히려 무서워 보이지 않았을까 싶기는 하다. 솔직히 나는 쟁반만 파는 가게, 모양과 색깔은 완전히 똑같은데 크기만 다른, 이자카야 밖에 매달린 등을 파는 가게 등에 빠져서 정신이 없었다. 이즈음 애스거와 에밀은 (나와는 반대로) 지루해서 미칠 지경이었다. 나한테는 무슬림 신부만큼이나 생경한 각종 디즈니 상점들을 내가 얼마나 인내심을 가지고 같이 구경해주었는지를 말해줘도 도통 귀에 들어오지 않는 모양이었다.

이제 이곳 주방용품 거리에서도 특히 인기 있는 소위 '스타 상점들'을 보러 갈 차례다. 바로 각종 칼을 파는 상점이다. 하나같이 내부가 어둡고 칙칙한 잿빛이었다. 벽에 설치된 유리 진열장에는 고탄소강으로 만든, 날이 면도날처럼 사각형인 칼들이 수도 없이 늘어선 모습이 인상적이었다. 지루해 죽겠다던 아이들은 칼을 보자 갑자기 흥미를 느끼기 시작했다. 아이들에게 설명해준 대로 처음 칼을 만들던 장인들은 과거 사무라이 검을 만들던 장인들의 직계 후손이었다. 19세기 말에 검 휴대를 법으로 금지하자 시장을 잃은 이들이 주방용 칼 제작으로 방향을 틀었던 것이다. 나는 우스바薄刃라고 하는 주로 채소를 써는 날이 얇은 직사각형 식칼, 데바出刃라고 하는 주로 생선뼈를 발라내는 날이 두껍고 끝이 뾰족한 삼각형 식칼 여러 개를 이리저리 비교해본 뒤 두 개를 샀다. 하나는 서양에서도 흔한 기본 식칼에 가까운 주방용 칼로 칼날의 양쪽이 비스듬히 깎여 있고, 다른 하나는 약칭 야나기바柳刃(정식 명칭은 야나기바보초柳刃包丁)라고 하는 회칼로 길이는 25센티미터이고, 칼날의 한쪽만 비스듬히 깎여 있는 것이 특징이다. 두 칼을 합친 가격이 영국에서 글로벌나이프 하나 사는 값보다 쌌다. 글로벌나이프는 날붙이류 제조업체로 유명한 일본의 요시다금속공업吉田金屬工業에서 만든 고급

칼이다.

　나이 지긋한 판매원이 회칼의 경우 한쪽 날만 비스듬히 깎아 다듬는 것은 이렇게 해야 생선살의 섬유질 파괴가 덜하기 때문이라고 설명해주었다. 칼질을 할 때 비스듬히 깎지 않은 무딘 쪽이 살코기 덩어리에 닿고, 날카로운 쪽이 잘려나가는 조각에 닿게 된다. 솔직히 내가 칼을 쓰면서 회칼과 다른 칼들의 차이점을 구별할 수 있으리라고는 생각하지 않는다. 하지만 일본인 요리사라면 구별할 수 있을 테고 그것이면 충분하다.(나중에 써보니 그때 산 칼이 불에 달궈 부드러워진 초콜릿에 넣기 전에 가나슈를 주사위 모양으로 써는 데도 유용했다.) 초밥 요리사들은 특히 칼에 대해 깐깐한 족속이다. 쓰지 시즈오에 따르면 일류 요리사는 생선용으로 두 세트의 칼을 가지고 있다. 하나는 칼을 간 다음 '식히는' 동안 사용하는 것이다. 물론 주방의 칼을 한 달에 한 번이나 갈아줄까 말까 하는 나 같은 사람한테는 무슨 해괴한 소린가 싶을 것이다. 하지만 설명을 듣고 나면 고개가 끄덕여진다. 일본 칼들은 세계에서 가장 날카로운 날을 자랑하는데 그만큼 유지 관리에도 손이 많이 간다. 날카로운 만큼 날이 쉽게 상하기 때문에 날마다 갈아주는 것은 필수. 그렇게 하지 않으면 금방 무뎌져버린다.(게으른 주제에 일본 칼을 산 나도 곧 깨닫게 된 사실이다.) 그런데 칼을 갈고 나면 마찰로 인해 열이 오른다. 당연히 신선도가 생명인 익히지 않은 생선에 이런 칼을 대고 싶지는 않을 것이다. 아무리 미미한 온기라도 말이다.

　가게 주인은 칼을 가는 데 쓰는 벽돌 크기의 숫돌도 사라고 부추겼다. 숫돌을 일본어로는 도이시砥石라고 부른다. 사용 방법도 직접 보여주었다. 숫돌을 5분 동안 물에 담갔다가 꺼낸 다음, 숫돌 표면에 칼을 대고 살짝 힘을 주어 바깥쪽으로 밀었다가 부드럽게 제자리로 끌어오는 동작을 반복하되, 몇 회 되풀이한 뒤에는 표면에 물을 끼얹어주라고 했다. 생선 비늘을 제거하는 도구까지 덤으로 얹어주었는데 교환하러 올 가능성이 희박한 손님이니 현명한 선택이었다.

그렇다면 애초 목표였던 고추냉이 강판은 어떻게 되었을까? 헤매던 끝에 결국 경찰관을 만났다. 감사하게도 눈치 빠르고 영리한 경찰관이었다. 자기로서는 뜻 모를 소리를 지껄이면서 강판에 가는 시늉을 해 보이는 내 의도를 제대로 해석했을 뿐만 아니라 강판을 파는 가게도 정확히 알고 있어서 직접 데려다주었다.

그렇게나 찾던 작은 사각형 나무판이 거기 있었다. 한쪽 면이 보통 이상으로 거친 사포 같은 느낌의 물질로 덮인 나무판이었다. 가격은 2000엔, 그러니까 2만 원이 조금 안 되는 금액이었다. 이렇게 사들인 각종 물건 때문에 귀국할 때 우리 부부 사이에는 우리 결혼생활에서 가장 오랜 시간이 걸린 데다 치열했던 '짐 선별 투쟁'이 벌어졌다.(내가 고추냉이 강판과 숫돌을 가져오기 위해 장난감 기타와 양말 고정용 풀 뭉치를 포기해야 했던 반면, 리슨은 그동안 모은 미술관 카탈로그를 모두 가져왔다.) 아무튼 힘들게 가져온 고추냉이 강판을 보고, 물건의 용도와 재료를 제대로 맞힌 친구는 아무도 없었다. 물론 토시는 빼고. 그렇다면 유일하게 물건의 가치를 알아본 인물인 토시의 반응은 어땠을까? 지구 반대편인 일본에서 굳이 고추냉이 가는 도구를 사서 그런 식물이 있다는 사실조차 모르는 곳으로 꾸역꾸역 가져오는 행동이 얼마나 어리석은 짓인가를 콕콕 집어 지적하면서 면박을 췄다.

14.

초보자를 위한
초밥 수업

솔직히 과연 일본인들이 상어 가죽을 씌운 고추냉이 강판이 필수 주방용품이라고 생각할지는 잘 모르겠다. 다음 날 내가 점심 식사를 같이 했던 시노부 부인의 부엌에는 분명 그런 것이 보이지 않았다.

예순 살인 시노부 에쓰코 부인은 지금 쇼핑 중이다. "'바다 닭고기' 작은 캔 하나. 우리는 참치를 이렇게 부른답니다." 시노부 부인이 장바구니에 참치 캔 하나를 넣으면서 하는 말이다. "그리고 달걀. 우리 일본인은 갈색 달걀을 좋아합니다. 토란 뿌리, 교토 사케." 시노부 부인이 자주색 기모노 복장으로 쇼핑몰 이곳저곳을 누비는 동안, 무려 다섯 명의 남자가 부인 뒤를 졸졸 따라다니고 있었다. 카메라를 들고 있는 남자, 부인의 일거수일투족을 동영상으로 담는 남자, 부지런히 메모를 하고 있는 남자(여기까지는 H.I.S. 여행사 소속이다), 일본의 음식 문화 변화에 대한 기사를 준비하고 있다는 『타임』지 기자, 그리고 나였다.

일본으로 출발하기 전에 나는 도쿄에 본사가 있는 H.I.S. 여행사에 이메일을 보냈다. 회사 웹사이트를 보니 도쿄에서 가능한 몇 가지 흥미로운 음식 관련 체험 프로그램이 있어서 그중에 요리 수업 셋을 골라 신청도 했다. 하나는 '전형적인' 일본 주부인 시노부 에쓰코 여사의 집에서 하는 수업이고, 다른 하나는 일류 일본 요리사와 함께하는 수업, 마지막 하나는 초밥 만들기 수업이었다.

시노부 부인이 계산을 하고 포인트 적립까지 끝내자 우리도 부인을 따라 우르르 밖으로 나갔다. 근처에 있는 부인의 집으로 가는 것이었다. 부인의 집은 안팎이 깔끔하게 손질된 2층 콘크리트 건물로 창밖으로는 철로가 보였다.(도쿄의 많은 집에서는 이렇게 철로를 볼 수 있다.) 시노부 부인이 남편 및 장성한 딸과 함께 사는 집이었다. 우리는 현관에서 신발을 벗고 빨간 플라스틱 슬리퍼로 갈아 신은 다음 주방 겸 거실인 위층으로 올라갔다.(나한테는 부인 집의 슬리퍼가 너무 작았지만 어쩔 수 없는 일이었다.) 부인이 지금부터 자기가 점심을 만들어줄 텐데 우리는 자기를 도와주면 된다고 말했다. 우리가 도와줘야 한다는 말에 『타임』기자는 다소 긴장하는 기색이었지만 부인이 시키는 대로 '데누구이'라는 머리 스카프를 고분고분 매더니 무를 채 써는 작업을 시작했다.

한편 시노부 부인은 전기밥솥을 작동시키고, 말린 버섯을 물에 담가 불리고, 아지노모토에서 나온 분말 스프로 다시를 만들었다. 이어서 부인은 달걀에 소금, 설탕, 약간의 미림을 넣고 종잇장처럼 얇은 오믈렛을 만들었는데, 먼저 아무것도 넣지 않은 채로 프라이팬을 가열한 다음, 불을 끄고 계란을 넣어 남은 열만으로 익혔다. 그리고 오믈렛 옆에 그릇을 하나 놓더니 안에 밥과 통조림 참치를 넣었다. 통조림 참치는 부인이 좀 전에 간장을 살짝 넣어 가열한 상태였다.

"매일 각기 다른 서른 가지 재료를 먹어야 한다고들 합니다." 부인이 칼을 쥔 내 자세를 살펴서 수정해주면서 말했다.(나한테 준 것은 회칼이었는데, 매번 자기 쪽으로 칼을 끌어당기면서 썰어야만 칼질이 제대로 됐다.) "그래서 나도 그러려고 노력합니다. 제 좌우명은 '모든 것을 조금씩 먹자'는 것이지요. 안타까운 것은 남편이 8시 전에는 좀처럼 직장에서 돌아오지 않고, 딸은 가끔 자정이 되어서야 집에 온다는 겁니다. 나는 어머니에게서 요리를 배웠는데 우리 딸은 요리에 도통 흥미가 없어요. 딸의 다음 세대는 과연 어떻게 이런 것들을 배울지 정말 걱정입니다."

점심이 준비되었고 우리는 일제히 다다미가 깔린 거실로 갔다. 다다미를 밟고 서 있는데 무언가가 뒤에서 잡아당기는 느낌이 들었다. 시노부 부인이었는데 엄청 놀란 모습이었다. "안 돼요. 안 돼. 다다미 돗자리 위에 올라갈 때는 슬리퍼를 벗어야 해요."

이외의 추가 에티켓: 젓가락이 음식 위를 맴돌고 있는 것은 예의가 아니다. 젓가락을 사용해서 그릇이나 접시를 움직이지 마라. 젓가락을 핥지 마라. 젓가락을 밥에 꽂아두지 마라. 자기 젓

가락에서 다른 사람 젓가락으로 음식을 옮기지 마라. 절대로. 이는 장례식에서 하는 절차다.

솔직히 나는 점심을 먹는 동안 하지 말라는 모든 행동을 했다. 그러나 인품이 워낙 훌륭한 일본인 주인들은 눈치 한번 주지 않았다. 식사를 마치고 우리는 아래층 다도실로 옮겼다. 다도는 워낙 복잡해서 제대로 익히자면 오랜 '세월'이 걸린다. 또한 정확한 절차가 무엇인가를 놓고 학파가 나뉘어 수백 년 동안 논란이 계속되고 있기도 하다. 세세한 규칙을 놓고 벌어지는 논쟁을 보면 올림픽 경기 규칙을 따지는 심판들 못지않게 치열하다. 사실 다도 학파 간의 대립은 차를 마실 사람이 방에 발을 들여놓는 순간부터 시작된다. 한 학파는 왼쪽 발을 먼저 들여놓아야 한다고 생각하고 다른 학파는 오른쪽 발을 먼저 들여놓아야 한다고 생각한다. 양쪽 모두 동작에 지나침이 없어야 하고, 따라서 하나하나의 동작이 의미를 담은 정돈된 동작이어야 한다는 데는 동의한다. 물론 나와 『타임』 기자에게는 이런 모든 복잡한 규칙들이 이해되지도 않았고 소용도 없었다. 일본 전통 주택의 객실 한쪽에는 나머지 부분보다 바닥을 살짝 높인 '도코노마'라는 장식용 벽감이 있는데 우리는 도코노마 옆에 무릎을 꿇고 앉아 시노부 부인이 차를 준비하는 모습을 지켜보았다.(벽감에는 모란꽃 한 송이가 꽂힌 화병이 놓여 있었다.) 시노부 부인이 불순물을 제거하고, 우려내고, 잔을 빙빙 돌리고, 따르고, 홀짝홀짝 마시는 모습까지. 이런 의식이 족히 40분은 지속되었는데 처음에는 꿇은 다리의 감각이 완전히 사라지더니, 이내 수백만 개의 바늘로 쿡쿡 찌르는 듯한 괴로운 통증으로 바뀌었다.

마침내 작고 섬세한 대나무 거품기로 거품을 낸 뒤 시노부 부인이 우리 각자에게 완벽한 온도의 차를 내밀었다. 시계 반대 방향으로 두 번 돌린 다음 마시고, 시계 방향으로 두 번 돌린 다음 돗자리 위에 놓으라는 지시와 함께. 차는 진한 녹색에 위에 거품이 있었고, 마셔보니 흙냄새가 진하게 나면서 엄청 썼다. 가만 보니 우리가 받은 찻잔이 서로 달랐다. 내가 받은 찻잔은 예쁘기는 했지만 살짝 비대칭이었다. 내가 찻잔을 찬찬히 살피는 것을 본 시노부 부인이 말했다. "아마 선생님 평생에 그 찻잔과 마주할 기회는 지금이 유일할 겁니다. 그러니 지금 이 순간을 소중히 여기세요. 덧없는 만남을 소중히 여기라는 일본 속담이 있지요. '이치고이치에一期一會'라고 하는데, 일생에 한 번뿐인 기회 혹은 인연이니 소중히 하여 후회가 없게 하라는 의미랍니다."

그녀의 말대로 나는 다도와의 만남과 부인과 보낸 오전 한때를 진정 소중하게 생각한다. 일본을 찾는 외국인 중에 일본 가정집을 직접 볼 기회를 갖는 사람이 얼마나 될까? 거기다 얼굴에 잔잔한 미소가 떠나지 않는 현명하고 기품 넘치는 주인과 같이 점심을 만들어 먹고, 다도까지 경험할 기회를 누렸으니 어찌 소중하지 않겠는가?

H.I.S. 여행사에서 제공하는 음식 기행의 다음 순서는 가구라자카神樂坂에 있는 히후미라는 전통 식당이었다. 도쿄 동부에 위치한 가구라자카는 과거에는 게이샤가 있는 고급 요정들로 유명

했고, 현재는 최고 품질을 자랑하지만 찾기 힘든 식당들로 유명하다. 오후 수업을 책임질 요리사는 아이하라 다카미쓰였다. 성품이 따뜻하면서도 한편으로 엄격한 24년 경력의 요리사로 최근 미슐랭 스타 하나를 얻었다. 오늘 아이하라의 임무는 우리에게 일본의 전통 식사를 만드는 방법과 식사 예절을 알려주는 것이었다.

"일본인은 음식의 색깔을 매우 중시합니다." 수업이 시작되었다. "음식 색깔은 계절을 대변하지요. 봄은 녹색, 여름은 진녹색, 가을은 주황색과 갈색, 겨울은 흰색입니다. 이런 계절감이 모두 요리에 반영됩니다."

우리는 차가운 으깬 감자를 비닐 랩 위에서 토닥토닥 두드려 동그랗게 폈다. 이어서 위에 갈아놓은 닭고기 소를 올리고 반죽으로 감싸 동그랗게 뭉치자 테니스공만 한 크기가 되었다. 요리사는 계속해서 일본 요리의 기본인 다시 만드는 법을 알려주었다.

먼저 그는 1번 다시라는 의미의 '이치반다시' 만드는 법을 보여주었다.(핫토리영양전문학교를 방문했을 때 거기서 열린 요리 경연 대회 참가자들이 하던 것과 크게 다르지 않았다. 다만 들어가는 가쓰오부시의 양이 더 적었다.) 이어서 아이하라 요리사는 이치반다시를 따라내고 남은 가쓰오부시와 다시마를 가지고 2번 다시, 즉 '니반다시'를 만드는 법을 설명과 함께 보여주었다. 다시 물을 넣고 10분 정도 뭉근하게 끓이는 것이 포인트였다. "일본 육수의 99퍼센트는 물입니다." 이렇게 말하면서 아이하라는 사케와 묽은 간장을 조금씩 넣고, 마지막으로 칡가루를 넣어 걸쭉하게 만들었다. 이렇게 하면 앞서 만든 닭고기 소가 들어간 감자 고로케를 찍어 먹을 맛있는 양념장이 된다.

다음은 생선회 수업이었다. "여러분 앞에 있는 도마 위에서 집게손가락으로 자기 쪽을 향해 선을 그리듯이 생선을 자릅니다." 아이하라가 가다랑어를 자르면서 말했다. 껍질은 검고 살은 빨간색이었다. 이어서 불꽃을 쏘여 살을 살짝 익힌 뒤 밥그릇 위에 올려놓고, 아주 잘게 썬 생강을 뿌리고, 중앙 부분이 딱딱해질 때까지 간장에 절여놓았던 계란 노른자를 올렸다. 학생들도 선생이 하는 대로 했고 식사 준비가 완료되었다. 나한테는 글자 그대로 최초의 신선한 경험이었다.

요리 수업 삼부작의 마지막을 장식한 것은 초밥이었다. 장소는 도쿄 남부에 위치한 다소 허름하다 싶은 초밥 레스토랑이었다. 점심 식사 시간이 끝나고 손님이 몰려드는 저녁 식사 시간이 되기 전에 잠깐 짬을 내어 진행되는 수업이었다.

요리사 하야시 에이지는 권투 선수 같은 얼굴과 체격을 갖춘 건장한 인물이었다. 요리사로서 그는 초밥의 본고장에서 세계에서 가장 안목 있는 초밥 손님들을 상대하면서 20년 넘게 일을 해온 베테랑 중 베테랑이었다. 20년 외길을 걸어온 사람답게 엄격하고 고지식한 면도 있어 보였다.

"여자 초밥 요리사는 없습니다." 하야시가 두 명의 여학생을 보면서 무뚝뚝하게 말했다. "여자들의 화장과 향수가 생선과 밥을 오염시키지요. 게다가 여자는 남자보다 체온이 높습니다. 그렇기 때문에 생선이 따뜻해집니다."(체온 이야기는 사실이 아니지만 굳이 그 자리에서 반박할 생각은 없었다.)

하야시는 초밥용 밥, 즉 니기리[주먹밥이라는 의미다]를 만드는 방법을 보여주었는데 앞에 찬물이 두 그릇 놓여 있었다. 하나는 밥의 모양을 만든 다음 손을 씻는 용도였고, 다른 하나는 쌀이 달라붙지 않게 손에 물을 묻히는 용도였다. 하야시가 양손을 닌자의 비밀 수신호와 비슷하다고 해서 '닌지쓰'라고도 불리는 모양으로 만들었다. 왼손에 한입 크기의 쌀밥을 쥐고, 오른손 검지와 중지로 밥을 눌러 직사각형 모양이 되게 하는 것이다.

하야시는 작은 다시마 조각과 약간의 사케를 넣고 밥을 지은 다음, 옛날부터 쓰는 삼나무로 만든 통에 담는다고 설명했다. 운두가 낮은 동그란 통으로 한기리半切り라고 한다. "반드시 삼나무일 필요는 없습니다. 하지만 쇠로 만든 그릇은 밥맛에 영향을 미치기 때문에 안 됩니다. 또한 한기리는 반드시 젖어 있어야 합니다. 그렇지 않으면 그릇이 밥의 수분을 흡수해버리니까요." 하야시가 나무 주걱으로 통에 담긴 밥을 헤쳤다.(그릇을 옮기면서 살짝 식었지만 아직 충분치 않기 때문에 밥을 식혀주는 작업이다.) 그렇게 식힌 밥에 식초, 소금, 설탕을 넣고 섞는다. 나는 바로 이 밥 양념이야말로 서구에서 초밥이 그렇게 인기를 끌게 된 진짜 이유라고 생각한다.(보통 쌀식초와 설탕을 7 대 5 비율로 넣고, 소금을 반 스푼 넣는다.) 아무튼 초밥 양념은 우리 서구인이 끊고 싶어도 끊지 못하는 묘한 중독성을 가진 빅맥의 기본양념과 동일한 재료로 구성된다. 바로 설탕, 소금, 식초다. 초밥용 밥은 너무 따뜻해

서도 안 되고 그렇다고 너무 차서도 안 된다. 인체와 같은 온도가 가장 좋다고 하는 이들도 있지만, 하야시는 섭씨 25도가 가장 좋다고 했다. 중요한 것은 밥이 차가운 생선과 대조를 이루어야 한다는 것이다.

고급 식당은 고가의 단립종短粒種 쌀을 사용하는데 최고로 치는 것은 햇볕에서 자연 건조한 고시히카리越光라는 종이다. 그러나 대부분의 식당은 일본산 중립종中粒種을 쓰고, 미국산을 쓰는 곳도 종종 있다.(일본의 국내 쌀 생산량이 수요를 충당하지 못하기 때문이다.) 또한 많은 식당에서 '미오라'라는 MSG가 포함된 조미료를 첨가한다. "초밥 요리사가 되려고 공부하던 수습 기간에는 밥 짓는 일만 1년을 했습니다. 그런 뒤에야 생선 만지는 것이 허락되었지요." 하야시는 자신의 수습 기간이 총 6년인데, 이것이 일본에서 초밥 요리사가 되기까지 걸리는 평균 기간이라는 말도 덧붙였다.

하야시가 직접 시범을 보이면서 학생들 각자에게 니기리 모양을 만들어보라고 했다. 우리는 각자 손바닥에 형태가 잡히지 않은 밥 덩어리를 올려놓고, 엄지를 제외한 손가락 네 개를 구부려서 전체적으로 우묵한 모양을 만들고, 엄지로 한쪽 끝을 막았다. 그리고 다른 손의 검지와 중지를 이용해 밥을 누르면서 직사각형 모양을 만들었다. 여기까지 하고 나서 하야시가 이해하기 힘든 이상한 행동을 했다. 완벽한 직사각형 형태를 만든 다음, 검지로 중앙을 눌러 밥이 퍼지게 만들었다가 다시 형태를 잡아주는 것이었다. "공기를 쐬어주려고" 이렇게 한다고 했다. 그리고 세계 어느 곳의 요리사든 공통적으로 보이는 무심결에 나오는 남성 우월주의 발언을 덧붙였다. "여자를 다룰 때와 같습니다. 밥을 너무 단단하게 뭉칠 필요는 없습니다. 입에 들어갈 때까지만 뭉쳐 있도록 해주면 됩니다. 입에 들어간 다음에는 쉽게 해체되도록 말입니다. 그리고 밥 위쪽은 중앙이 살짝 봉긋한 것이 좋습니다. 그래야 생선이 안정적으로 올라가 있으니까요."

하지만 하야시가 말하는 '공기 쐬는' 작업을 했더니 내가 만든 니기리는 여기저기가 들쭉날쭉해지고 볼품없게 되어버렸다. 마치 다섯 살 꼬마가 아무렇게 쥐었다 놓은 흙덩어리 같은 모양새였다. 이 꼴을 보고는 요리사는 물론이고 대부분이 일본인인 다른 학생들도 웃음을 터뜨렸다. 다시 해봤는데 이번에는 조금 나아졌다.

내가 하야시에게 일류 초밥 요리사들은 니기리 안에 있는 모든 쌀알이 오른쪽을 가리키게 만들 수 있다는 말이 사실이냐고 물었다. 하야시는 말도 안 되는 소리라고 일축했다. "아닙니다. 불가능하지요." 하야시는 그보다는 '자연스럽게' 해야 한다고 말했는데, 니기리 만드는 시범을 보이면서 대여섯 번은 반복했던 단어다.

다음으로 우리는 밥덩이를 김으로 감싸고 위에 성게 알이나 게살 등을 올리는 '군칸마키軍艦卷き'를 만들었다. 군칸마키는 글자 그대로 해석하면 '군함말이'라는 의미가 되는데, 모양이 군함과 비슷하다 하여 붙여진 이름이다. 김은 해조류의 일종으로 웨일스 사람들은 김을 넣고 빵을 만들기도 한다. 뜨거운 물에 데친 김에 오트밀을 묻혀 튀긴다. 자연 상태에서 김은 적갈색이었다가 마르면서 녹색으로 변한다. 능숙한 요리사는 김을 사용 전 석쇠 위에서 살짝 굽는데 그렇게 하면 아주 바삭해진다. 쓰지 시즈오에 따르면, 김은 한 면이 거칠고 다른 한 면은 부드럽기 때문에 마키를 만들 때는 부드러운 면이 바깥으로 나오도록 해야 한다. 군칸마키에서 핵심은 배가 닻을 내리듯이 쌀알 하나로 김을 고정시키는 기술이다. 마키巻き는 마키즈시巻き寿司의 준말로 글자 그대로 번역하면 말이초밥이 되지만 흔히 마키, 김초밥, 김밥 등으로 번역된다. 밥의 양념이나 내용물은 달라도 형태상으로는 김밥과 같은 것이 가장 일반적이지만 여기 나오는 군칸마키, 우라마키를 비롯해 다양한 종류가 있다.

군칸마키는 그리 어렵지 않았다. 하지만 내가 만든 우라마키裏巻, 즉 밥이 밖으로 드러난 누드 김밥은 모양새가 말이 아니었다. 넓은 김 위에 밥을 놓고 얇게 펼친 다음 뒤집어서 '마키스'라고 하는 김밥말이 위에 올려놓게 되는데, 뒤집는 과정에 요령이 필요한 것 같았다.(나한테는 적지 않은 용기도 필요했다.) 아무튼 내가 용기를 내 뒤집으려고 집어든 순간 펼쳐놓은 쌀알들이 눈사태라도 난 양 마구 탁자 위로 쏟아졌다.

하야시는 일류 초밥 요리사들은 찍어 먹는 양념장으로 간장을 그대로 내놓지 않는다고 말했다. 대신 '니키리'라는 직접 만든 부드러운 양념장을 내놓는데 다시, 미림, 사케, 간장을 섞어서 만든다.(구체적으로 간장 200밀리리터, 다시 40밀리리터, 사케 20밀리리터, 미림 20밀리리터를 섞어 살짝 열을 가한다.) 고추냉이도 따로 내놓지 않는다. 요리사가 만드는 과정에서 초밥이나 마키에 넣은 고추냉이면 충분하기 때문이다. 간장에 고추냉이를 넣고 섞는 사람은 다른 사람 눈에 띄는 즉시 초밥에 '초' 자도 모르는 '초짜'라는 낙인이 찍힌다. 다량의 인공 고추냉이가 맛을 느끼는 구강의 맛봉오리들을 마구 공격하는 상황에서 어찌 다른 맛을 느낄 감각이 남아 있겠는가? 일본인은 대부분 초밥을 먹을 때 젓가락을 사용하지 않는다. 그냥 손으로 집어 먹는 것이다. 하지만 외국인 손님 중에는 그것이 '옳다'고 믿으며 굳이 젓가락 사용을 고집하는 이가 많다. 그런 까닭에 일본 요리사들은 이런 손님에게 내놓을 때는 밥을 평소보다 더 단단하게 뭉친다. 그래야 젓가락으로 집어도 부서지지 않는다. 반면 회는 항상 젓가락으로 먹어야 한다.

학생 한 명이 하야시에게 어떤 토핑을 올린 초밥을 좋아하는지 물었다. 참다랑어 중에서도 가장 맛있다는 도로 부분인가요? 아닙니다. 하야시는 성게 알이나 '엔가와'를 좋아한다고 했다. 엔가와는 넙치의 지느러미나 아가미 언저리의 주름진 살을 말한다.(내가 다닌 요리학교에서는 그런 부분은 버린다고 가르쳤었다.)

하야시는 이외에도 몇 가지 유용한 팁을 알려주었다. 일본 초밥 요리사에게서 좋은 서비스를 받고 싶다면 딱 한 단어만 말하면 된다. "당신께 맡기겠습니다" 혹은 "알아서 해주세요"라는 의미의 '오마카세'라는 말이다. 초밥 요리사를 마구 화나게 하고 싶다면? 쉽다. 계속 참치를 주문하면 된다. 참치는 대부분의 식당에서 손해 보면서 파는 미끼 상품이기 때문이다. 식사 초반부터 된장국이 나온다면 한국인이나 중국인이 운영하는 식당일

가능성이 높다. 보통 된장국은 초밥 식사의 마지막 단계에 나와야 한다. 생선을 소화시키는 데 도움이 된다고 알려져 있기 때문이다. 회전초밥 집에서 초밥을 골라 먹는다면, 먼저 흰 살 생선 혹은 색깔이 밝은 생선을 먹고 연어나 참치 같은 색깔이 진한 생선으로 넘어가라. 이런저런 양념을 첨가한 마키는 무시하는 것이 좋다. 오래된 생선 맛을 가리려고 그렇게 만드는 경우가 많다.

『일본 요리: 단순함의 예술』 서문에서 M. F. K. 피셔는 "생선은 유리 수조에서 대형 식칼과 냄비로 옮겨졌다가 곧장 우리 입으로 들어온다"고 말하면서 재료의 신선함을 강조한다. 그러나 알고 보면 갓 잡은 신선한 생선이 항상 초밥과 회에 좋은 것은 아니다. 육류와 마찬가지로 생선도 잡은 뒤 최고의 맛에 이를 때까지 한동안 묵혀둘 필요가 있다. 때로는 며칠씩 묵혀둬야 하는 경우도 있다. 물론 예외는 있다. 뱀장어, 조개, 오징어는 요리하는 순간까지 살아 있어야 가치가 있고 묵혀두는 것은 좋지 않다. 특히 고등어는 쉽게 부패하는 것으로 악명 높다. 그러나 대부분의 생선은 살에 있는 효소가 단백질과 결합 조직으로 분해되어 가장 중요하고 굉장히 맛있는, 그리고 다시나 간장에 포함된 글루탐산과 아주 잘 어울리는, 이노신산을 만들어내기까지 약간의 시간을 요한다. 예를 들어 참다랑어는 해동하고 일주일 정도 지난 뒤가 좋다. 물론 냉장 상태로 보관해야 한다. 도미는 하루, 푸구, 즉 복어는 한나절에서 하루 정도 묵히는 것이 좋다. 세계 최고로 꼽히는 초밥 요리사 오노 지로小野二郎는 여든두 살인 지금도 긴자에 있는 자기 식당에서 매일 요리를 하는데, 참치는 최고의 맛에 도달할 때까지 얼음 속에 넣어 열흘을 묵히고, 흰 살 생선은 사흘 정도 묵힌다.

쓰지 시즈오의 표현을 빌리자면, 식당에 들어가서 생선이 "병원 환자처럼 축 늘어진 모습을" 보거든 발길을 돌려 냅다 도망쳐라. 보건 당국에 고발할 때를 빼고는 절대로 머뭇거리지도 멈추지도 마라.

더불어 쓰지는 다음과 같은 유용한 충고도 잊지 않는다. "초밥 식당에서 생선 껍질의 결을 보면 정말 신선한 것인지 아닌지를 금방 알 수 있다. 신선한 생선의 껍질은 한창때인 아가씨의 피부처럼 탱탱하다."

15.

'특식':
고래 고기

쓰지 시즈오는 고래 고기 품평에 대해서는 어떤 팁이나 충고도 주지 않는다. 보통의 나라면 이것이 전혀 문제되지 않았으리라. 1970년대와 1980년대에 영국에서 유독 독선적인 10대 시절을 보낸 내게는 반론의 여지가 없는 두 가지 확고한 믿음이 있었다. 첫째는 대처 수상이 악의 화신이라는 사실, 둘째는 고래를 죽이는 일은 살인만큼 나쁘다는 것이었다.

「스타 트렉 4: 귀환의 항로」에서 커크 선장과 승무원들이 시간여행을 통해 20세기로 와서 혹등고래 한 마리를 포획해 외계인과 교신하는 장면이 나오는데, 이것 역시 확고한 증거로 내 지론을 한층 더 강화시키는 역할을 했다. 1980년대 초반 언젠가는 작살로 고래를 포획하거나 바다표범을 몽둥이로 때려잡는 일부 북유럽 사람들 때문에 입에 거품을 물 만큼 흥분해서 항의의 표시로 수상 관저가 있는 다우닝 가를 행진했던 적도 있다. 이런 이유로 나는 다음 주 계획을 짜기 위해 숙소에 들른 에미가 점심으로 고래 고기를 먹으러 잠깐 나갈 생각이 있는지 물었을 때 잠시 망설였다.(때는 9월 말이었고 우리는 슬슬 도쿄 일정을 마무리하고 홋카이도로 떠날 예정이었다.) 솔직히 아주 잠깐이었다. 식도락가라면 누구나 그렇듯이 나도 사람들이 모르는 음식, 거부감 때문에 쉽게 먹지 못하는 음식들을 먹어봤다고 자랑하기를 좋아한다.("캥거루 말이야? 하하! 물론 나도 먹어봤어. 그런데 자네는 악어 고기 먹어봤어? 저런, 꼭 먹어봐. 닭고기랑 비슷해.") 그렇기에 나는 항상 스릴을 맛보게 해줄 음식을 찾았고, 경험담을 들은 사람들의 놀라움과 비명 소리가 클수록 흡족해했다. 그럼에도 불구하고 나는 낮고도 구슬픈 울음소리를 내고, 플랑크톤 무리를 쫓아가는 대회가 있다면 나를 능가하고도 남을 만한 영민함을 보여주는 동물을 먹는 데는 여전히 꺼림칙한 마음을 가지고 있었다.

결국 나는 좋다고 말했지만 듣고 있던 리슨은 미간을 찌푸렸다. 애스거와 에밀은 나를 정신 나간 사람 보듯 했다. 사실 경악을 금치 못하는 아내와 아이들의 이런 반응 때문에 내심 다시 한번 망설이기는 했다. 하지만 내가 뭐라고 일본인을 판단하고 비판한단 말인가? 예전에 우리는 좁은 공간에서 공장식으로 대량 사육하는 닭, 약을 먹인 소 등을 적지 않게 먹었고, 귀여운 토끼, 앙증맞은 메추라기, 마취조차 하지 않고 몸에서 다리를 떼어낸 개구리도 먹었다. 고래가 무척 영특한 동물인 것은 사실이지만 돼지도 고래 못지않게 똑똑하다.

물론 고래가 희귀한 반면, 닭, 소, 개구리, 메추라기는 개체 수가 많다. 요즘 고래 포획과 섭취를 허용하는 나라는 일본, 아이슬란드, 그린란드, 노르웨이뿐이다. 국제포경위원회의 권고를 교묘히 피해가거나 그냥 무시하면서 말이다. 이들 국가 중 일본은 모든 종류의 생선 소비량이 타의 추종을 불허할 만큼 높다. 세계 어획량의 10분의 1 정도를 일본인이 먹어치운다. 일본인의 연간 해산물 소비량은 1인당 70킬로그램으로 세계 평균인 16킬로그램에 비해 월등히 높다. 이런 이유로 노르웨이와 아이슬란드에서 잡히는 고래 고기의 상당량이 일본인의 식탁으로 직행한다.

　세계 어디서 물고기가 잡히든 지갑과 대형 아이스박스를 열어놓고 기다리는 일본인 중간 상인들이 있다. 필리핀 남부 외딴 지역에서 나는 일본인이 운영하는 거대한 항구를 봤는데, 현지 참치와 가다랑어 소비로 지역 전체를 먹여 살리고 있었다. 또한 지중해 남쪽에서 양식하는 참치의 절반 이상이 일본인의 입으로 들어간다. 지중해와 대서양의 자연산 참치 개체 수가 위험하다 싶을 정도로 낮아졌는데 1960년대에 비해 10퍼센트 정도밖에 되지 않는다. 이런 사태에 대한 비난과 책임의 상당 부분이 일본인에게 가야 한다고 봐야 마땅하리라.

　그러나 평범한 일본 사람에게 참치나 고래가 멸종 위기에 처해 있다는 사실을 아느냐고 물으면 '이게 무슨 소리지?' 하는 표정으로 되묻는 이를 보게 될 것이다. 일본 언론에서 관심을 가지고 다루는 사안이 아니다보니 정말로 처음 듣는 소식이기 때문이다. 일본에서는 고래나 참치의 멸종 위기보다 생선 섭취는 일본 음식 문화의 핵심 전통인데 외국인들이 시시콜콜 간섭한다는 것이 오히려 뉴스거리다. 일본인은 자신들이 육류를 먹기 시작한 것은 1872년부터라고 주장한다. 천황이 그날 저녁 식사에 소고기를 먹었다고 아무렇지 않게 이야기한 이후부터다. 천황의 이 발언은 일본인이 육식동물이 되어도 좋다고 허락하는 신호나 마찬가지였다. 물론 법이 엄격하게 지켜진 것은 아니지만 이전까지 일본에서 육식은 원칙적으로 위법이었고, 일본인이 예로부터 육류보다 어류를 훨씬 더 많이 섭취했다는 것은 분명한 사실이다. 지금도 일본인은 음식물을 통해 섭취하는 단백질의 3분의 1 이상을 생선에서 얻는다. 물론 이런 식습관은 그들이 전체적으로 건강하고 장수하는 중요한 이유이기도 하다.

지금도 일본인들은 '연구 조사'를 빙자해 1년에 약 700마리의 고래를 잡는데, 이는 연간 1000마리 정도를 잡는 아이슬란드 다음으로 높은 수치다. 물론 앞서 말한 대로 아이슬란드에서 잡는 고래의 다수가 결국에는 일본인 식탁에 오른다. 최근 일본인들은 일부 고래의 개체 수가 증가했다는 발표에 따라 포획 할당량을 늘려줄 것을 요구하고 있다. 실제로 참고래, 혹등고래 등이 최근 멸종 위기 동물 목록에서 빠졌다. 국제포경위원회 연례 회의 때마다 일본은 예전처럼 무제한 포획을 허가해달라며 압력을 넣고 있다. "우리 일본인은 기원전 300년부터 고래 고기를 먹어왔습니다. 그런데 이런 식으로 막는 것은 음식 제국주의나 다름없습니다." 일본인들은 이렇게 불만을 토로한다.

나라 전체가 8세기에 불교로 개종했는데도 고래 고기 섭취는 항상 허용되었다. 왜일까? 고래가 포유류가 아니라 어류로 분류되었기 때문이다.(이처럼 편리하고 실용적인 음식 분류는 멧돼지를 '산고래'라고 이름 바꾸고 계속 먹었던 데서도 확인된다.) 오랜 세월 고래 고기를 먹다보니 요리법도 꾸준히 발전했다. 1820년대쯤에는 자르는 방법이 일흔 가지나 되었고, 각각에 따른 맞춤형 요리법이 있을 정도였다. 심지어 고래 배설물로도 요리를 만들었다. 음, 이건 좀 아니라고? 제2차 세계대전 이후 식량 부족을 겪는 동안 고래는 일본인의 핵심 영양 공급원이 되었다. 중요한 단백질과 오메가3 지방산 등을 고래 고기를 통해 섭취했다. 한때는 학교 점심 급식에 고래 고기가 단골 메뉴로 나오기도 했다. 그런 까닭에 일본 성인들에게 고래 고기는 학창 시절에 대한 향수를 자극하는 추억의 식품이기도 하다. 예전에 비해서는 소비량이 많이 줄었지만 (우리가 별미로 사슴 고기를 먹듯이) 일본인들은 고래 고기를 먹는다. 또한 일본인은 고래 고기가 이미 입증된 노화 예방 효과를 지닌, 건강에 더없이 좋은 음식이라고 주장한다. 솔직히 나도 그런 주장에 논란의 여지가 있다고는 생각지 않는다.

아무튼 이런저런 이유로 고래 고기 점심을 먹기로 결심한 나는 신주쿠 역 밖에서 에미를 만났다. 거기서부터 아가씨가 나오는 주점이며 가라오케 불빛이 어른거리는 미궁 같은 길을 따라 도쿄에서도 유명한 유흥가인 가부키 정 깊숙한 곳으로 들어갔다. 어느 상점 옆에 있는 문으로 들어가서 계단 몇 개를 올라가니 고래 고기 요리와 고급 사케로 유명한 다루이치樽一로 들어가는 입구가 나왔다.

식당 내부는 사람들로 북적였다. 메뉴 하나하나가 천장에 매달린 종이에 적혀 있는 것이 특징이었다. 검은색의 큼지막한 한자와 가나로 메뉴명을 표기하고 옆에는 빨간색으로 가격을 표시한 메뉴판들이 천장에 수도 없이 매달려 있었다. 일부 메뉴판에는 펜과 잉크로 아주 정교하게 그린 생선 그림이 그려져 있기도 했다. 이렇게 주렁주렁 매달린 메뉴판 때문에 묘한 축제 분위기가 났다. 객실 칸막이며 문에 그려진, 즐겁게 뛰노는 아름다운 고래 일러스트를 빼면, 여느 일본 식당과 다르지 않은 곳이었다. 알프스 어느 지역의 관악기를 연상시키는 모양에 엄청난 크기를 자랑하는 말린 고래 음경이 천장에 매달려 있는 것을 무시할 수만 있다면 말이다. 그렇지만 나는 무시할 수가 없었다.

에미의 통역으로 우리는 음식을 주문하기 시작했다. 고래 베이컨, 혀, 난소, 뇌, 가죽, 고환, 음경, 내장, 이외에 여러 방식으로 자른 살코기 등이 있었다. 안타깝게도 고래 배설물 요리는 없었다. 고래 고기는 생으로 회를 떠서 먹을 수도 있고, 초밥, 튀김, 스테이크 등등 다양한 방법으로 요리해 먹을 수 있다. 우리는 이것저것 조금씩 주문했고, 이내 우리 뒤쪽 벽에 창문처럼 나 있는 어두운 주방에서 요리들이 나오기 시작했다. 처음 나온 요리는 번들거리는 베이지색의 등 지방 요리로 쫄깃쫄깃한 식감이나 모양이 내장과 다르지 않았다. 학교에서 고래 고기를 먹고 자란 에미는 행복한 표정으로 먹었지만 나한테는 그저 그런 맛이었다. 이어서 은박지로 덮인 접시가 나왔다. 은박지 아래는 탁자 절반 크기만큼이나 넓은 뻣뻣한 갈색 이파리가 깔려 있었고, 위에는 얇게 썬 고래 베이컨과 회가 놓여 있었다. 써는 방법이 모두 조금씩 달랐고, 장식으로 노란 국화가 놓여 있었다. 어떤 것은 가장자리가 분홍색이고, 어떤 것은 자연 건조한 햄이랑 비슷한 모양이었으며, 어떤 것은 맛없어 보이는 회색이었다.(에미가 회색 고기는 가죽이라고 알려주었다.) 회로 나온 마블링이 많은 자주색 살코기는 일본산 소고기와 비슷해 보였다. 일부는 씹기 힘들 정도로 질겼지만, 대부분은 지방이 많아 부드러운 식감이었고, 역하지 않은 흐릿한 소고기 맛이 가미되어 있었다. 하지만 하나씩 맛본 뒤에 다시 젓가락이 가는 것은 없었다. 특히 주사위 모양으로 썰어 튀겨져 나온 고기는 뱉어내고 싶은 정도는 아니었지만 먹기 수월치 않았다. 어느 정도 분해해서 넘겨야 한다는 생각에 씹느라고 엄청 고생한 기억이 지금도 생생하다. 회를 비롯해서 몇 가지는 정말 먹을 만한 것도 있었다. 디저트로 녹색 고래 아이스크림이 나왔다. 보통 아이스크림에 있는 초콜릿 칩 대신 군데군데 작은 고래 고기 덩어리가 들어 있었다. 아무튼 나로서는 다시 가고 싶은 마음은 들지 않는 곳이었다.

　가게를 나오기 전에 우리는 고타 히로요시라는 요리사를 만났다. 나는 우리가 먹은 고래가 어떤 종인지 물었다. 고타가 각종 고래를 보여주는 벽에 붙은 표를 가리키더니 대서양에서 주로 잡힌다는 밍크고래를 골랐다. 가장 맛이 좋은 것은 어느 고래인가요? 이겁니다. 고타가 한숨을 쉬면서 흰긴수염고래를 가리켰다. 물론 고래가 당하는 고통에 연민을 느껴서가 아니라 좀처럼 물건이 들어오지 않는 것이 안타까워 한숨을 쉰 듯했다.

떠나려 하는데 고타가 기념품으로 가져가라면서 고래 이빨 하나를 주었다. 갈색 표면에 주름이 많은, 거대한 손톱 같았다.

고래는 일본인이 먹는 가장 큰 바다생물일지는 모르지만 다행히도 가장 맛있는 음식은 아니었다. 가장 맛있는 해산물은 다음 목적지인 일본 북부 홋카이도 섬에서 우리를 기다리고 있었다. 생선과 조개가 풍부하기로 유명한 곳이다.

16.
홋카이도의
게

우리 가족은 도쿄 하네다 공항에서 국내선을 탔다. 엄밀히 말해서 나는 비행공포증이 있는 사람은 아니다. 그렇지만 이때쯤 나는 슬슬 어느 경험 많은 비행사가 말해준 항공 여행 세 단계 중 두 번째 단계에 접근하고 있었다. 바로 지루함이다. 비행사는 첫 번째는 신나고, 두 번째는 지루하며, 세 번째는 두렵다고 했다. 공항으로 이동하고, 탑승 수속을 밟고, 보안 검색대를 통과하고, 탑승 게이트를 찾아가고, 여객 대합실로 들어가려고 줄을 서며, 비행기에 타려고 다시 줄을 서고, 매 단계 탑승권을 보여 달라, 벨트를 풀어라, "아니, 탑승권 말고 여권 말이야, 바보" 등등의 요구를 받고 하는 것 일체가 진저리 나기 시작했다. 갑자기 일시적 난민이라도 된 기분이었다. 음식은 난민보다 못한 듯했고. 마치 타이랙 사에서 후원하는 출애굽기 주인공이 된 기분이

랄까? 타이랙 사는 영국에 본사를 둔 넥타이 소매 업체로 넥타이 외에도 스카프, 소맷동 단추 등을 취급한다. 세계 각지의 공항에 다수의 판매점을 보유하고 있다. **아무튼** 공항 및 비행과 관련된 일체가 끔찍하게만 느껴지기 시작했다. 하지만 하네다 공항은 의외였다. 깨끗하고, 조용하고, 효율적이고, 일본 음식의 거의 모든 범주를 대표하는 최고의 상점과 식당들로 가득했다. 만약 누군가가 우리 여행이 거기서 끝나고 앞으로 두 달 동안은 꼼짝없이 하네다 공항에서 살아야 한다고 말했다 해도 나는 불만이 없었을 것이다. 오히려 흡족해하며 두 달을 살 수 있었을 것이다.

그러나 우리는 도쿄를 떠나는 참이었고 앞으로 두 달 동안은 돌아오지 않을 것이었다. 솔직히 떠나고 싶지 않은 마음이 조금은 있었다고 고백하지 않을 수 없다. 좋은 식당이 너무 많은데 시간은 너무 적었다. 아내 리슨도 같은 심정이었다. 하지만 비교적 서구화된 일본 수도에 머물면서 서서히 일본에 적응하자는 애초 계획은 생각만큼 간단하지 않았다. 분명 도쿄는 일본 어느 지역보다 서구의 영향을 많이 받은 도시였다. 그러나 한편으로 도쿄는 "서구화되었다"고 말할 수 없는 부분을 아주 많이 가지고 있었다. 물론 일본 방문 이유가 서구 문화에 물든 일본을 경험하자는 것은 아니었으므로 이런 상황이 크게 문제될 것은 없었다. 아무튼 3주가 지난 뒤에 도쿄를 떠난 것은 무척 잘한 일이라는 생각이 들었다. 아이들을 생각하면 특히 그랬다.

에밀, 특히 애스거와 음식을 놓고 몇 차례 전쟁을 치르기도 했지만 아이들도 서서히 새로운 음식에 마음을 열었고, '피자와 버거 안 먹기'라는 원칙을 성공적으로 지키고 있다. 아이들은 튀김을 잘 먹었고 신주쿠에 있는 닌자 레스토랑을 정말 좋아했다. 감춰진 문을 지나 유리 도개교를 넘어 들어가야 하는 식당으로 밥을 먹는 동안 종업원들이 마술을 보여주었다. 아이들은 이제 진정한 초밥 마니아가 되었다. 회전초밥 집에서 신경 쓰지 않고 내버려두었더니, 금세 각자 앞에 상당히 많은 빈 접시를 쌓는 정도가 되었다. 고추냉이를 너무 많이 넣지 말아달라고 주방장에게 부탁해야 하는 번거로움이 있기는 했다. 고추냉이를 많이 넣는 편인 주방장이 만든 초밥 때문에 살짝 충격적인 사건이 일어난 뒤부터다. 그곳 초밥을 먹은 에밀이 얼굴이 시뻘게진 상태로 냉수 세 컵을 내리 들이켰기 때문이다.

도쿄는 분명, 우리 가족 모두에게 흥분과 스릴을 맛보게 해주는 신나는 도시였다. 하지만 한편으로 나는 일본 수도 도쿄의 끊임없는 소음이 애스거와 에밀에게는 적응하기 힘든 부분이라는 사실을 깨달았다. 도쿄 시민들은 하나같이 친절했고 항상 이런저런 도움을 주었다. 또한 우리 아이들에게 많은 관심과 애정을 보여주었다. 하지만 도쿄라는 도시 자체가 특별히 아동 친화적인 도시는 아니었다. 그런 면에서 크게 내세울 것이 없는 파리와 비교해도 도쿄는 아동 친화적 환경을 갖춘 도시라고는 볼 수 없었다. 도쿄에는 이렇다 할 만한 진짜 놀이터가 없었고, 아이들이 마음껏 뛰고 땀 흘리면서 에너지를 발산할 그런 공간이 없었다. 어딘지 모르게 불안하다고 느껴지는 사람들이 여기저기 많다는 생각도 들었다. 아무튼 에너지를 마음껏 방출하지 못하고 쌓아두는 것은 남자아이들에게는 결코 좋지 않다.

그러므로 도쿄를 떠나 도착한 삿포로는 공간과 속도 면에서 모두 신선하게 느껴졌다. 비행기에서 내리는 순간 우리를 맞아주었던 신선한 공기처럼. 러시아 영토에서 불과 2킬로미터 떨어진, 일본 북단에 위치한 홋카이도의 기후는 중앙의 혼슈 섬과는 확연히 다르다. 홋카이도 서남 지방마저도 겨울 추위는 혼슈와 비교가 되지 않으며, 겨울이면 도시가 항상 눈에 파묻혀 있다. 우리가 도착한 때는 여름이 끝나가는 시점이었지만 흔히들 생각하는 여름 기온답지 않게 날씨가 선선했다. 그래도 반팔을 입을 정도로는 따뜻했다.

홋카이도는 일본 전체 면적의 5분의 1 정도를 차지할 정도로 넓다.(비교 대상을 찾자면 오스트리아와 맞먹는 크기다.) 알다시피 일본 인구는 영국의 두 배가 넘지만 사람이 거주 가능한 땅의 면적은 영국의 4분의 1에 불과하다. 이렇게 보면 일본인이 당연히 수백 년 전부터 홋카이도로 건너가 정착했으리라고 생각하기 쉽다. 그러나 실제 역사를 보면 그렇지 않다. 과거 이곳은 항상 너무 외지고 사람이 살기 힘든 척박한 땅으로 인식되었다. 홋카이도에 주민을 이주시켜 본격적으로 식민지를 건설하기 시작한 것은 불과 150년 전의 일이다. 그것도 자발적인 이주가 아니라 정부가 적극적인 장려책을 내놓고 "우와! 땅이 이렇게 넓다니!" 식의 홍보 캠페인을 벌인 뒤였다. 그때까지 홋카이도는 아이누족의 삶의 터전이었다. 이들은 일본의 토착 민족으로 기원 전하고도 한참을 거슬러 올라가는, 아득한 옛날부터 이곳에서 살아왔다. 아이누족의 기원에 대해서는 여러 학설이 있으나 시베리아 지방에서 넘어왔을 가능성이 높다. 계속되는 정부의 이주 장려책에도 불구하고 현재 이곳에는 일본 국민의 12분의 1 정도가 살고 있다.(600만 명이 약간 안 되는 숫자다.) 또한 이곳은 광대한 면적의 미개척지와 원시림을 자랑하지만 이런 풍경 역시 사람들이 '일본' 하면 먼저 머리에 떠올리는 '현대적인' 것과는 거리가 멀다.

홋카이도가 일본의 나머지 지역과 다른 점은 지형만이 아니다. 이곳의 음식 역시 많이 다르다.

홋카이도는 일본 낙농산업 중심지로 최상의 품질을 자랑하는 버터, 크림, 우유, 아주 고품질이라고 보기는 힘든 치즈를 생산한다.(이곳 치즈를 보면 마켓에서 흔히 파는, 어딘지 모르게 인공적이고 맛없는 브리 치즈가 떠오른다.) 이곳에서는 또한 감자와 옥수수도 재배하며, 홋카이도가 일본에서 가장 빈곤한 지역임을 감안하면 아이러니다 싶지만 하나에 20만 원 가까이 하는 멜론이 재배되는 곳도 바로 여기다. 홋카이도는 다양한 품종의 게와 자연산 연어로도 유명하다. 일본은 전체로 보면 식량 자급률이 40퍼센트에 불과한데(미국은 거의 100퍼센트다), 이 중 많은 부분이 이곳 홋카이도에서 생산된다. 말하자면 홋카이도는 나라의 '식료품 창고' 같은 곳이다.

홋카이도의 도청 소재지인 삿포로는 전체적으로 차분하고 여유 있는 도시 같았다. 바삐 서두르는 사람도 없었고, 미국처럼 넓은 인도도 텅텅 비어 있으며, 도로에 차량도 드물었다. 우리가 묵은 호텔은 1980년대에 지어진 고색창연한 건물이었지만 충분히 만족스러웠다.(무라카미 하루키의 소설 『댄스, 댄스, 댄스』를 읽어 보셨는지? 나한테는 이곳이 소설에서 주인공이 체크인하고 들어갔더니 실제로는 존재하지 않는 수수께끼 층이 나오던 삿포로의 호텔을 연상시킨다. 양처럼 차려입은 이상한 사내가 사는 비현실적인 세계로 들어가는 어둡고 축축한 입구가 있던 호텔. 물론 우리 호텔에는 그런 것이 없었지만.) 16층에 있는 우리 호텔방에서는 산이 보인다. 1972년 동계 올림픽 당시 지은 스키 점프장도 보이고, 길 바로 건너편에는 발명자의 이름을 따서 '페리스휠ferris wheel'이라 불리는 대회전관람차가 있다. 공중에는 잠자리가 가득했는데 날아다니면서 짝짓기를 하는 녀석이 많았다.

애스거와 에밀은 페리스휠을 발견한 순간부터 쉬지 않고 태워달라며 졸랐다. 당시 나한테도 나름 간절한 것이 있었다. 바로 라멘 요코초ラーメン横丁, 즉 라면 골목에 가는 것이었다. 전국적으로 유명한 라면 가게들이 늘어선 골목이었다. 이런 경우는 누가 더 징징대고 귀찮게 하느냐에 따라 행선지가 결정되기 마련이다. 이런 이유로 시립 미술관에 가고 싶다는 리슨의 요구는 안타깝게도 완전히 묻혀버렸고, 끝까지 징징대는 두 편으로 나뉘었다. 나는 당연히 라멘 요코초로 가는 편이었고, 우리 편은 나 혼자였다.

홋카이도에서 유명한 '바타콘 라멘'을 먹기에 라멘 요코초보다 더 좋은 장소는 없다.(바타콘은 'butter corn'의 일본식 발음이다.) 주재료인 버터와 옥수수는 홋카이도의 특산물이기도 하다.

도대체 입구를 찾을 수가 없어서 물었더니 인근 상점 주인이 직접 데려다주었는데, 알고 보니 몇 번이나 지나쳤던 문이었다. 문에는 라멘 요코초 입구라는 어떤 글자나 표시도 없었고, 밖에서 보면 우중충한 지하 사무실의 뒷문 정도로만 보였다. 들어가서 안을 봐도 분위기는 크게 다르지 않았다. 어두침침한 복도 한쪽에 좌석이라고는 카운터 앞좌석이 전부인 작은 라면 가게들이 늘어서 있었다. 내가 복도에 들어서자 10여 명의 가게 주인이 코팅한 그림 메뉴판을 가리키면서 큰소리로 나를 불러댔는데, 이런 적극적인 호객 행위는 일본에서 보기 힘든 광경이었다. 나는 무작위로 한 곳을 골랐고, 카운터에 앉아 주문을 했다. 이내 엄청 뜨거운 바타콘 라멘이 나왔다. 마구 뒤엉킨 꼬불꼬불한 면발 위에 갖가지 토핑이 산처럼 높이 쌓여 있었다. 얇게 썬 구운 돼지고기, 정육면체 모양의 차가운 버터, 통조림 옥수수, 잘게 썬 파, 김, 삶은 계란 반쪽 등이었다.

정말 끝내주는 맛이었다. 지금까지 먹어본 것 중 최고의 라면이었다. 처음 맛보려고 사기 숟가락을 국물에 담갔을 때만 해도 국물 위에 둥둥 떠 있는 기름방울 때문에 우려되는 바가 없지 않았다. 하지만 한입 맛본 뒤로는 그야말로 '라면 천국'에 빠졌다. 일단 돼지고기 맛이 났는데 고기 기름기는 딱 기분 좋을 정도였다. 깜짝 놀랄 만큼 짭짤하고 마늘 맛이 강했다. 김이 모락모락 나는 뜨거운 국물 요리 속에 들어 있는 차가운 버터와 옥수수 통조림은 미각을 자극하는 신선한 충격으로 다가왔다. 파는 기분 좋은 신맛을 더해주었고, 고추기름은 알싸하게 혀를 자극하는 것이 자학적인 쾌감을 느끼게 했다. 그러니까 라면 국물 하나에 이런 모든 맛이 들어 있었다.

애초에는 라멘 요코초에서 세 가지 라면을 먹어볼 계획이었다. 하지만 처음 나온 라면을 마지막 한 방울까지 끝내겠다는 묘한 충동과 엄청난 양이 결합되면서 계산을 하려고 일어섰을 무렵에는 다른 라면을 먹어봐야겠다는 생각이 씻은 듯이 사라져버렸다. 더구나 잔뜩 부른 배에서는 라면 국물이 출렁이는 민망한 소리까지 났다.

하지만 그로부터 10분 뒤에 나는 다시 식당에 앉아서 먹기 시작했다. 삿포로는 홋카이도의 차가운 바닷물에서 엄청난 크기로 자라 일본 전역으로 팔려나가는 게로도 유명하다. 부른 배를 쓰다듬으며 라멘 요코초를 빠져나오니 거대한 플라스틱 게 모형이 내 시선을 사로잡았다. 길 건너 식당 앞에서 집게 발가락을 흔들면서 어서 오라며 신호를 보내고 있었다. 안으로 들어가니 게가 가득한 수조가 있었다. 수조를 지나 신발을 벗고 다다미가 깔린 방으로 들어가서 창가에 자리를 잡았다. 일본 사람들이 찬사를 아끼지 않는 별미 중의 별미를 맛보려는 찰나였다.

메뉴판에 나온 게들의 이름을 보니 로열 플러시가 따로 없었다. 앞에 킹, 퀸, 스노, 가시, 털 등의 수식어가 붙어 있었는데, 메뉴판에 나온 그림으로 보자면 한스 루돌프 기거스위스의 시각디자이너로 영화 「에일리언」 시리즈에 나오는 에일리언을 디자인한 것으로 유명하며, 주로 악몽을 꾸면서 봤던 기괴한 형체들에서 영감을 얻어 작품활동을 했다의 악몽에 나올 법한 심해 괴물들 같았다. 주변을 둘러보니 가족, 연인 단위로 식당을 찾은 손님들은 탁자에 놓인 무섭게 생긴 갑각류들을 해체해 살을 발라내느라 여념 없었다. 배경 음악으로는 일본 음악이 흐르고 있었다. 얼마 안 있어 내가 주문한 음식이 도착했다. 얼음으로 만든 그릇에 종류도 다르고 잘린 모양도 다른 게들이 깔끔하게 정리되어 담겨 있었고, 이런저런 잎사귀, 잔가지, 자주색과 녹색 해조류 등이 장식으로 놓여 있었다. 생으로 먹는 게는 말로 표현하기 힘든 미묘한 맛이었다. 처음에는 아무 맛도 느껴지지 않았지만 서서히 바다의 달콤한 맛이 흐릿하게 느껴지고, 기분 좋게 끈적끈적한 식감에서 요오드의 흔적을 느낄 수 있었다. 게살은 녹색을 띠는 부분이 더 맛있었고, 씹는 맛이 가장 큰 것은 킹크랩이었다. 하지만 그렇게 호들갑을 떨 만큼 대단한 맛이라는 생각은 들지 않았다. 내가 앉은 다다미방 창가에서는 처음 나를 이곳으로 유혹했던 플라스틱 게 모형이 잘 보였다. 거대한 기계 게의 집게 발가락이 천천히 앞으로 뒤로 흔들리는 모습을 지켜보노라니 어쩐지 맥이 풀리면서 실망스러운 기분이 들었다.

그러니 앞으로 몇 주 뒤에 일어난 일이 더 신기할 수밖에 없었다. 홋카이도를 떠나 일본 남부를 여행하는 동안 여기서 먹은 게가 자꾸 생각나고 몹시 그리워졌던 것이다. 기차나 비행기에 조용히 앉아 있을 때면 나도 모르게 여기서 맛본 알 듯 말 듯 미묘한 맛이 생각나곤 했지만 주로 떠올랐던 것은 혀에 느껴지던 식감이었다. 생으로 먹는 게살은 액체와 고체의 중간쯤 되는 오묘한 상태였는데, 혀에 머무는 시간과 느껴지는 식감이 딱

감질나는 정도다. 느낄 만하면 사라져버린다고나 할까? 이는 일본인들의 고도로 섬세한 식감을 보여주는 좋은 예이기도 하다. 일본인은 입안에서 감지되는 느낌, 즉 식감을 맛만큼이나 중요하게 생각한다. 음식 온도에 대해서는 크게 신경 쓰지 않으면서 식감에 대해서는 아주 작은 차이까지도 중요하게 생각하며 신경을 쓴다.(일본에서는 따뜻하게 먹는 음식 대부분을 팔팔 끓는 뜨거운 상태로 내놓는다.) 미끄덩거리는 해파리를 씹을 때는 오도독거리는 묘한 식감이 있고, 찰떡은 부드러운 고무처럼 끈적끈적 찰진 식감이 일품이다. 판코라고 하는 튀김옷에 묻힌 빵가루는 파삭파삭 잘 튀겨지면 못처럼 날카롭게 느껴진다. 심지어 일본인은 일부 음식에서는 퍼석퍼석한 식감마저 중요하게 생각한다. 각종 떡과 과자, 디저트 속에 들어가는 소로 사용되는 팥고물, 익힌 참마가 대표적이다. 식감의 차이와 대비는 이번 일본 음식 기행에서 얻은 가장 중요한 깨달음 중 하나다. 하나의 요리에, 혹은 식사 전체에 다양한 식감을 배합하여 음식에서 느끼는 물리적 감각을 고조시키는 일본인의 능력은 타의 추종을 불허한다. 이런 부분이 발달하지 않은 우리로서는 그들에게서 배울 것이 무궁무진하다.

삿포로의 게는 일종의 '미각 도착' 증세를 유발할 만큼 감각적이었다. 나는 지금도 삿포로의 게를 잊지 못한 채 그리워한다. 게다가 삿포로의 게는 식도락가로서 맛을 좇아 살아온 내 인생에서 두고두고 후회가 남는 부분이기도 하다.(내가 좋아하는 음식을 발견했을 때 잘 하지 않는 실수를 거기서 저질렀기 때문이다.) 삿포로에 있는 동안 홋카이도 게를 실컷 먹을 기회가 있었는데 그러지 못했다는 후회다. 매일 어리석다 싶을 만큼 많이, 물릴 때까지 먹을 수 있었는데 말이다. 실제로 나는 살면서 여러 차례 마음에 드는 음식을 가지고 이런 행동을 해왔다. 마스 사에서 만든 초콜릿 바 밀키웨이부터 양파절임까지 종류도 다양했다. 그런데 삿포로에서 나는 질릴 때까지 먹을 충분한 가치가 있는 음식을 한 번 먹고 끝내는 우를 범했던 것이다. 이로 인한 뼈아픈 후회가 이후의 삶에 소중한 교훈이 되었음은 물론이다.

그렇지만 내가 30분 뒤에 리슨, 애스거, 에밀을 만나 입에 침을 튀기며 얘기한 것은 라면이었지 게가 아니었다. 너무 열을 올리며 칭찬한 게 문제였을까? 아이들과 아내가 당장 라멘 요코초에 가자고 졸라대기 시작했다. 아직도 배는 두둥실 나와 있고 소화불량으로 얼굴까지 잔뜩 찡그리고 있는데도 막무가내로 우기니 난감한 노릇이 아닐 수 없었다. 하지만 결과적으로는 나한테도 잘된 일이었다. 리슨이 지도를 보고 찾은 덕분에 혼자 갔던 곳보다 더 매력적인 라면 골목으로 가게 되었기 때문이다. 내가 처음 가서 라면을 먹은 곳은 사람도 많지 않고 어딘지 모르게 우중충한 분위기였다. 그곳 입구도 도움을 받아 겨우 찾은 나로서는 도로 건너편까지 라면 골목이 계속된다는 사실을 알 리가 없었다. 리슨의 지도 덕분에 찾은 '라멘 요코초 II'는 좀 전의 그곳과는 분위기가 사뭇 달랐다. 일단 가게 안은 물론이고 복도에도 우리처럼 어느 가게를 갈지 행복한 고민에 빠져 있는 손님들로 가득했다. 게다가 여기저기 주방에서 나는 향긋한 라면 냄새까지 더해져서 북적거리는 금요일 오후 분위기가 제대로 나는 흥겨운 곳이었다.

우리 가족은 어느 노부부가 운영하는 가게를 선택했다. 노부부는 아이들까지 딸린 외국인 무리가 들어오는 것을 보고 처음에는 많이 놀라고 긴장하는 기색이었다. 그러나 이내 긴장이 누그러지더니 부인이 날아다니는 잠자리 날개 부분을 잡아 활짝 웃으며 애스거에게 내밀었다. 대충 말하자면 "hey chow shey wa chey ma shay!"처럼 들리는 무슨 말인가를 하면서.(이후에 보니 부인이 아는 영어는 'I'm sorry, OK?'가 전부였다.) 애스거가 잠자리를 엄지와 검지로 조심스럽게 받아들었다. 애스거와 에밀은 한동안 신기해하면서 잠자리를 이리저리 관찰했다. 에밀은 직접 잠자리를 들 만큼 대범하지는 못해서 형의 용기에 내심 감탄하는 눈치였다.

일단 주문한 소주가 나왔다. 지역에 따라 밀, 고구마, 메밀, 흙설탕 등을 증류해서 만든 독한 증류주다. 소주가 서구에서 그다지 인기를 끌지 못하는 이유가 궁금할 정도로 훌륭한 맛이었다. 아주 강하면서도 한편으로 가볍고 부드러운 풍미가 느껴져서 애주가라면 누구라도 거부하기 힘든 매력이 있었다. 보통은 둥근 얼음과 함께 텀블러에 담겨 나오는데, 여기서는 뚜껑을 밀어올려서 따는 유리병에 담겨 나왔다. 리슨이 시킨 맥주가 나오고, 이어서 주문한 라면이 나왔다. 나를 사로잡았던 처음의 라면만큼 강렬하지는 않았고, 고추와 기름이 상대적으로 많이 들어갔지만, 그래도 한 그릇 뚝딱 먹어치우기에는 충분한 맛이었다.

이때쯤 나는 희귀한 일본식 고문을 받고 있는 그런 기분이 들었다. 위와 방광을 억제하기 힘든 한계점까지 밀어붙이는 고문 말이다. 이때 부인이 "I'm sorry, OK?" 하고 물었는데 "뭐 더 필요한 것 없습니까?"라는 의미였다. 내가 메뉴판에서 만두를 가리켰다. 배가 터지기 직전이었지만 삿포로에서 만두 먹을 기회가 언제 다시 올지 알 수 없는 노릇 아닌가?

우리 가족의 삿포로 체험 초기는 새로운 발견의 연속이었다. 페리스휠, 짝짓기에 열심인 잠자리, 정말 맛있는 라면이면 되었지 달리 무엇을 바라겠는가? 그렇게 생각했지만 다음 날 영원히 잊지 못할 더 강렬한 경험이 우리를 기다리고 있었다.

이튿날 오전 우리 가족은 아담한 크기의 아이누 박물관 방문으로 하루를 시작했다. 의미는 있었지만 조금은 우울하고 따분한 것도 사실이었다. 현재 부모가 모두 아이누족인 순수 아이누족은 200명도 되지 않으며 그들의 언어와 문화는 소멸 직전이라고 한다. 뉴질랜드 원주민인 마오리족, 오스트레일리아 원주민 애버리지니, 인도 카스트 제도에서 최하 계급에 속하는 달리트처럼 아이누족도 일본사회에서 다양한 수준의 박해와 편견에 시달리고 있다. 아이누족의 실업률은 다른 일본인의 실업률보다 훨씬 더 높고 교육 수준은 낮다. 최근 개정된 법률을 보면 어느 정도 개선 의지가 보이기는 하지만 전통적으로 일본의 지배층은 아이누 문제에 대해서는 침묵으로 일관하는 편이다. 더불어 일본에는 아이누보다 더하지는 않아도 그만큼 곤궁하고 힘든 다른 소수민족들이 있다는 사실을 지적하지 않을 수 없다. 부라쿠민部落民이 대표적인데 에도 시대 최하층 천민이었던 백정, 무두장이 등의 후예로 서양의 '게토' 같은 별도의 구역에 살면서 사회적 차별과 박해를 받고 있다. 많은 일본인이 아직도 이들을 예전의 천민처럼 불결하다고 생각한다. 이외에 오사카 등지에 사는 한국인과 중국인 공동체 역시 사회적 편견과 박해로부터 자유롭지 못하다.

아이누 권익보호 단체에서는 공식 수치의 두 배라고 주장하지만 혼혈까지 포함한 공식 아이누 인구는 2만5000명 정도라고 한다.(아이누족의 상당수가 아이누 혈통임을 밝히지 않는다는 의미다.) 현재 아이누족 사이에는 알코올 중독이 중요한 문제다. 일본 본토 사람들이 오기 전에 아이누족은 특별한 의식이 있을 때만 술을 마셨기 때문에 알코올에 대한 내성이 워낙 약하다.(이는 그렇게 희귀한 일이 아니다. 일본 인구의 절반 정도가 알데히드탈수소효소 결핍증을 앓고 있는데 이런 사람은 술을 마시면 혈압이 떨어진다.)

사실 나도 맛있는 밥 좀 먹어보자고 가족들을 데리고 지구 반대편까지 날아온 조금은 황당한 남자로도 모자라서 도대체 깊이라고는 없는 천박한 사람으로까지 보이고 싶지는 않다. 또한 일본에서 소수민족인 아이누족이 처한 상황이 안타깝고 가슴 아프지 않은 것도 아니었다. 하지만 그래도 나한테는 그들의 음식이 최대 관심사였다. 도쿄에서 우리는 '바람의 집'이라는 의미의 '레라 치세'라는 아이누 식당에 갔었다. 지역 아이누 권익 운동의 거점이자 아이누 문화에 대한 자각을 높이자는 취지로 1994년에 문을 연 식당이었다.

거기서 만난 아이누족 대변인이 자기 민족에 대해서 약간의 이야기를 해주었다. "우리 종교는 신도와 상당히 비슷합니다. 하지만 곰이 아주 중요한 역할을 하지요." 여기까지 들은 애스거가 난데없이 "아는 곰 있어요?"라고 물었다.(예전에 내가 곰돌이 푸의 친구이고, 곰돌이 푸가 사는 헌드레드 에이커 숲에서 상당히 가까운 곳에서 태어났다고 말한 것이 인상 깊었던 모양이다. 지금도 애스거는 곰돌이 푸를 소개시켜달라며 조르고 있다.) 영문을 모르는 대변인은 당황한 표정이었다. "아니. 몰라. 하지만 우리한테는 곰을 죽이는 의식이 있단다." 애스거는 더 이상 묻지 않았다.

사실 아이누족은 자신들이 숭배하는 동물을 죽이기만 하는 것이 아니라 먹기까지 한다. 싱가포르에 아이누 박물관을 세우기도 했던 19세기 인류학자 존 배철러는 아이누족이 곰을 말기름으로 조리해 먹는다고 기록하면서 은근슬쩍 "아이누족은 미식가와는 거리가 멀다"는 결론을 내린다.

대변인이 애스거와 에밀에게 줄 선물이 있다면서 모직 가방에서 예쁜 젓가락처럼 보이는 것을 꺼냈다. 그리고 젓가락의 한쪽 끝을 입으로 살짝 물고 반대쪽에 달린 끈을 팅팅 퉁기기 시작했다. 이는 뭇쿠리라고 하는 아이누족 전통 악기로 입에 물고 연주하는 일종의 구금口琴이었다. 보아하니 대변인은 뭇쿠리 연주 실력이 상당한 듯했다.

이어서 주문한 음식이 나오기 시작했다. 먼저 절인 오이와 해조류, 일본인들이 '산채'라고 부르는 식용 자연산 고사리, 구근 등이 나왔다. 아이누족이 즐겨 먹는 이런 식용 산채를 아이누어로는 '키토 피로'라고 한다. "비타민 E, D, 철분, 미네랄이 다량 함유되어 감기, 변비, 고혈압, 전염병에 좋고 악귀를 쫓는 데도 효과가 있습니다." 아이누 친구가 말했다. 다음으로 튀긴 감자와 호박 케이크, 사슴 고기, 필로 페이스트리(얇은 반죽을 여러 겹 포개 만든 파이의 일종)로 감싼 치즈와 양파 등이 나왔는데 앞서 나온 요리에 비해서는 매력이 떨어졌다. 맛은 있었지만 다소 기름지다 싶었는데 나중에 알고 보니 정통 아이누 요리와는 거리가 있었다.

내가 살짝 쌉쌀한 채소를 먹으면서 왜 많은 아이누족이 홋카이도를 떠나 도쿄로 오느냐고 물었다. "홋카이도에서는 아이누에 대한 차별이 훨씬 더 심합니다. 머리카락이 굵고 눈썹 숱이 많고 피부색이 진한 아이누는 일본인들 사이에서 쉽게 눈에 띕니다. 사람들은 우리가 냄새 나고 더럽다고 하지요. 하지만 외국인이 훨씬 더 많은 도쿄에서는 우리의 존재가 그렇게 눈에 띄지 않습니다. 정부에서는 도쿄에 2700명의 아이누가 있다고 하지만 내가 보기에 두 배는 될 겁니다. 자기 혈통을 숨기는 아이누가 많기 때문이죠. 우리를 편견을 가지고 바라보는 곳이 많습니다. 예를 들면 아이누는 경찰에 지원할 수 없습니다. 우리는 가난해서 좋은 교육을 받기 힘듭니다. 지금도 일본인은 자신들이 오기 전에 이곳 열도에 사람이 있었다는 사실을 인정하지 못합니다. 그들은 우리가 홋카이도에만 있었다고 말합니다. 하지만 저 멀리 남쪽 오키나와에까지 아이누가 살고 있었습니다."

다시 삿포로 이야기로 돌아가자면, 아이누 박물관을 방문한 뒤 맛있는 견과가 들어간 검정깨 아이스크림을 먹고, 일본에서 만 볼 수 있는 다이하쓰 사의 경차 네이키드를 보고 우리는 기분이 조금 나아졌다. 도시 맞은편, 작지만 활기 넘치는 실내 시장인 니조 시장二條市場에 가서는 엄청난 양의 연어 알을 보았다. 빛을 내는 주황색 알들로 가득 차서 곧 터질 듯이 탱탱한 모습이었다. 인도에서 청어를 훈제하는 모습, 거대한 삶은 문어도 보았다. 진한 붉은색의 커다란 문어 다리가 빅토리아 시대 악당의 콧수염처럼 끝이 또르르 말려올라간 모습이 인상적이었다.

금발의 남자 아이 둘이 니조 시장을 방문하는 일은 아주 드문 일인 모양이었다. 상인들은 하나같이 친절했고 이것저것을 먹어보라며 권했다.

우리는 게가 들어 있는 열린 수조들로 내부가 꽉 찬 가게로 들어갔다. 주인인 젊은 여성이 다가와서 털게가 제일 맛있다고 말했다. 하지만 털게는 마리당 5000엔(대략 5만 원)으로 가장 비싸기도 했다. 주인은 홋카이도 서남부 출신이라고 했다. 곤부, 즉 다시마의 고장이다. 내가 내일 애스거를 데리고 그곳에 갈 예정이라고 하자 신이 나서 고향 사람들과 아름다운 해안에 대한 칭찬을 늘어놓았다. 갑자기 그녀가 수조에서 가장 큰 킹크랩 하나를 집어 들더니 애스거에게 내밀면서 잡아보라는 시늉을 했다. 워낙 순식간에 일어난 일이라 말릴 틈도 없었다. 길이가 1미터는 돼 보였고 몸통이 애스거의 머리 크기는 되는 녀석이었다.

나와 리슨, 에밀은 살짝 뒤로 물러서면서 애스거를 향해 한번 해보라는 격려의 눈짓을 보냈다. 애스거가 팔을 뻗어 녀석을 잡았다. 다리가 여덟 개에 분홍빛이 도는 붉은 빛깔의 킹크랩은 다시 봐도 선사 시대의 괴물을 연상시켰다. 조그만 개 하나 무게는 넘어서고도 남을 것 같았다. 엄청난 일을 해냈다는 기쁨에 한껏 고무된 애스거는 여봐란 듯이 당당하게 서 있었다. 하지만 눈빛에는 어서 끝내고 싶다는 애원이 담겨 있었다. "빨리 사진 찍고 끝내요. 제발!" 하는 표정. 이미 형이 자기보다 열 배는 큰 스모 선수를 물리치는 모습을 목격한 에밀에게, 애스거는 이제 그리스 신화 속 영웅의 지위까지 얻게 되었다. 하지만 그때까지는 다음 날 우리가 커다란 게보다 훨씬 더 위험한 자연의 포식자를 만나게 되리라는 사실을 아무도 모르고 있었다.

17.

다시마

홋카이도에는 곰이 있다. 코알라 같은 귀여운 곰뿐만 아니라 커다란 진짜 곰, 마주치면 "엄마, 살려줘!"라고 외칠 수밖에 없는 회색 곰도 있다. 축구장 두 개 크기밖에 안 되는 가용 토지에 1억3500만이나 되는 인구가 빽빽하게 들어차서 살고 있는 것 같은 그런 나라에서 '히구마', 즉 큰곰이 어디에 숨어 있을지를 상상하기란 쉽지 않다. 어쩌면 머리숱 많은 게이샤 행세를 하고 있는지도 모른다. 하지만 일본 최북단 섬에서는 수천 마리의 곰이 바람처럼 자유롭게 돌아다니고 있다고 한다.

나는 봤기 때문에 일본에 곰이 있다고 확신한다. 내 눈으로 직접 본 것은 아니지만 그래도 본 걸로 칠 수 있지 않을까? 내가 애스거와 에미를 태우고 운전해서 삿포로 서남쪽에 위치한 다시마 양식장을 방문한 날이었다.(에미는 친구들을 만나러 홋카이도에

와서 이틀 동안 있던 참이었다.) 그때 달리던 해안 도로는 두 가지 이유에서 내 기억 속에 선명하게 남아 있다. 첫째는 우리를 둘러싼 화산지대의 웅장한 풍경이 멀리 쪽빛 하늘을 선회하는 거대한 맹금류와 어우러지면서 만들어내는 뭐라 형언하기 힘든 분위기 때문이었다. 그리고 둘째는 이미 말했듯이 내가 도로 위쪽의 울창한 숲을 보지 못했고, 덤불 속에서 움직이는 곰 모양의 거대한 검은 그림자를 보지 못했기 때문이다.(안타깝게도!)

그렇지만 에미는 보았다.

"방금 곰을 봤어요." 에미가 별일 아니라는 듯이 말하더니 다시 자기 무릎에 놓인 지도를 들여다보기 시작했다.

"뭐라고요? 곰을 봤다고요?" 흥분한 내가 학처럼 목을 길게 빼고 창밖을 보면서 말했다. 순간 차가 중앙 분리대 쪽으로 기울었다.

"곰이요. 저기 위에." 에미가 빠른 속도로 멀어지는 뒤쪽을 가리키면서 말했다.

놀란 내가 같은 질문을 몇 번이나 반복했지만, 에미는 짜증스러운 기색 없이 한결같은 어조로 대답해주었다. 참으로 훌륭한 인품에 인내심까지 갖춘 에미가 아닐 수 없다.

"애스거! 방금 에미가 곰을 봤대!" 전동칫솔 소리 같은 다이하쓰의 엔진 소음 때문에 내가 소리치듯이 말했다. 하지만 에미처럼 애스거의 반응도 시큰둥했다. 물론 에미가 방금 전에 곰을 보긴 봤지요. 그게 뭐 대수인가요? 요전에 시부야에 있는 닌자 레스토랑에서는 더 신기한 것도 많이 봤잖아요? 닌자 손에서 갑자기 빨간 스펀지 공이 다섯 개나 나온 적도 있었잖아요? 뭐 이런 표정이었다.

우리는 계속해서 우치우라內浦 만의 해안 도로를 따라 남쪽 하코다테函館를 향해 달렸다. 낮은 골함석 주택과 상점들이 있는 어딘지 허름하고 적막한 시골 마을들을 지나치면서. 건물들 사이 공터 여기저기에 부표가 높이 쌓여 있었고, 20미터쯤 떨어진 바다 위를 보니 부표들이 일정한 간격으로 끝없이 펼쳐진 모습이 마치 거대한 카드 게임 판을 보는 기분이었다. 다시마 '양식장'임을 말해주는 표시다.

마침내 태평양 연안에 위치한 미나미카야베 정南芽部町에 도착했을 때도 나는 크기가 3미터 가까이 된다는 털북숭이 육식동물을 찾으려고 초조하게 주위를 힐끗거렸다. 미나미카야베 정은 최상품 곤부(때로 '곰부'라고 쓰기도 한다), 즉 다시마 생산지로 일본 전역에서 유명한 곳이다. 일본에서 생산되는 다시마의 15퍼센트(금액으로 치면 100억 엔) 이상이 홋카이도에 위치한 바로 이곳에서 생산된다. 이곳의 다시마는 일본 천황에게도 진상된다.

가죽처럼 질긴 기다란 녹색 해초인 다시마가 일본인의 식생활에서 지니는 중요성은 아무리 강조해도 지나치지 않다. 일본 사람들은 50종 가까운 해조류를 먹지만 으뜸은 단연 다시마다. 다시마는 다시에 빠지지 않고 들어가는 재료다. 심지어 스님들이 먹는 사찰 음식에도 다시마로 만든 다시가 들어간다. 다시마 몇 조각을 찬 물에 서너 시간 담가두는 것이 전부이지만 말이다. 그렇게 하면 선불교 특유의 은은하면서도 바다의 신선함이 느껴지는 정말 맛있는 다시가 만들어진다.

다시마가 다시 만드는 데만 쓰이는 것은 아니다. 물론 국, 양념장, 절임, 반죽, 찍어 먹는 양념장 등등 다시가 얼마나 다양하게 쓰이는가를 생각하면 그것만으로도 다시마가 일본 식재료 중에서 최고의 자리에 오르고도 남음이 있지만. 다시마를 식초에 담갔다가 말린 다음 잘게 썬 것을 '도로로 곤부'라고 하는데 된장국에 김 대신 사용할 때도 많다. 다시마를 물, 간장, 미림, 설탕 등을 넣고 조리한 다음, 소금을 뿌려 '시오 곤부'(소금 다시마라는 의미)를 만드는데 집에서 먹는 간식으로 인기 만점이다. 다시마는 또한 일본어로 사바즈시鯖壽司라고 하는, 누름틀에 넣어 만든 고등어초밥을 만들 때도 쓰인다. 그리고 내가 스스로의 오류를 많이 깨달았던 아지노모토 회사 방문 시 알게 된 것처럼 다시마는 천연 식품 중 글루탐산 함량이 가장 높아서 MSG 발명에 결정적인 영향을 주었다.

일본인들은 건강과 장수를 누리기로 유명한데 다시마는 여기에 공헌하는 핵심 식품 중 하나다. 그냥 하는 소리가 아니라 과학적으로 충분한 근거가 있다. 다시마에는 칼륨, 철분, 요오드, 마그네슘, 칼슘을 포함한 미네랄이 일본인이 먹는 어떤 음식보다 더 풍부하고, 비타인 B와 C가 들어 있으며, 몸의 독소를 제거하는 기능도 한다고 알려져 있다. 해조류에는 리그난 성분이 함유되어 있는데, 리그난은 암을 예방한다고 알려져 있다. 또한 다시마에는 지방도 칼로리도 없다. 두어 달 뒤에 안 사실이지만 오키나와는 일본 내에서도 1인당 다시마 섭취량이 가장 높은 곳이다. 일본뿐만 아니라 세계에서 가장 장수하는 이들은 누구일까? 바로 오키나와 주민들이다.(한편, 나는 오키나와에는 곰이 훨씬 더 적으니 그것도 오키나와 사람들의 장수 요인 중 하나라는 생각을 하지 않을 수 없었다.)

일본 슈퍼마켓에서 파는 포장된 말린 다시마를 보면 검은빛이 도는 녹색의 작은 조각인데 그것만 보고는 자연 상태에서 다시마의 모습이 어떤지를 상상하기 어렵다. 나는 다시마가 자라는 모습을 직접 보고 다시마를 양식하는 사람들과 이야기를 나누고 싶었다. 그 때문에 삿포로에서 무려 다섯 시간이나 운전해서 여기로 온 것이다.(리슨은 에밀과 함께 삿포로에 남았다. 에밀은 페리스휠을 다시 태워주지 않으면 숨을 쉬지 않겠다며 으름장을 놓고 있었다.) 그러나 일본 다시마 양식업자들을 만나기는 쉽지 않았다. 비밀주의에 의심이 많고 외부인을 경계하는 경향이 있었다. 바다의 그리 넓지도 않은 구역을 건사하는 대가로 연간 최대 10만 달러 이상을 번다는 소문 때문인지도 모른다. 에미가 몇 주에 걸쳐 여러 차례 전화를 하고 이메일을 보낸 뒤에야 그들과 약속을 잡을 수 있었다. 마지막에는 내가 해조류 양식 정보를 빼내가는 일종의 스파이가 아님을 증명하기 위해서 여권 복사본까지 보내야 했다.

"올해는 다시마 농사가 최악인 해입니다." 마침내 목적지에 도착한 우리에게 미나미카야베 어업협동조합의 조합장 사사키 다카히코佐々木孝比古가 말했다. "보통 연간 3500톤을 생산하는데 올해는 절반에도 미치지 못합니다."

"아, 그렇군요." 내가 알겠다는 듯이 고개를 끄덕였다. "지구 온난화가 참 문제지요."

"아니요. 그렇지 않습니다. 작년에는 대풍년이었는걸요. 계속해서 수확량이 감소하는 추세는 아닙니다. 문제는 폭풍입니다. 다시마는 거친 조류에 약하고 그만큼 쉽게 피해를 입습니다."

우리는 항구 옆 창고로 가서 작업하는 모습을 지켜보았다. 건강하고 활기 넘치는 일단의 중년 여성이 말린 다시마 묶음을 만들고 있었다. 말린 다시마는 모양새가 담배 잎사귀와 크게 다르지 않았고, 묶음 하나 크기는 건초 한 꾸러미 정도 돼 보였다. 하나당 무게는 7킬로그램이라고 했다. 물건을 싣고 가려고 대기 중인 소형 픽업트럭에 비해 묶음들이 너무 커 보였다.

작업하던 여성들 중 한 명이 애스거에게 막대처럼 생긴 마른 다시마 두 조각을 내밀었다. 애스거가 거대한 젓가락인 양 가지고 노는 모습을 보고 부인들이 까르르 웃음을 터뜨렸다. 이번에는 다른 여성이 사무실 안으로 들어가더니 사탕을 한 줌 가지고 나왔다. 그러고는 애스거의 금발을 쓰다듬으며 사탕을 주었다.

골프를 치고 있는 곰이 수놓아진 편안한 반팔 셔츠를 입은 사사키 조합장은 다시마가 방파제에서 불과 몇 미터 떨어진 연해에서 자란다고 설명해주었다. 다시마는 보통 너비 25~40센티미터에 길이가 6미터 정도까지 자라며, 좌우 가장자리는 프릴 장식처럼 주름져 있다.(최대 20미터까지 자랐다는 기록도 있다.) 갈색을 띠는 녹색에 반투명한 다시마는 1년 내지 2년을 키운 뒤 수확한다. 남자들이 한쪽 끝에 갈고리가 달린 대나무 장대로 갈퀴질하듯이 긁어 배 위로 올린다. 건조는 하루 안에 끝내야 한다. 그러지 않으면 다시마가 희게 변색되기 시작하며 상품성이 떨어진다. 건조가 끝나면 다시마는 아주 진한 녹색에 딱딱하고 쉽게 부러지는 상태가 된다. 시금치 라자냐를 만들 때 쓰는, 말린 상태의 폭이 넓은 라자냐 면을 생각하면 이해하기 쉬우리라. 다시마 채취는 보통 7월 20일부터 시작해 8월 말까지 계속되는데, 지역 주민이 총출동해 새벽 2시에 시작해서 저녁 8시까지 하는 고된 작업이다.

미나미카야베 정에서는 아직도 일부 다시마를 예전의 자연 건조 방식 그대로 말린다. 거대한 구두 광택기처럼 생긴 기계 위에 올려놓고 솔질해서 이물질을 제거한 뒤, 옥외에 설치된 대형 나무틀에 걸어놓고 햇볕에 말리는 방식이다. 그러나 대부분은 작은 창고에서 기계를 이용해 말린다. 70도 정도의 기온에서 열두 시간 정도 말리면 이상적인 상태가 된다. 굳이 원한다면 자연 건조한 다시마와 기계식으로 건조한 다시마를 구별할 수 있는 방법이 있다. 자연 건조한 다시마는 녹색을 띠는 갈색인 반면, 기계로 말린 다시마는 그보다 짙은, 거의 검은색에 가깝다. 진짜 전문가는 다시마를 보면 홋카이도 어느 지방에서 수확한 것인지도 구별할 수 있다. 예를 들면 미나미카야베 정 주변에서 생산된 다시마는 잘라보면 속이 하얀색이다. 그래서 이곳 해안의 명칭이 '시로구치하마白口濱', 즉 백구 해안이다. 안쪽이 검은 다시마는 하코다테 근처 '구로구치하마黑口濱', 즉 흑구 해안에서 수확된 것이다. 다시마의 품종은 열 가지가 넘는다. 기본 품종에 색깔, 광택, 두께 등이 가미되어 품질이 결정되고 다양하게 등급이 매겨진다. 두께가 굵을수록 품질이 좋은 것이다.(8킬로그램짜리 최상품 다시마 묶음 하나에는 여든네 조각이 들어가는 데 반해, 등급이 낮은 다시마 묶음에는 같은 무게라도 훨씬 더 많은 다시마 조각이 들어간다.) 워낙 모양을 중시하는 일본인들이 다시마라고 그냥 넘길 리가 없다. 등급 결정에서 가장 중요한 것이 바로 모양이다. 모양이 반듯하고 표면이 고른 다시마의 상품 가치가 가장 높다. 그렇게 보면 최상품 다시마는 자연산을 햇볕에 말린 것으로, 여권만큼 두껍고 표면에는 번지르르한 광택이 흐르며 완벽한 좌우 대칭을 이루는 것이다.

이처럼 다양한 다시마 종류는 다시의 맛에도 근본적인 영향을 미친다. 다시마가 어느 바다에서 자랐는지, 어느 해에 수확되었는지에 따라서 섬세하면서도 은은한 맛부터 풍부하고 진한 맛까지 다양한 맛을 띤다. 기후가 매년 수확되는 다시마의 맛에 적지 않은 영향을 미친다는 점에서 다시마는 와인과 다르지 않다. 일본에서도 최고로 치는 리시리 다시마利尻昆布는 온도와 습도 조절이 가능한 저장실에서 2년간 숙성시키는 '구라가코이藏囲'과정을 거치는데 이를 통해 글루탐산 맛이 한층 더 깊어진다. 다시마계의 '소믈리에'에 해당되는 소위 '곤불리에'들은 이런 다시마를 매우 높게 평가한다.

다시마를 말리면 잎의 가장자리가 부채 모양 파스타 면처럼 주름 잡힌다. 그래서 높은 등급을 받는 다시마는 100도의 증기를 쐬어 반듯하게 펴는 작업을 거친다. 이런 과정은 주름 펴는 기계 비슷한 장치를 이용해서 수작업으로 이루어진다. 우리는 이런 작업이 이뤄지는 과정을 보려고 사사키 조합장의 트럭을 타고 해안을 따라 서쪽으로 갔다. 해변에 위치한 허름한 헛간에서 부부가 팀을 이루어 작업하고 있었다. 남편이 다시마를 한 장씩 기계에 넣어 펴서 부인에게 건네면, 부인은 가지치기할 때 쓰는 가위를 가지고 양쪽을 잘라내면서 정리하고 1미터짜리 한 장을 삼단으로 접어서 묶었다. 부인은 30년째 이 일을 해오고 있다고 말했다.

이 지역에서는 '자연산' 다시마 역시 수확한다. 자연산 다시마는 양식 품종보다 맛도 좋고 미네랄도 풍부하다. 해수면 가까운 곳에서 키우는 양식 다시마와 달리 바다 바닥에서 자라기 때문이다. 당연히 수확하기가 훨씬 더 힘들고 값도 두 배 이상 비싸다. 자연산 다시마는 양식 다시마보다 날씨의 영향을 훨씬 더 많이 받는다.

"올해는 사실상 자연산 다시마가 없습니다." 사사키 조합장이 말했다. "50킬로그램에서 60킬로그램이 전부일 겁니다. 보통은 1000킬로그램 정도 수확하지요. 10월에 저기압이 발생하면 거친 물살이 해저까지 영향을 미칩니다."

그러므로 기후 변화로 북극곰이 사라진다든가, 네덜란드가 침수될 위기에 처했다든가 하는 따위는 잊어라. 다시마를 양식할 수 없게 되는 것이 진짜 걱정해야 할 사안이다. 특히 일본인들에게는. 어쩌면 그것 때문에 일본인들은 탄소 배출량을 재고하고 집 안의 모든 비데를 끌지도 모른다.

우리는 사사키 조합장과 함께 일하던 여성들에게 행운을 빌며, 시간을 내주어 감사하다는 인사를 했다. 중년 여성들의 사랑을 독차지한 애스거는 이번에도 한 줌의 사탕을 받았고, 나와 에미도 다시마 상자를 선물로 받았다. 나는 답례로 사사키 조합장에게 영국 차 한 상자를 주고, 소음이 엄청난 다이하쓰를 타고 삿포로 숙소로 출발했다.

덧붙이자면 어둑어둑한 황혼녘에 고속도로를 타고 삿포로로 돌아가는 길에 나는 도로 바로 위 숲에서 (생각대로) 아주 커다란 갈색 그림자를 보았다. 곰이었다! 적어도 나한테는 그것이 곰으로 보였다. 하지만 애스거는 지금도 그것이 바퀴 달린 대형 쓰레기통이었다고 주장한다.

18.

교토 이야기

이튿날 우리 가족은 삿포로에서 비행기를 타고 후지 산을 넘어 오사카로 갔다. 후지 산은 그야말로 완벽한 산이었다. 기슭을 침범한 굽이굽이의 골프 코스조차 공중에서 봤을 때 반쯤은 신령스러운 분위기를 망가뜨리지 못했다.

정식 명칭이 간사이 국제공항인 오사카 공항은 바다를 매립하여 만든 인공 섬 위에 건설된, 일본의 미래지향형 공학 기술의 진수를 보여주는 결정체다. 공항에서 교토로 가는 기차를 탔다. 기차를 타고 가다보니 도시가 넓은 지역에 걸쳐 무분별하게 확장되는 바람에 사실상 오사카와 교토는 거의 하나로 연결된 광역도시권이 되어 있음을 알 수 있었다. 중간에 숨 쉴 공간을 제공하는 전원 지방이라 할 부분이 거의 없었다. 이런 콘크리트 숲의 무분별한 확장은 서쪽으로도 계속되어 간사이 지방 제3의

도시인 고베와 합쳐진다.

이처럼 지리적으로 긴밀하게 연결되어 있지만 세 도시와 그곳의 주민들은 서로 너무나 다르다. 도쿄에서 서쪽으로 370킬로미터 떨어진 교토는 일본 문화와 종교가 탄생한 요람 같은 곳이다. 794년부터 1868년까지 나라의 수도였고, 황실이 이곳에 있었으며, 그런 까닭에 일본의 정신적, 문화적 중심지였다. 천년 고도古都라는 전통 덕분에 교토 사람들은 세련되고, 새침하며, 적잖이 쌀쌀맞기도 하고, 속마음을 쉽게 드러내지 않는 그런 특성을 지닌다고들 한다. 교토 사람들은 항상 속내를 알 수 없는 의례적인 인사말을 남발하고 지방 요리에 자부심이 큰 것으로도 유명하다. 도쿄에 사는 일본 최고의 명문가라고 해도 교토에 집 한 채쯤은 가지고 있다.

교토는 내륙 깊숙한 곳에 위치해 있으며 남쪽을 제외한 삼면이 산으로 둘러싸여 있다. 이런 지형 덕분에 교토는 중세에 만연했을지 모르는 중국 문화의 영향을 피할 수 있었고, 서예, 시, 연극, 그림, 도자기, 음식 등 여러 분야에서 독특한 일본 문화가 만들어지고 발전할 수 있었다.

교토 사람들은 자신들이 세계 최고까지는 아니더라도 일본 최고의 입맛을 지녔다고 자부한다. 교토는 다도의 발생지이며, 세련의 극치를 보여주는 '교요리京料理'(교토 요리라는 의미)의 고향이다. 바로 이 교요리에서 가이세키 요리懷石料理가 나왔는데, 료테이라고 하는 전통 여관의 별실에서 일본식 정원을 바라보면서 즐기는, 엄청나게 화려하고 비싼 코스 요리다. 교토에는 지금도 거의 2000개나 되는 전통 사원과 정원이 있는데, 제2차 세계 대전 당시 미국 전쟁부 장관이었던 헨리 L. 스팀슨 덕분에 원자 폭탄 공격을 피할 수 있었던 것으로 유명하다. 1920년대에 교토를 방문한 적이 있는 스팀슨은 교토의 문화적 중요성을 인식하고 있었으며, 그곳을 파괴할 경우 향후 미국에 쏟아질 온갖 비난을 충분히 예측하고 있었던 것이다.

가이세키 요리처럼 화려한 요리 말고 교토의 일상 요리는 '오반자이'라고 하는데 두부와 두부 생산 과정에서 나오는 부산물인 두부피가 중심이다. 일본어로 유바라고 하는 두부피는 두부가 익어서 엉길 때 표면에 만들어지는 얇은 막으로, 건조해서 혹은 그대로 판매되는데, 지구상에서 단백질 함량이 가장 높은 음식이다. 교토에서 흥미를 끄는 먹거리로는 일본어로 후麩라고 하는 밀기울도 유명하다. 밀 글루텐으로 만든 말랑말랑한 덩어리로, 생으로 또는 굽거나 삶아서 다양한 방법으로 활용 가능하다. 도쿄 사람들은 외식을 좋아하지만 교토 사람은 그렇지 않으며, 시내 중심에 위치한 유명한 니시키 시장錦市場을 중심으로 전통 시장 문화가 왕성하게 남아 있는 곳이기도 하다.

교토의 일반식인 오반자이는 주로 채소로 구성되어 건강에 더없이 좋은 요리다. 지방과 당분 함량은 극히 낮고 채소는 많이 들어간다. 최근 들어 무, 가지, 우엉, 호박, 오이 등의 지역 재래종이 부활하는 모습을 볼 수 있는데 총칭하여 '교야사이京野菜'(교토 채소)라고 부른다. 도쿄의 음식 애호가들도 전에는 희귀했던 이들 품종의 가치를 재발견하고 있다. '교야사이'가 이처럼 주목

받게 된 데에는 일시적인 유행 탓도 있고, 맛이 깊고 풍부하다는 이유도 있지만, 최근의 중국산 먹거리 파동도 일조하고 있다. 저질 중국산 먹거리 때문에 일본인 특유의 외국산 혐오 현상이 한층 심화되었기 때문이다. 가모나스賀茂なす라고 하는 교토 산 가지는 요즘 도쿄 식탁에서 가장 '핫'한 식재료로 통한다.

반면에 오사카는 압도적인 스케일을 자랑하는 전형적인 현대 대도시다. 고층의 사무실 빌딩이 숲을 이루고, 쇼핑몰이 끝없이 이어지며, 도로와 철로 위에는 입체 교차로들이 설치되어 있다. 사람들은 부지런하면서도 융통성 있고, 최신 트렌드와 수요에 민감하다. 언제나 오사카는 끊임없는 개혁을 특징으로 하는 상업 도시였다. 주민들은 지극히 현실적이면서 다소 성마른 느낌을 주기도 한다. 항상 새로운 것을 갈구하는 오사카에는 사실상 30년 이상 된 것이 없다고도 한다. 프랑스 『르 피가로』지의 유명한 음식비평가 프랑수아 시몽은 오사카가 세계 최고의 음식 도시라고 생각한다고 말했는데, 이런 말을 들었기 때문인지 나도 일본 어느 도시보다 오사카의 먹거리에 기대가 컸던 것 같다.(프랑수아 시몽이 2007년 개봉한 만화영화 「라타투이」에 나오는 창백하고 음침한 분위기의 음식비평가 안톤 이고라는 캐릭터에 영감을 주었다는 이야기도 있지만 확실하지는 않다.)

오사카 요리의 특징은 '구이다오레食(い)倒れ'라는 표현에 가장 잘 나타난다. 글자 그대로 해석하자면 (육체적으로나 경제적으로나) '망할 때까지 먹는다'는 말이다.("도쿄 사람은 입느라 망하고 교토 사람은 먹어서 망한다"는 말도 같은 의미다.) 오사카 사람들은 식

욕이 왕성하고, 기름에 튀긴 패스트푸드를 매우 좋아하며, 일본에서 드물게 밀가루로 많은 요리를 한다. 특히 유명한 오사카 요리로 다코야키(밀가루 반죽에 잘게 썬 문어를 넣고 구운 작은 도넛), 오코노미야키(밀가루에 고기, 야채 등을 넣고 지진 두꺼운 팬케이크 혹은 전의 일종), 기쓰네 우동(살짝 단 맛이 나는 다시에 튀긴 두부피를 얹어 만드는 부드럽고 질척한 우동), 구시카쓰(소고기, 생선, 조개, 채소 등을 작게 썰어 꼬치에 꿰어 빵가루를 묻혀 튀긴 것) 등이다.

한편 고베 사람들은 좀더 국제적인 면모를 보인다. 산과 바다 사이의 좁고 긴 땅에 들어선 고베라는 도시에는 백 가지 국적의 다양한 사람이 모여 산다고 하며, 일본에서 가장 큰 영향력을 지닌 외국인 공동체의 일부도 바로 여기에 있다고 한다. 고베는 항상 일본의 다른 지역보다 외부 세계와 더 긴밀하게 연결되어 있었다. 1868년부터 1911년까지 원칙적으로 고베는 일본에서 대외에 열려 있는 유일한 항구였고, 따라서 많은 배가 이곳에 들러 산 밑의 수원에서 나오는 질 좋고 신선한 물을 싣고 가곤 했다. 지금도 고베 주민은 일본에서 와인을 가장 많이 마시고, 고베는 주민 대비 유럽식 제과점이 가장 많은 도시다.(어느 날 오후 작정하고 애스거와 에밀을 데리고 나가서 확인해봤는데 짧은 시간에 대략 20개나 되는 유럽식 제과점을 봤다.) 하지만 음식과 관련하여 고베가 세상에 준 최고의 선물은 역시 고베 소고기다. 뒤에서 설명할 텐데 고베 소고기라는 표현은 사실 잘못된 것이기는 하지만.

우리는 아침 느지막이 교토 역에 도착했다. 상당히 더운 날씨였다. 삼면이 언덕과 산으로 둘러싸인 분지에 위치한 교토의 가을은 숨이 턱턱 막히는 후텁지근한 날씨다. 교토에 오기 직전 우리 가족이 머물렀던 삿포로의 날씨가 워낙 상쾌하다보니 더욱 덥고 습하게 느껴졌을지도 모른다.

교토 역은 화려하고 웅장한 성당이 연상되는 인상적인 모습이었다. 특히 10층 높이까지 뚫린 중정이 있어 역이 전체적으로 증기 기관차 시대 교구 교회 모양으로 지어진 유럽의 고풍스러운 기차역 같았다. 런던의 세인트 판크라스 기차역이나 독일 라이프치히 기차역을 떠올리면 상상하기 쉬우리라. 일본의 풍경이 항상 그렇듯이 인구 밀도가 높은 지역인데도, 모든 것이 고요한 상태에서 차분하고 질서 정연하게 돌아가고 있었다. 솔직히 나는 애들을 데리고 여행을 떠날 때마다 최악의 시나리오를 생각하며 노심초사하는 그런 아빠다. 없는 걱정도 사서 하는 나로서는 이처럼 차분한 분위기에 호시탐탐 여행객의 가방이나 지갑을 노리는 소매치기도 없는 나라에서 느끼는 편안함이 얼마나 반갑고 기쁜지 모른다. 물론 일본에서도 범죄는 일어난다. 그것까지 부정할 생각은 없다. 하지만 작정하고 그것만 찾아다닌다면 모를까 쉽게 마주치기는 힘든 광경이리라.

우선 우리는 준코라는 여자 분을 만나 리슨이 인터넷에서 빌린 숙소 열쇠를 받기로 했다. 숙소 주인 부부의 친구인 준코는 교토 동북쪽 변두리에 위치한 국립교토국제교류회관國立京都國際会館에서 외국인을 상대로 일본 요리 강의를 하고 있었다. 택시를 타고 이동했는데 도중에 사원 입구에 세우는 도리이鳥居라는 거대한 문이며 진한 색깔의 마치야町家(교토 특유의 전통 목조 주택) 등을 지나쳤다. 준코는 마침 외국인 학생들에게 다코야키 만드는 법을 가르치고 있었다.

'구운 문어'라는 의미의 다코야키는 잘게 썬 문어 다리를 소로 넣은 도넛의 일종이다. 전체적으로 맛이 좋지만 특히 쫄깃한 씹는 맛이 일품이다. 오사카에서는 보통 노점에서 바로 만들어 여덟 개씩 종이 상자에 담아 판다. 미림, 우스터소스, 생강, 마늘, 설탕, 사케, 다시로 만든 진한 갈색의 양념장을 듬뿍 발라서. 때로는 위에 얇게 깎은 가쓰오부시를 얹기도 하는데, 갓 만든 다코야키에서 올라오는 열기로 가쓰오부시 조각들이 춤추듯 꿈틀대는 모습이 인상적이다.

다코야키를 만들려면 쇠로 만든 전용 프라이팬이 필요하다. 지름 3센티미터 정도의 반구 모형이 10개 정도 찍혀 있는 팬이다.(우연찮게 우리 집에도 비슷한 도구가 있다. 에이블스키버라는 스칸디나비아 지방에서 즐겨 먹는 전통 도넛용 틀인데, 덴마크에서 만든 것이다.) 팬을 달군 뒤에 해바라기씨 기름이나 비슷한 다른 기름을 두르고 반구형 틀에 표시된 4분의 3 지점까지 오게 반죽을 붓는다.(올리브기름은 사용하지 않는다.) 차갑게 식힌 다시에 밀가루와 계란을 넣고 만든 묽은 반죽이다.(비율은 2 대 1, 즉 다시가 400밀리리터면 밀가루는 200밀리리터, 그리고 계란은 노른자와 흰자를 잘 섞어 두 개다.) 재료들이 완벽하게 섞일 필요는 없지만 앞서 말한 튀김 반죽보다는 고르게 섞이도록 저어준다. 그리고 잘게 썬 문어 다리(기호에 따라 왕새우 조각 등을 쓰기도 한다), 얇게 저민 베니쇼가

(생강초절임), 파 같은 톡 쏘는 맛을 내는 재료 등을 반죽 속에 넣고 위를 덮는다. 반죽이 익어 굳어가는 동안 약간 긴 이쑤시개를 이용해 재빨리 뒤집어준다. 이렇게 뒤집어주면 익지 않은 위쪽의 반죽이 열을 받는 아래로 내려가 골고루 익게 된다.(여기서 가장 중요한 것은 뒤집는 타이밍이다.)

우리는 준코가 만든 다코야키를 맛보았다. 정말 훌륭한 맛이었다. 살짝 물컹거리는 맛있는 반죽 안에 쫄깃한 식감이 일품인 문어가 들어 있었다. 준코는 무지한 이방인들에게 갓 만든 다코야키를 먹는 요령도 가르쳐주었다. 먼저 이쑤시개로 다코야키를 찔러 살짝 찢어서 뜨거운 김이 빠져나가도록 한 다음 바깥의 밀가루 부분부터 조심조심 야금야금 먹어야 한다.

요리 시범이 끝난 다음 준코가 수업을 듣는 학생들에게 우리를 소개했다. 캐나다, 오스트레일리아, 남아메리카 등지에서 온 학생들이었다. 사샤라는 세르비아 남자도 있었다. 사샤는 자기소개를 하면서 교토에 있는 식당에서 일하고 있으니 꼭 한번 들러달라고 말했다.

이번에는 준코와 함께 택시를 타고 이동했다. 택시는 주변 나무들 때문에 내부가 보이지 않는 황궁 부지를 돌아서 집들이 밀집된 주택가 뒷골목으로 들어갔다. 교토 북부에 위치한 가미교구上京區라는 곳이었다.

집들이 빽빽하게 들어선 주택가를 한참 들어가니 우리가 예약한 숙소가 나왔다. 기능성이 돋보이는 최신식 주택과 나무로 만든 고풍스러운 주택이 섞여 있는 동네였다. 도로에는 인도가 따로 없었다. 자전거와 화분으로 꽉 찬 좁은 앞마당이 도로와 집을 나누고 있었다.(때로는 유난히 작은 일본 자동차들이 앞마당을 차지하고 있기도 했다. 기내용 여행 가방이 생각나는 네모난 상자 같은 디자인도 인상적인 데다 자로 잰 듯 작은 앞마당에 딱 맞는 크기여서 신기하기도 했다.)

준코에 따르면, 우리가 묵을 숙소는 지은 지 100년 정도 된 일본 전통 주택이었다. 미닫이창에는 방충망과 육중한 나무 덧창이 설치되어 있었다. 옆집 창과 마주보고 있는데 손을 뻗으면 닿을 정도로 가까운 거리였다. 우리가 상상했던 진정한 교토의 분위기를 풍기는 그런 집이었다. 집 안 문에 잠금 장치가 없다는 점 등이 특히 그랬다.

집 안은 어둡고 시원했으며, 먼지 냄새와 재스민 향기가 났다. 아래층은 넓은 방 하나로 되어 있었는데 도코노마라는 장식용 벽감에 놓인 화병 빼고는 텅 비어 있었다. 준코가 '후톤', 즉 이불이 벽장 안에 정리되어 있다고 말해주자 우리는 이불을 내려 충분한지 살펴보았다. "베개 속에 이상한 것이 들어 있어요." 애스거가 말했다. 알고 보니 일본에서 예전부터 사용해온 메밀껍질로 속을 채운 것이었다. 작은 주방에는 2구짜리 가스레인지가 있었고 오븐은 없었다. 일본 가정집 주방에 오븐은 흔치 않은 반면, 고기를 굽는 그릴은 대부분 있다. 다다미가 깔린 바닥에는 낮은 천소파가 놓여 있었다. 에밀이 바닥에서 아주 작은 갈색 알갱이 흔적을 발견하고 따라가보니, 소파 아래서 커다란 바퀴벌레들이 발견되었다. 내가 계단 중간쯤에서 내리는 지시에 따라서 리슨이 신발 바닥으로 녀석들을 해치웠다. "영화에 나오는 트랜스포머들 같아요!" 애스거가 마지막 한 마리가 짓눌려 으드득 소리를 내며 끝장나는 모습을 지켜본 뒤에 말했다.

벽장에는 무늬가 있는 가벼운 실내복 몇 벌이 있었는데, 유카타라고 하는 일본 전통 의상이다. 유카타야말로 우리가 본 것 중 가장 시원한 옷이라는 결론을 내리고 모두 그것으로 갈아입었다. 유카타를 입는 데도 원칙이 있는데 오른쪽 옷깃이 위로 올라가게 입으면 안 된다는 사실은 나중에야 알았다. 죽은 사람에게만 그렇게 입히는 법이라고 한다.(아무튼 이런 사실을 알고 나니 유타카를 입고 쓰레기를 버리러 나간 나를 보던 이웃의 놀란 표정이 이해가 되었다.) 특히 에밀이 스파이더맨 복장에 푹 빠진 이래로 어떤 옷에 그렇게 애착을 가진 것은 처음이었다.

준코가 떠난 직후 우리 가족은 동네 구경을 나갔지만 집들로 둘러싸인 미로 속에서 이내 길을 잃고 말았다.

교토고쇼라고 하는 천황이 살았던 궁전과 공원이 근처에 있다는 사실은 알았지만, 우리가 가지고 있는 지도에는 도로 표시가 없고 눈에 띄는 지형지물도 나와 있지 않아서 무용지물이었다. 그렇지만 그런 것은 상관없었다. 정면 유리창 너머로 보이는 집 안을 기웃거리고, 일본 사람들의 자잘한 일상을 음미하면서 몇 시간이라도 돌아다닐 수 있을 것 같았다. 잠금 장치가 되어 있지 않은 자전거, 거리마다 있는 작은 사당, 공기 중을 떠도는 향냄새 등등. 상점들이 늘어선 어느 거리에서는 나이 지긋한 노부인이 열린 가게 앞에 앉아 옷을 꿰매고 있었다. 상당히 좋은 슈퍼마켓도 하나 있었다. 규모는 작았지만 아주 신선한 생선, 완벽한 상태의 과일과 채소, 마블링이 예술인 선홍색 소고기 등등이 모두 있었다. 우리 숙소에서 모퉁이 하나만 돌면 전통 간장 공장이 있었다. 밖에 서서 들여다보니 엄청난 크기의 나무통 세 개가 보였다. 각각의 높이가 3~4미터 정도 되고 옆에는 위로 올라가는 사다리가 부착되어 있었다. 작업대 뒤에 있는 남자에게 속을 좀 봐도 되느냐고 물으니 괜찮다는 답이 돌아왔다. 사다리를 타고 올라가니 끝이 보이지 않는 시커먼 간장이 담겨 있었고, 한창 발효가 진행 중인지 머리가 띵할 정도로 강한 냄새가 났다. 멀지 않은 곳에 외바퀴 자전거 판매점과 프랑스 제과점이 있었다. 나의 모교이기도 한 르 코르동 블뢰를 졸업한 일본인이 운영하는 프랑스 제과점에서는 파리에서 맛볼 수 있는 것과 똑같은 완벽한 크루아상과 타르트를 팔고 있었다. 한편 거리에서 우리는 뒷다리가 있어야 할 자리에 바퀴가 달린 개를 데리고 가는 여성을 보았다. "트랜스포머 개다!" 에밀이 신기해하며 말했다. 정말이지 무슨 일이든 일어날 수 있는 그런 동네구나 싶었다.

조금 더 걸어가니 딱 봐도 오래되었다 싶은 목조 작업실에 도착했는데, 교토 특산품으로 유명한 후麩를 만드는 곳이었다. 후는 앞서도 말했듯이 밀 글루텐으로 만든 일종의 과자다. 알고 보니 이곳 후카麩嘉는 일본 황실과 여러 일류 레스토랑에 물건을 대는 곳으로 150년이 넘는 전통을 자랑하고 있었다. 주인의 아들인 고보리 슈이치로小堀周一郎가 내부를 구경시켜주고, 밀가루와 뒤뜰에 있는 수백 년 된 우물에서 퍼올린 진짜 단물을 섞어

후라는 흥미로운 음식을 만드는 과정을 설명해주었다.(사전 약속 없이 방문했다는 점을 감안하면 정말 아량이 넓은 대우가 아닐 수 없다.) 단물과 밀가루를 섞은 반죽을 일정하게 흐르는 물 아래서 개면 녹말은 바닥으로 가라앉고 순수한 밀 글루텐만 남는데, 그것을 끈적끈적하고 고무처럼 탄력 있는 벽돌 모양 덩어리로 만든다. 후를 만드는 기술은 중국에서 시작되어 선종 승려들과 함께 일본에 전해졌다. 이렇게 만든 후는 끓여 먹는 국물 요리에서 고기 대용품으로 많이 사용되었다. 이외에 굽거나 튀겨 먹을 수도 있다. 이곳 후카에서는 다양한 맛과 색깔의 후를 만들어 판매한다. 고보리는 특히 최근 새로 나온 베이컨 맛과 바질 맛 후에 대해 자랑스럽게 이야기했다.

숙소로 돌아오는 길에 천둥과 함께 억수같이 퍼붓는 비를 만나 온몸이 흠뻑 젖고 말았다. 우산도 챙기지 않은 데다 길까지 잃는 바람에 천둥을 동반한 비를 쫄딱 맞는 것밖에 다른 수가 없었다. 바람까지 무시무시하게 불어왔다. 나뭇가지 끝이 휠 정도였다. 건너편에서 넘어진 쓰레기통이 데굴데굴 굴러오더니 우리 옆을 아슬아슬하게 스쳐갔다. 도쿄에서 우연히 마주쳤던 태풍이 떠올랐다.

우리 넷은 어느 집 대문간에 몸을 웅크리고 모여 있었다. 폭풍우가 멎으리라는 기대를 안고. 하지만 5분쯤 지나자 기대를 비웃듯이 바람과 비는 오히려 거세졌다. 이때 우리가 모여 있는 대문의 유리 패널 뒤에서 그림자가 하나 나타났다. 그림자는 재빨리 나타났다 사라지기를 두어 번 반복했다. 그러고는 다시 나타나 몇 초간 서성이다가 또 사라졌다. 잠시 뒤 그림자가 다시 나타나 결이 있는 유리에 얼굴을 대고 밖을 보는가 싶더니 갑자기 문이 열렸다. 20대 초반으로 보이는 젊은이가 소심한 미소를 지으며 서 있었다. 젊은이가 애스거와 에밀을 보더니 들어오라고 손짓했다. 일본어로 빠르게 무슨 말인가를 하면서.

젊은이는 현대식으로 지어진 지극히 평범한 집 안으로 우리를 안내했다. 벽, 선반, 책꽂이, 탁자, 일부 바닥까지 사실상 집 안의 모든 표면이 비틀즈 기념품으로 덮여 있다는 점만 빼면 말이다.

"비틀즈!" 젊은이가 큰소리로 말했다. "그렇군요. 우와. 저도 비틀즈 좋아합니다." 내가 폴 매카트니처럼 엄지를 척 들어올리며 말했다. 젊은이가 급히 의자에 놓인 물건들을 치우면서 앉으라고 권했다. 한 의자에서는 쌓여 있던 CD들을 치우고, 다른 의자에서는 상당한 고가로 보이는 비틀즈 멤버들의 도자기 인형을 치웠다. 이름이 유조라고 하는 젊은이는 이후로 한 시간 정도 자신이 가지고 있는 비틀즈 기념품을 하나하나 소개했다. 우리 부부에게는 녹차를, 아이들에게는 찹쌀떡을 대접하면서 일본인 특유의 차분하고 정중한 어조로. 그동안에도 밖에서는 태풍이 맹위를 떨치고 있었다.

다행히 나도 비틀즈를 좋아해서 우리는 금세 의기투합했다. 만약 BBC 퀴즈쇼에 출연한다면 심층 주제로 비틀즈를 선택하고 싶을 만큼 관련 지식도 상당한 터였다. 그렇지만 유조가 조지 해리슨의 실제 머리카락을 가지고 있는 데는 놀라지 않을 수 없었다. 노란 테이프로 켈로그 콘플레이크 상자 뒤쪽에 고정시켜두었다.

바깥의 태풍은 좀처럼 누그러질 기미를 보이지 않았다. 나중에 알고 보니 그때 태풍은 강도 11로 도쿄에서 마주쳤던 것보다 훨씬 더 강한 것이었다. 무작정 기다릴 수도 없는 노릇이라 우리는 움직이기로 했다. 유조에게 베풀어준 호의와 친절에 감사하다는 인사를 하고, 명함을 교환한 다음 숙소로 돌아가는 발걸음을 재촉했다. 다행히 우리 숙소는 거기서 멀지 않았다.

유조가 어떻게 우리 숙소를 알았는지는 모른다. 그저 외국인 가족인 우리의 존재가 동네에서 이미 화제가 되어 있지 않았을까 추측만 할 뿐이다. 아무튼 며칠 뒤인 어느 날 오후, 외출했다가 숙소에 돌아오니 문 앞 계단에 작은 봉투가 놓여 있었다. 유조가 보낸 것으로 안에는 콘플레이크 상자에 붙어 있던 조지 해리스의 머리카락과 함께 작은 카드가 들어 있었다. 카드에 쓰인 일본어가 "내가, 당신에게"라는 의미임은 나중에야 알았다.

그런가 하면 환영 인사가 반갑지 않은 존재도 있는 법이다. 숙소 현관문 바로 위에 집을 짓고 사는 말벌들이 그랬다. 내가 말벌의 존재를 안 것은 다음 날 아침이었다. 코카콜라 캔 크기는 되는 말벌 무리에게 불시에 공격을 당한 뒤였다. 뭔가 조치를 취해야 했다. 되도록이면 누군가에게 부탁해서.

나는 윙윙거리는 벌떼를 뚫고 돌진했고 지나가는 동네 사람을 다짜고짜 붙잡았다. 아들 둘을 데리고 나온 부인이었다. 깜짝 놀란 부인이 급히 뛰어가더니 몇 분 뒤에 분무형 살충제를 들고 돌아왔다. 그녀는 일본어로 속사포처럼 뭐라고 말하면서 다시 뛰어갔고, 이번에는 아들 둘이 남아서 수줍음과 호기심 섞인 표정으로 나를 보고 있었다. 부인이 다시 돌아와서 이번에도 장황하게 뭐라고 말하더니 서서 무언가를 기다렸다. 나는 어찌 해야 좋을지 몰라 겸연쩍은 미소를 지었다. 내가 무언가를 해야 하는 걸까? 설마 내가 괴물 비행선처럼 윙윙거리며 날아다니는 벌떼를 향해 살충제를 뿌리리라고 기대하는 것은 아니겠지? 그때 1층 창문 너머에서 애스거와 에밀이 자기네 또래인 일본 남자 아이 둘을 응시하는 모습이 눈에 들어왔다. 또래 놀이 친구에 굶주려 있는 것을 잘 알기에 나는 밖으로 나오라고 손짓했다. 어찌된 영문인지 말벌에 관한 것은 완전히 망각한 채로 말이다. 순간이기는 하지만 바보도 아니고 어떻게 그걸 잊을 수 있는 건지!

또래랑 놀 수 있다는 생각에 잔뜩 흥분한 에밀이 현관문을 열고 총알처럼 튀어나왔다. 거의 동시에 말벌 한 마리가 기다리고 있었다는 듯이 에밀의 이마 정중앙을 쏘았다. 에밀의 비명 소리에 흥분한 벌들의 움직임이 더 소란스럽고 거칠어졌다. 급히 에밀을 집 안으로 데려가자 리슨이 신기하게도 금세 어디선가 연고를 가져왔다. 이럴 때마다 느끼는 것이지만 엄마들은 정말 마술사가 아닌가 싶기도 하다. 어떤 순간에든 용케도 해법을 찾아낸다고나 할까?(하얀 카펫에 빨간 포도주가 떨어졌을 때, 털 스웨터에 껌이 붙었을 때 어떻게 해야 하는지를 정확하게 아는 것과 같은 맥락이리라.)

에밀의 비명 소리가 잦아들었을 무렵 밖에서 노크 소리가 들렸다. 문을 여니 회색 양복을 입은 젊은이가 자전거와 클립보드를 가지고 밖에 서 있었다. 겉모습만 봐서는 방제업자 같지는 않았지만 정황상으로 그러리라고 생각했다. 젊은이를 따라 밖으로 나가서 안전한 거리를 두고, 그가 이웃이 가져온 살충제를 말벌들에게 아낌없이 뿌리는 모습을 지켜보았다.

살충제 분사에 성이 난 말벌 떼가 벌집에서 나오더니 사방으로 날아갔다. 하지만 멀리 가지 못했다. 10초쯤 뒤 성서에 나오는 메뚜기 떼처럼 하늘에서 바닥으로 떨어지기 시작했다. 지면에 떨어진 뒤에도 몸을 이리저리 비틀고 경련하더니 마침내 움직임을 멈췄다. 남자가 가져온 클립보드에 몇 가지 체크 표시를 했다. 내가 돈을 주려고 하자 남자는 거의 겁에 질린 표정을 지으며 거부했다. 그리고 고개 숙여 인사를 한 다음 자전거를 타고 떠났다. 내가 이웃에게 감사하다고 하자 그녀가 자기 집으로 들어오라고 손짓을 했다. 집에서 그녀는 차와 찹쌀떡을 내놓았고, 언어문제로 대화가 통하지 않는 우리 사이에는 어색한 미소와 함께 침묵이 흘렀다.

그날 저녁 우리 가족은 도쿄에서 만난 에스토니아 출신 스모 선수 바루토가 오사카에서 열린 대회에서 7연승을 거두는 모습을 텔레비전으로 보았다. 이는 바루토가 상급으로 올라갈 가능성이 높아졌다는 의미였다. 특히 세 번째 시합에서 잊지 못할 순간이 있었다. "저것 봐요! 저 사람 기저귀가 벗겨졌어요!" 애스거가 말했다. 한창 시합 중이던 둘은 글자 그대로 얼어붙은 듯이 움직이지 않았고, 그사이 심판이 바루토 상대 선수의 마와시를 다시 묶어주었다. 풀어진 마와시를 깔끔하게 묶은 다음 둘은 멈춘 자세 그대로 시합을 재개했다. 마치 아무 일도 없었다는 듯이. 워낙 인상 깊은 장면이라 아이들은 쉽게 잊히지 않는 모양이었다. 애스거와 에밀은 그날 밤 내내 리슨과 내 앞에서 해당 장면을 재연해 보여주었다.

내가 서두에서 일본 화장실에 대해 이러쿵저러쿵 말하지 않겠다고 다짐한 것은 당연히 기억하고 있다. 변기에서 나오는 강력한 물줄기며 스팀, 음악이나 가짜 물소리 등등 인간의 가장 원시적 욕구인 배변활동을 무엇보다 21세기적인 최첨단 경험으로 탈바꿈시키는, 때로는 아기자기하고 때로는 고도의 기술을 요하는 일본 화장실의 각종 장치에 대해서는 여러분도 심심찮게 듣고 접했으리라 생각한다. 그러나 애스거에게는 완전히 낯설고 새로우며 그래서 신기한 경험이었다. 우리가 빌린 숙소는 분명, 안팎 어디를 보나 전통 양식을 따르고 있었지만, 아폴로 13호도 무색할 최첨단 기계 장치들이 동원된 공간이 딱 하나 있었으니 그곳이 바로 화장실이다. 내가 평생 본 것 중에 가장 정교한 최첨단 변기가 설치되어 있었다. 신문 읽어주기를 제외하고 화장실에서 필요한 것은 뭐든 해줄 수 있을 듯싶었다. 우리 가족 중 무엇이든 끊임없이 만져보고 탐구하는 성격으로 유명한 애스거가 이처럼 신통방통한 물건에 빠져드는 것은 시간문제였다. 얼마 지나지 않아 애스거는 화장실 변기의 각종 기능을 탐구하기 시작했다. 사실상 집착에 가까울 정도로 열심이었다. 교토에 머무는 3주 내내 애스거가 몇 분 이상 안 보인다 싶으면 또 화장실에 있으려니 생각할 정도였다. 변기에 앉아서 꿈이라도 꾸듯이 황홀한 표정을 짓고 있으려니.

　말벌의 공격을 받은 날 저녁 우리는 교토 동쪽을 흐르는 가모가와鴨川 강변을 산책했다. 벌에 쏘인 에밀의 이마에는 빈디(힌두교도 여자들이 이마 중앙에 찍거나 붙이는 장식용 점) 같은 빨간 점이 보란 듯이 나 있었다. 두루미와 박쥐들이 강에 비친 달빛이라도 잡으려는 양 수면 위를 스치듯 날아다녔다. 연인들이 제방 위에 걸터앉아 다리를 흔들고 있었다. 자동차 소리, 파친코 가게 소음, 유속 조절용 둑에서 세차게 떨어지는 물소리가 멀리서 들려왔다. 강 서쪽에는 본토초先斗町 레스토랑들의 강변 테라스가 쭉 늘어서 있다. 이들 테라스는 레스토랑 건물에서 보면 1층이지만 강변에서 보면 기둥이 받치고 있는 제법 높은 곳에 위치해 강을 내려다보며 식사를 할 수 있게 되어 있었다. 또한 하나같이 일본 식당 특유의 화려한 조명으로 장식되어 있다. 본토초는 게이샤가 나오는 고급 레스토랑이 많은 교토의 대표적인 유흥가다. 일본에는 지금도 5000명에서 1만 명 정도의 게이샤가 있다고 한다.

　잠시 뒤 우리는 산책하면서 봤던 본토초 식당들 중 하나에 들어가 강변 테라스에 자리를 잡고, 간장 양념을 묻혀 조리한 부드러운 소고기 요리를 먹고 있었다. 에밀은 바삭바삭하게 구운 닭 물렁뼈 꼬치구이를 행복한 표정으로 우적우적 씹어 먹었는데, 이것은 에밀이 특히 좋아하는 일본 음식이 되었다. 우리 레스토랑은 게이샤들이 나오는 고급 레스토랑과 이웃해 있었고, 사이에는 대나무 울타리가 쳐져 있었다. 밥을 먹는 동안 대나무 울타리 너머로 나풀거리는 소매가 나비를 연상시키는 기모노와 독특한 모양으로 올린, 반들반들 윤기 나는 흑발이 언뜻언뜻 보였다. 안타깝게도, 그것이 우리가 게이샤 세계에 최대한 가까이 다가간 순간이었다.

교토
요리 동호회

　교토는 워낙 작고 어찌 보면 고립된 섬처럼 주민들끼리 속속들이 알고 지내는 도시여서 잠시 머무는 외국인 여행자라면 머지않아 주민들의 눈길을 끌 수밖에 없다. 좋아하는 슈퍼 히어로 복장을 하고 아무 거리낌 없이 외출하는 남자 아이 둘까지 대동하고 있다면 더 말할 필요도 없다. 서로 긴밀히 연결된 작은 공동체가 으레 그렇듯이 은밀한 수다, 소문, 풍문, 비밀, 가십 등이 워낙 활발하게 유통되다보니 이색적인 우리 가족의 존재를 알리는 소문이 널리 퍼지는 데는 그리 오랜 시간이 걸리지 않았다. 그런데 일본의 소문은 확실히 중국의 그것과 비슷했다. 교토에 도착한날로부터 일주일 뒤 나는 '교토 요리 동호회'라는 곳에서 이메일을 받았다. 알고 보니 나쓰미라는 여성이 운영하는 교토에서 상당히 유명한 요리 동호회였다. 나쓰미가 내 이름이며 이메일 주소를 어떻게 알았는지는 모르겠지만, 분명한 것은 나쓰미의 정보원이 믿을 만한 핵심 정보, 그리고 최신 정보에 접근 가능한 사람들은 아니었다는 점이다.

나쓰미가 보낸 이메일 내용을 보면 다음과 같다.

마이클 씨에게,

교토에 오신 것을 환영합니다! 저희 교토 요리 동호회는 선생님을 진심으로 환영합니다. 선생님께서는 프랑스 요리를 하는 요리사이시지요? 저희에게 프랑스 요리를 가르쳐주시면 감사하겠습니다. 저희는 수요일에 모입니다. 전화 주세요.

감사합니다.

나쓰미.

이메일을 보고 전화를 했다.

"아, 마이클 씨, 반갑습니다!" 나쓰미가 말했다.

내가 나는 요리사가 아니지만, 요리사 교육 과정에 대한 책을 쓴 적이 있고, 미슐랭 스타를 받은 파리 레스토랑 두 곳에서 일한 적이 있다고 설명했다.

"네! 좋습니다! 그럼 de-mon-stra-tion을 해주시겠어요?"

"네? 가서 요리 시범을 보여달라는 의미인가요? 글쎄 나는……"

"네, 네, 좋아요. 감사합니다. 기대하고 있겠습니다."

"그럼, 그렇게 하지요. 그런데 어떤 음식을……?"

"좋아요! 좋아요! 수요일 11시까지 오시면 됩니다. Hello!"

나쓰미가 전화를 끊었다.

"강제로 요리 시범을 보이게 생겼어." 내가 다른 가족들에게 알렸다.

"잘됐네요." 리슨은 이전부터 내가 너무 안에만 있으려 하고 대외활동이 충분하지 않다고 생각했으며 종종 그런 생각을 표출하기도 했다. "여기저기 많이 다니면서 사람들 만나고 그러면 좋잖아요. 그동안 많이 받았으니까 '돌려준다'고 생각하세요."

나는 개인적으로 지구를 반 바퀴 돌아 여기까지 온 것도 중요한 '대외활동'으로 생각한다고 반박했지만, 지난 한 달 동안 일본 여기저기서 과하다 싶을 만큼 환대를 받았기 때문에, 답례로 무언가를 해준다면 좋으리라는 의견에는 동의할 수밖에 없었다. 하지만 무엇을 보여준단 말인가? 구할 수 있는 재료에는 어떤 것들이 있지? 교토에서 유명한 식료품 시장인 니시키 시장에 가야 할 시간이었다.

결과적으로 전통 프랑스 요리 시범에 필요한 재료를 찾는 상황에서 니시키 시장에서 건질 것은 별로 없었다. 신선한 생선 이외에 유럽인의 식재료 창고에 있을 법한 것은 전혀 없었다. 생각해보면 생선마저도 일부는 다른 행성에서 온 것처럼 낯설기 짝이 없었다. 납작하게 말려 일렬로 걸어놓은 문어가 특히 그랬다. 나도 모르게 해왕성에 널려 있는 세탁물이 이런 모습이 아닐까 하는 엉뚱한 상상을 했다. 물론 낯설어서 더 신기하고 스릴이 느껴지는 면도 없지 않았다. 사실 니시키 시장은 그 자체로 정말 흥미진진한 곳이다. 스테인드글라스처럼 알록달록한 유리 지붕 아래, 통로 양쪽으로 늘어선 123개의 상점에서 세계 어디서도 쉽게 찾지 못할 희귀한 식재료들을 팔고 있다. 어느 상점 앞에 놓인 좌판을 봐도 신기한 물건들이 놓여 있어서 애스거와 에밀마저 넋을 잃고 빠져들었다.

낯선 만큼 신기한 모양뿐만 아니라 시장에서 나는 갖가지 냄새 역시 사람의 혼을 빼놓는 매력이 있었다. 말린 해조류, 구운 밤, 된장, 각종 절임 등등 생경하고 강렬한 냄새를 풍기는 식품이 지천에 널려 있었다. 예를 들면 된장에서는 고약하면서도 동시에 달콤한 냄새가 났고 절임에서는 톡 쏘는 알싸한 냄새가 났다. 게다가 후덥지근한 날씨에다 좁은 통로에 사람까지 붐비니 더 정신이 없었다. 우리 가족이 식재료를 사러 간 때는 화요일 오후였는데 시장은 주부, 요리사, 관광객들로 초만원이었다. 관광객들은 5만 엔이 넘는 고가의 송이버섯 앞으로 우르르 몰려가기도 하고, 일본인들도 구별하기 쉽지 않다는 교야사이를 꼼꼼히 살펴보기도 했다. 이외에도 일본 황실에 납품한다는 아리쓰구有次에서 만든 칼, 거대한 통에 담긴 각종 절임도 관광객들의 관심을 끄는 볼거리였다. 교토는 일본에서 절임의 고장으로 꼽히는 곳이기도 하다. 대개 쌀겨 속에 넣어 발효시키는 각종 절임채소만 파는 가게도 많다.

문득 에밀의 시선이 말린 가리비를 담은 봉지에 꽂혔는데 엘리자베스 1세 여왕이 착용했다는 나무로 만든 틀니가 저런 모양이 아닐까 싶었다. 에밀은 그것이 딱딱한 사탕이라고 생각했다.

보통 에밀은 쇼핑을 따라 나왔을 때 이것저것 사달라고 조르는 편은 아니다. 그런데 가끔은 자기한테 어울리지도 않는 희한한 물건에 꽂혀 막무가내로 떼를 쓰기도 한다. 철물점에서 빨간색 대형 빨래집게 꾸러미를 보더니 당장 사달라며 울고불고 생떼를 쓰기도 했다. 그간의 경험을 통해서 나는 에밀의 몸이 먹이 냄새를 감지한 개처럼 경직되면, '한바탕 전쟁을 치르겠구나!' 생각하며 마음의 각오를 한다. 지금 에밀은 말린 가리비를 갖고 싶어했다. 그것도 아주 간절하게.

에밀 배고파요.[해석: 조금도 배고프지 않아요. 하지만 저걸 먹고 싶어요.]
나 아, 저녁까지 기다려야지. 에밀. 점심은 이미 먹었잖니.[해석: 우리 둘 다 상황은 알고 있잖아. 하지만 평소 하던 대로 해야 해.]
에밀 [내 팔을 세게 잡아당기면서] 저거 조금만 먹어도 돼요? ['안 된다'고 하면 어떻게 될지 알죠?]
나 안 돼. 네 입에 안 맞을 거야.[결국 내가 '그래'라고 할 걸 너도 알잖아. 하지만 그다음에 일어나는 일은 네 책임이야.]
에밀 [자동차 경보기 같은 소음을 내기 시작한다.]
나 저거 얼마인가요?

에밀이 입에 넣었던 가리비를 곧장 바닥에 뱉어버리고 혀에 남아 있는 냄새며 맛을 지우려고 형의 티셔츠를 핥기 시작했다. 가게 주인으로서는 처음 보는 희한하고 당혹스러운 광경이리라. 내가 사과하고 상황을 수습하기 시작했다. 냉큼 말린 가리비를 맛보고 한껏 과장된 표정을 지으며 맛있다고 호들갑을 떨어주는 것은 기본이다. 말린 가리비는 일본에서만 볼 수 있는 특이한 안줏거리 중 하나인데, 이런 안주 대부분이 외국인으로서는 먹기 쉽지 않다.(말린 복어 지느러미, 발효시킨 해삼 내장 등이 대표적이다.) 말린 가리비가 사케와 찰떡궁합일지 몰라도 나로서는 생전에 다시 먹고 싶지 않은 맛이었다. 에밀도 나와 같은 느낌인 것이 분명했다. "아빠. 나한테 저걸 왜 사준 거예요?" 에밀이 적반하장으로 물었다. 아빠가 돼서 아들한테 저렇게 이상한 것을 사주다니 너무 당혹스럽다는 표정을 짓고.

이런 와중에도 요리 시범에 사용할 재료를 찾지 못하리라는 불안감은 점점 더 커졌다. 오븐이 없기 때문에 내가 할 수 있는 요리의 절반은 이미 날아갔다. 돼지고기도 보이지 않았고, 온전한 닭도 보이지 않았다. 소고기는 모두 일본산이어서 사실상 일본 요리에만 적합했다. 가루도 쌀가루만 있었다. 유제품도 없었다. 가마보코(흰 살 생선 살코기를 갈아서 찐 다음 일정한 모양으로 만든 어묵의 일종), 두부, 두부피, 후 등은 많고도 많았지만 내가 요리 방법을 조금이라도 아는 재료는 하나도 없었다.

결국 나는 간단한 생선 요리를 하기로 마음먹었다. '퓌메fumet'라는 진한 생선 육수로 만든 소스를 곁들인 도미 요리다. 퓌메는 도미 뼈를 뭉근히 끓여 만들 예정이었다. 그리고 색깔을 내기 위해 작게 깍둑썰기한 토마토와 잘게 썬 골파도 곁들이게 된다. 회향 구근을 찾았는데 얇게 썰어서 백포도주와 버터를 넣고 살짝 익힌 다음 접시에 깔고 그 위에 도미를 올릴 생각이었다. 프랑스 고급 초콜릿인 발로나도 샀는데 엄청 비싼 가격이었다. 그리고 정말 오래 찾아 헤맨 끝에 팩에 담긴 크림도 샀다. 초콜릿과 크림 모두 딱 봐도 고가의 제품을 취급할 것 같은 슈퍼마켓의 식료품 코너에서 찾았다. 초콜릿도 샀으니 상황이 여의치 않으면 초콜릿 트러플 만드는 법을 보여주면 되겠구나 하고 생각했다. 아무튼 초콜릿 트러플을 싫어하는 사람은 없으니까. 그렇지 않은가?

교토 요리 동호회의 모임 장소는 도심에 위치한 대형 학원 건물 3층의 환하고 바람이 잘 통하는 주방이었다. 니시키 시장에서 걸어서 2~3분이면 가는 거리였다. 이튿날 식재료를 가지고 들어가니 24명의 회원이 기대에 찬 얼굴을 하고 나를 맞았다.(한 사람을 제외하고는 모두 여자였다.) 나는 이미 여러 번 해본 요리를 만들 예정이었고, 나름 준비도 했으므로 잘되리라는 자신감에 찬 채 안으로 들어갔다.

교토 사람들은 아마도 일본 전체를 통틀어 가장 속내를 드러내지 않는 사람들일 것이다. 어떤 이들은 고상한 체하는 속물근성이라고 비난하기도 한다. 좋든 싫든 이런 기질은 일본 역사에서 허세와 과장이 가장 심했던 시대에 수도로 군림했다는 데서 나온 역사적 유산이리라. 그러므로 점심을 같이 먹은 여인네들이 내 요리 시범을 정말로 어떻게 생각했는지에 대해서는 분명하게 알 길이 없었다. 그러나 이것만은 확실하다. 중간에, 껍질을 바삭바삭하게 만들려고 도미 살코기를 주물 프라이팬에 튀기다가 고개를 들었을 때 본 관객들의 표정이다. 잠깐이지만 그들의 얼굴에는 또렷한 실망의 빛이 나타났다가 사라졌다.

그것 때문에 살짝 동요한 것은 사실이지만 내가 얼마나 중대한 실수를 저질렀는가를 분명하게 깨달은 것은 그로부터 몇 분 뒤였다. 생선 튀기는 냄새가 방 안에 진동하기 시작했을 때다. 일본인들은 튀긴 생선을 별로 좋아하지 않는다. 그들의 얼굴 표정으로 판단하건대, 튀긴 생선이 기본인 오늘의 요리에 상당한 혐오감을 느끼고 있음이 분명했다. 어쩌다 내가 이런 바보 같은 실수를 했을까? 일본 사람들도 민물고기인 은어나 뱀장어를 통째로 숯불에 굽고, 필요한 경우 통째로 찌기도 한다. 그러나 교토 요리 동호회 회원들은 일본인이 '물고기의 왕'이라고 생각하는 귀한 생선을 무자비하게 기름에 튀기는 '프랑스 요리 전문가'에게 감명은커녕 실망을 느끼고 있었다.

결국 한 학생이 주뼛주뼛 손을 들어 질문하고 싶다는 의사를 표시했다. "말씀하세요." 뭔가 바람직하지 않은 분위기를 끊어준 것에 감사하며 내가 말했다. "왜 도미를 익히나요? 일본에서는 그렇게 하지 않는데요." 학생의 질문이었다. 나는 질문을 해줘 고맙다고 말하고는 나름대로 이유를 설명했다. 생선에 열을 가하면 생선 안의 단백질 식감이 바뀌고 맛이 좋아진다, 바삭하게 튀겨진 생선 껍질이 얼마나 좋은가 등등. 하지만 사실은 스스로도 확신이 없었다. 도미처럼 맛있고 상태도 좋은 신선한 생선을 굳이 익히는 것은 가구와 분위기를 맞춘다면서 싱싱한 연보라색 목련에 스프레이를 뿌리는 것처럼 불필요한 행위였다.

토마토를 곱게 깍둑썰기하는 실력으로 실수를 조금 만회하기는 했다. 여기저기서 감탄하는 소리가 들리기도 했다. 하지만 그것도 잠시, 이내 상황은 한층 더 악화되었다. 초콜릿 트러플 만들기로 넘어갔을 때였다. 열기 때문에 초콜릿이 어찌 해볼 시간도 없이 순식간에 녹아버렸다.

부드러운 초콜릿이 손가락 사이로 흘러나오고, 흰색 상의에 묻어 지저분하게 번지고, 바닥까지 떨어지는 상황에서 나는 참담한 심정이 되었다. "내가 지금 무슨 짓을 하고 있는 건가?" 하는 생각이 들었다. 이런 심정은 그때가 처음이었지만 결코 마지막은 아니었다. 일본에서 나는 앞으로도 종종 이런 감정을 맛보게 된다. 내가 아는 모든 것이 잘못되어 있었다. 그동안 음식에 대해 배운 모든 것이 과장되고, 지나치게 복잡하며, 쓸데없이 까다롭고 요란할뿐더러, 낭비가 많고 비경제적이었다. 내가 뭐라고 이들 앞에서 도미와 토마토로 요리하는 법을 보여준단 말인가? 보고 배울 사람은 오히려 나인데.

그래서 나는 그렇게 했다.

다행히 그날 요리 시범을 보이는 사람이 나만은 아니었다. 곧이어 새로운 선생님 오카 여사를 중심으로 학생들이 모였다. 그녀는 정통 일본 요리를 만드는 법을 보여줄 예정이었다. 아니, 적어도 나는 그랬으면 좋겠다고 생각했다. 그러나 유럽인 방문자에 대한 경의의 표시로 교토 요리 동호회에서는 요쇼쿠洋食 요리를 보여주기로 했다. 요쇼쿠 요리란 카레라이스, 돈가스처럼 양식에 일식을 가미하여 일본인 취향에 맞춘 것이다. 그날의 메뉴는 '오므라이스'였는데, 밥으로 속을 채우고 위에 케첩을 뿌린 오믈렛이라고 생각하면 된다.

오카 여사는 당근, 양파, 셀러리를 넣고 육수를 만드는 것으로 요리를 시작했다. 여기에 닭고기 안심 두 조각을 추가했다. 한소끔 끓인 뒤 밀가루와 버터를 섞어서 만든 루roux, 국물을 걸쭉하게 만드는 데 쓰임를 넣어주었다. 동시에 프라이팬에 기름을 두르고 양파를 볶았다. 오카 여사는 숙련된 요리사 특유의 민첩성과 효율성을 보여주었다. 모든 동작은 군더더기 없이 깔끔하고 물 흐르듯 자연스럽게 진행되었다. 이어서 육수에 미림, 레드 와인, 우스터소스를 조금씩 넣었다. 우스터소스는 19세기 말 영국인들이 인도를 거쳐 들여온 이래 일본인들에게 널리 사랑받고 있다. 육수를 바짝 졸여주자 맛깔 나는 진한 갈색의 데미글라스 소스demi-glace sauce, 브라운소스에 육즙을 넣고 바짝 졸인 소스가 되었다.

계속해서 밥에 다진 안심, 당근, 앞서 익혀놓은 양파, 삶은 콩과 케첩을 넣는다. 오믈렛을 만들기 위해 달걀에 우유를 넣고 젓가락으로 부드럽게 저어 섞어준 다음, 달궈진 프라이팬에 부었다. 달걀이 익자 이것저것을 섞어 볶은 밥 위에 포장지처럼 올리고, 기름이 배지 않는 종이를 이용해 럭비공 모양으로 형태를 다듬었다. 위에 소스와 케첩을 곱게 끼얹어주자 요리가 완성되었다.

내가 오므라이스를 맛보는 동안 오카 여사와 나머지 회원들이 기대감 가득한 표정으로 지켜보고 있었다. 이제 '내가' 속내를 알 수 없는 묘한 표정을 지어야 할 시점이었다. "음, 정말 좋은데요. 맛있어요." 내가 말했다.

내가 오므라이스를 다 삼켰을 즈음 그곳의 유일한 남성 멤버가 다가왔다. 놀랍게도 그는 일주일 전에 준코의 다코야키 만들기 강의에서 잠깐 보았던 세르비아인 사샤였다.(정말 좁은 세상, 아니 도시라고 말할 수밖에.)

"훌륭한 시범이었습니다. 하지만 도미를 익히는 것은 썩 좋은 생각이 아닌 것 같습니다." 사샤가 온화한 미소를 지으며 말했다.

사샤는 요리사가 되려고 공부하는 중이었고, 밤에는 식당에서 일하고 낮에는 여러 요리 수업에 참여하고 있었다. 일본에서 요리사가 되려면 6년의 현장 실습 기간이 필요하다. 사샤는 교토의 여러 식당에서 일하면서 이미 3년의 현장 실습을 마쳤다. 물론 요리뿐만 아니라 일본어도 그만큼 늘었다. 사샤의 얼굴은 창백하고 온몸에 지친 기색이 역력했다. "정말, 정말 힘듭니다. 얼마나 소리를 쳐대는지. 업무 시간은 끝도 없지요. 하지만 교토의 음식은 정말, 정말 훌륭합니다. 교토 스타일은 양도 적고 비싸지만 일본에서 최고로 아름답지요." 사샤가 말을 멈추고 자기 몫의 오므라이스를 깨작거리더니 신통치 않다는 표정을 지었다. "하지만 지금 이것이 정말 맛있다고는 솔직히……."

우리는 교토의 요식업계에 대한 이야기를 나눴다. 사샤는 지금 자기가 일하는 레스토랑에 꼭 한번 와보라고 했다. 이런저런 이유로 제대로 이해하지는 못했지만 'New Sapper' 비슷한 이름이라고 했다. "주방장은 나이가 많은데 정말 베테랑입니다. 놀라울 정도예요. 매일 메뉴를 바꿉니다. 한 달에 한 번 일본 최고의 부자가 우리 식당에 와서 밥을 먹습니다. 주방장은 그에게 아주 특별한 음식을 만들어주곤 하지요."

어떤 레스토랑인데요? "가라오케 레스토랑입니다." 대답을 들은 내가 살짝 미간을 찌푸렸다. "맞습니다. 가라오케 레스토랑이 보통 별로라는 건 나도 압니다. 하지만 이곳은 정말 수준이 높아요. 여기에는 별실이 없습니다. 탁 트인 메인 홀이 전부지요. 손님들은 다른 손님이 지켜보는 가운데 무대 위에서 노래를 합니다. 무대도 정말 우아하게 꾸며져 있지요."

나는 초대해줘서 감사하다고 말했다.(그리고 실제로 우리는 나중에 그곳에 가서 기억에 남는 식사를 했다. 애스거가 가라오케 버전으로 부른 아쿠아의 「바비 걸」은 쉽게 잊지 못할 것이다. 가만히 듣고 있자니 참으로 민망한 가사라는 생각이 새록새록 들었다. 고성능 확성기를 통해 쩌렁쩌렁 울리는 여섯 살 꼬마의 노래는 노래라기보다 울부짖음에 가까웠다. 처음엔 몰랐으나 이를 견뎌야 하는 주변 손님들의 곤혹스러운 얼굴이 서서히 눈에 들어왔다. 이래저래 잊을 수 없는 시간이었다.) 사샤가 그곳을 강력 추천한 것처럼 나도 세르비아인 사샤에게 한 가지를 제안했다. 독한 술, 마사지, 가축 등이 포함된 흥미로운 여행을……

교토의
정원

위에 앉으면 방귀 소리가 나는 소위 '뽕뽕 쿠션'에서 영감을
받은 하이쿠 한 수. 5·7·5의 17음音으로 이루어진 일본 고유의 단시短詩. 계절감을
나타내는 표현이 반드시 들어가야 한다.

완벽한 정원
고운 물결 모양으로 갈퀴질된 회색 돌들
뽕뽕 쿠션 던지기로 난장판이 되었구나!

교토의 정원은 한없이 고요한 평화와 명상의 오아시스 같은
곳이다. 나뭇가지 하나까지 세심하게 자르고 다듬어주고, 바닥
의 자갈은 어디 하나 끊어진 곳 없이 매끄러운 선으로 갈퀴질해
준다. 눈을 씻고 봐도 자갈 하나 흐트러진 모습을 찾을 수 없는

한없이 정갈한 풍경이다. 당연히, 바라만 봐야지 결코 만져서는 안 되는 공간이다.

네 살짜리 아이에게 이것을 어떻게 설명해야 할까? 물론 나도 시도는 했다. 일본 열도를 통틀어 신전과 정원이 가장 밀집되어 있는 지역으로 꼽히는 교토 동부를 지나가면서, 나는 이들 정원의 중요성과 신성함, 제2차 세계대전 당시 두 번째 원자폭탄 투하 대상에서 마지막 순간에 아슬아슬하게 제외된 사연 등등을 설명하려고 나름 노력했다.

"아이스크림을 팔까요?" 이런 이야기 끝에 애스거가 보인 반응이었다.

우리는 정원까지 이어지는 석조 아치 길로 들어가서, 중앙에 위치한 고풍스러운 목조 건물 주변에 설치된 디딤돌을 따라가기 시작했다. 정원에는 사람이 없었다. 연못은 아침의 상쾌한 햇살 속에 고운 수증기를 발산하고 있었다. 고요했다. 자기 숨소리까지 들을 수 있을 만큼. 디딤돌을 따라가니 '엔가와縁がわ'라고 하는 툇마루에 도착했다. 건물 뒤쪽에 빙 둘러 설치되어 있는데, 세심하게 정리된 자갈로 덮인 정원을 내려다보기에 딱 좋은 장소였다. 이끼를 머금은 바위 주변에 작은 회색 돌들이 소용돌이 모양으로 깔끔하게 갈퀴질되어 있었고, 때로 후지 산을 상징하는 원뿔형의 작은 석탑이 쌓여 있었다. 리슨과 나는 말없이 서 있었다. 너무나 꼼꼼하고 정확하게 꾸며진 미학적 걸작 앞에서 외경심을 느끼는 한편으로 여기에 영감을 주었던, 단순함과 자연스러운 조화를 추구하는 선불교의 정신과 교감하려고 최대한 노력하면서.

하지만 에밀은 다른 형태의 교감을 선택했다. 에밀은 전날 장난감 가게에서 구입한 바람 빠진 뿡뿡 쿠션을 자갈 위로 힘껏 던졌다. 그리고 미처 말릴 틈도 없이 목조 툇마루에서 내려와 자갈 깔린 정원으로 바삐 걸어 들어갔다. 던진 쿠션을 가져오려는 것이다.

"어머나! 에밀!" 놀란 리슨이 낮지만 단호한 어조로 말했다. "당장 이리 와!"

우리 둘은 누가 먼저랄 것도 없이 자갈 정원 쪽으로 가능한 한 멀리 몸을 빼고 양팔을 뻗었다. 물에 빠진 사람이라도 구하려는 양 간절한 모습이었다. 그러나 에밀은 진정 미운 네 살이었다. 우리의 간절함을 조롱하듯 그대로 서서 거만하게 고개를 저었다.(에밀만이 아니라 그 또래 아이라면 누구나 그런 '가학적인' 모습이 있지 않나 싶다. 오죽하면 '미운 네 살'이겠는가!)

나는 고압적인 태도를 취해서 어떻게든 말을 듣게 해보려고 했다. "에밀! 당장!!! 안 그러면, 안 그러면……포케몬 안 사준다."

에밀은 입술을 굳게 다문 채로 나를 노려보더니 뿡뿡 쿠션을 집어들었다. 그리고 반항이라도 하듯이 바닥을 꾹꾹 누르는 발걸음으로 자갈 위를 걸어 나왔다. 완벽하던 자갈 정원 위에는 처음보다 더 깊고 조밀한 또 한 줄의 발자국이 남았다.

에밀이 짓밟기 이전 모습으로 자갈들을 정리해보려고 했지만 갈퀴가 없는 상황에서는 불가능한 노릇이었다. 말하기 부끄럽지만 우리는 가능한 한 빨리 정원을 빠져나와 정문을 지키는 수위

의 시선을 애써 외면하면서 급히 택시에 올라탔다. 그렇게 도망
치듯 나온 뒤에 우리는 교토의 정원에 다시 가지 않았다.

세계에서
가장 아름다운
식사

지금까지 내가 본 가장 세련되고 아름다운 요리책은 교토에 있는 기쿠노이菊乃井라는 레스토랑의 1년 요리를 소개한 『가이세키: 교토 기쿠노이 레스토랑의 아름다운 요리 Kaiseki: The Exquisite Cuisine of Kyoto's Kikunoi Restaurant』라는 책이다. 기쿠노이의 주방장이자 주인인 무라타 요시히로村田吉弘가 집필하고, 유명 요리사인 페란 아드리아와 마쓰히사 노부가 서문을 썼다. 여기 소개된 요리법은 대부분이 겁날 정도로 복잡하고(어떤 것은 열네 가지나 되는 별도의 준비 공정이 있어야 한다), 압도될 만큼 아름다웠으며, 모든 음식이 제철 식재료에 대한 종교에 가까운 믿음과 이해에 토대를 두고 있었다.

차가운 토마토 수프 조리법은 간단한 종류에 속한다. "토마토를 체에 대고 으깨어 거른다. 토마토 즙을 절반만 넣고 되직해질 때까지 뭉근하게 끓인다. 이어서 나머지 반을 넣고, 소금, 묽은 간장, 레몬즙을 넣는다.” 이상이다. 물론 최적의 수확 시기에 덩굴에서 직접 딴 최고의 과일이 관건이다. 최적의 상태에서 땄다는 단순한 사실이 다른 무엇과도 비교할 수 없는 맛의 비결이 된다.

가이세키라는 책의 제목은 일본 요리의 정점에 있는 전통 식사의 명칭이다. 가이세키는 요리를 일종의 행위예술로 승화시킨 더없이 세련된 코스 요리로, 들어가는 비용을 아끼지 않는 고급스러움을 추구하면서도 일본 불교처럼 단순함과 절제를 강조하는 등 상반된 두 가지 원칙이 공존하고 있다. 현재는 일본뿐 아니라 서구의 많은 요리사도 가이세키가 요리 예술의 궁극을 보여준다고 인정하게 되었다.

교토는 가이세키의 본고장이다. 14세기 교토에서 시작된 가이세키는 처음에는 다도에 따라 차를 마시는 자리에서 나오는 가벼운 식사였다. 당시 교토 왕실과 귀족은 다도에 푹 빠져 있었다. 17세기 초부터 19세기 말까지는 ‘사코쿠’ 즉 쇄국 정책을 펴던 시기로 당시 일본은 사실상 외부 세계와 단절되어 있었다. 그런 까닭에 이런 다도는 물론이고 가부키, 꽃꽂이, 서예, 도예, 분라쿠_{일본 전통 인형극} 같은 오락거리가 일본만의 독특한 형태로 발전하기 시작했고, 오늘날 우리가 보는 범접하기 어려울 정도의 세련미와 정치함을 갖추게 되었다.

원래 가이세키는 된장국에 반찬 세 가지로 구성된 간단한 형태였다.(사실 ‘이치주산사이一汁三菜’, 즉 국 한 가지에 반찬 세 가지는 지금도 일본의 기본 상차림이다. 서구에서 '미트앤투베즈meat and two veg', 즉 고기 한 가지와 채소 두 가지로 구성된 식단이 기본이듯이.) 차에는 타닌이나 카페인처럼 공복으로 섭취했을 때 좋지 않은 성분들이 함유되어 있는데, 이로 인한 자극을 흡수하고 중화시키기 위해서 차를 마시기 전에 먹는 것이 보통이었다.(다도 모임 참가자들은 보통 다량의 차를 마시게 되므로 이런 조치가 더욱 필요했으리라.) 따라서 자카이세키茶懷石라고 불렸던 요리가 채식 요리인 쇼진 요리精進料理와 교토 향토 요리의 영향을 받아 9단계 코스 요리인 현재의 가이세키로 발전했다. 일본 산업계의 거물들이 사실상 회원만 입장 가능한 소수의 레스토랑에서 수십만 원에 달하는 거금을 내고 먹는다는 그야말로 최고급 요리로 말이다.

다도에 곁들이는 가벼운 식사가 가이세키라 불리게 된 것은 1850년대가 되어서다. 가이세키란 한자로 懷石인데 돌을 가슴에 품는다는 의미다. 옛날 불교 승려들이 겨울에 추위와 배고픔을 달래려고 가슴에 따뜻한 돌을 품었던 데서 유래한 명칭이다. 카타르지나 츠비에르트카의 『현대 일본 요리Modern Japanese Cuisine』라는 흥미로운 저서를 보면 이런 역사가 기록되어 있다. 저자는 일본인들이 가이세키를 전통 요리로 떠받들고 있지만, 현재 우리가 아는 가이세키는 기타오지 로산진北大路魯山人과 유키 데이치湯木貞一라는 20세기 요리사 두 명에 의해 만들어졌다고 주장한다. 저자는 전후 경제 호황과 텔레비전 요리 프로그램이라는 경제적, 사회적 자극 역시 현대 가이세키 요리가 탄생하는 데 중요한 역할을 했다고 본다. 아무튼 현대 가이세키의 기원 찾기는 '핼러

원 사탕' 유래 찾기만큼이나 복잡다단하다고 말할 수 있겠지만 여기서는 그런 부분을 신경 쓰지 않아도 좋다.

오늘날 교토에서 최고로 치는 가이세키 레스토랑은 주로 사원이 몰려 있는 동부 지역에 있다. 하나같이 전통 목조 건물에 자리 잡고 있으며 세계에서 가장 아름다운 정원으로 둘러싸여 있다. 다다미방 내부는 고가의 벽걸이 장식품이며 도자기로 꾸며져 있고, 음식은 수백 년 역사에 수백만 엔 가치가 있는 자기와 칠기 등에 담겨 나온다. 사용된 식재료 역시 그야말로 최상품이다. 『일본 요리: 단순함의 예술』에서 쓰지 시즈오는 일본인이 '제철 재료'라고 한다면, 연중 딱 2주간만 사용 가능한 귀한 식재료를 말할 때도 많다고 강조한다. 예를 들면 해삼 알이 그렇다. 해삼은 1년에 딱 한 번 산란하는데, 가장 신선한 상태에서 먹어야 한다. 가이세키 요리사는 이런 귀한 식재료를 무엇보다 중시한다. 음식이 담기는 접시와 공기 등도 간접적이나마 계절감을 살리는 방향으로 선택하기 때문에 계절에 따라 달라진다. 그러므로 문외한에게는 어렵게 느껴지는 가이세키 요리 해석에서 그릇도 중요한 역할을 한다. 힌트를 주자면, 국그릇이 유명한 작품의 모방품으로, 오리지널 작품과 같은 계절감을 표현할 것일 수도 있다.

당연히 가이세키를 먹어보는 것은 내 평생소원 중 하나였다. 그러나 가이세키를 맛보기란 생각보다 쉽지 않다. 가이세키 식당은 듣기만 해도 가슴이 철렁하고 내려앉을 만큼 가격이 비쌀 뿐만 아니라, '외국인 사절'이라는 불문율을 가지고 있는 곳도 많고, 일본 사람이라도 초대장 없이는 출입이 불가능한 곳도 있다. 이런 분위기가 지배적인 일류 가이세키 요리사의 세계에서 기쿠노이의 무라타 요시히로는 상당히 이례적인 인물이다. 무라타는 오래전부터 텔레비전에 출연하고 책을 출판하면서 일본은 물론 해외에서도 대중적인 인지도를 쌓아왔다. 아버지로부터 기쿠노이를 물려받기 전인 젊은 시절 프랑스에서 요리 공부를 하기도 해서 가이세키 전통에 대해서도 좀더 유연한 태도를 취하고 있다.(무라타의 아버지 역시 자신의 아버지에게서 가게를 물려받았다.) 예를 들면 무라타는 재료를 자르고 다지고 반죽하는 등의 다양한 용도로 쓰이는 소위 만능조리 도구를 사용한 최초의 가이세키 요리사다. 지금도 일부 가이세키 요리사는 이런 기구 사용을 일종의 신성모독으로 여긴다. 음식 손질에 들어가는 정성 자체도 가이세키 요리의 중요한 부분이기 때문이다. 전통에 충실한 완고한 가이세키 요리사는 날로 먹는 생선 요리나 차가운 음식만 내놓기도 하나 무라타는 따뜻한 음식과 고기 요리도 내놓는다. 오리고기와 푸아그라오리나 거위의 간 같은 전통적이지 않은 요리도 마다하지 않는다. 무라타는 자기 집안에서 대대로 운영하는 가이세키 전문점 기쿠노이를 '성인을 위한 요리 놀이공원'이라고 부른다.

외국인은 결코 가이세키를 제대로 이해할 수 없다고 말하는 일본인도 있다. 가이세키의 상징주의적인 측면, 모방 속의 모방, '해학', 복잡 미묘한 계절감, 너무 적은 양 등이 모두 외국인이 이해하기에는 무리라는 것이다. 아무튼 내가 가이세키에 대해 좀더 알고 싶다면, 기쿠노이의 무라타를 찾아가는 것이 최선이었다.

    리슨과 의논한 결과 여러 이유로 기쿠노이에는 나 혼자 가기로 했다. 일단 명상과 크게 다르지 않은 분위기에서 대여섯 시간이나 이어지는 식사 내내 가만히 앉아 있으라고 하는 것은 애스거와 에밀에게 필요 이상의 인내심을 강요하는 일종의 고문이라는 데 의견이 일치했다. 게다가 아이들은 가이세키 식당 특유의 '정숙'한 분위기와도 맞지 않는다. 이런 상황에서 따로 아이들을 돌볼 사람이 없으니 달리 선택의 여지가 없었다.(일본 여행 중 리슨이 아이들을 돌보고 나 혼자 식사를 한 적은 많았지만, 기쿠노이 식사만큼 협상 조건이 까다로웠던 적은 없었다. 나중에 반드시 리슨과 함께 가서 식사를 한다는 조건이었다.) 안개가 자욱하게 깔린 어느 날 저녁 나는 택시를 타고 교토 동부의 사원 밀집 지구인 히가시야마東山로 향했다. 우리가 교토에 처음 왔던 그날처럼 후텁지근한 날씨였다. 택시는 1200년 역사를 자랑하는 유명한 사찰 도지東寺를 지나갔다. 구로사와 아키라 감독의 영화에도 여러 번 등장했던 바로 그곳이다. 사찰 지붕에 닿을 만큼 낮게 깔린 구름이 도시를 에워싼 산들을 포근히 감싸고 있었다. 교토에서도 유명한 사원 밀집 지역이다보니 낮에는 관광객의 발길이 끊이지 않는 곳이지만 해가 저문 지금은 모두 자취도 없이 사라졌고, 판석이 깔린 골목길을 걸어가는 내내 귀에 들리는 것이라고는 까마귀 소리, 매미 소리뿐이었다.

    화려하게 장식된 대형 목조 건물에 도착해보니 오스트레일리아 여자가 신발을 벗고 들어가라는 직원의 설명을 잘못 이해해서 무릎을 꿇고 들어가려 하고 있었다. 이런 과잉 반응에는 언어도 언어지만 가이세키 자체가 주는 부담과 전반적인 분위기에 압도된 탓도 있어 보였다. 당황한 직원이 급히 달려와 여인을 부축해 일으켜 세웠다. 간발의 차이로 내가 저런 꼴이 될 수도 있었겠구나 생각하며 가슴을 쓸어내렸다. 가이세키는 의식과 예절이 까다롭고 복잡하기로 악명 높아서 문외한은 지레 겁이 날 정도다. 구체적으로 뭔지는 몰라도 그날 저녁 식사를 하면서 나도 분명 틀린 부분이 있었으리라고 생각한다.

직원을 따라가니 넓은 다다미방이 나왔다. 나무 기둥에 천장도 나무를 정교하게 엮어 마감했으며, 벽은 베이지색 흙벽이었다. 입구 반대쪽 끝에 옻칠한 빨간 나무 탁자와 좌식 의자가 하나씩 놓여 있었다.(좌식 의자는 바닥과 등받이가 있지만 다리는 없는 형태로 낮은 탁자와 짝을 이룬다.) 이 넓은 방에서 나 홀로 식사를 할 모양이었다. 좌식 의자에 앉는데 이번에도 어김없이 무릎 관절에서 투두둑 소리가 났다. 넓은 방 안 가득한 고요를 가슴 깊이 들이마시면서 커다란 유리창 너머 달빛이 비치는 뜰을 바라보았다. 어디선가 윙윙 돌아가는 에어컨 소리가 배경 음악처럼 잔잔하게 들려왔다.

기분 좋을 정도로 편안한 상태가 되었을 무렵, 기모노 차림의 젊은 여종업원이 와서 사케를 따라주었다. 기쿠노이에서 직접 만든 술로 맛이 은은하면서도 꽃향기가 가득했는데, 지금까지 먹어본 것 중 최고였다. 잠시 후 여종업원이 손에 광주리를 들고 나타났다. 뚜껑을 열자 '아유', 즉 은어가 있었다. 요즘이 제철인 작은 민물고기다. 살아서 펄떡펄떡 뛰는 데다 온몸에서 광채를 발하고 있었다. 여종업원이 은어를 가리키면서 저녁 식사 도중 다시 보게 될 거라고 말하더니 광주리 뚜껑을 닫은 다음 가지고 나갔다.

이어서 찾아온 사람은 연배가 있는 여성으로 머리카락을 삐져나온 잔털 하나 없이 깔끔하게 정리한 것이 인상적이었다. 그녀가 영어로 자신이 주방장의 아내, 무라타 부인이라고 소개했다. 부인이 은은한 미소를 지으며 말했다. "이곳은 특실입니다. 우리는 이곳을 '브리지bridge'라고 부릅니다. 배의 '선교船橋'와 같다는 의미지요. 선교가 그렇듯이 여기서는 오고 가는 모든 것을 볼 수 있습니다. 봄이면 여기 정원에 벚꽃이 만발합니다. 그때 꼭 한번 오셔야 합니다."

내가 꼭 다시 오고 싶다고 말했다. 우리는 아이들에 대해서, 그리고 무라타 부인이 기쿠노이 요리의 시작이자 끝이라고 말한 계절에 대해서 이런저런 이야기를 나누었다. 또한 부인이 많이 사랑하고 있는 게 분명한 그녀의 남편에 대해서도 이야기했다. 이어서 부인은 인사를 하고 나갔다. 차분히 식사를 즐기라는 배려다.

무라타에 따르면, 가이세키 식사에서는 첫 번째 코스인 사키즈케先付가 가장 중요하다. 무라타는 책에서 "사키즈케는 손님을 편안하게 해주어야 한다"고 강조했다. 그날 내가 먹은 사키즈케는 호두가 들어간 두부에 델라웨어 포도를 곁들이고, 칡녹말을 넣어 걸쭉해진 젤리 형태의 다시를 끼얹어 나왔다. 위에는 아주 작은 보라색 차조기 꽃이 뿌려져 있었다. 호두는 시원하고 신선한 두부에 오도독오도독 씹히는 식감을 더해주어 좋았고, 고추냉이의 톡 쏘는 맛이 기분 좋은 자극을 더해주었다. 부드러우면서도 자극적인 맛이었는데, 입안에서 사르르 순식간에 사라져버렸다.

다음으로 나오는 핫슨(椀)은 본격적인 코스 요리의 시작이자 "계절감을 두드러지게 표현하는 국물 요리"가 나오기 전의 서곡 같은 것이다. 그날 나온 국물 요리에는 국화 잎이 둥둥 떠 있었다. 몇 주가 흐른 지금도 국물부터 내용물 하나하나의 모양, 맛, 향, 식감 등이 생생하게 떠오른다. 유자즙이 더해져 맛이 한층 더 부드러워진 맑은 국물에서는 뭐라 말하기 힘든 오묘한 향이 났다. 갯장어는 부드러우면서도 쫀득쫀득한 질감이 스펀지를 연상시켰다.(갯장어는 바닷물고기이지만 모양은 민물고기인 뱀장어와 상당히 유사하다. 워낙 뼈가 많아서 특수 칼을 사용해 인치당 20회 정도로 조밀하게 칼집을 넣어주어야 뼈를 걱정하지 않고 먹을 수 있다.) 귀한 만큼 값도 비싸다는 송이버섯 한 조각과 금빛 초승달 모양의 부드러운 계란조림까지.(송이버섯은 일본 송로버섯이라고도 부르는데 맛이 풍부하면서 나무 느낌이 난다.) 그릇 바닥의 누룽지는 파삭파삭한 식감을 유지하기 위해 손님상에 올리기 직전에 넣는다고 한다. 이 한 그릇의 요리에 담긴 것은 가을이었다! 이어서 회, 살짝 구운 꼬치고기 초밥, 맑은 장국, 누룩에 절인 오리 가슴살, 밤이 들어간 밥, 온갖 절임이 천천히 차례차례 나왔다. 음식이 추가될 때마다 내 허리띠도 내용물이 가득 들어 있는 통의 테처럼 점점 늘어났다.(여기 소개한 요리는 그날 저녁 내가 먹은 요리의 일부에 불과하다.) 아무튼 각각의 요리가 엄격하게 계산되어 하나의 코스로 구성되었고, 티끌 하나 없이 깔끔한 상태로 그릇에 보기 좋게 담겨 나왔다. 하나하나가 모양도 예쁜 데다 거부할 수 없는 풍미와 식감으로 가득 차 있었다.

그중에서도 특히 기억에 남는 매혹적인 요리가 있었다. 귀뚜라미를 넣어 키우는 것 같은 대나무 바구니에 담겨서 나온 요리였다. 바구니를 치우자 정사각형으로 썰어 조리한 갯장어와 역시 정사각형인 갯장어 알 케이크(보기에는 오믈렛 조각 같았지만 파삭파삭한 식감에 생선 특유의 비린내가 살짝 났다), 쫄깃쫄깃한 식감에 달콤 쌉싸름한 맛이 일품인 은행(사케를 발라 윤기까지 더했다), 골프공 크기의 군밤이 놓여 있었다. 맨 위에는 얼핏 솔잎처럼 보이는, 아주 얇고 부드러운 녹차 국수 두 가닥을 올려놓았다. 감귤류의 일종인 스다치酢だち의 속을 파내고 소금으로 간을 한 은어 내장으로 채운 요리도 함께 있었다. 책에서 무라타는 이 요리에 대해 "친구가 떠나서 생기는 잔잔한 슬픔과 감상적인 분위기를 느끼게 하고" 싶었다고 말했는데, 여기서 떠나는 친구란 가을이 깊어지면서 떠나는 귀뚜라미를 말한다. 계절을 떠나보내면서 느끼게 되는 이런 감상을 전하는 것이 가이세키 요리의 특징이다. 무라타는 같은 책에서 다른 요리를 소개하면서 이렇게 말하기도 했다. "활짝 핀 벚나무 아래서 빨간색 깔개를 깔고 꽃구경할 때의 그런 기분을 느끼게 하고 싶다. 분홍색 작은

꽃잎들이 팔랑팔랑 흩날리며 우아하게 땅에 떨어지는 모습을 지켜볼 때의 그런 기분을." 고든 램지스코틀랜드에서 태어난 영국 요리사 겸 요리 연구가가 요리를 논한 저서에서 이렇게 말하는 것을 상상하기는 힘들지 않은가?

부연하자면 기쿠노이에 들어가자마자 여종업원이 가져와서 보여주었던 은어는 나중에 통째로 꼬치에 꽂혀 소금 간을 해서 석쇠에 구운 꼬치구이가 되어 나왔다. 강물을 거슬러 힘차게 날아오르는 자세 그대로 몸통을 S자 모양으로 하여 꼬치에 꽂은 것이 인상적이었다.

주인이자 주방장인 무라타 요시히로가 귀한 시간을 내준 덕분에 이튿날 나는 다시 기쿠노이에 갔다. 종업원이 앞뜰이 내려다보이는 전망 좋은 방으로 데려다주었는데, 19세기 중반 프랑스풍의 실내장식이 다소 어색하다 싶기도 했다. 잠시 후 무라타가 들어왔다. 검은 곱슬머리에 작고 다부진 체격, 활기가 느껴지는 구릿빛 얼굴이 인상적이었다. 막연히 엄격하고 고지식한 선승禪僧 같은 사람이 아닐까 생각했는데 실제 무라타는 격의 없이 편안하고 여유가 느껴지는 사람이었다. 무라타가 온화한 미소를 지으며 자기 맞은편에 앉으라고 권했다.

내가 전날 저녁 식사를 아주 잘했다며 감사 인사를 했고, 이어서 우리는 전날 내가 먹은 요리와 재료에 대해 얼마간 이야기를 나누었다. 무라타가 교토를 여전히 일본 최고의 음식 도시라고 생각하는지 알고 싶었다. 언제까지고 교토만 최고라고 생각하는 것은 지나치게 과거 가치관에 얽매이는 태도는 아닐까 하는 생각도 들었다. 무라타가 도쿄에도 식당을 열었다는 것을 알고 있었기에 이런 부분에 대한 그의 생각이 더 궁금하던 차였다.

"그럼요. 교토는 여전히 최고입니다." 무라타가 한 치의 망설임도 없이 말했다. "사실 도쿄의 수준은 낮습니다. 식당을 열어 성공하기도 쉽지요. 일단 사람이 워낙 많으니까요. 거기에 가게를 낸 것은 정통 일본 요리를 소개하고 싶어서입니다. 도쿄에는 그런 가게가 없으니까요. 파리가 프랑스의 관문인 것처럼, 도쿄는 세계로 통하는 일본의 관문이라는 점도 감안했지요."

한창 젊은 때인 1970년대 초반, 무라타는 파리에서 견습생으로 요리를 배웠다. 그때 경험은 어땠을까? 무라타의 얼굴에서 웃음기가 사라졌다. "프랑스 사람들이 일본 음식에 대해 얼마나 무지한가를 금세 알겠더군요. 그들은 나를 비웃었습니다. 일식은 결코 제대로 된 식사가 아니며, 그저 음식일 뿐이라고 했습니다. 솔직히 지금도 프랑스 사람들이 마음에 들지 않을 때가 있습니다. 아무래도 살짝 비정상이 아닌가 싶습니다. 하지만 어떤 의미에서 내게는 모든 것이 거기서 시작되었다고 말할 수도 있겠지요."

친구 토시가 생각났다. 무라타가 프랑스에서 요리를 공부하던 1970년대로부터 수십 년이 흘렀지만 상황은 크게 달라지지 않았다. 토시도 여전히 비슷한 배타주의를 경험하고 있다. 프랑스와 일본에서 요리를 배운 경험이 있는 사람으로서 양국의 요리를 비교한다면? "일본과 프랑스 요리의 차이점은 결국 이렇게 말할 수 있지 않을까 싶습니다. 일본 요리에서는 재료를 신이 내려준 선물이라 생각하고 재료 본연의 맛을 중시합니다. 그렇기 때문에 가능한 한 재료에 손을 대지 않으려 합니다. 예를 들면 무라는 재료가 있으면 그 자체로 최상의 상태라고 생각하지요. 반면 프랑스 요리사들은 요리 재료에 변형을 가해 자신만의 흔적을 남기고 싶어하는 것 같습니다." 요컨대 일본에서는 요리사가 신이 내려준 재료로 작업하는 반면, 프랑스에서는 요리사가 자신이 신이라고 생각한다. 무라타는 자신의 저서에서도 같은 견해를 피력했다. "멋모르는 젊은 시절에는 모든 재료에 다른 맛의 차원을 더하는 것이 요리사로서 내가 할 일이라고 생각했다. 그러나 요즘은 그런 접근법이 오만한 태도가 아닌가 생각한다. 요리사가 진정으로 해야 할 일은 처음부터 재료에 내재된, 본연의 맛을 끌어내는 것이다."

무라타는 같은 말을 다음과 같이 달리 표현하기도 했다. "고급 프랑스 요리를 하는 경우, 요리사는 이런저런 복잡한 방법으로 재료에 맛을 더하거나 여러 재료의 맛을 중첩시키는 방식으로 한다. 그러나 일본, 특히 주로 채소를 가지고 요리하는 교토에서는 애초에 목표부터가 다르다. 요리사는 예를 들면 쓴맛처럼 사람들이 좋아하지 않는 부분을 제거함으로써 각각의 재료가 지닌 최상의 맛을 끌어내는 것을 목표로 한다. 그런 의미에서 일본 요리는 '빼기의 요리'다." 일본 요리와 서구 요리의 근본적인 차이가 한눈에 들어오는 적확한 표현이 아닌가 싶다.

세계가 가이세키에 주목하기 시작했으니 몹시 반가운 일이 아니냐고 물어봤다. "네. 정말 그렇습니다. 세계가 이렇게 깊은 관심을 보이는 수준까지 도달하리라고는 생각지 못했으니까요. 사람들은 일본 요리가 문명이 성숙된 지금과 같은 시대에 아주 잘 맞는다는 것을 깨닫기 시작했습니다. 일본 요리는 다양한 재료를 소량으로 사용합니다. 한 끼 식사 전체 열량이 1000칼로리 정도에 불과하지요. 이것이 내가 평생 해온 일입니다." 무라타가 보란 듯이 몸을 젖히며 활짝 웃었다.

현재 가이세키 레스토랑은 뉴욕에서 가장 유행하는 '핫 트렌드'라 할 수 있다. 과연 가이세키가 세계를 정복할 수 있을까? "가능성이 없지 않다고 봅니다만, 가이세키는 식물성이냐 동물성이냐에 상관없이 기름을 쓰지 않는, 말하자면 지방기가 전혀 없는 음식입니다. 이런 음식이 폭넓은 대중의 사랑을 받기란 그렇게 쉬운 일이 아니지요. 어떤 새로운 음식을 이해하고, 진가를 알려면, 여러 차례 먹어서 미각이 익숙해져야 합니다. 예를 들면 송로버섯을 처음 먹을 때는 그 맛을 진정으로 이해하지 못합니다. 마찬가지로 가이세키를 처음 먹고 깊고 풍부한 맛을 제대로 알기는 힘듭니다. 서구 사람들이 익히지 않은 날생선을 먹게 되고, 정말 맛있다는 사실을 알게 되기까지 상당한 세월이 걸렸습니다. 현재 서구인들의 미각으로 포착하고 받아들이기에 가이세키는 너무 자극이 부족한 미묘한 맛이라고 생각됩니다. 고추냉이를 생각해보세요. 노력해서 익숙해져야 알 수 있는 맛입니다. 반대로 일본 사람이 빵을 좋아하는 데도 노력이 필요했습니다. 처음에 일본인들은 빵에 팥 앙금 등을 넣어 달콤하게 만들었습니다. 바게트 같은 프랑스빵은 너무 파삭하며 딱딱하다고 생각해서 우리 미각에 맞게 부드럽게 만들어 먹었지요."

"그리고 문화적 차이도 있습니다." 무라타가 계속해서 말했다. "한번은 미국에서 일식을 먹자는 초대를 받았습니다. 꼬치구이, 초밥, 데리야키를 내놓고 가이세키라고 하더군요! 아니요. 이건 가이세키가 아닙니다, 하고 내가 말했습니다. 가이세키에는 두 가지 요소가 반드시 있어야 합니다. 심신에 필요한 영양분, 그리고 계절을 상징하는 요소입니다."

전날 저녁에 먹은 식사 중에는 혁신적으로 변형된 '분자' 요리에 가깝다는 느낌을 주는 것들이 몇 개 있었다. 가이세키가 조엘 로부숑 같은 프랑스 요리사들이 선구적으로 개발한 코스 요리에 직접적인 영향을 주었으며, 분자 요리 요리사들이 그것을 한층 더 극단적인 형태로 발전시켰다는 사실은 이미 알고 있는 바였다. 과연 무라타도 분자 요리와 가이세키 사이에 어떤 유사점이 있다고 생각하는지 궁금했다.

"페란 아드리아와는 좋은 친구 사이입니다. 물론 여기도 왔었지요. 아드리아는 천재입니다. 그러나 나에게 요리는 맛이 있든지 없든지, 재미가 있든지 없든지 어느 한쪽입니다. 다른 사람이 내가 만든 요리를 어떻게 부르든 상관없이, 손님을 즐겁게 하기 위해서라면 할 수 있는 무엇이든 한다는 것이 내 철학입니다. 아드리아도 같은 생각일 것입니다. 아드리아가 액체 질소를 사용해서 손님에게 기쁨을 준다고 생각한다면, 내가 이의를 제기할 수야 없지요. 만약 내가 물구나무를 서야 한다면 그렇게라도 할 겁니다. 솔직히 물구나무서기는 못 합니다만." 무라타가 웃으면서 하는 말이다. "굳이 이견을 말하자면, 아드리아는 영하 270도에서 튀김을 만들지만, 나는 여전히 그런 튀김보다는 정통 튀김이 맛있다고 생각합니다. 그리고 나한테는 쇼킹한 볼거리보다 맛이 우선입니다. 전통을 물려주기 위해서는 지켜야 하는 것도 있지만 동시에 전통을 깨야 할 필요도 있는 법이지요. 내가 요리를 하는 것은 손님을 위해서지, 나를 위해서도 후세를 위해서도 아닙니다. 나는 세인들의 찬사에는 관심이 없습니다."

대화를 나누는 동안에도 무라타의 뒤편, 창 아래 뜰에서 여러 요리사가 냄비와 접시를 들고 오가는 모습이 보였다. 차분히 걷는 사람은 없었고 모두가 종종걸음으로 분주하게 오갔다. "100퍼센트 일본산"만으로 새로 꾸민 최첨단 주방을 자랑스레 보여준 다음, 무라타는 데릭 윌콕스라는 젊은 미국인 견습생을 소개시켜주었다. 윌콕스는 기쿠노이에서 6개월째 일하고 있다고 했다. "생각보다 어렵습니다." 윌콕스가 다소 지친 표정으로 말했다. "아침 6시부터 자정까지 쉴 틈도 없이 일합니다." 순간 나는 그가 영화에서처럼 "도와주세요. 사실 나는 인질로 잡혀 있어요"라고 쓰인 메모를 슬쩍 건네지나 않을까 하는 황당한 생각을 했다. 그럼 도대체 왜 계속하고 있는 건가요? "가끔은 저도 잘 모르겠습니다. 워낙 깊이 있는 배움 때문이 아닌가 싶습니다. 여기서는 간단한 가정 요리부터 매우 고급스럽고 생경한 재료를 사용하는 요리까지 모든 것을 배웁니다. 무라타 씨는 젊은 요리사들에게도 항상 열려 있습니다. 다 배우려면 수십 년이 걸릴 수도 있습니다. 첫해에는 청소하고, 설거지하고, 수건 빨고, 기숙사 화장실 닦고, 채소, 물고기 내장, 비늘 다듬는 일만 합니다. 어떤 날은 물고기를 백 마리도 넘게 손질하기도 합니다. 그래도 저는 교토가 요리를 배우기에 가장 좋은 곳이라고 생각해서 결정했습니다."

전날 나는 저녁 늦은 시각에 기쿠노이를 떠났다. 공기가 습했다. 방금 내린 비와 습기를 머금은 소나무 냄새를 깊이 들이마셨다. 인적 없는 히가시야마의 골목들은 어둡고 고요했다. 부드럽게 빛나는 노란색 가로등 불빛마저 없었다면 15세기 거리라고 생각한다 해도 이상할 게 없었다. 마음씨 고운 게이샤와 밀회를 나누러 가는 길일 수도 있고, 젓가락 사용법 위반 따위로 격식에 따라 사무라이에게 할복당할 수도 있는 그런 세상. 모퉁이를 돌자 등불과 촛불이 환하게 밝혀진 4층짜리 대형 탑이 나왔다. 나도 모르게 발걸음을 멈추었다. 숨이 멎는 기분이었다. 찰나이긴 했지만 그날 밤 천년 고도 교토의 진정한 정신을 살짝 엿본 듯한 기분이 들었다.

22.

우선 수정처럼
맑은 신속 개울을……

'흐르는 면'이라는 의미의 나가시소멘流しそうめん은 실제로 존재하지 않았더라면 온갖 상상의 나래를 펴는 상상력 풍부한 음식 전문 기자가 작정하고 생각해도 생각해내기 힘든 그런 요리다. 말하자면 상상하기도 힘든 요리가 실제로 존재하는 것이다. 나가시소멘은 믿기지 않을 만큼 독특하고 신기한 요리로 일본에서도 그런 요리가 있다는 이야기를 들어본 사람은 많아도 실제로 먹어본 사람은 흔치 않다. 이것은 깨끗함, 단순함, 자연과의 조화라는 일본 요리가 항상 지향하는 목표를 상징하는, 말하자면 신화 속에나 나올 법한 요리요, 식사다.

먼저 구조를 설명하자면 다음과 같다.(나가시소멘은 '조리 방법'이 중요한 일반 요리와 달리 일종의 기계처럼 '구조' 혹은 '작동 방법'이 중요한 요리다.) 요리사가 소멘이라고 하는 국수를 삶는다. 밀가루에 물과 참기름을 시늉만 하는 정도로 소량 넣어서 만드는 (익히지 않은 상태에서 지름이 1.3밀리미터에 불과한) 정말 얇은 면으로, 길게 펴서 밧줄처럼 묶어 건조시키는데, 일본판 버미첼리파스타의일종나 스파게티라고 생각하면 된다. 삶은 면을 요리사가 바로 앞에 있는 산에서 흘러 내려오는 급류에 소량씩 떨어뜨려 흘려보낸다. 물을 타고 흘러가는 동안 면은 얼음 같은 물 때문에 차가워진다. 물 위에 설치된 유카라는 나무 마루 위에 앉은 손님들이 젓가락으로 이렇게 흘러온 면을 집어 양념장에 찍어 먹는다. 정말 신통방통한 패스트푸드 배달 시스템처럼 보이지만 건강과 안전 면에서 문제가 아주 없지는 않다.

애스거와 에밀에게 나가시소멘 이야기를 했더니 '그렇군요. 그래서요?'라고 말하듯이 어깨를 한번 으쓱하고는 끝이다. 새로 생긴 무한 푸치푸치[무한 뽁뽁이]라는 장난감을 가지고 노는 데 여념 없었다.(오직 일본인만이 만들어낼 수 있는, 기분 좋게 즐길 수 있는 어찌 보면 허무하고 시시껄렁한 작은 기계다.) 일본에서 한 달 반이라는 시간을 보내노라니 이제 아이들은 나가시소멘처럼 특이하고 별난 요리에도 심드렁한 반응을 보이게 되었다. 강에서 밥을 집어올리는 것이 뭐 그리 신기하다고 그래요?

앞에서도 말했듯이 교토는 삼면이 산으로 둘러싸인 곳이다. 이들 산에서 흘러 내려오는 신선하고, 맑고, 깨끗하고, 달콤한 물은 교토의 음식 문화에서 없어서는 안 될 필수 재료이기도 하다. 미네랄이 풍부한 유명한 교토 두부뿐만 아니라 명품 사케, 차, 가이세키의 기본이 되는 다시 등이 모두 이 물로 만들어진다. 일본으로 떠나기 전에 나는 수십 권의 안내서를 읽었는데, 그중 한 권에서 교토 시내로부터 멀지 않은 곳에 나가시소멘 식당이 있다는 내용을 봤다. 그러나 안타깝게도 그 책을 집에 두고 왔다. 교토에 머무는 동안 그 식당의 위치를 알지 않을까 싶은 사람은 모두 붙잡고 물어봤지만 며칠이 지나도록 소득이 없었다. 마지막에는 나가시소멘에 얽힌 모든 내용이 교토 관광위원회와 수질관리위원회에서 퍼뜨린 헛소문이 아닌가 하는 생각까지 들기 시작했다. 그러다가 우연히 시내에 위치한 분위기 있는 전통 상가에서 기모노를 파는 나이 지긋한 부인을 만났다. 마치야라고 하는 교토의 전통 상가는 전면 폭이 유난히 좁고 안으로 깊이 들어가는 식으로 지어진 목조 건물로, 16세기에 교토 상점에 도입된 소위 '전면세間口稅'를 줄이기 위해 이런 모습으로 지어졌다고 한다. 당시 우리는 고풍스러운 기모노를 찾고 싶어서 어슬렁어슬렁 가게들을 돌아다니고 있었다. 처음에는 한 시간 정도면 끝나겠거니 했지만 순진한 생각이었다. 결국은 오전 시간 대부분이 그렇게 지나가고 말았다. 생각해보면 당연한 일이지만 교토에는 빈티지 기모노가 어마어마하게 많았다. 나로서는 이들 중 상당수에 대해서 나름의 의견을 말해야 하는 상황이라 지루해할 겨를이 없었지만 애스거와 에밀은 슬슬 지루해져서 폭발하기 직전이었다.

고생 끝에 낙이 있다고 했던가? 기모노를 팔던 어느 부인이 내가 생각하는 나가시소멘 식당 모습을 그린 그림을 알아보았다. 부인이 알기로 일본 내에 나가시소멘 가게는 딱 두 곳인데, 그중 하나가 교토 외곽 산악지대에 위치한 작은 온천 마을에 있

었다. 마을 이름은 구라마 기부네鞍馬貴船이고, 가게 이름은 히로분ひろ文이라고 했다. 부인은 가게 이름을 한자와 영어로 써주고 상세한 방향을 알려주었다. 교토 동북부에서 전철을 타고, 종점 근처 역에서 내려 산길을 걸어 올라가야 했다. 길은 하나뿐인데, 바로 옆을 흐르는 강과 나란히 있는 길이다. 길을 따라가면 (물의 신을 모신) 기부네貴船 신사가 나오는데, 역에서 멀지 않다고 했다.

부인은 9월 말이므로 나가시소멘 철이 곧 끝난다고 주의를 주었다. 영업을 하는지 확인하려고 히로분에 전화까지 해주었다. 이튿날부터 동절기가 되므로 문을 닫을 예정이라고 했다. 말하자면 그날이 히로분에서 나가시소멘을 맛볼 마지막 기회였다.

우리는 서둘러 가장 가까운 전철역으로 가서 교토를 가로지르는 전철을 탄 다음, 다시 북쪽으로 가는 교외선을 타고 교토를 둘러싼 산악지대로 들어갔다. 소나무가 울창한 산들은 짙은 초록색이었다. 한 시간쯤 뒤에 우리는 기모노 가게 부인이 말해준 기부네 강변에 위치한 역에서 내렸다. 역장이 5분만 걸어가면 나가시소멘 가게가 나온다고 말해주었다. "강 옆으로 난 길을 따라서 가세요." 길이라고는 하나뿐이고 반대쪽은 들어갈 수도 없는 밀림 같은 곳이니 굳이 말할 필요조차 없는 일이었다.

여기까지는 좋았는데 이후부터 뭔가가 어긋나기 시작했다. "5분이라고! 그 정도는 걸을 수 있지. 문제없어." 내가 호기롭게 말했다. "정말이에요? 마이클? 상당히 가파른 언덕인데. 포장도 되어 있지 않고." 리슨이 걱정스레 말했다. 애스거와 에밀은 길바닥에 죽어 있는 커다란 털북숭이 애벌레에 완전히 정신이 팔려가타부타 말할 상태가 아니었기에 일단 우리는 걷기 시작했다. 나는 식구들보다 몇 미터 앞서 걸으면서 하이킹이라도 하는 양 기분 좋게 휘파람까지 불어댔다.

하지만 기분 전환을 겸한 색다른 가족 외식이 되리라고 생각했던 행사가 점점 더 도전의식에 투지까지 필요한 간단치 않은 여정으로 변해버렸다. 바닥을 보면 곳곳에 독사 시체가 널브러져 있고, 머리 위를 보면 동물원 밖에서는 일찍이 본 적 없는 거대한 크기의 거미줄이 나뭇가지에 치렁치렁 매달려 있었다. 더구나 숲길의 오르막 경사도 만만치 않았다.

우리는 몇 분마다 쉬어가면서 한 시간 넘게 걸었다. 옆에서는 얕은 강이 물거품을 내며 흐르고 있었는데, 더위에 물도 없이 산길을 오르는 우리의 갈증을 비웃는 듯했다. 처음에는 에밀과 애스거가 내 뒤를 따라왔지만 얼마 뒤에는 내가 아이들을 따라가는 처지가 되었다. 내가 산을 올라가본 것은 상당히 오래전 일이었다. 특히 이렇게 습한 날씨에서는. 설상가상 때때로 우리는 사납게 돌진하는 버스를 피해 길가의 덤불로 들어가야 했다. 버스 시간과 정거장이야말로 우리를 조롱하는 수수께끼가 아닐 수 없었다. 몸이 무거운 나는 힘들어서 낑낑거리기 시작했다. 다른 한편으로 또 한 번의 힘겨운 점심 순례 앞에서 리슨의 짜증 지수가 점점 올라가는 것이 피부로 느껴졌다. 그러나 애스거와 에밀은 길가에 너부러진 죽은 뱀들을 쿡쿡 찔러보는 재미에 마냥 신난 상태였다.

마침내 우리 앞에 소나무 숲에 둘러싸인 문명의 흔적이 나타났다. 조금 더 올라가니 온천 호텔과 식당이 합쳐진 건물에 도착했다. 그러나 우리가 찾던 식당은 아니었다. 히로분은 마을에서도 가장 깊이 들어간 곳에 자리 잡고 있었다. 앞으로도 오르막길을 20분은 더 걸어야 하는 곳이었다. 도중에 10여 곳의 목조 식당과 호텔을 지나쳤는데 지친 우리에게는 외면하기 힘든 유혹이기도 했다. 우리가 지나친 식당과 호텔 대부분에 강이 보이는 나무 마루가 있고, 주변에는 부드러운 빨간색 등이 걸려 있었으며, 느긋하고 행복한 표정으로 식사를 하는 손님과 화려한 기모노를 입은 여종업원들이 있었다.

이런 모든 유혹을 뒤로하고 꿋꿋이 걸은 끝에 마침내 우리는 히로분에 도착했다. 아래를 보니 흐르는 강물 위로 마루가 설치되어 있었다. 손님이 한 명도 없었지만 여종업원은 애매한 태도로 우리를 맞았다. 우리를 자리로 안내해도 되는 상황인지 확신이 안 서는 모양이었다. 결국 주방으로 들어가서 주인에게 물어보고 나온 후에 여전히 떨떠름한 표정으로 우리를 탁자로 안내했다. 드디어 나가시소멘을 먹게 되는 것이었다. 산속을 흐르는 강의 신과 교감하면서.

우리는 가파른 목조 계단을 내려가 강둑으로 갔다. 도중에 별채 같은 작은 대나무 오두막을 지나쳤다. 그리고 강둑의 이끼 긴 바위들 옆, 강바닥에서 30센티미터 정도 위에 설치된 다다미가 깔린 마루 위에 앉았다. 우리 앞에는 위가 열린 아연 홈통이 있었다. 홈통은 목조 별채에서 마루로 이어졌고, 마루의 손님들 의자 앞에 좁게 설치된 카운터를 따라 계속되었다.

이곳의 면은 요리사가 직접 강으로 떨어뜨려 강물을 타고 흘러가는 동안 우리가 집어 먹는 식이 아니었다.(그런 구조라면 누구라도 숲속의 이상향을 발견한 운 좋은 여행객 같은 기분이 들었을 것이다.) 이곳에서는 2~3미터 떨어진 오두막에 보이지 않게 숨어 있는 여종업원이 홈통에 면을 떨어뜨리면 홈통을 타고 흘러가는 면을 손님이 집어 먹는 식이었다.

뭔가 기대와는 많이 다른 느낌이었다. 여종업원이 오두막의 둥근 모퉁이 밖으로 머리를 내밀고 먹을 준비를 하라고 말했다. 처음으로 떨어뜨린 면이 홈통을 타고 흘러 내려오고, 우리 모두가 놀랍고도 신기해서 쳐다보는 바로 그 순간에야 나는 중요한 사실을 깨달았다. 내가 면이 내려오는 시작점에서 가장 먼 곳에 앉아 있다는 사실이었다. 내 앞에는 잔뜩 굶주린 데다 식사 시간에 양보하고 절제하는 미덕이라고는 전혀 모르는 세 사람이 앉아 있었다. 말할 필요도 없이 나는 식사 시간 내내 그들이 잽싸게 채가고 남은 찌꺼기를 잡아보려고 안간힘을 썼다. 나가시소멘에는 또 다른 문제점이 있다는 사실이 금방 드러났다. 흘러 내려오는 물에 젖은 면을 집어서 양념장에 찍어 먹다보면 면의 물기 때문에 금세 양념장이 말갛게 희석된다는 점이었다. 몇 입 먹고 나면 물에 젖은 면을 그보다도 물기가 많은 말간 양념장에 찍어 먹는 형국이 된다. 하지만 당시 우리는 허기진 위를 채우는 데 혈안이 되어 있었고, 적어도 나가시소멘은 빠르고 효율적인 배달 시스템임에는 분명했다.

마지막 면은 분홍색이었는데 우메, 즉 절인 매실 맛이 났다.

식사 전에 여종업원이 알려준 대로라면 분홍색 면이 나오면 식사가 끝났다는 의미였다. "정말 끝내주네요!" 애스거가 말했다. "밥을 항상 이렇게 먹으면 얼마나 좋을까요. 햄버거도 그렇고 모든 것을 이렇게 먹으면 정말 좋을 텐데."

23.

일본 사케의
위기

    일본 사케 산업은 위기다. 수백 년 동안 일본에서 가장 인기 있는 주류였고, 세입에서도 워낙 많은 부분을 차지해 국가가 직접 운영에 나설 정도로 국가 경제 차원에서도 더없이 중요하게 여겨졌던 일본 전통술 사케 소비량이 줄어드는 추세다. 더구나 이런 현상이 한두 해 일이 아니다. 현재 일본인이 마시는 사케의 양은 30년 전의 3분의 1 남짓에 불과하다. 1975년에는 170만 킬로리터였는데 지금은 70만 킬로리터. 1965년 이래 대다수 일본인이 사케 대신 맥주를 마시고 있고 와인 소비량 역시 상승세다. 맥주와 와인 모두 일본 국내 생산이 상당히 성공적이다.(일본 맥주는 끝내주는 맛이다. 일본 와인은 내가 이미 시음해봤으니 여러분은 굳이 먹어보지 않아도 된다.)

    폐업하는 사케 양조장이 속출하면서 일본 전역에서 그 숫자가 줄고 있다. 아직 문을 닫지는 않았지만 파산 직전인 곳도 많다.(1세기 전만 해도 3만 개나 되던 사케 양조장이 현재는 1450개에 불과하다.) 사케 양조는 노동집약적인 고된 작업인 데다 이윤도 낮다. 그렇다보니 일본 젊은이들은 인기도 없는 술을 만들려고 불편한 환경에서 노예처럼 일하기보다는 편안한 사무실이나 상점에서 일하는 쪽을 선호한다. 달리 말하자면 전통 사케 양조 기술이 영원히 사라질 위기에 처해 있다. 일본은 세계 어느 곳보다 전통과 위계를 중시하고 남성 우월주의가 강한 나라로 꼽힌다. 사케 양조업은 그런 일본에서도 특히 전통과 위계가 떠받들어지고 남성 우월주의가 견고한 영역이다. 아주 최근까지도 (그리고 일부는 지금 이 순간까지도) 사케 양조장들은 사업체라기보다는 남자만 있는 수도원에 가까운 형태로 운영되었으며, 바깥세계와의 소통을 거부하고 개혁에도 소극적이었다.

그렇기 때문에 내가 일본에서 사케와 관련해 만나본 두 전문가가 하필이면 영국인과 여자라는 사실이 더 믿기지 않았다. 먼저 영국인 쪽을 만나보기로 하자. 내가 사케라는 신기한 세계를 처음 제대로 접하게 해준 사람이 그였기 때문이다. 알코올의 세례를 받게 해주었다고나 할까?

필립 하퍼와 나는 히로시마 도심에서 한 시간 정도 거리에 위치한, 대형 실내 체육관에서 만나기로 했다. 주차장에서부터 부드러운 산들바람에 실려 오는 사케 냄새를 맡을 수 있었다. 발효주 특유의 달콤한 냄새였다. 체육관 내부는 냄새만으로 취하겠다 싶을 정도로 사케 냄새가 진동했다. 일본에서도 최고로 꼽히는 사케 생산자들이 각자의 상품을 전시하고 서로 시음해보는 자리였다. 실내에는 탁자가 열 줄로 늘어서 있었고, 탁자 위에는 녹색 사케 병들이 빽빽하게 전시되어 있었다. 탁자들 앞에는 족히 500명은 되어 보이는 사케 마니아들이 플라스틱 시음용 컵을 보란 듯이 휘두르면서 길게 줄을 서서 시음 순서를 기다리고 있었다. 웬만한 참을성과 술에 대한 열정이 아니고서는 힘든 일이다. 이것은 일본사케연구소에서 개최하는, 일본 최대 규모의 가장 권위 있는 사케 시음 행사로 정식 명칭은 전국사케신제품평가회였다. 사케연구소는 1904년 일본 대장성 세금과에서 설립한 기관이다.

행사는 무척 진지한 분위기에서 진행되었다. 각종 유리와 도기가 부딪치면서 나는 쨍그랑 소리, 냄새를 맡으려고 코를 쿵쿵거리는 소리, 사케를 홀짝이며 입맛을 다시고 꿀꺽꿀꺽 넘기는 소리를 빼고 나면 실내는 사실상 고요했다. 비닐이 깔려 있는 바닥은 사람들이 흘린 사케 때문에 끈적끈적했다. 나도 컵 하나를 들고 기다리는 줄에 합류했다. 나를 제외한 유일한 서양인이니 필립일 것이 분명하다 싶은 사람이 나보다 조금 앞에 서 있었다.

드디어 탁자 앞까지 가서 시음을 시작했다. 각각의 술병 앞에는 파란색 소용돌이 문양에 재떨이처럼 보이는 작은 접시가 하나씩 놓여 있었는데, 사케의 색깔과 투명도 등을 확인하는 용도였다. 시음자들은 작은 플라스틱 피펫으로 접시와 자기 컵에 사케를 떨어뜨린 다음 색깔이며 투명도를 확인하고 맛도 보았다.

내가 처음 맛본 사케는 병목에 금메달이 둘러져 있어 자못 기대를 하게 만드는 것이었다. 우유 정도의 점도에 꽃 향과 과일 맛이 느껴졌다. 두 번째 사케는 신맛에 효모 냄새가 나는 것이 썩 마음에 들지는 않았다. 세 번째 사케를 맛본 순간부터 쭉, 내가 기록한 유일한 시음 기록은 "석유 맛이 난다"였다. 아무래도 나는 사케의 미묘한 맛과 차이를 감별할 만큼 준비된 미각을 갖추지 못했던 모양이다.

"여기는 별 볼 것 없는 술도 있습니다!" 마침내 나를 발견하고 필립이 말했다. "모두가 서로의 제품을 확인하고 경쟁하는 자리입니다. 누구나 메달을 따고 싶어하지요. 이것이 아마도 사케세계에서는 유일한 인정이자 훈장일 겁니다. 예전에 나도 은메달을 딴 적이 있습니다. 올해는 아무것도 받지 못했습니다."

마흔두 살인 필립은 곱슬곱슬한 황갈색 머리칼에 포동포동하고 표정이 풍부한 얼굴을 하고 있었다. 내가 전반적인 상황을 좀 설명해달라고 했다. "여기 전시된 사케는 상급에 속하는 것들이지요. 원료로 사용한 쌀의 정미율精米率이 35퍼센트입니다." 이 대목에서 내가 다소 어리둥절한 표정을 지었는지 필립이 갑자기 말을 멈추고 물었다.

"사케에 대해서 조금은 아십니까?"

"저는, 음, 그러니까……"

"오케이." 필립이 그러면 본격적으로 설명해보겠다는 의미로 소매를 걷어올리는 동작을 해 보이며 말을 이었다. "사케는 재료로 쓰이는 쌀을 발효 전에 얼마나 정미하느냐에 따라서 등급이 나뉩니다. 쌀을 가져다가 대형 정미기에 넣고 돌려서 겉껍질을 깎아내는데, 깎아내고 남은 비율을 정미율이라고 합니다. 이것이 사케 양조 과정에서 무엇보다 중요한 공정입니다. 여기 전시된 사케 제조에 쓰인 쌀은 35퍼센트까지 정미가 이루어진 것으로, 가장 순도가 높은 사케를 만드는 데 들어갑니다. 정미가 덜될수록 사케의 순도는 떨어집니다."

일본에서 사케 소비가 감소하는 것은 왜일까요? 내가 물었다. "일본 소비자들은 사케 하면 뭔가 구식이라고 생각합니다. 게다가 사케에는 결코 자작해서는 안 되고 함께 식사하는 누군가가 따라주어야 한다는 오랜 관습이 있습니다. 그런데 내가 보기에 일본 회사에서 이런 전통이 남용되는 것이 부분적인 문제가 아닌가 싶습니다. 윗사람들이 계속 따라주기 때문에 신참들은 항상 토할 때까지 사케를 마시게 됩니다. 윗사람이 따라준 건 무조건 먹어야 한다고들 생각하니까요. 그러다보면 사케에 신물이 나겠지요." 그러고 보니 몇 년 전에는 (맥주 회사에서 고의로 퍼뜨린 것이 아닌가 싶은) 이런저런 유언비어가 돌기도 했었다. '사케를 마시면 입 냄새가 난다' '위산이 증가한다' 등등이었는데, 이런 근거 없는 소문들도 사케 위기에 영향을 미쳤으리라.

우리는 시음하면서 이야기를 나누었다. 술을 입에 머금었다가 알루미늄 통에 뱉어버리는데도 '몽롱한' 취기가 돌기 시작했다. 입이 살짝 마비되어 말투도 어눌해졌다. 필립은 내게 '멜론, 꿀, 효모' 등등으로 사케 맛을 기록하라고 했지만, 내가 느낀 것이라고는 (석유를 정제하여 만든) 'white spirit', 즉 휘발유 맛뿐이었다.

"다행히 미국에서 사케의 인기가 높아지고 있습니다. 사케가 초밥 붐을 잇고 있는 모양새인데 애호가들이 꽤 있습니다." 필립의 설명이다. "와인을 마시던 사람이 사케를 마시면 와인에는 없는 사케의 장점을 깨닫게 됩니다. 사케는 와인만큼 산성이 강하지 않아서 위에 부담을 주지 않으니까요."

사용된 쌀의 정미 정도에 따라서뿐만 아니라 달콤하고 쌉쌀한 정도에 따라서도 사케의 등급이 나뉘는데, +15가 가장 쌉쌀한 맛이고 −15가 가장 단맛이다. 사케는 와인보다 살짝 독하다.(보통 알코올 농도가 14도에서 16도다. 물을 넣어 희석시키기 전의 원액은 20도라고 한다.) 나는 와인과 마찬가지로 사케에도 아는 척하며 거들먹거리는 소위 '사케 속물'들이 있을 테고, 이들은 달콤한 것보다 쌉쌀한 사케를 좋아하지 않을까 하며 멋대로 생각하고 있었다. 필립이 고개를 저었다. "등급마다 좋은 사케들이 있습니다. 사실 속물근성으로라도 사케에 대해서 안다고 으스댈 만한 사람이 있을까 모르겠습니다. 일본에서 사케는 상당히 과소평가되어 있습니다." 일본은 프랑스 와인과 스코틀랜드 위스키가 터무니없다 싶을 만큼 높은 가격에 거래되는 나라로 유명하다. 그러나 사케에는 한 병에 1만 엔 이상을 쓰는 경우가 드물다. 최상급 사케로 가장 비싼 축에 드는 다이긴조大吟醸 사케조차 3만 엔(약 30만 원)에 불과하다.(다이긴조는 그날 시음장에서도 맛볼 수 있었다.) "여기서 금메달을 받아도 1만 엔 이상을 받지 못합니다." 필립의 말이다. 하지만 한편으로 진정한 사케 마니아들은 기이할 정도로 사케에 열정을 쏟는 것도 사실이다. 특정 유형의 사케나 쌀에 집착하는 이들이 있는가 하면, 특정 효모에 집착하는 이들도 있다. 이들은 와인 좀 안다고 뻐기는 '와인 속물wine snob'들이 그렇듯이 난해하고 화려한 비유를 사용하는 것도 마다하지 않는다. 예를 들면 필립은 어떤 사케의 향을 "슬레이트가 쪼개질 때 나는 냄새"라고 표현한다.

필립은 영어 교사로 20년 전에 처음으로 일본에 왔다. 사케에 빠져들게 된 결정적인 계기 같은 것은 없었지만 서서히 일본 국민 술의 매력을 이해하게 되었다. "일본에 막 와서는 주로 싼 사케를 마셨지만, 고급 사케를 즐기는 몇몇 친구를 만나게 됐지요." 그때부터 어떤 것에도 흔들리지 않고 앞만 보고 달려왔다. 1991년 양조장에서 일을 하게 되었고 사케가 필립의 삶이 되었다. 거의 10년의 세월이 흐른 뒤 필립은 도지杜氏라고 하는 양조 책임자가 되었다. 그는 도지 자리에 오른 최초의 외국인이기도 했다. 짐작대로 결코 쉬운 과정이 아니었다. "처음에는 다들 나를 무시했습니다. 수도원에 처음 들어갔을 때와 비슷하다고 보면 됩니다. 일본인이 느끼는 것처럼 술맛을 느끼지 못할 것이라고 대놓고 말하는 사람도 있었습니다. 그런 사람과는 말을 해봐야 소용없지요."

이때쯤 내 혀는 거의 마비된 상태였다. "자, 이걸 마셔보세요. 도쿄에서 만든 겁니다. 도쿄는 다소 거친 사케로 유명하지요." 필립이 권하는 대로 맛을 봤는데 구역질이 났다. 강한 꽃향기에 느끼하고 신맛이 났으며, 석유 같은 뒷맛도 매우 강했다. "이제 이걸 마셔보세요." "윽, 이것도 형편없는데요." 내가 말했다. "아, 제가 만든 것입니다." 필립의 말을 듣고 무안해진 내가 사실 혀가 마비되어 맛을 느낄 수 없다며 변명조로 말했다. 그러나 필립은 이해심이 많은 사람이었다. "신경 쓰지 마세요. 내가 만든 것 중 최상품에 들지는 않습니다. 게다가 이 행사는 최악의 상태에서 사케를 맛보게끔 기획되었습니다. 지금 같은 실내 온도는 사케의 단점을 두드러지게 하지요. 이런 온도에서도 맛이 좋다면, 정말 좋은 사케지요." 그 말을 듣고 나니 많은 것이 이해되었다.

필립은 『사케The Book of Sake』라는 훌륭한 안내서를 쓰기도 했으므로 사케와 관련된 잘못된 통념에 대해서 물어봤다. 가장 잘못된 것이 무엇입니까? "지금도 사케가 증류주라고 생각하는 사람들이 있습니다.[사실 사케는 발효주(양조주)이므로 맥주와 공통점이 많다.] 또 아주 좋은 사케만 차갑게 마셔야 하고 그렇지 않은 사케는 따뜻하게 마셔야 한다고 말하는 사람들도 있습니다. 그건 말도 안 되는 헛소리지요. 어떤 온도에서도 맛있는 사케가 있습니다. 하지만 일본 사람조차 사케에 대해 상당히 무지합니다. 또 하나는 사케는 오래 묵히면 좋지 않다고, 적어도 2년을 넘기지 않아야 한다는 생각입니다. 하지만 일부 사케는 묵혀도 괜찮으며, 개인적으로 묵힌 사케 붐이 올 거라고 생각합니다. 묵힌 사케는 셰리주 비슷한 맛이 나는데, 정말 좋습니다. 저온 살균을 하지 않은 사케의 인기도 점점 더 높아지고 있습니다. 그런 경우 냉장 보관해야 하고 빨리 먹어야 하지만요."

서구에서는 궁합이 맞는다며 특정 와인과 음식을 짝짓는 일이 많지만 일본인들은 결코 그런 식으로 사케와 음식을 짝짓지 않는다. 와인은 특정 지역의 토속 음식에 해당 지역 와인이 어울릴 때가 많은데, 일본 사케는 지역에 따른 특성이 있을 때도 있지만, 같은 지역 사케라도 사용한 쌀의 종류, 정미 정도 등에 따라 차이가 많이 난다. 쓰지 시즈오는 사케는 쌀을 포함한 요리와는 같이 마시면 안 된다고 단호하게 말한다. 그런데 쓰지가 말하는 근거라는 것이 다소 엉성하다. 사케 역시 쌀로 만들었기 때문에 사케와 쌀이 들어간 요리는 자석의 같은 극처럼 서로 밀어내는 성질이 있다는 것이다. 하지만 필립은 그렇지 않다고 말한다. "사케는 소위 '우마미' 함량이 높아서 대부분의 음식과 어울립니다.[실제로 사케에는 감칠맛을 내는 아미노산이 다량 함유되어 있다.] 또 사케가 서구 음식과는 어울리지 않는다고들 하는데 그렇지 않습니다. 방금 말한 것처럼 사케에는 감칠맛이 풍부하기 때문입니다. 사케는 특히 이탈리아 음식과 잘 어울립니다. 또한 초밥을 먹으면서 맥주를 마시는 사람들은 크나큰 실수를 하고 있다고 봅니다. 사실 맥주는 초밥에 들어 있는 식초나 설탕과는 전혀 어울리지 않습니다. 반면 사케는 종류에 상관없이 모든 생선과 찰떡궁합이지요. 사케를 마시면 숙취가 심하다는 말도 전혀 근거가 없습니다."

마지막 말은 나한테 특히 반가운 소식이 아닐 수 없었다. 이 무렵 나는 이미 마흔 종류가 넘는 사케를 시음했고, 빼도 박도 못하게 제대로 취해 있었기 때문이다. 헤어지면서 필립에게 했던 작별 인사조차 취기 때문에 어눌하기 짝이 없었다. 필립은 흥미로울 것이라면서 교토에 위치한 양조장 한 곳의 연락처를 알려주었다.

사케 양조는 간장이나 된장 제조와 공통점이 많다. 곡물을 골라(사케 양조의 경우 쌀) 찐 다음, 발효제 역할을 하는 효모균, 즉 누룩을 넣고 2주에서 두 달 정도 그대로 둔다. 이런 식으로 하면 충분한 물이 있는 곳이라면 어디서든 사케를 만들 수 있다.(성수기에는 하루에 1만 리터 정도의 물이 필요하다. 사케를 만드는 물은 철분 함량이 낮을수록 좋다.) 교토 남쪽 우지 강변에 위치한 후시미 구伏見區는 품질 좋고 순도가 높은 사케 생산지로 유명한데, 천연 연수軟水(단물)가 충분히 공급되기 때문이다. 다행히 우리는 사케 양조 시즌이 시작되는 시점에 교토에 머무르고 있었다.(사케는 겨울에 만드는데, 이유는 기온이 낮아서 발효 관리와 박테리아 번식 억제가 용이하기 때문이다.) 후시미 구에는 도합 열일곱 개의 양조장이 영업 중인데, 필립이 소개해준 다마노히카리 양조장玉乃光酒造도 그중 하나였다. 필립 덕분에 나는 그곳을 방문해 도코 아키라를 만났다.

다마노히카리는 준마이긴조주純米吟醸酒를 만드는 작지만 질 좋은 사케를 생산하는 양조장이다. 준마이純米는 순 쌀로만 빚었다는 의미이고, 긴조주吟醸酒는 60퍼센트 이하로 정미한 백미를 원료로 하여 저온에서 발효시켜 빚은 청주를 말한다. 1673년에 우지타宇治田 가문에서 처음 설립했고 대대로 운영하고 있다. 아키라는 30대 초반의 몸집이 작고 친절한 여성이었는데 양조 공장을 견학시켜주었다. 쌀 수확이 최근에 끝났고 사케 주조의 첫 단계인 정미를 막 시작한 참이었다. 당연한 말이지만 정미 전의 쌀은 우린 녹차 같은 연한 갈색이다.(백미를 좋아하는 일본인들에게는 안된 일이지만 비타민을 포함한 쌀의 영양분 대부분이 정미 과정에서 사라지는 갈색 외피에 들어 있다.) 사케를 만들려면 갈색 외피를 층층이 제거해야 하는데, 만들어낼 사케의 질에 따라 어디까지 벗겨내느냐가 달라진다고 필립이 말했었다. 최상품 사케는 아주 작은 진주 같은 덩어리가 될 때까지 외피를 벗겨낸 쌀로 만든다.

부지런히 돌아가는 다섯 대의 정미기 소음으로 귀가 먹먹할 정도였다. 내가 방문한 날은 40퍼센트까지 정미하는 작업이 한창 진행 중이었다. 정미가 끝나고 나면 쌀을 자연 상태로 한 달 정도 둔다.

"천천히 발효시켜야 제대로 발효가 됩니다." 소음 때문에 아키라가 큰소리로 말했다. "설탕이나 알코올은 일절 첨가하지 않습니다. 좋은 사케를 만드는 진정한 비결은 좋은 쌀입니다. 우리는 재래종인 오마치미雄町米를 씁니다. 거의 단종된 것을 우리 회사에서 힘겹게 되살린 것이지요. 오마치미는 재배하기가 힘듭니다. 워낙 껑충하게 자라다보니 이런저런 자극에 취약할 수밖에 없고 결과적으로 수확량이 많지 않습니다. 그런데 사케 전문가들 중에도 오마치미가 원래 사케 제조용 쌀이었다는 사실을 모르는 이들이 있습니다."

나는 사케 산업이 위기라는 필립의 말에 동의하는지를 물었다. "사실입니다. 경제적으로 매우 심각합니다. 20년 전부터 정말 다양한 와인이 들어와 사람들이 골라 마실 수 있게 되면서부터입니다. 저질 중국산 사케도 사케의 인기 하락에 일조했지요. 젊은이들 사이에서 사케는 '폼 나는 술'이 아닙니다. 다행히 미국에서 상당히 인기를 얻기 시작했습니다. 미국의 고급 와인 시장의 일부라도 파고들 수 있다면……." 이런 생각으로 회사 사장이 다음 날 미국으로 떠날 예정이라고 했다. 미국에서 세계 두 번째 규모의 사케 시음회가 열리기 때문이다.

우리는 "I am getting in touch with my inner bitch'내 안의 나쁜 여자와 만난다'는 뜻으로 페미니즘과 연관된 구호"라고 쓰인 티셔츠를 입은 남자가 작업을 하고 있는, 병에 사케를 담는 공정이 한창인 곳을 지나쳤다. 이어서 우리는 손을 씻고 하얀 모자까지 쓴 다음 누룩을 띄우는 방으로 들어갔다. 철저한 온도 관리가 이루어지는 곳으로 벽 두께가 20센티미터나 된다고 했다.

내부는 냄새가 대단했다. 강한 단내와 함께 눅눅한 효모 냄새가 났다. 이것은 일본판 풍요로운 부패, 즉 귀부병貴腐病의 냄새다. 영어로 'noble rot'이라고 하는 귀부병은 포도에 보트리티스 시네레아Botrytis Cinerrea라는 곰팡이가 끼면서 생기는 반면, 여기서는 찐 쌀에 노란 가루 상태의 누룩곰팡이(학명으로 아스페르길루스 오리재Aspergillus oryzae)가 첨가되어 현상이 일어난다. 이를 통해 쌀의 녹말을 당분으로 바꾸는 효소가 생성되고, 발효 과정이 시작된다. "이런 전통 방식으로 사케를 만들면 전혀 다른 맛이 납니다." 아키라의 설명이다. "고품질 사케는 인간의 뛰어난 직감, 손길, 미각, 후각을 모두 필요로 합니다."

아키라가 쌀의 발효 작업을 책임지고 있는 양조 총책임자(앞에서 말한 도지) 고바야시 마쓰오를 소개시켜주었다. 40년 넘게 발효 작업을 해왔다는 고바야시 마쓰오는 키가 작고 땅딸막한 체격에 진지해 보이는 인상의 남자였다. 고바야시에게 좋은 사케를 만드는 비결을 물었다. "젖산이 좋은 맛의 비결이지요." 고바야시가 수수께끼 같은 말을 하더니 쌀의 상태를 살피러 갔다.(물론 아키라가 통역을 해주어 대화가 가능했다.) 고바야시는 발효 하루째인 전국을 보여주었다. 이때까지는 밥알이 원래 모양을 유지하고 있었다. 마치 밥알을 말렸을 때의 느낌이었다. 그러나 이틀째가 되자 전국은 강력한 효소 덕분에 이미 액화되고 있었고, 곰팡내가 전보다 더 강하게 나기 시작했다. 고바야시는 앞으로 2주 동안 내버려두면 전국의 온도가 섭씨 40도까지 올라간다고 말했다. 얼마 뒤에는 전국이 발효 때문에 자체적으로 거품을 내기 시작하는 모양이었다. 마치 바다뱀이 물속에서 먹이를 찾고 있는 것처럼 보였다. 이런 과정에서 상당량의 이산화탄소가 발생된다.

다마노히카리에서 만든 최상급 사케가 들어 있는 큼지막한 병을 들고 양조장을 나섰다. 정말 후한 선물이 아닐 수 없었다. 히로시마 체육관 시음으로 실망감을 느낀 이래 처음으로 맛본 사케였다. 필립이 옳았다. 깊고 풍부한 감칠맛에 상쾌하고 기분 좋은 과일 향이 어우러져서 마냥 행복감이 밀려들었다. 결국은 나도 사케 마니아 대열에 합류하게 되지 않을까 싶다.

초밥과
두부

일본의 택시 기사가 목적지를 찾지 못해 포기했다는 이야기는 일찍이 들은 적이 없다. 그러나 그날 내가 만난 택시 기사는 (20분 동안 소득 없이 주변을 맴돈 뒤) 결국은 패배를 인정했다. 물론 그의 자존심과 체면이 말이 아니게 되었다. 나를 내려주고 내가 요금을 내밀자 고개를 젓고 손사래까지 치면서 극구 거절했다. 이후 나는 딱히 대책도 없이 혼자 걷는 수밖에 없었다.

우리 가족이 교토에 머문 지 일주일이 넘은 시점이었다. 나는 교토 동부 구시가, 히가시야먀 지역에 있다고 들었으나 아직 찾지 못한 식당 한 곳을 찾아다니는 중이었다. 문제는 내가 찾는 이즈우라는 곳이 어디에 있는지, 그리고 어떤 곳인지를 아는 사람이 없어 보인다는 것이었다.

초밥의 역사에 대해서는 이미 이런저런 자료를 읽어 어느 정도 알고 있었다. 최초에 초밥이 타이와 메콩 강 삼각주 지역에서 일본으로 들어왔다는 의견이 있다. 이들 지역 주민들은 언제부터인지도 모르는 아주 오래전부터 쌀밥에 물고기를 싸서 장기 보존하는 방법을 사용해왔다. 쌀밥이 발효되면서 생기는 알코올과 산이 물고기에 있는 박테리아를 죽였고, 덕분에 몇 달이고 보관이 가능했다. 그렇게 보존한 생선은 냄새 고약한 죽 같은 상태가 되었지만 먹어도 탈이 없었고 워낙 척박한 환경이다보니 그렇게 부패한 생선이라도 감지덕지할 일이었다. 로마 시대 멸치 등의 생선을 삭혀서 만든 가룸이라는 생선 양념부터, 현대 베트남의 느억맘을 비롯해 동남아시아 지역에서 즐겨 먹는 유사한 생선 젓갈까지 발효시킨 생선은 오늘날 우리가 감칠맛이 가득하다고 느끼는 강력한 맛을 만들어왔다. 밥에 생선을 싸서 보존하는 관습이 타이에서 중국으로 퍼졌는데 중국에서는 크게 인기를 끌지 못한 것으로 보인다. 이후 8세기에 (서쪽 나라에서 들어온 다른 많은 것과 함께) 일본으로 전해졌다.

그리고 이곳, 교토에서 가까운 비와 호琵琶湖 부근 주민들이 비린내가 심한 민물고기에 젓산 발효가 적당한 신맛을 더해준다는 사실을 발견했다. 이렇게 만든 요리를 나레즈시熟れ鮨라 불렀는데 지금도 호수 근처 마을들에서는 후나즈시鮒壽司라고 부르며 즐겨 먹는다. 초밥을 의미하는 스시가 나레, 후나 등과 결합되어 복합어가 되면서 탁음화 현상이 일어나 즈시로 발음되는 것이다. 후나는 붕어로, 산란기의 암컷 붕어를 알을 품은 그대로 밥과 함께 6개월 정도 절여두었다가 밥을 제거하고 먹는다. 후나즈시를 '일본식 생선 치즈'라고 부르

기도 하는데, 좋아하는 사람에게는 못 견디게 좋은 특별한 맛인 듯하다.

문화인류학자 이시게 나오미치石毛直道는 초밥의 발전 과정을 설명하면서 "성급함이 일본인의 특징 중 하나가 아닌가 싶은 때가 한두 번이 아니다"라는 말을 한다. 한동안 나레즈시를 즐기던 일본인들은 젖산발효 과정이 자연스럽게 진행될 때까지 기다리기 힘들다고 생각하게 되었고, 15세기 어느 시점부터 그렇게 오래 기다리지 않고 절여둔 생선을 먹기 시작했다. 그렇게 하면서 (전에는 너무 삭아서 먹지 못했던) 밥이 먹을 만한 데다 오히려 맛도 좋다는 사실을 알게 되었다.

초밥 발전의 다음 단계는 17세기 쌀 식초의 발견과 더불어 진행되었다. 쌀 식초 덕분에 요리사는 발효될 때까지 기다리지 않고도 밥에 톡 쏘는 신맛을 첨가할 수 있었다. 이렇게 만든 초밥을 '속성 초밥'이라는 의미로 하야즈시早鮨라고 불렀다. 커다란 상자에 밥을 깔고, 위에 생선을 올린 다음 다시 누름돌을 올려 눌러주었다. 그렇게 해서 만들어진 초밥 '덩어리'를 작은 사각형 조각으로 잘라서 먹었다.

18세기 말, 19세기 초에 당시 에도라고 불리던 도쿄는 교토를 제치고 일본의 수도가 되었고, 그 과정에서 지구에서 가장 크며 인구가 많은 도시로 성장했다. 당시 세계 최초의 광역도시로 성장해가던 에도의 미래를 위협하는 위험 요소가 하나 있었으니 바로 잦은 화재였다. 그런 탓에 성내 식당에서 불을 직접 사용하는 것이 금지되었고, 도시에서 급증하던 패스트푸드 산업은 사실상 하룻밤 사이에 자취를 감추었다. 그때 등장한 구세주가 바로 초밥이었다. 초밥은 직접 불을 쓰지 않고도 만들 수 있는 요리였기 때문이다. 물론 당시 초밥에 쓰인 생선이 익히지 않은 날것이었을 가능성은 희박하다.(냉장고가 없는 세상이었기 때문이다.) 그러나 초밥 요리사가 생선을 살짝 데치거나, 절이거나, 구운 다음 성내로 가져와서 식초를 넣은 밥에 얹는 것은 결코 어려운 일이 아니었다.

19세기 도쿄 노동자들은 오늘날 그들의 후손과 마찬가지로 항상 시간에 쫓기는 바쁜 일상을 살았다. 요즘 일본 초밥 식당을 보면 항상 입구에 일종의 커튼, 즉 포렴이 쳐져 있는데 이 무렵에 시작된 것이다. 초밥 식당 앞에 드리운 포렴을 일본어로는 노렌暖簾이라고 하는데, 시간에 쫓기는 손님들이 드나들면서 재빨리 손을 닦던 용도였다. 그래서 당시만 해도 노렌이 더러울수록 장사가 잘되는 식당이라는 증거였다. 식당에 들어온 다음에는 부리나케 먹고 나가야 하는 손님들을 생각해서 하나야 요헤이라는 에도 시대 요리사가 좋은 방법을 생각해냈다. 주문이 들어오면 초밥용 밥을 한쪽 손으로 쥐어 네모 모양으로 만들고 거기에 생선을 얹어주는 방법이었다. 초밥용 밥을 일컫는 '니기리握り'는 원래 '쥐다'라는 의미의 '니기루握る'라는 동사에서 파생된 것이다. 또한 스시鮨는 말 그대로 초밥, 즉 식초를 넣은 밥을 의미한다.(보다시피 원래 스시는 날생선과는 아무 상관이 없다.) 이렇게 하여 때로 탄생지의 이름을 따서 에도마에즈시江戸前鮨라고도 불리는 니기리즈시握り鮨가 탄생했다. 굳이 해석하자면 '손으로 쥐

어 뭉친 초밥' 정도의 의미가 되겠다. 오늘날 우리가 초밥 하면 떠올리는 것이 바로 이 니기리즈시다.

한편, 교토에서는 이와 다른 흐름이 생겨 널리 퍼졌다. 교토 사람들은 도쿄 요리사보다 초밥에 설탕을 많이 넣기도 했을 뿐만 아니라(이런 경향은 오늘날 서구에서도 마찬가지다), 원래의 하야즈시와 다르지 않은 자신들만의 누름 초밥, 즉 오시즈지押し鮨를 발전시켰다. 오시즈지는 보통 쉽게 변하는 생선을 가지고 만드는데, 대표적인 것이 바로 누른 고등어 초밥, 즉 사바즈시鯖鮨다.(앞서도 언급했듯이 고등어는 쉽게 변하기로 유명한 생선이다.) 만드는 방법은 먼저 생선에 가볍게 소금 간을 하고, 설탕을 넣은 식초에 살짝 절인다. 이어서 생선을 밥 위에 올리고, 삶은 다시마로 전체를 감싼 다음, 그것을 다시 30센티미터 길이의 대나무 줄기 껍질로 싼다. (중남미 해안지역에서 즐겨 먹는 일종의 해산물 샐러드인) 세비체에서처럼 식초 안의 산 때문에 고등어가 살짝 '익는데', 바다에서 반나절 거리에 있으며 육지로 둘러싸인 도시 교토에서는 이런 방법이 유용했다.

그러나 니기리즈시와 마키가 세계를 정복한 반면 사바즈시와 그것의 오사카 버전인 오시즈시(마찬가지로 삼나무 상자에 초밥을 넣고 눌러서 만든다)는 지역의 별미 정도로 남아 있고, 냉장 설비가 발명되어 보존을 위해서 생선을 절일 필요가 없어짐에 따라 본고장에서마저 인기가 시들해지고 있는 실정이다.

아무튼 지금 내가 간절히 찾고 있는 것이 바로 식초를 많이 넣고 눌러서 만들었다는 사바즈시다. 전통 초밥, 정통 초밥, 최고의 초밥 등으로 부를 수도 있으리라. 교토에서 가장 유명한 사바즈시 식당은 앞서도 말한 이즈우로 1781년에 처음 문을 열었다. 그런데도 어찌된 일인지 별로 유명하지 않은 사바즈시 가게는 다들 알면서도 이즈우의 위치를 아는 사람은 없는 듯했다. 이번에도 나를 구해준 이는 우연히 만난 낯선 사람이었다. 일본에서 몇 개월을 지내는 동안 나는 여러 번 이런 사람의 도움을 받아 길을 찾았다. 광택이 흐르는 검은색 양복에 남성용 헬로 키티 가방을 들고 있는 깡마른 젊은 남자였다. 남자는 정말 친절하게도 이즈우가 있는 작은 목조 건물까지 나를 데려다주었다. 안이 보이는 창문도 없고 간판도 없는 건물이었다. 노렌에 히라가나로 이즈우라고 쓰여 있는 것이 전부였다. 남자가 깨끗한 흰색 노렌을 젖히고 기대 가득한 미소를 지었다.

왠지 함께 먹자고 청하지 않으면 나쁜 사람인 것 같은 기분이 들어 인사차 권했다. 정말 합석하리라고는 눈곱만큼도 생각하지 않았는데, 남자는 아주 기뻐하며 제안을 받아들였다. 들어가서 보니 가게는 봉건 시대 교토의 분위기를 풍겼다. 고색창연한 목조 가구, 장지문, 석판 바닥 등이 모두 그랬다. 기모노 차림에 진한 화장을 한 여자가 입구 왼쪽 칸막이한 작은 공간에 서서 자리를 고르라는 몸짓을 해 보였다. 우리 말고 식사 중인 손님은 일본인 노부부가 유일했다. 부부는 우리를 보고는 식사를 멈추며 어딘지 수상쩍다는 눈빛을 보냈다. 나는 고개를 숙여 인사하고 미소를 지으며 우리 탁자로 갔다.

식사를 같이 하게 된 남성이 자기 이름은 하루키라고 말했다.

"아, 소설가랑 같은 이름이네요!" 내가 말했다. 하루키가 어리둥절한 표정을 지었다.

"무라카미! 있잖아요. '노르웨이의 숲!'"

"모르는데요." 하루키가 잠시 생각하더니 그렇게 말했다.

무라카미 하루키에 대해서는 더 이상 이야기하지 않았다. 대신 "우산 참 좋은데요"라고 말하자 하루키의 얼굴이 환해졌다.

"헤로 키티! 알죠? 이거 정말 라부해요."

"라부?…… 아하, 러브!"

"네, 맞아요. 라부!"

영국에서는 헬로 키티가 10대 소녀들과 특정 유형의 게이 남자들 사이에서 특히 인기 있다는 말은 하지 않기로 했다.

아, 이런.

드디어 이즈우를 찾았다는 흥분 때문에 아무래도 내가 약간은 긴장이 풀렸던 모양이다. 이웃에 흑인인 친구가 있다고 항변하는 인종차별주의자처럼 보일 위험을 각오하고라도 말씀드리자면 사실 나한테는 게이 친구가 많다. 하지만 이때 내가 무의식중에 몸을 조금씩 이리저리 움직여 하루키에게서 멀어지려 했다는 사실을 인정하지 않을 수 없다. 사실 하루키는 맞은편 의자를 마다하고 내 옆에 바짝 앉는 바람에 그의 몸에서 나는 캘빈클라인 애프터셰이브 로션 냄새까지 맡을 수 있을 정도였다.

하루키는 내가 어디서 왔는지, 일본과 일본 음식을 좋아하는지, 일본에 얼마나 오래 머물고 있는지 등등 사람들이 흔히 하는 질문들을 던졌다. 그리고……

"I rike you!"라고 말하면서 내 허벅지를 붙잡고 씩 웃었다.

"주문할까요?"라고 말하면서 나도 따라 하하 웃었지만 속으로는 불편하고 불안하기도 했다.

얼마 안 있어 우리가 주문한 사바즈시가 파란색 무늬의 사기 접시에 담겨 도착했다. 눌러서 단단히 뭉친 밥 위에 고등어를 올리고, 윤기가 흐르는 진한 녹색 다시마로 감싼 30센티미터 정도 길이의 초밥을 썰어놓은 모습이었다.

"간장이나 고추냉이는 없나요?" 내가 물었다.

"노, 노." 하루키가 고개를 저으며 말했다. "사바즈시는 노 간장, 노 고추냉이."

사바즈시는 [다른 양념이나 소스 없이] 그대로 먹는다고 설명하면서 하루키는 내 어깨에서 보푸라기를 집는 동작을 했다. 그렇게 먹어야 시큼한 밥과 기름기 많은 부드러운 생선 맛을 제대로 느낄 수 있다고 했다. 맞는 말이었다. 간장은 맛이 지나치게 강해서 고등어와 다툼이 벌어지지 않았을까 싶고, 고추냉이는 이미 강한 식초 맛에 대처하고 있는 미각에는 너무 버겁지 않았을까 싶다.

하루키에게 무슨 일을 하느냐고 물으니 근처 술집에서 호스트, 즉 남성 접대부로 일하고 있다고 말했다. 손님은 여자들이라고 덧붙이면서 뭔가 사연이 있다는 표정을 지었다. 일본의 도시에서는 직업을 가진 젊은 여성들이 술집에 가서 하루키 같은 젊은 남자들의 술 시중을 받는 일이 상당히 흔하다. 비위를 맞추면서 아부도 하고, 생활에 대해 물으며 관심도 가져주고, 웃게도 해주는 그런 남자들과 가볍게 즐기는 것이다.

"섹스는 하지 않아요." 하루키가 갑자기 진지하게 말했다. "그냥 즐기는 거죠."

내가 술집 이름을 물었다. "익스플레션즈." 직업이 마음에 들어요? 많은 여자를 만나지만 진짜 데이트는 하지 못한다는 것이 속상하지 않을까. 헬로 키티 때와 같은 대답이 돌아왔다. "좋아요!" 그렇게 말하는 하루키의 한쪽 발이 탁자 아래서 내 발과 스쳤다.

나는 다시 사바즈시에 집중했다. 요리의 주인공은 밥이었다. 단립종으로 최상의 품질을 자랑하는 유명한 고시히카리로 지은 밥이 아닐까 짐작되었다. 알갱이의 가로와 세로 길이가 같고, 바깥쪽은 부드러우며, 안쪽에서는 살짝 씹는 맛이 느껴지고, 반투명에 광택과 윤기가 흘렀다. 생선도 정말 훌륭했다. 차분하게 가라앉은 무지개라고나 할까? 담홍색부터 진한 자주색, 담갈색까지 갖가지 색깔이 그러데이션을 이루고 있었다.

이즈음 나는 서빙과 계산을 겸하는 나이 지긋한 여종업원이 계산대 앞에 서서 보내는 메시지를 이해하지 못해 애를 먹고 있었다. 처음에 나는 그녀의 몸짓이 초밥을 감싸고 있는 부드러운 다시마를 먹지 말라는 의미라고 생각했다. 그렇게 이해하고 내가 다시마를 접시 한쪽으로 치우는 모습을 보고는, 이번에는 먹으라고 권하는 듯한 몸짓을 했다. 뭐가 뭔지 모르겠다 싶어서 우리 말고 유일한 손님인 노부부 쪽을 봤더니, 부부는 지금까지 우리 쪽에 고정하고 있던 시선을 황급히 돌렸다. 마치 전혀 보고 있지 않았다는 듯이. 아무튼 부부는 식사를 끝내고 차를 홀짝홀짝 마시고 있었는데 탁자 위를 보니 다시마가 보이지 않았다. 그래서 나도 조금 먹어봤다. 고무 같은 질감에 끈적끈적해서 마치 파리잡이 끈끈이를 먹는 기분도 살짝 들었지만, 확실히 몸에는 좋겠다 싶었다. 내가 생선, 밥, 다시마까지 게걸스럽게 먹어치우는 동안 하루키는 다시마는 한쪽으로 치우고 밥만 아주 조금씩 뜯어 먹고 있었다.

사바즈시는 정말 훌륭했다고 말할 수밖에 없다. 흔히 먹는 일반 초밥에 비해서 달고, 식초 맛도 강하고, 좋은 쪽으로 생선 맛도 강했다. 이즈우에서는 사바즈시를 포장해 가져갈 수도 있었는데 30센티미터나 되는 커다란 초밥을 4400엔에 팔았다. 내가 근처에 살았다면 이즈우의 사바즈시가 주말에 즐기는 최고의 특식이 되지 않았을까 싶다. 익스플레션즈에서 하루키와 부대끼지 않고 집에서 텔레비전을 보면서 말이다.

내가 돈을 지불하려고 했으나 하루키가 계산서를 가져갔다. "I like practise Engrish"라고 말하면서. 그러고는 슬쩍 다가와서 "I like you"라고 했다.

"아닙니다. 아니에요. 내가 계산하겠습니다" 하고 말했지만 하루키는 이미 도합 5000엔(5만 원) 정도로 보이는 지폐 몇 장을 꺼낸 참이었다.

이즈우를 나온 뒤 하루키가 나를 일몰 속으로 떠나보낼 생각이 없음이 아주 분명해졌다. 내가 아내와 아이들이 있다고 말했고, 의미심장하게 결혼반지를 만지작거렸지만, 나의 거부할 수 없는 성적 매력이 (지옥으로 떨어진 많은 불행한 영혼처럼) 하루키를 매혹시키고 말았구나라고 생각할 수밖에 없었다. 하루키는 분명 내가 보낸 암시들을 알아채지 못했다.

"아아, 그럼, 나는 가봐야 할 것 같습니다. 약속이 있어서요. 저쪽에서." 내가 애매하게 도로 방향을 가리켰다.

"오케이." 하루키가 나와 함께 걷기 시작했다.

"어디 가는 겁니까?"

"당신과 함께 가려구요. 괜찮습니다."

"아, 아닙니다. 걱정하지 마세요. 길은 알고 있어요."

"아니에요. 아니에요. 같이 갈게요."

사실 나는 아직도 배가 고팠다. 리슨과 함께 있으면 폭식을 하고 싶어도 번번이 제지당하곤 한다. 그러니 리슨 없이 혼자 있는 틈을 이용해 무엇이 됐든 얻어걸리는 대로 두 번째 점심을 먹어야지 하고 생각하고 있었다. 이렇게 식사를 두 번 하는 것은 일본에 와서, (아니 솔직히 말하자면) 다른 곳에서도 이따금 있는 일이다. 가벼운 간식거리라도 좋으니 뭔가 먹어야겠다고 생각했지만 먼저 하루키를 어떻게든 떼어내야 했다. 이유는 이런 나의 식탐이 부끄러워 감추고 싶었기 때문이다. 소식小食으로 유명한 일본인에게 어떤 사람은 점심을 두 번 먹기도 한다는 사실을 어떻게 설명할 수 있겠는가? 하루키가 나한테 갖고 있는 좋은 인상을 망치고 싶지 않았다. 내가 점심을 한 번 더 먹으려 한다는 사실을 알면 하루키는 적잖이 실망하고 충격을 받을 것이다. 하지만 어떻게 도망친담?

내가 갑자기 걸음을 멈추고 200미터쯤 떨어진 저쪽 앞에 있는 누군가를 발견한 것처럼, 그쪽을 향해서 손을 흔들며 소리쳤다.

"헤이, 리슨!" 그리고 하루키에게 말했다. "아내입니다. 방금 아내를 봤습니다. 달려가서 잡아야겠어요." 하루키는 어리둥절한 모양이었다. "아내요. 방금 저쪽 모퉁이로 사라지는 것을 봤습니다. 여기서 기다리세요. 달려가서 잡아야겠습니다. 둘이 만나게 해주고 싶습니다. 기다리세요." 내가 하루키의 양쪽 어깨 위에 손을 올려놓고 힘을 주면서 말했다. "금방 돌아올게요. 거기서 기다리세요." 내가 고개를 돌려 소리치면서 달려갔다. 모퉁이를 돈 다음 전철역이 나올 때까지 멈추지 않고 냅다 달렸다. 그리고 전철역 계단을 내려가서 북쪽 방향으로 처음 온 전철에 몸을 실었다.

물론 엄청난 죄책감이 들었지만 두 번째 점심에 대한 마음이 얼마나 간절했는지를 부디 이해해주었으면 한다. 교토는 누구라도 인정하는 두부의 도시다. 때문에 토시는 교토에서 두부 요리 전문 식당에 가보지 않으면 평생을 두고 후회하게 될 것이라고 으름장을 놓았다.

17세기까지 두부는 주로 귀족들만 먹는 고급 음식이었다. 요즘 두부가 저렴한 재료로 만드는 비교적 단순한 요리라는 점을 생각하면 쉽게 이해되지 않는 부분이다. 두부를 만드는 법을 간단히 살펴보면 이렇다. 우선 콩을 물에 불렸다가 삶은 다음 압착해서 두유라고 하는 우유 같은 액체를 빼낸다. 이렇게 나온 두

유에 일종의 응고제를 넣는다. 일본인들이 니가리苦鹽라고 부르는 염화마그네슘을 써도 되고, 생산지에서 유래한 엡숨염Epsom Salts이라는 이름으로 널리 알려진 황산마그네슘을 써도 된다. 석고라고도 하는 황산칼슘은 특히 칼슘이 풍부하다. 응고제가 들어간 액체를 올이 성긴 투박한 무명천을 댄 틀에 붓고 굳히면 끝이다.

두부는 콩에서 나온 단백질뿐만 아니라(사실 두부는 같은 양의 고기보다 많은 단백질을 함유하고 있다) 철분, 비타민 B1과 E, 아연, 칼륨, 마그네슘, 칼슘이 풍부하다. 두부는 혈압을 낮추고, 노화를 지연시키고, 뼈 건강에도 좋다고 알려져 있다. 또한 두부에는 올리고당이 들어 있다. 올리고당은 구조가 간단한 다당류로 장 건강에 좋은 박테리아 활성화에 더없이 중요한 역할을 하며, 덕분에 변비를 예방하고 혈압을 낮춘다고 알려져 있다.

일본의 두부는 눌러서 수분을 빼주었는지 아닌지, 얼마나 곱게 걸러냈는지에 따라서 '모멘토후木綿豆腐', 즉 '무명두부'(일반 두부)와 '기누고시토후絹ごし豆腐', 즉 '비단두부'(연두부)로 나뉜다. 무명두부는 상대적으로 단단하고 모양도 잡혀 있어서 요리하기에 편하고, 비단두부는 부드럽고 두유의 농도도 낮다. 무명두부는 무명을 깔고 눌러 응고시키지만, 비단두부는 비단을 깔고 작업하는 것은 아니기 때문에 명칭만 보면 살짝 부정확하다고 할 수 있겠다. 쓰지 시즈오는 두부의 이미지가 도무지 이해되지 않는다면 "송아지 뇌수와 아주 유사하다"고 보면 된다고 말한다. 맞는 말이다. 적어도 질감 면에서는 그렇다. 최상품의 송아지 췌장

역시 비슷한 구석이 있다. 부드러운 젤리 정도의 굳기로 입에서 살살 녹는 질감이 그렇다. 그러나 맛 자체는 상당히 다르다.

　사케와 마찬가지로 교토 두부가 특별히 좋은 이유는 산에서 끊임없이 흘러 내려오는 천연의 단물 덕분이다. 제조 과정에서 사용되는 물의 질이 좋은 두부를 만드는 가장 결정적인 요인이기 때문이다. 산악지대가 시작되는 교토의 동쪽 끝에는 난젠 사南禪寺를 비롯한 웅장한 사원이 많다. 일본의 사원은 유독 가파른 경사의 지붕이 특징인데, 이런 지붕들이 수목으로 덮인 숲에서 불쑥불쑥 솟아 있는 풍경이 무척이나 이채롭다. 바로 이곳 난젠 사 근처에 교토에서도 가장 유명한 두부 식당 중 하나인 오쿠탄奧丹이 있다. 오쿠탄은 초가지붕의 대형 목조 건물로, 350년의 역사를 가지고 있으며, 이런 곳이 흔히 그렇듯이 고요한 정원으로 둘러싸여 있었다. 신발을 벗어 밖에 있는 선반에 올려놓고 들어가니 종업원이 다다미가 깔린 바닥에 낮은 상들이 놓여 있는 방으로 안내했다. 점심 치고는 늦은 시각인데도 손님으로 빈 자리가 별로 없었다. 오쿠탄은 두부 요리만 팔기 때문에 나는 이곳의 명물인 탕두부와 덴가쿠두부산적를 주문했다. 몇 분 지나지 않아 탕두부가 나왔다. 엄청 뜨거운 물속에 사각형 모양의 두부가 들어가 있었는데, 달콤한 맛에 혀에 닿는 감촉은 크렘 캐러멜처럼 부드러웠다. 작은 접시에 담긴 파와 생강, 간장이 함께 나왔다. 뜨거운 물에 들어 있는 냄비에서 젓가락질로 흐늘흐늘한 두부를 집는 일은 보통 어려운 일이 아니었다. 젓가락질 기술을 시험하는 최종 시험대임이 분명하다는 생각이 들었다. 체면이 말이 아니다 싶은 마음에 주변을 흘끗흘끗 봤는데, 웬걸, 거기 있는 일본인 중에도 힘들어하는 사람이 여럿 있었다.

덴가쿠는 먹기가 한결 쉽다. 끝이 두 갈래로 나뉘는 나무 꼬챙이에 꽂힌 두부에 백된장白味噌(콩보다 쌀누룩을 많이 사용하고 발효 기간이 짧아 된장의 색이 담황백색이고 달착지근하고 부드러운 맛이 특징)을 묻혀서 석쇠에 구운 요리다.(덴가쿠는 끝이 갈라진 나무 꼬챙이에서 연상되는 죽마 타는 사람을 가리키는 일본어에서 그 명칭이 유래했다고 한다.) 신선하고 군더더기 없이 깔끔한 두부는 달콤 짭짜름하면서 맛이 풍부한 된장을 돋보이게 하는 더없이 좋은 재료다. 사실 두부는 된장뿐 아니라 풍미가 강한 온갖 양념의 맛을 돋보이게 만드는 완벽한 재료다. 여름에 차가운 상태로 상에 오르는, 정말 좋은 신선한 두부라면, 곱게 간 생강과 양파나 가쓰오부시만 있으면 충분하지만.

두부와 관련하여 반드시 지켜야 하는 황금률이 있다면, 그것은 바로 바게트처럼 만든 그날 먹어야 한다는 것이다. 그렇지 않으면 맛이 없어진다. 이런 황금률이 서구에서 두부의 평판이 좋지 않은 이유를 설명해준다. 서구에서 두부는 그야말로 독실한 채식주의자들이나 먹는 아무 맛없는 사찰음식과 동의어로 여겨질 정도다. 현재 일본에서 두부의 인기가 시들해져 가는 현상 역시 이것으로 설명이 되지 않나 싶다. 지난 수십 년 동안 지방의 작은 두부 제조업체들이 잇따라 문을 닫았다. 과거 일본에서는 두부가 매일 아침 가정으로 배달되었지만 지금은 대다수 도시에서 그런 전통이 사라졌다.(예전 영국의 배달 우유를 생각하면 이해하기 쉬울 것이다.) 황금률을 지키기 힘들어진 것이다.

　당장의 허기를 채우고 뿌듯한 마음으로 오쿠탄을 나선 것까지는 좋았는데, 감당하기 힘들 정도로 비참한 상황이 나를 기다리고 있었다. 근처 사원에 가볼 요량으로 가게 앞길에서 좌측으로 나갔는데, 하루키가 눈앞에 있었다. 하필이면. 물론 교토는 크지 않은 도시다. 그렇다고 해도 같은 날, 같은 사람을, 약속 같은 것도 없이 우연히 두 번이나 마주칠 확률이 과연 얼마나 될까? 이런 희박한 확률이 내가 복권을 샀을 때도 맞아주면 얼마나 좋을까? 복권 확률은 당연하다는 듯이 잘도 비켜가더니!(생각해보면 사실 나는 이런 희박한 확률에 자주 당첨되는 것 같기도 하다. 도쿄에서도 이런 일이 있었다. 시노부 부인의 집에서 점심을 함께 먹은 『타임』지 기자를 몇 시간 뒤에 시부야 역 앞 횡단보도에서 지나쳤다. 「사랑도 통역이 되나요?」에 나온 세계에서 가장 사람이 많고 붐빈다는 바로 그 횡단보도였다.) 하루키는 놀란 기색이 역력했고 나는 내심 낭패다 싶어 적잖이 당황했다.

　"어디 갔었어요, 마이클?" 하루키가 마음 상한 듯한 목소리로 물었다.

　"아…… 그러니까…… 당신을 찾으려고 했는데, 사라져버렸더라고요. 어디 갔었어요?" 그 순간 나는 본능적으로 공격이 최선의 방어라고 느꼈다.

　"당신을 기다렸죠. 부인은 어디 있어요? 얼마나 찾아다녔다고요. 이즈우에도 갔었고."

　"아, 미안해요. 하루키. 내가 잘 몰라서……"

"오쿠탄에서 밥 먹었어요?" 하루키는 조금 전보다 더 놀란 표정이었다.

"무슨…… 아, 그 식당 말이에요? 아니, 아니요. 아니요. 하, 하, 밥을 먹다니요? 아니에요. 나는 그냥…… 구경하고 있었어요. 시간이 이렇게 됐나요? 정말 가야 됩니다. 조금 전 일은 정말 미안해요. 그리고 점심 정말 고마웠어요." 말을 하는 동안 나는 빈 택시를 발견했고, 황급히 차에 올랐다. 스스로에 대해 깊은 자괴감을 느꼈지만 아무튼 배는 불렀다.

세계에서
가장 빠른
'패스트푸드'

이하에서 소개하는 오사카와 관련된 자질구레한 사실들 중 참인 것은? 거짓인 것은?

1. 오사카에서는 회전초밥집의 컨베이어 벨트 돌아가는 속도가 도쿄보다 14퍼센트 빠르다.

2. 오사카 사람들은 세계 어느 도시 사람보다 빨리 걷는다. 초당 1.6미터 속도인데, 도쿄의 경우 1.56미터다.

3. 공공교통 기관의 차표 자동판매기의 동전 투입구가 일본 어느 도시보다 넓어서 동전을 재빨리 넣을 수 있다.

4. 일상의 인사가 "돈 좀 벌고 계신가요?"이다.

5. 에스컬레이터를 탔을 때 오른쪽에 서는 것이 관례다. 일본의 다른 지역에서는 왼쪽에 선다.

6. 세계에서 가장 빠른 요리가 오사카에서 발명되었다.

7. 오사카의 GDP는 스위스에 맞먹는다.

정답 모두 참이다.(에스컬레이터 이야기마저도. 이는 오사카와 교토 사이에 좌우가 바뀌는 특정 지점이 있다는 의미가 되는데 그렇다면 다음 질문이 생기지 않을 수 없다. 사람들이 바뀌는 지점을 어떻게 알까? 공식적인 구분선이라도 있는 것인가? 아니면 가시철망을 두른 에스컬레이터 중립지대 같은 거라도 어디에 있는 것인가?)

아무튼 오사카 주민은 일본에서 가장 바쁘게 살고, 성질 급하고, 반골 기질이 강하고, 장사에 능한 그런 사람들이다. 오사카 사람과 비교하면 도쿄 사람은 느린 게으름뱅이처럼 보인다. 오사카가 일본 관광 일정에 좀처럼 포함되지 않는 것도 알고 보면 이런 지역 특성에서 비롯된 것이다. 오사카에는 사실상 역사 유적지랄 것이 전혀 없고 박물관도 거의 없다. 오사카는 특색 없는 고층 건물, 끝없이 이어지는 상가 아케이드, 상점이 빽빽이 들어선 골목길 등으로만 이루어져 있다. 그럼에도 불구하고 나는 일본 어느 도시보다 오사카에 가보고 싶었다. 교토에서 3주를 보낸 뒤 짧은 시간 기차를 타고 오사카로 이동하는 동안 "드디어 오사카에 간다"는 생각에 흥분을 주체하기 힘들 정도였다.

애스거와 리슨, 에밀도 슬슬 시계를 현대로 돌리고, 21세기에 어울리는 무언가를 할 때가 되었다. 물론 교토는 매력적이었다. 마지막에 방문한 궁전과 그에 딸린 정원들은 애스거와 에밀이 뛰어다니면서 남아도는 에너지를 발산할 공간이 되어주었다. 그리고 우리 가족 모두 교토라는 도시의 독특한 분위기, '다름'에 매혹되었다. 하지만 아이들 입장에서 말하자면 교토는 도쿄보다도 훨씬 더 아동 친화적이지 않은 답답한 도시였다. 가만있어도 "쉿, 조용히!"라고 하는 말이 어디선가 들릴 것 같은 그런 기분이 드는 도시였다.

한편 나는 교토에 머무는 3주 동안 혼자 움직일 때가 많았고, 리슨과 아이들만 남겨두고 알아서 하라고 했던 시간에 대해 죄책감을 느끼고 있었다. 물론 가족들이 즐겁고 만족스럽게 생활하는 데 내가 반드시 있어야만 하는 것은 아니었다. 그들 나름대로 즐기면서 충분히 만족스러운 시간을 보내고 있었다. 오히려 내 입장에서 가족과 시간을 보내고 싶다는 마음이 간절했다. 아내와 아이들의 눈을 통해 일본을 보는 것은 이번 여행에서 무엇보다 흥미로운 부분이기도 했다. 더불어 나는 리슨도 혼자만의 시간을 가질 수 있었으면 하고 바랐다. 음식에 살짝 미친 남편이 음식에 대해 알아본다면서 하루가 멀다 하고 집을 비운 사이 남자 아이 둘을 건사해야 하는 상황에서 멀쩡한 성인이라면 당연히 갖고 싶을 혼자만의 시간을 주고 싶었다.

그러나 물론 인간은 타고난 본능과 약점을 완전히 억누를 수는 없는 법이다. 나한테는 음식이 바로 그런 존재였으니 각지의 음식이 뒤섞여서 다양하기로 유명한 오사카 요리를 맛볼 생각에 벌써부터 군침을 흘리고 있었다.

오사카가 음식의 수도라는 평판이 점점 더 높아지고 있는 참이었다. 이미 말했듯이 존경받는 프랑스 음식비평가 프랑수아 시몽은 나한테 직접 오사카가 자신이 좋아하는 음식 도시라고 말했고, 이외에도 유럽과 미국의 여러 요리사가 영감을 얻기 위해 방문한 장소로 오사카를 언급한 인터뷰도 여럿 보았다.

오사카는 그곳만의 독특한 요리가 있고 세계 최대 요리학교가 있는 곳이기도 하다. 동시대 고급 요리에 대한 개방적이고 진취적인 접근으로 일본 전역에서 명성이 자자한 곳이다. 오사카 사람 특유의 성정과 감각이 오사카가 세계적인 요리 메카로 성장하는 데 최적의 환경을 제공하고 있지 않나 싶다. 일단 그들은 항상 새로운 것을 갈구하고 관습에 대해서는 전반적으로 반감을 가지고 있다. 또한 수백 년 동안 다른 나라와 활발히 교역하면서 길러진 국제 감각 역시 무시할 수 없다. 요리라면 죽고 못 사는 나로서는 어서 가서 맛보고 싶은 마음이 간절할 수밖에.

그러나 모든 것이 관광객의 속도와 보폭에 맞춰진 예의 바르고 점잖은 도시 교토에서 몇 주를 보낸 뒤에 도착한 오사카의 풍경은 진정한 충격으로 다가왔다. 오사카 역에서 택시를 타고 호텔로 가는 동안 지나친 거대한 쇼핑몰과 아찔하게 솟은 마천루들은 교토와는 완전히 다른, 그야말로 별세계였다. 우리 가족 입장에서는 전에 없이 호화로운 도지마堂島 호텔도 마찬가지였다.

체크인을 한 직후 리슨이 양손을 맞대고 활기차게 문지르면서 선언하듯이 말했다. "좋아. 쇼핑이다!" 그러고는 나갔다. 덕분에 나와 애스거, 에밀은 하루 동안 도시를 둘러볼 자유 시간을 갖게 되었다. 어디를 제일 먼저 갈지는 이미 정해져 있었다. 바로 도톤보리道頓堀다. 일본의 '패스트푸드 수도'라고 불리는 오사카 안에서도 패스트푸드의 중심지인 곳이다. 피자와 햄버거 말고도 맛있는 패스트푸드가 많다는 사실을 아이들에게 알려주고 싶기도 했다.

도톤보리는 라스베이거스 스타일의 화려하고 요란한 먹자골목으로, 거리를 걸으면서 먹는 것이 용인되는 일본 내의 거의 유일한 장소이기도 하다. 이곳은 또한 일본인들 사이에는 오사카의 명물인 두 가지 패스트푸드가 탄생한 정신적 고향으로도 유명하다. 바로 다코야키(교토에서 처음 봤던 문어 경단)와 오코노미야키다.

오코노미야키를 '일본 피자'부터 '오사카 오믈렛'까지 각양각색의 표현으로 소개하고들 있지만 내가 보기에 오코노미야키와 피자, 오믈렛의 유사점은 둥글다는 사실뿐이다. 오코노미야키는 오히려 팬케이크와 토르티야가 합쳐진 잡종에 가깝다. 밀가루와 계란을 섞은 반죽에 양배추를 넣고, 여기에 다양한 재료를 소로 넣거나 토핑으로 얹거나 한다. 오코노미야키お好み燒き라는 단어를 해석하면 '기호에 맞게 굽다' 혹은 '마음 내키는 대로 굽다'라는 의미가 된다. 이름에서 이미 드러나듯이 정확한 오코노미야키 레시피 찾기는 프랑스 사람에게 확실한 카술레 요리법을 물어보는 것과 같다.(카술레는 흰 강낭콩과 각종 고기를 넣고 만든 스튜로 지방과 기호에 따라 들어가는 재료가 조금씩 다르다. 어쩌면 프랑스 사람들에게는 무엇을 물어봐도 마찬가지로 애매한 답이 나올지도 모르겠다.) 기본 반죽도 밀가루를 사용하는 사람이 있는가 하

면, 어떤 이들은 참마를 갈거나 으깨어 퓌레처럼 걸쭉하게 만들어 사용해야 한다고 주장하기도 한다.(밀가루로만 만든 오코노미야키는 촉촉한 느낌이 살짝 부족하고 질긴 감이 있다.) 어떤 이들은 반죽에 물 대신 다시를 사용한다. 흔히 사용하는 토핑이나 소는 돼지고기와 (배추를 맵게 절인 한국 음식인) 김치다.(토핑이나 소를 놓고도 역시 이견이 있다. 여러 재료가 반죽에 들어간다고 말하는 이들이 있는가 하면, 내가 정말 맛있는 굴 오코노미야키를 먹었던 히로시마에서는 각각의 재료를 층층이 쌓는다고 표현한다.) 그러나 해산물이나 닭고기 오코노미야키도 못지않게 흔하고, 볶은 국수, 덴카스라고 하는 바삭바삭한 튀김 찌꺼기를 넣는 사람도 있다. 재료뿐만 아니라 오코노미야키를 만드는 구체적인 방법 역시 다르다. 보통은 손님에게 반죽과 섞을 재료가 들어 있는 그릇을 주면, 손님이 직접 섞어서 탁자에 설치된 요리용 철판에 붓고 직접 요리를 한다. 결과적으로 두께가 1인치 정도 되는 둥근 오코노미야키를 한쪽이 익으면 금속 뒤집개로 뒤집어주고, 반대쪽까지 골고루 익으면 같은 금속 뒤집개로 피자 자르듯이 부채꼴로 잘라서 먹는다. 하지만 가게에 따라서는, 손님에게 내놓기 전에 눌러서 찌는 곳도 있다. 도쿄에는 물기가 많아 질척질척한 몬자야키도 있다.(묽어서 형태가 고정되지 않고 흐물흐물하다보니 솔직히 먹을 때 짜증스럽다.) 알맞게 구워진 오코노미야키에 면도솔 비슷한 브러시로 듬뿍 발라주는 달콤한 갈색 양념장 역시 필수다. 철판구이 양념장과도 비슷한데 케첩, 간장, 우스터소스, 다시, 겨자, 설탕, 미림, 사케 같은 익숙한 재료들의 혼합이라고 보면 된다.

당연한 얘기지만 어떤 요리사의 양념장 비법을 정확히 알기란 불가능하다.(그래서 비법이 아니겠는가?) 가정집에서 오코노미야키를 만들 때는 대부분 마켓에서 파는 기성품 양념장을 이용한다. 오코노미야키 양념장에 마요네즈, 말린 파래, 얇게 깎은 가쓰오부시 등을 넣는 사람도 있다.

애스거와 에밀에게 다코야키가 얼마나 맛있는가를 알려주기에는 이미 늦은 감이 있었다.(다코야키 속에 잘게 썬 문어 고기가 들어 있다는 사실을 아이들도 이미 알아버렸기 때문이다.) 그러나 오코노미야키는 아직 기회가 있다는 생각이 들었다. 오코노미야키에 채소와 해산물이 들어간다는 사실을 숨길 수만 있다면 말이다. 하지만 먼저 어디 가서 먹을지를 결정해야 했다. 듣기로 오사카에는 무려 4000개가 넘는 오코노미야키 가게가 있고, 그중 상당수가 도톤보리에 위치해 있다. 우리가 처음 들어간 가게는 진열장 안에 플라스틱으로 만든 열 가지 오코노미야키 모형을 전시하고 있었다. 우리는 오코노미야키의 세계를 접하는 완전한 초기 단계에 있으므로 당장은 그런 수준을 소화하기 힘들다는 데 의견 일치를 보았다.

우리 셋은 손에 손을 잡고 좀더 앞으로 걸어가면서 비현실적일 만큼 화려하게 꾸며진 도톤보리 음식점들 전면을 구경했다. 저절로 입이 쩍 벌어지는 광경이었다. 진짜처럼 움직이는 어릿광대 모형, 거대한 게, 조명, 액정 화면, 빵빵하게 공기가 들어간 복어 풍선 등이 마구 뒤섞여서 나를 좀 봐달라고 아우성이었다. 자극이 너무 많아서 눈을 어디에 두어야 좋을지 모를 정도였다. 그러나 사방에서 쏟아지는 자극에 눈알이 핑핑 돌아가는 상황에서도 애스거와 에밀은 어떤 가게 하나를 정조준하고 돌진했다.

아이들의 관심을 사로잡은 것은 '바우와우 릴랙세이션 오브 독스 갤러리Bow Wow Relaxation of Dogs Gallery'라는 다소 긴 명칭의 가게였다. 밖에는 사슬에 묶여 있는 작은 개 두 마리가 있고, 유니폼을 입은 직원이 개들을 돌보고 있었다. "우와! 아빠, 이것 좀 봐요!" 에밀이 말했다. "내 손을 핥고 있어요!" "그렇구나. 하지만 우리는 지금 오코노미야키를 먹으러 온 거야. 기억하지?" 하고 말했지만 소용없어 보였다. 한편 애스거는 가게 전면 유리에 얼굴을 대다시피 하고 있었는데, 안에는 좀더 많은 작은 개들이 늘어진 모습으로 휴식을 취하고 있었다. 이들 개는 판매용이었고, 전화번호 같은 금액이 붙어 있었지만, 엄밀히 말해 이곳은 애완동물 가게가 아니었다. 직원이 우리에게 안으로 들어가보라고 손짓했다. 나는 예의 바르게 거절했다. 하지만 어떻게 제지해볼 틈도 없이 애스거와 에밀은 이미 가게 입구 계단을 올라가고 있었다. 나도 아이들을 따라갈 수밖에 없었다. 알고 보니 그곳은 개 전시실 겸 카페로, 손님들이 커피를 마시면서 작은 개들과 어울리는 시간을 갖는, 일종의 개들의 하렘 같은 곳이었다. 그대로 거기를 나오려고 했다가는 애스거와 에밀 중 한 명, 아니면 둘 다 엄청난 히스테리 발작을 보일 게 뻔했다. 아무 일 없이 아이들을 설득해서 빠져나올 방법은 없어 보였다. 어쩔 수 없이 입장료를 내고 신발을 벗은 다음, 작은 문을 통과해 개들이 즐겁게 뛰노는 세계로 들어갔다.

입장료에는 음료와 개에게 먹일 과자 한 봉지 값이 포함되어 있었다. 안에는 대략 스무 마리의 개가 있었는데 모두 핸드백 크기를 넘지 않을 만큼 작았고, 탁자들 사이를 자유롭게 누비고 다녔다. 개들은 그곳 규칙을 훤히 알고 있는 듯했고, 우리는 이내 그들 무리에 둘러싸였다. 한 녀석은 축축한 주둥이를 내 가랑이 사이로 들이밀었고, 또 다른 녀석은 내 엉덩이께에서 먹이를 찾기 시작했다. 종업원 한 명이 와서 메뉴판을 휘둘러 쫓아버린 다음에야 나는 개들로부터 구출되었다.

한편 애스거와 에밀은 개들과 어울리는 정도가 아니라 아예 그들 무리에 합류했다. 개들과 함께 탁자들 사이를 기어다니면서 손님들에게 간식을 구걸했는데, 이곳 종업원들도 이런 희한한 광경은 처음이지 않을까 싶었다. 애스거와 에밀이 개들 무리에 동화되는 속도는 정말 놀라울 정도였다. 기회가 없었다뿐 원래부터 저런 기질이 있지 않나 하는 생각이야 항상 했지만. 아이들이 저렇게 문명이라고는 모르는 야생동물처럼 굴 때면 종종 그래왔듯이 나는 아이들과는 무관한 척하면서 주문한 콜라를 들고 편안히 앉아 주변 상황을 차분히 감상했다.

고객층은 딸을 데리고 나온 엄마부터 혼자 온 중년 여성까지 다양했으나 회사원도 있는 것은 의외였다. 애완동물을 기를 수 없는 고층 건물에 사는 사람이라면 이곳에서 대리만족을 얻을 수도 있겠구나 하는 생각이 들었다. 혹은 일반적인 근무 시간에 일을 하면서 이렇게 작은 개들을 보며 임시변통으로라도 위안을 얻어야만 하는 사람들의 구미에 맞춘 것은 아닐까 하는 생각도 들었다. 아무튼 전반적인 분위기는 사실 조금은 비극적이고 애처로웠다. 먹이를 달라고 아우성인 탐욕스러운 동물들과 접촉하면서 위안을 얻는 외로운 사람들이라니. 냄새도 지독했다. 몇몇 개는 기저귀를 차고 있었다. 한 녀석은 과자를 찾아다니던 동작을 멈추고 몸을 긁는 데 여념 없었고, 다른 녀석은 잠시 자기 생식기를 핥는 데 열중하더니 시무룩해 보이는 아가씨의 무릎으로 뛰어올라 뺨을 쩝쩝 소리가 나도록 핥아대고 있었다.

간식을 반대쪽에 흩어놓는 방법으로 마침내 나는 애스거와 에밀을 무리에서 떼어내는 데 성공했다. 그리고 어떻게든 아이들을 가게 밖으로 데리고 나오려고 했다. 그러나 아이들의 새로운 놀이 친구들이 이를 거부했고, 이내 우리의 발목 주변은 움직이는 털북숭이들로 둘러싸였다. 물론 이곳에 마냥 있었다면 애스거와 에밀은 더없이 행복했겠지만 내 배에서는 꼬르륵 소리가 들리기 시작했다. 무엇보다 세계 최고의 패스트푸드 요리가 바로 근처에 있다는 사실이 내게 힘을 주었다. 맛난 요리를 먹으려면 개들로 뒤덮인 아수라장을 어떻게든 뚫고 나가야 했다. 내가 애스거의 손목을 잡고 에밀을 한쪽 팔로 재빨리 안아올리자, 아이들은 개 짖는 소리며 비명을 지르기 시작했다. 자신들의 새로운 우두머리가 공격받고 있다는 사실을 감지한 개들은 내 발목을 향해 작정하고 달려들었다. 종업원 셋이 와서 개들을 제지하는 동안 나는 벗어놓은 신발이 있는 문을 향해 힘들게 발걸음을 옮겼다.

(말할 필요도 없이 카페 바우와우에 다시 가자는 압력이 오사카에

머무는 내내 끊이지 않았고 실제로 우리는 두 번이나 다시 갔다. 지금 도 애스거와 에밀은 일본 여행 전체를 통틀어 가장 재미있었던 하이라 이트로 이론의 여지 없이 이곳을 꼽는다. 거구의 스모 선수들과 함께했 던 점심, 히메지 성에서 만난 닌자, 오키나와 해변에서 발견한 진짜 거 북 시체보다 더 강렬했던 모양이다.)

분명 돈벌이 아이디어로서 애견 카페는 고층 핫라인을 설치 한 전화회사와 맞먹을 정도로 훌륭한 장사다. 사람들이 돈을 내 고 개들과 놀면서 자연히 개를 기르고 싶어하는 아이들로부터 개를 사야 한다는 정신적인 압력을 받아 실제 구매로 이어지기 도 하며, 그게 아니라도 최소한 개의 식대를 지불하게 된다. 일본 여행 내내 집으로 돌아가서도 돈벌이가 될 만한 아이디어 목록 을 작성하고 있었는데 이것도 추가했다. 뚜껑이 소리 없이 부드 럽게 닫히는 변기도 목록에 포함되어 있다.

우리 셋은 대략 30분을 여기저기 돌아다니다가 의도치 않게 러브호텔이 몰려 있는 구역으로 들어가게 되었다. 어딘지 멋쩍 고 무안한 표정의 연인들이 '하이퍼 섹시 클럽Hyper Sexy Club' '해피 러브 메이크 조이 호텔Happy Love Make Joy Hotel' 등의 노골 적인 간판들 아래 서성이고 있었다. 결국 우리는 도톤보리 중심 에 위치한 삼미 에비스 플라자로 돌아왔다. 안으로 들어가보니 1950년대의 오사카 모습을 정확하게 재현한 흥미로운 식당가였 다. 당시 모습 그대로 재현한 식당이며 상점들이 늘어서 있었다. 이곳은 최근 일본 여러 도시에서 우후죽순처럼 생겨나고 있는 '음식 테마파크' 중 하나다. 일본에서 음식 테마파크라고 하면 보통은 실내 쇼핑몰 안에 특정 주제에 맞게 꾸민 일단의 식당이 포함되어 있다. 주로 전면에 고풍스러운 가게들을 배치하고 향수를 자극하는 옛날 광고들을 붙여 분위기를 한층 더 띄운다.(또한 이런 테마파크들은 어떤 이유에서인지 모두 제2차 세계대전 종전 직후를 무대로 하고 있다는 점도 특징이다.)

처음 들어간 식당에서 나는 오코노미야키와 모단야키를 하나씩 주문했다. 모단야키는 반죽에 볶은 국수를 넣은 오코노미야키다. 둘 다 위에는 달콤한 갈색 양념장이 듬뿍 발라져 있었다. 나는 이 달콤한 양념장이 여섯 살과 네 살 아이들이 정말 좋아할 맛이라고 확신했다. 그러나 애스거와 에밀은 잠깐 깨작거리더니 "안에 뭐가 너무 많이 들었다"면서 먹기를 거부했다.

아이들한테 먹이는 것은 포기할 수밖에 없었다. 결국 우리는 일본 전역에 체인점이 있는 모스 버거에 가서 같은 이름의 햄버거를 먹었는데 유기농이었고 맛도 괜찮았다.

오사카에 머무는 동안 혼자서 역시 도톤보리에 있는, 프레지덴트 지보라는 식당에 가서 오코노미야키를 먹었다. 프레지덴토 치보는 고급 오코노미야키 시장을 겨냥하고 1967년에 문을 열었다. 그래서인지 조명이 은은하고, 카운터도 대리석으로 만들어졌으며, 요리사들은 프랑스풍의 옷을 입고 있었다. (나는 거기서 '한 개 이상 다섯 개 이하의' 오코노미야키를 먹었는데) 내가 먹은 오코노미야키는 최상품이 맞았지만 왠지 이건 아니다 싶은 생각이 들었다. 오코노미야키는 역시 직접 조리하면서 먹어야 최고인 것 같았다. 차분한 음악에 세심하게 챙겨주는 종업원들의 서빙을 받으면서 요리사가 만들어준 오코노미야키를 먹는 것이 왠지 어울리지 않고 이상하게 느껴졌다. 마치 격조 높은 핫도그를 먹는 기분이랄까?

쓰지 시즈오는 『일본 요리: 단순함의 예술』에서 다코야키나 오코노미야키에 대해서는 전혀 언급하지 않는다. 쓰지의 책이 일본 요리를 전반적으로 다루면서 오사카, 넓게는 간사이 지방을 중심으로 한다는 점을 감안하면 이상하다 싶기도 하다. 어쩌면 쓰지는 길거리 음식은 자신의 검토 대상이 아니라고 생각했을지도 모른다. 그러나 나는 지금도 오코노미야키가 세계적인 일식 붐을 일으킬 다음 주자라고 생각한다. 빠르고, 싸고, 간단하고, 비교적 건강에도 좋고(아무튼 내용물의 50퍼센트 정도는 배추다), 모양도 그럴싸하고, 글자 그대로 거부할 수 없을 만큼 맛있다. 지금보다 나이가 조금 젊어서 내게 젊은이 특유의 무모함이 있었다면, 그리고 지원해주는 벤처 자금 같은 게 있었다면, 크리스마스 전까지 체인점 하나를 차리는 방안을 진지하게 고민해봤을 것이다.

아무튼 그것은 내 예측이고 현재 상황을 보면 오코노미야키가 아니라 오사카에서 발명된 다른 패스트푸드 두 가지가 세계 각지에 퍼져 있다. 가이텐스시回轉鮨, 즉 회전초밥과 즉석 라면인데 공교롭게도 같은 해에 발명되었다. 바로 1958년이다.

식당을 운영하는 시라이시 요시아키白石義明가 회전초밥 아이디어를 처음 떠올린 것은 병 만드는 공장을 둘러보면서였다고 한다. 하지만 실제로 완성하기까지는 상당한 시간이 걸렸다. 컨베이어 벨트 돌아가는 속도를 어떻게 할지가 가장 까다로운 부분이었다. 너무 빠르면 사람들이 불안해했고 너무 느리면 지루해했다.(나는 이것을 '성게 알 불안증'이라고 부르는데 컨베이어 벨트가 있는 식당에서 먹을 때면 그것 때문에 엄청 괴롭다. 성게 알 초밥이 나한테까지 오기 전에 누군가가 집어가버리면 어쩌지?) 최종적으로 그는 초당 8센티미터가 최적의 속도라는 결론을 내렸다. 시라이시가 운영하는 겐로쿠스시 체인점은 손님의 '체류 시간'을 12분 정도로 단축해서 크게 성공했다. 이는 일반 초밥 가게에서 하룻저녁에 좌석 회전율이 3회인 반면, 겐로쿠스시에서는 한 시간에 4회전이 가능하다는 말이 된다. 겐로쿠스시 1호점이 지금도 오사카 동쪽에서 영업을 하고 있지만 시라이시는 비교적 빈곤한 상태로 생을 마감했다. 종업원 없는 식당이라는 개념에 지나치게 집착한 나머지 가진 재산을 모두 로봇 종업원 개발에 쏟아부었기 때문이다.

즉석라면은 안도 모모후쿠安藤百福의 발명품인데, 안도는 시라이시와 달리 2007년 존경받는 일본인 영웅이자 억만장자로 생을 마감했다. 안도는 튀김에서 공기와 수분이 즉석에서 증발하면서 작은 구멍들만 남기는 모습으로부터 영감을 얻었다고 한다. 국수도 튀기면 그렇게 될 것이고, 뜨거운 물을 부으면 증발 시에 생긴 구멍이 물을 흡수해서 다시 촉촉하게 만드는 것이 가능하리라고 추론했다. 매년 세계적으로 850억 개의 즉석 라면이 소비되고 있다. 컵라면이 그렇게나 많이 소비된다니 정말 놀라운 숫자가 아닐 수 없다.

그날 오후, 리슨이 연락 금지 기조를 유지하면서 어딘가의 탈의실에서 부지런히 옷을 입어보고 있을 동안 우리 셋은 재빨리 오사카 북쪽에 위치한 안도 모모후쿠 박물관에 다녀왔다. 라면 왕을 기리는 기념관이라기보다는 현대미술관 분위기가 물씬 풍기는 화려한 현대식 건물이었다. 안도 모모후쿠가 즉석 라면을 발명하던 초기 상황을 알 수 있었는데, 당시 안도는 정원에 딸린 창고에서 작업을 진행하고 다듬어갔다고 한다. 시대별로 나온 각종 컵라면으로 덮인 거대한 벽은 놀라움 그 자체였다. 박물관 위층에는 각자의 레시피대로 자기만의 라면을 끓여 먹는 설비가 갖춰져 있었다. 하지만 박물관 방문 당시 우리 셋은 별로 식욕이 없었다.

우리는 진정한 관광지로는 오사카에서 유일하다고 할 수 있을 수족관에서 그날 하루를 마감했다. 세계 최대 규모로 중심 수조의 높이가 건물 몇 층 높이에 달했다. 이곳의 스타는 세계에서 가장 큰 물고기라는 고래상어였다. 유리 너머로 보이는 모습이 정말 엄청나다는 말밖에는 나오지 않게 만들었다.

거대한 물고기, 애견 카페, 엄청 두꺼운 팬케이크. 하루 관광으로 이렇게 많은 것을 보고 체험했다면 더없이 알찬 하루였다 싶다.

26.

기적의
된장

미국 음식 전문 기자 해럴드 맥기는 요리의 과학, 역사, 문화 등을 논한 역작 『음식과 요리에 관하여On Food and Cooking』에서 된장국에 대해 다음과 같이 말했다.

……된장국은 입뿐만 아니라 눈도 즐거운 먹거리다. 완성된 국을 그릇에 담으면, 된장 입자들이 고르게 퍼져서 전체적으로 국물이 흐릿해진다. 그러나 움직이지 않고 가만히 놔두면, 입자들이 그릇 가운데로 모여 작은 구름 같은 모양이 된다. 구름은 가만히 있지 않고 천천히 형태가 변한다. 구름은 그릇 안에서 일어나는 대류 현상 때문에 나타나는 일종의 대류환對流環이다. 그릇 바닥에서 뜨거운 액체가 국물 안에 수직의 기둥을 만들면서 위로 올라왔다가, 표면에서 일어나는 증발 현상으로 차가워지면 밀도가 높

아져 다시 내려간다. 바닥으로 내려가면 다시 온도는 높아지고 밀도는 낮아져서 위로 올라오는 과정이 반복된다. 된장국은 여름 하늘에서 수직으로 발달하는 적란운을 만들어내는 과정을 식탁에서 보여주고 있는 것이다.

근사하지 않은가?

쓰지 시즈오는 저서에서 된장에 대해 이런 말을 했다. "여러 면에서 된장이 일본 요리에서 하는 역할은 프랑스 요리에서 버터, 이탈리아 요리에서 올리브기름이 하는 역할과 같다." 하지만 내가 된장에 대해 알고 있는 바에 따르면, 쓰지의 설명이 썩 정확하지는 않은 것 같다. 예를 들면 된장은 음식을 볶는 데 쓰이지 않으며, 소스에 광택을 더하는 용도로도 쓰이지 않는다. 하지만 일본 식탁에서 된장이 없는 곳 없이 곳곳에 존재한다는 점에서는 쓰지 시즈오의 말이 옳다. 지금도 일본인 절반 이상이 아침 식사용으로 끓인 된장국 냄새를 맡으며 잠에서 깬다. 말하자면 그들에게 된장국은 우리에게 갓 구운 토스트와 커피 같은 것이다.

사실 나는 아직도 된장이라고 하는 진득진득한 물질에 대해서는 긴가민가한 의구심을 품고 있다. 당연히 나는 된장국에서 된장 맛을 봤다. 또한 어딜 가나 있는 퓨전 요리인 된장에 절인 대구 요리도 먹어봤고, 교토의 두부 요리 전문 식당에서는 된장 양념을 묻혀 석쇠에 구운 덴가쿠라는 요리도 먹어 보았다. 땅콩이 연상되는 고소하고 풍부한 맛에 복잡한 신맛이 더해진 된장은 매번 더없이 맛있었다. 그러나 동시에 혐오감과 호기심을 같은 강도로 불러일으키는, 발효 음식 특유의 하수구 냄새 같기도 하고 방귀 냄새 같기도 한 것 역시 살짝 느껴졌다.(송로버섯, 충분히 오래 매달아놓은 동물의 고기, 로크포르 치즈, 긴스터즈의 고기파이 등등의 수많은 맛있는 식품이 그렇듯이.)

토니 플렌리의 된장 공장은 우주선 모양으로 지어진 오사카 돔 경기장 바로 옆, 그늘에 자리 잡고 있었는데 공장에 들어가기도 전부터, 된장에 대한 이런 생각들 그리고 그 이상으로 심한 현실이 확인되었다. 변기가 역류했을 때와 같은 지독한 냄새의 정체가 도대체 뭡니까?

"아아, 예에, 하수구 냄새입니다. 죄송합니다." 토니가 사무실로 쓰는 간이 건물로 안내하면서 한숨을 쉬었다. 50대 초반의 영국인인 토니는 키가 크고 활기가 넘치는 사람이었다.

"휴~. 정말 다행입니다. 나는 된장 냄새인 줄 알았네요." 내가 웃으며 말했다.

"아. 맞습니다. 된장 냄새 맞아요." 토니가 말했다. "공장 폐수를 한동안 보관하고 있어야 한답니다. 폐기물을 침전시킨 다음에야 하수구로 흘려보낼 수가 있지요. 시의회에서는 여기서 하는 일을 제대로 이해하지 못합니다. 우리가 박테리아를 사용하기 때문에 폐수를 곧장 하수구로 흘려보내지 못하게 하는 겁니다. 좋은 박테리아라고 말해봤지만 듣지를 않습니다."

토니의 설명에 따르면 된장에는 크게 세 종류가 있다. 콩, 소금, 쌀로 만든 된장, 콩, 소금, 보리로 만든 된장, 콩과 소금만으로 만든 된장. 된장 종류에 따라 진한 적갈색부터 연한 베이지까지 색깔도 달라진다. 색깔이 연하면 단맛이 살짝 강한 반면, 붉은색 된장은 풍부하면서도 훨씬 더 강한 맛을 풍긴다. "붉은색이 강할수록 아미노산이 많아서 몸에 좋습니다. 하루에 한 그릇을 먹으면 암을 예방해준다고 하지요. 참, 일본에서는 된장국을 '마신다'고 하지 않고, '먹는다'고 말한답니다. 보통 안에 채소, 두부, 생선 등이 가득 들어 있기 때문이지요."

일본에는 2000개가 넘는 된장 공장이 있고, 지역에 따라 맛이 다르기 때문에 그야말로 무궁무진한 된장의 종류가 있다. 80퍼센트 정도가 쌀된장米味噌, 즉 쌀과 콩으로 만든 된장이다. 일본 어로는 고메된장이라고 한다. 규슈 지방에서는 보리와 콩을 사용하기도 하는데 이것이 보리된장麥味噌이다. 한편 나고야에서는 오직 콩만 써서 된장을 만드는데 이것이 바로 콩된장豆味噌이다. 도쿄의 된장은 예로부터 진한 적갈색에 달고 맛이 강하다. 반면 미야기 현의 센다이仙臺 된장은 짠맛이 강하다. 교토의 된장은 예상대로 곱고 부드러우며 색깔도 희멀건 크림색이다. 오사카에 공장이 있는 토니 역시 오사카 특유의 달콤한 백된장을 만든다. 토니는 어떤 재료를 쓰느냐, 재료를 증기에 찌느냐 물에 넣고 삶느냐, 얼마나 오래 발효시키느냐(어떤 것은 2년에서 3년이 걸리기도 한다) 등이 모두 된장의 색깔과 맛에 영향을 미친다고 설명했다.

물론 최상품 된장을 만들려면 풍부한 경험, 그리고 쌀, 콩과의 깊은 교감이 필요하다. 소금의 양은 어떻게 할지, 쌀이나 보리를 사용할 경우 콩과의 비율을 어떻게 할지, 최적의 발효 시점은 언제인지 등을 판단해야 한다. 누룩이 쌀에서 번식을 시작하면 쌀의 온도가 올라가는데 섭씨 40도 이하로 유지해야 한다. 누룩의 효소가 먼저 녹말을 당분으로 바꾸고 이어서 콩을 아미노산으로 분해한다. 백된장에서는 당분이 중요한 반면, 아미노산은 적된장에 맛을 더해준다.

토니가 공장을 구경시켜주었다. 여러 가지 파이프와 밸브, 수조, 숫자판들이 있는 상당히 원시적인 창고였다. 말하자면 최첨단 시설이나 장비와는 거리가 있는 아주 기초적인 것들이었다. 된장을 만들려면 기본적으로 커다란 통, 분쇄기, 밥 찌는 기계, 콩 삶는 기계, 누룩을 발효시킬 방이 필요하다. 그것이 전부다. 사케와 (원래 된장 제조 과정에서 나오는 부산물인) 간장이 그렇듯이 된장에서 무엇보다 중요한 마법의 재료는 역시 누룩이다. 누룩은 된장 제조를 목적으로 별도로 배양한 아주 귀한 곰팡이다. 누룩은 찐 쌀이나 보리, 콩에서 번식하면서 발효를 유발하는 일종의 촉매, 즉 발효제 역할을 한다. 소금을 넣고 콩과 누룩이 골고루 섞이면, 혼합물 위에 누름돌을 올려 공기와의 접촉을 최소화한다. 그런 상태로 백된장의 경우 2~3주, 적된장의 경우 1~2년을 둔다. "이런 과정의 속도를 높일 수도 있습니다." 토니의 설명이다. "하지만 그렇게 하면 맛이 별로 없지요. 그래서 우리는 정석대로 합니다. 자연스러운 발효 과정을 거치는 것이지요." 적절한 발효가 이뤄지면 보통은 콩을 곱게 으깨어 반죽처럼 만든다.(일본의 일부 지역에서는 그대로 사용하거나 갈아서 쓰기도 한다.) 그리고 발효 과정을 멈추기 위해 증기로 쪄준다. 이렇게 만들어진 된장은 구매한 뒤 냉

창고에서 6개월간 보관이 가능하다.

만드는 과정은 단순해 보이지만 (땅콩버터와 비슷해 보이는 갈색의) 결과물은 상당히 복잡한 물질이다. 여기에는 아미노산 외에 젖산도 포함되어 있는데, 이것이 글루탐산 맛에 균형을 잡아주고 된장 보관에도 도움을 준다. 건강 측면에서 보자면, 된장은 양질의 단백질과 미네랄 공급원일 뿐만 아니라 콜레스테롤 저하 성분도 포함하고 있다. 또한 원래 콩에 들어 있던 산화 방지 성분이 발효 과정에서 한층 더 강화되는 것으로 보인다. 된장 섭취와 암 발병률 감소, 특히 유방암 발병률 감소 사이에는 긴밀한 관계가 있다. 콩에만 있는 산화 방지 성분인 이소플라본의 존재 덕분인 것으로 추정된다.이소플라본은 여성호르몬인 에스트로겐과 비슷한 기능을 담당하는 콩 단백질의 하나이며 대두에 많이 들어 있다. 예를 들면 체르노빌 원전 사고 소식을 들었을 때도 일본인들은 현지에 된장을 보내주었다는 이야기가 있다. 그만큼 된장의 효능을 신뢰한다는 의미다. 27만 명을 대상으로 실시한 연구 결과에 따르면, 된장국은 위암 발병률을 낮추는 데도 기여하는 것으로 나타난다. 된장이 장에서 여러 독소를 제거하기 때문으로 생각된다. 일부 과학자는 된장이 세포 지질脂質의 산화를 억제해 노화를 늦춘다고 믿는다. 양념으로 사용할 경우, 된장은 소금이나 간장을 사용했을 때보다 나트륨 섭취를 낮춰주는 효과도 있다.

얄궂은 것은 세계가 된장의 기적적인 효능을 깨닫기 시작한 시점에 일본인들은 오히려 등을 돌리고 있다는 점이다. 과거 수십 년 동안 된장 수출이 두 배로 증가한 반면, 일본 내의 인기는 점점 더 시들해지고 있다. 서양식 식사에 익숙해지면서 일일이 요리할 시간이 없다고 생각하는 일본인이 점점 더 늘고 있다. 이런 영향으로 된장 소비량은 1980년대 58만 톤에서 요즘은 연간 50만 톤으로 떨어졌다.

토니에게 역시 콩으로 만든 발효식품인 낫토에 대해서도 이것저것 물어봤다. 낫토는 예로부터 일본인이 즐겨 먹던 건강한 아침 식사 메뉴였다. 낫토는 적당히 발효시킨 콩으로 만드는데, 끈적끈적 덩어리지고 집으면 하얀 점액질이 실타래처럼 늘어나는 토사물 비슷한 모양에 흙에 오래된 치즈를 섞은 것 같은 미묘한 맛이 난다. 나는 삿포로 호텔 조식 뷔페에서 생애 처음이자 마지막으로 낫토를 맛보았다. 나한테 특히 정이 안 갔던 부분은 집으려고 하면 좀처럼 떨어지지 않고 따라 올라오던 끈적끈적한 흰색 점액질이었다. 낫토는 역겨운 냄새가 나는 열대 과일 두리안, 송로버섯 등과 함께, 지구상에서 평가가 가장 극단적으로 나뉘는 음식이 아닐까 싶다. "낫토를 만들 때는 된장과는 다른 발효균을 사용합니다." 토니가 설명했다. "우리 공장에서는 낫토를 만들지 않습니다. 사실 된장과 낫토를 한 장소에서 만들면 절대 안 된다고 하더군요. 낫토 발효균이 워낙 강해서 된장 누룩에 영향을 줄 수 있답니다."

된장 요리를 위한 팁이 있다면? "엄청 많지요. 된장에 미림과 겨자를 섞어서 찍어 먹는 양념장으로 사용해도 됩니다. 덴가쿠를 만들 때는 적된장과 백된장을 섞어서 두부 위에 바르고 구우세요. 나는 칠리 콘 카르네소고기, 강낭콩, 토마토 등에 칠리 가루를 넣고 끓인 매운 스튜에도 초콜릿 대신 된장을 사용합니다. 서양식 스튜를 만들 때 소금 대신 양념으로 써도 좋습니다. 진정한 천연 글루탐산 나트륨 공급원이니까요. 다만 기억할 것은 백된장에는 5~6퍼센트의 염분이, 적된장에는 10~12퍼센트의 염분이 들어 있다는 사실입니다. 적된장 애플케이크도 맛있고, 백된장은 그라탱에도 잘 어울립니다. 런던 일부 식당에서는 된장을 넣은 돼지고기 요리를 판다고 들었습니다. 된장과 돼지고기는 음식 궁합이 좋기로 유명하지요. 된장 아이스크림을 만들어본 적도 있습니다." 집에 돌아가서 실험해본 결과 토마토소스에 디저트용 스푼 하나 정도의 된장을 넣으면 정말 맛있었다. 요리의 맛을 풍부하게 하려고 쓰는 고형 수프 대신 된장을 사용해도 효과가 좋았다. 또한 식초, 물, 설탕, 마늘, 참깨 등과 된장을 섞으면 맛있는 샐러드드레싱이 된다.

영국인으로 오사카에서 된장 공장을 경영하는 독특한 이력을 가진 토니의 개인사에 대해서도 이야기를 들을 수 있었다. 원래는 영어 교사로 일본에 와서 20년째 살고 있었다. 일본어도 유창해서 일본 여자와 결혼하게 되었다. 100년 전에 오사카에 된장 공장을 처음 세운 것도 아내의 집안사람들이었다. 된장 공장은 워낙 전통이 강한 영역이다보니 처음에 장인, 장모는 딸이 외국인과 결혼한다는 사실 자체를 반대했다. 어떻게 반대를 극복하셨나요? "내가 딸을 데리고 야반도주할 몹쓸 위인이 아니라는 것을 깨닫고는 조금씩 누그러지기 시작한 것 같아요. 게다가 장인은 나처럼 술꾼이었습니다. 그런 면에서 잘 맞았지요. 일본에서는 아들에게 회사를 물려주기 전에 다른 회사에서 공부하고 경험을 쌓게 합니다. 저도 그렇게 했지요. 10년이 지나고 장인께서 많이 약해지시자 내가 단골 고객 관리를 맡기 시작했습니다. 장인이 3년 전에 돌아가신 다음에는 내가 온전히 이곳을 맡게 되었지요."

"사실 된장 만드는 일을 하기 전에도 나는 항상 발효에 관심이 많았습니다. 열두 살 때는 직접 진저에일을 만들었습니다. 설탕을 많이 넣으면 알코올 맛이 강해진다는 것을 알아냈지요![토니는 오사카에서 매년 개최하는 맥주 축제 운영도 돕고 있다.] 쿠웨이트에서 2년 동안 영어를 가르친 적이 있는데 당시 지하실에서 와인을 만들어 먹곤 했습니다. 다음에는 요구르트를 만들었고, 지금은 빵을 만듭니다."

영국인 된장 공장 사장을 보는 회사 고객들의 반응은 어떨까? "반감을 가진 사람들도 예의상 말을 안 하는 것 같지만 여전히 문제는 되고 있지 않나 싶습니다. 사실 엄청 힘든 직업입니다. 고베 대지진[1995년에 발생했던 한신 대지진] 때도 정말 힘들었습니다. 이곳은 만 건너편에 있지만 적지 않은 피해를 입었습니다. 원래 공장은 그때 망가졌습니다. 지금은 주차장으로 바뀌었지요. 지진 당시 나는 13층에 위치한 집에 있었는데 집 안의 사기그릇들이 모두 깨질 정도로 충격이 컸습니다." 보아하니 지금 공장이 건설된 토지 역시 그리 튼튼하지 않은 듯싶었다. "도로 저편에 있는 오사카 돔에서 콘서트가 있을 때마다 진도 3에 맞먹는 진동이 느껴진다니까요!"

토니가 접시에 여러 종류의 된장을 꺼내놓고 맛을 보라고 했다. 하얀 것은 효모 맛이 느껴지고 달았다. 1년 발효시켰다는 적된장은 약간 짜고 영국인들이 즐겨 먹는 이스트 추출물인 마마이트 맛이 났다. "그래요! 맞는 말씀입니다. 그래서 빵에 발라 먹는 된장을 만들면 어떨까 생각 중입니다. 괜찮지 않을까요? 어떻게 생각하세요?"

나도 찬성이라고 말했다. 마마이트를 먹는 사람이라면 분명 된장도 좋아할 것이다. 다음으로 2년 동안 발효시킨 된장을 먹어봤다. 톡 쏘면서 타는 듯한 강렬한 맛이 났다. "그렇죠. 지금은 전혀 희석하지 않고 먹었으니까요. 국에는 아주 잘 어울립니다. 입안을 개운하게 해주는 효과도 있습니다. 사실 그것이 된장국이 해야 하는 역할이지요. 그러므로 식사 마지막 단계에서 된장국을 먹어야 좋습니다. 식당에 가면 다른 요리와 함께 나올 때도 있는데 남겨두었다가 마지막에 먹으라는 의미랍니다. 가이세키 식당에서는 마지막에 된장국만 따로 내놓습니다." 다음 순서는 하얀 보리된장이었는데 달면서 살짝 파인애플 맛이 났다. "오사카에서 인기 있는 된장입니다. 오사카 사람들은 단것을 정말 좋아한답니다."

토니와 나는 오사카와 일본생활에 대해서 좀더 폭넓은 이야기를 나누었다. 친절하게도 토니가 어시장에 있는 지인들을 소개해주었고, 덕분에 동트기 전에 참치 경매를 보러 갈 수 있게 되었다.(이곳 어시장은 일본에서 두 번째 규모다.) "당장 가시죠. 구경시켜드리지요." 토니가 말했다.

시장은 공장을 기준으로 치면 도시 반대쪽에 있었기 때문에 토니의 도요타를 타고 갔다. 지인들을 소개시켜준 뒤 토니는 시장 안에 있는 자기가 좋아하는 식당에서 점심을 먹자고 했다. 2층에 위치한 어두침침한 식당이었는데 부두 인부와 상인들로 만원이었다. 다들 토니를 오랜 친구처럼 반겼다. 우리는 커다란 정사각형 쇠통 앞에 설치된, 카운터에 자리를 잡았다. 통에는 탁한 갈색 액체가 들어 있었고, 정체 모를 음식 몇 개가 둥둥 떠 있었다.

"오뎅을 먹어본 적이 없다니 어떻게 된 겁니까!" 나의 찡그린 표정이 무슨 의미인지를 정확히 간파하고 토니가 말했다. "정말 맛있어요. 꼭 먹어봐야 합니다." 오뎅은 일본식 스튜 같은 것으로 여러 가지 건더기가 들어간, 먹으면 몸이 따뜻해지는 요리다. 안에 들어간 건더기를 보면 두부, 각종 고기, 우엉, 무, 감자, 어육 완자, 다시마, 삶은 달걀 등등이 있다. 흥미로운 곤약도 볼 수 있다.(곤약은 분말 상태의 구약나물 땅속줄기로 만든 것으로 무맛에, 고무처럼 질긴 식감은 고기를 연상케 한다.) 요리사의 손에 잡히는 것은 무엇이든 국물 안에 넣는 듯했다. 좋은 오뎅은 영원하다는 말이 있다. 쇠통 안에 국물이 멈추지 않고 끓고 있다는 의미다. 매일 기존 국물 위에 새로운 국물을 넣어주면 되기 때문이다.

요리사가 몇 가지 맛있는 작은 건더기들을 꺼내주었다. 튀긴 두부, 연한 돼지고기, 무, 삶은 달걀 등등. 맛있었다. 실제 요리의 질이라기보다는 애초 기대가 낮아서 더 맛있게 느껴지지 않았나 싶은 생각도 들기는 했지만.

오사카 사람들은 친절하고 인심이 좋다. 이국 출신 사위라고 해도 예외는 아니었다.(토니는 한사코 자기가 돈을 내겠다고 우겼다.) 이튿날 저녁 나는 오사카 사람들의 이런 특징을 더 분명하게 경험하게 된다. 지인의 지인인 현지의 미식가들을 만났을 때였다. 이들은 자기네 미식 수첩에 기록된 몇몇 식당을 알려주기로 했다.

우리는 국립분라쿠극장 앞에서 만났다. 40대 초반으로 추정되는 히로시는 캉골 사의 납작 모자에 편안한 티셔츠를 입고 있었다. 함께 나온 지아키라는 작고 예쁜 여자도 비슷한 나이대로 보였다. 둘은 일본인에게서 흔히 보이는 소심하고 수줍은 태도로 자기소개를 했지만, 음식 이야기가 시작되자 그런 태도는 씻은 듯이 사라졌다. "오사카 사람들은 한날 저녁에 여러 식당을 돌면서 먹는 것을 좋아합니다." 히로시가 짓궂은 윙크를 날리면서 말했다. 알고 보니 그냥 한 말이 아니었다. 그날 저녁 우리는 여섯 군데나 되는 식당을 돌면서 저녁 식사를 해야 했다. 그렇다고 스페인에서 간식이나 전채로 먹는다는 타파스 같은 요리를 여러 가지 먹었다는 말이 아니다. 타파스처럼 작은 접시에 소량 나오는 요리가 아니라 제대로 된 요리를 여섯 가지나 먹었다.

우선 앞에서 직접 구워주는 정말 맛있는 오코노미야키를 먹었다. 오래된 허름한 가게로 철판에는 까만 기름때가 두껍게 끼어 있었다. 히로시가 오사카에서 여기가 최고라고 했는데 내가 보기에도 확실히 그랬다. "오사카 사람들은 주걱으로 먹는 것을 좋아하지요." 지아키가 쇠주걱으로 오코노미야키를 자르면서 말했다. "오사카 사람들은 항상 바쁘고 성질도 급하니까요." 그날 저녁 일본과 영국의 월드컵 경기가 있어서인지 종업원은 럭비 이야기에 나를 끌어들이려고 열심이었지만, 나는 그가 오코노미야키에 바르는 양념장에 훨씬 더 관심이 많았다. "비밀 레시피지요." 종업원이 작게 속삭이고는 웃었다.

분명히 말하거니와 그날 저녁 우리 일정은 결코 건강에 좋은 식사 방법이 아니었다. 하지만 일본인은 우리네만큼, 아니 어떻게 보면 우리 이상으로 식도락을 즐기는 법을 알고 있었다.

이어서 들른 곳은 다루마라는 가게로 일본에서 가장 유명한 구시카쓰串カツ 식당이다. 오코노미야키가 세계적으로 인기를 끌지 못하는 이유가 나로서는 이해되지 않는다고 했는데 구시카쓰도 마찬가지다. 이렇게 맛있는 구시카쓰가 세계인의 마음을 아직까지 홀리지 못한 이유를 나로서는 도무지 설명할 수가 없다.(구시카쓰는 육류, 생선, 채소 등을 꼬치에 끼워서 빵가루를 묻혀 튀겨내는 요리다.) 구시카쓰는 어느 모로 보나 훌륭한 오사카 패스트푸드 중 하나로, (상당히 유사한) 튀김, 꼬치구이 등과 함께 일본을 대표할 세계적인 요리 자리를 놓고 겨루기에 손색이 없다. 구시카쓰에는 특별한 반죽과 한입 크기의 채소, 해산물, 육류 등에 듬뿍 발라 먹는 아주 특별한 양념장이 사용된다. 특히 양념장은 단맛이 풍부하면서 그야말로 새까만 색깔이다.

구시카쓰의 비밀은 반죽에 있다. 다루마는 으깨어 걸쭉하게 만든 참마, 밀가루, 달걀, 물에 열한 가지나 되는 향신료를 특별하게 섞어서 만든다. 이렇게 만든 반죽은 튀겨지는 내용물이 무엇이든 얇고 바삭바삭한 튀김옷을 만들어낸다. 우리는 소고기,

새우, 메추리알, 방울토마토, 아스파라거스, 닭고기, 가리비 등을 먹었다. 꼬치는 190도의 쇠기름에서 튀겨진다. 찍어 먹는 양념장은 카운터에 놓인 공용 그릇에 담겨 있었는데, 영어로 'No double dipping'이라는 경고 문구가 쓰여 있다. 공용이다보니 위생 관리 차원에서 꼬치 하나에 한 번씩만 찍어 먹도록 한 모양이었다.

다루마는 1960년대 세워진 오사카의 명물 쓰텐카쿠通天閣 전망탑 바로 옆에 있다.(전망탑은 수족관, 페리스휠과 함께 일본 대도시에 반드시 있는 상징적인 건물이다.) 하지만 알고 보면 오사카의 상징이자 관광 명소로 자리 잡은 쓰텐카쿠보다도 훨씬 더 오랜 역사를 자랑한다.(1929년에 처음 문을 열었으니 역사가 80년이 넘는다.) 우리는 열린 주방 앞에 설치된 카운터에 자리를 잡았다. 주방 직원들이 좁은 공간에서 몸을 굽혔다 펴고, 바삐 이리저리 돌아다니는 동안 바닥에 흘리는 물이 우리 발에 튈 정도로 가까웠다. 작고 허름한 가게일지 모르지만 구시카쓰라는 요리를 접하고 이해하기에 이보다 더 좋은 장소는 없었다. 메추리알과 토마토 구시카쓰는 정말 끝내주는 맛이었다. 얇고 바삭바삭하면서 사포로 문지른 것처럼 매끄러운 튀김옷이 입안에서 오도독 소리를 내면서 갈라지면, 그대로 녹을 듯이 보드랍고 맛난 내용물이 드러난다. 꼬치 하나 가격이 1000원을 넘지 않아서 가격 부담까지 없었기에 과식하기 딱 좋은 상황이었다. 마구 먹고 싶은 욕구를 그나마 억눌러주는 건 이러다 병원에 가게 될지도 모른다는 우려였다.

"다른 곳에 또 갈 계획인가요? 그렇다면 그만 먹는 것이 좋을 것 같아서요." 나름 의지를 다지며 히로시에게 물었다. 히로시가 다른 곳에 갈 계획이 있다고 했지만 정작 나는 멈출 수가 없었다. 꼬치와 맥주가 계속 나왔다. 우리가 가게를 나온 오후 6시경에 이미 가게 앞에는 긴 대기 줄이 만들어지고 있었다. "매일 저녁 사람들이 몇 킬로미터나 줄을 서서 기다리지요." 히로시가 말했다. 요리사가 히로시에게 페란 아드리아가 최근 여기 와서 먹고 갔다고 말했단다.(이쯤 되니 내가 일본에 와서 페란 아드리아를 스토킹하고 있다는 느낌이 들었다. 내가 가는 곳마다 그의 이름이 등장하니 말이다.)

맥주를 대여섯 잔째 마신 뒤부터는 그날 저녁 일이 흐릿해지기 시작했다. 하지만 시내에 위치한 대형 식품매장인 신세계 마켓에 갔던 것, 이어서 요즘 오사카에서 유행인 서서 술을 마시는 스탠딩 바에 갔던 것은 분명하게 기억한다. 거기서 우리는 오사카 사람들의 특징에 대해서 이런저런 이야기를 나눴다. "오사카 사람들은 친절합니다. 그리고 유머 감각이 있지요. 저렴하고 질 좋은 음식을 좋아하고요." 지아키가 말했다. "오사카 사람들의 특성을 통해 도시의 역사를 알 수 있지요. 우리는 상업을 중시하는 사람들입니다. 외향적인 성격에 사업할 때는 칼 같지만 공정하고 모험정신이 강하지요. 우리는 매우 현실적이며, 교토 사람들처럼 허세나 가식이 없습니다. 말을 할 때도 직설적이고 요점만 간결하게 표현하는 편이지요. 무엇이 됐든 손 놓고 기다리는 것은 있을 수 없는 일이지요!"

나의 새로운 친구들도 점점 더 솔직해지고 있었다. 알고 보니 히로시는 배우였다가 지금은 TV 버라이어티 쇼와 주간 음식 프로그램 작가로 글을 쓰고 있었다. 음악 프로듀서인 지아키는 남편이 세계에서 세 손가락 안에 꼽히는 만돌린 연주자라고 했다.

그들은 오사카에서는 회사 사장부터 도로 보수 일을 하는 막노동꾼까지 모든 사람이 이런 바에 서서 나란히 식사를 한다고 말했다. 나는 말랑말랑하면서 퍼석퍼석한 갯장어를 주문하고 거기에 마늘된장으로 간을 한 도미를 추가했다. 이어서 생강과 파로 양념한, 제법 큰 삼각형 모양의 튀긴 두부가 나왔다.

설상가상으로 이때 주류마저 섞이면서 더 취기가 돌아 정신이 없어졌다. 처음에는 커다란 텀블러에 담긴 고구마 소주가 나왔다. 맛있었지만 주변 모든 것이 더 흐릿해졌다. 이때 침전물이 가득한 우유 같은 사케가 나왔다.(이것이 나마사케生酒, 즉 저온 살균하지 않은 사케였을 것이다.)

히로시는 지역 신문에 이 바에 대한 글을 쓴 적이 있다. 100년 가까운 역사를 자랑하며 같은 집안에서 삼대째 운영하고 있는 가게다. 우리 뒤쪽 벽에 걸린 액자에는 히로시의 기사와 현재 주인의 아버지 사진이 들어 있었다. 주인은 아버지가 지난주에 돌아가셨다고 말했다. 주인의 어머니가 주방에서 나왔다. 작은 몸집에 남편을 잃은 슬픔이 가시지 않은 모습이었지만 이내 표정을 가다듬으며 스스로 의지를 다지는 한마디를 했다. "삶은 계속되는 것이고, 사람은 먹어야 사는 것이니까요." 주인의 열 살 먹은 딸이 다른 손님에게 가져다줄 맥주를 따르는 사이 주인은 우리

앞에서 커다란 칼로 역시 커다란 무를 깎았다. 크고 뭉툭한 무와 크면서도 날카로운 칼이 묘한 대비를 이루고 있었다. 과일 껍질 깎듯이 바깥쪽부터 얇게 깎아내는 식인데 가쓰라무키桂剝き, 즉 '깎아썰기'라는 기법이다. 가쓰라무키 기술은 한 손으로 달걀 깨기, 팬케이크 뒤집기처럼 좋은 일식 요리사가 되는 기본 기술로 여겨진다.

다음은 지아키가 고른 우동 가게였다. 우리 여정의 마지막 단계이기도 했다. 솔직히 나는 우동 가게에는 가지 말자고 했다. 배가 몹시 불렀고 상당히 취한 상태였던 것이다. 하지만 지금은 지아키가 나를 설득해 데려가준 것에 무척 감사한다. 지아키가 좋아하는 우동집에서 그야말로 천국을 맛보았기 때문이다.

그것은 다시 국물 안에 바삭바삭하게 튀긴 작은 만두가 떠 있는 간단한 요리였다. 대화는 좀더 개인적인 방향으로 흘렀다. "마이클", 히로시가 내게 물었다. "당신이 좋아하는 음식은요? 인생의 마지막 식사는 무엇으로 하고 싶어요?"

나는 잠시 말이 없었다. 알랭 뒤카스나 조엘 로부숑 같은 유명 요리사의 식당에서 공들여 만든 화려한 요리가 좋을까, 아니면 본고장 영국의 구운 소고기 요리가 좋을까? 생굴, 랍스터, 프라이팬에 가볍게 볶은 푸아그라 등도 떠올랐고, 일본에서도 기억에 남을 식사를 많이 했으므로 그것들 중 어느 것이라도 충분하리라. 그러나 사실 바로 그 순간, 나는 눈앞에 있는 다시 국물보다 더 맛있는 어떤 요리도 먹어본 적이 없다는 생각이 들었다. 그것은 신선한 완두콩처럼 달콤하면서도, 바다의 풍미가 복잡하게 결합되어 있었다. 국물 안의 만두를 먹기 시작하면 돼지고기와 조금은 자극적인 파와 허브의 향기가 입안에 퍼지면서 만족감이 밀려든다. 당시 상당히 취한 상태였지만 눈앞의 다시 국물이 그때까지 먹어본 어떤 요리보다 더 맛있었다는 사실만은 지금도 분명하게 기억하며, 지아키와 히로시에게도 그렇게 말했다. 내 말을 듣고 둘은 활짝 웃었다. 부디 내가 예의상 그런 말을 했다고 생각하지 않기를 바랄 뿐이다.

이렇게 맛있는 국물을 어떻게 만드는 것인지 알아야 했다. 나는 탁자에서 일어나 어안이 벙벙해 있는 저녁 식사 친구들을 무시하고 비틀거리며 주방으로 들어갔다. 물론 일본인은 절대로 하지 않는 행동이다. 하지만 흔히 그렇듯이 외국인이어서 무지하고 무례하다는 암묵적인 이해가 각종 금지 구역에 대한 통행증이 되기도 한다. 그리고 나는 필요할 때는 그런 부분을 십분 활용했다. 쉽지는 않았지만 요리사에게 내 궁금증을 전달하는 데 성공했고, 다시마 국물에 넣어 끓이는 세 가지 말린 생선을 볼 수 있었다. 가다랑어, 정어리, 고등어였다.

천국의 맛을 느끼게 해준 우동 가게를 끝으로 그날 하루의 음식점 순례가 끝났다. 그날 열 시간여 동안 보통 일주일 내내 먹을 것보다 더 많은 양을 먹었다.(그래. 솔직해지도록 하자. 일주일 분은 아니고 이틀분이다.) 그날 밤 내가 어떻게 호텔에 돌아왔는지 모르겠다. 어디어디를 다녔는지 여정은 제대로 기억하지 못하지만 확실하게 기억하는 것은 하나 있다. 진정한 오사카 사람인 지아키와 히로시는 결코 내게 돈을 내게 하지 않았다는 것이다.

길 잃은
영혼들의 숲

평생 그곳만큼 사람을 불안하게 만드는 장소는 처음이었다. 그러나 애스거와 에밀이 뭔가 이상하다는 느낌을 갖기 시작했기 때문에 아이들을 다독이기 위해서라도 나는 애써 쾌활한 표정을 지어야 했다. 숲으로 점점 더 깊이 들어가면서 저편에 있는 리슨의 얼굴을 흘끗 봤다. 아내 역시 나처럼 아무렇지 않다는 용감한 얼굴을 하고 있었다. 하지만 길을 밝혀주는 촛불들이 명멸하는 순간 칠흑 같은 덤불을 쏘아보는 아내의 불안한 시선을 나는 보고 말았다. 죽은 아이들의 영혼을 달랜다는 석상들의 무표정하고 공허한 얼굴이 우리를 마주보고 있었다. 춤추는 불빛에 휩싸인 채로.

바로 그때 나는 에밀이 보이지 않는다는 것을 알았다.

후지 산 기슭에는 연간 3만4000명에 달하는 일본의 자살자들

중 다수가 죽으러 간다는 장소가 있다. 아오키가하라青木ヶ原 숲인데 대기 자체가 고통받은 영혼들로 가득 차 있다고 한다. 1년에 두 번 일대를 청소하는 사람들이 숲을 샅샅이 훑으며 시체를 수거하는데, 부패 상태도 다양한 시체들이 보통 70구가 훌쩍 넘게 발견된다고 한다.

물론 우리 가족이 아오키가하라에 있는 것은 아니었다.(내가 미치지 않고서야 밤에 거기에 갈 턱이 있는가?) 우리는 고야 산 정상에 위치한 길 잃은 영혼들의 숲에 있다는 고승의 묘지를 찾아가는 길이었다. 하지만 을씨년스러운 분위기 때문에 가는 내내 아오키가하라 생각이 머릿속에서 떠나지 않았다. 물론 이럴 줄 모르고 시작한 여정이었다. 일찍 저녁을 먹은 터라 초저녁의 기분 좋은 산책이 되리라 생각하고 나선 길이었다.

우리는 그날 낮에 백향목과 삼나무 등의 침엽수림으로 둘러싸인 신성한 산의 고원에 도착했다. 해발고도는 2800미터였다. 고야 산은 이름을 말할 때조차 존경심을 느낄 만큼 일본인들이 신성하게 여기는 산이며, 일본 문화의 정신적인 중심지 역할을 하는 곳이다.

사실 이곳은 지리적으로도 일본의 중심에 위치한다. 오사카에서 기차를 타고 남쪽으로 세 시간을 달려서 짧은 시간이지만 탁탁 둔탁한 소리를 내는 케이블카를 타고 수직으로 올라와야 하는 곳이다. 케이블카를 타고 올라가는 여정이 끝도 없을 것처럼 느리고 어딘지 모르게 둔하기도 해서 현대화된 일본으로부터 해방되는 그런 느낌이 들었다. 그렇다. 고야 산은 분명코 일본에서 가장 현대적이지 않은 곳이다. 바깥세상과 너무 달라서 다소 충격을 받을 만큼.

고야 산은 일본 불교의 지도자이자 학자, 만물박사이기도 했던 '고보 다이시', 즉 홍법대사弘法大師가 입적한 곳이다. 서기 804년 서른한 살의 홍법대사(당시 이름은 구카이空海)는 중국 당나라로 건너가 훗날 일본에서 진언종眞言宗이라고 알려지는 밀교密教를 공부하고 돌아온다. 진언종은 일종의 '속성 불교' 같은 것이다. 진언종은 일순간에 깨달음을 얻는다는 소위 돈오頓悟를 가르쳤고, 이는 벌레, 소 등으로의 성가신 환생 단계를 거치지 않고도 깨달음에 이를 수 있다는 의미였기 때문에 일반 대중에게 강한 호소력을 지녔다. 홍법대사는 816년 당나라에서 돌아와 고야 산에 진언종 본산인 곤고부 사金剛峯寺라는 절을 세웠다. 전하는 이야기에 따르면, 홍법대사는 사찰을 지을 장소를 결정하기 위해 삼지창을 던진 다음 떨어진 곳을 찾아다녔다. 그러다가 머리가 둘인 개를 데리고 다니는 사냥꾼을 만났는데, 그가 삼지창이 고야 산에 떨어졌다고 말해주었다. 11세기부터 고야 산은 교토와 오사카의 상류층 사이에 성지순례지로 인기가 높아졌고, 이런 흐름은 억불정책 속에서도 사라지지 않고 면면이 이어졌다. 여성들의 입산이 허락된 것은 19세기 말에 와서이며, 지금까지도 종교적으로 중요한 역할을 하고 있다.

불교가 들어오기 전에 일본의 중심 종교는 신도神道였다. 신도는 이후의 극적인 쇠락에도 불구하고, 제2차 세계대전 때까지 일본의 공식 국교國教였다. 신도는 일본어로 '가미사마'라고 하는, 세상 만물에 깃들어 있는 신에 대한 숭배를 기본으로 하는 복잡하면서도 여러모로 원시적인 신앙 체계다. 신도에서 창세기에 해당되는 내용에 따르면 남매관계인 이자나기 신과 이자나미 신이 관계를 가져서 인간이 만들어졌다고 한다. 텔레비전 여행 프로그램에서 일본을 소개할 때면 어김없이 등장하는 것이 일본 곳곳에 있는 거대한 남근을 모신 사당인데 이들 신의 결합으로 인한 인간의 탄생을 기리는 의미다. 현재 일본인 중에 신도를 믿는 인구는 2퍼센트 미만이지만 일본 불교가 신도의 여러 요소를 받아들여 통합하는 바람에 신도와 불교의 차이가 흐릿해서 솔직히 헷갈릴 정도다.

현재는 100개가 조금 넘는 사원만 남아 있으나 한때 고야 산에는 1500개에 달하는 사원이 있었다. 상주인구가 7000명에 불과한 고야 산 마을은 연간 100만 명에 이르는 순례자들을 맞느라 1년 열두 달 내내 붐비고 바쁘다.

나야 당연히 그런 순례자는 아니다. 나는 또한 스스로의 영적 중심을 향한 실존적인 여정으로 여러분을 지루하게 만들 생각도 없다. 주된 이유는 내가 그런 것을 갖고 있지 않기 때문이 아닌가 싶다. 물론 나도 가끔은 고상한 생각들을 한다. 예를 들어 마음을 진정시켜주는 발로나 초콜릿 향기에 둘러싸여 있을 때, 혹은 정말 맛있는 크렘 브륄레 위에 얹어진 딱딱한 캐러멜을 깨뜨리는 황홀한 순간에. 하지만 거기까지다. 우리 가족은 종교나 순례와는 전혀 다른 이유로 이곳 고야 산에 왔다. 이곳의 채식 요리를 맛보기 위해서였다. 쇼진 요리精進料理라고 하는 세련된 코스 요리로, 아주 특별한 방식으로 만드는 고야두부高野豆腐가 특히 관심을 끈다. 여기서 말하는 특별한 방식은 바로 동결 건조다. 전하는 이야기에 따르면 어느 승려가 추운 밤 밖에 놔둔 두부가 조직이 바뀌면서 흥미롭게도 스펀지처럼 변하는 것을 발견했다고 한다.(이런 두부는 일반 두부보다 영양가가 훨씬 더 높다.) 수백 년의 세월이 흐르는 동안 쇼진 요리는 아주 복잡하고 세련된 형태로 발전했다.

사실 채소라는 한정된 재료만을 사용해 이렇게 세련되고 고급스러운 요리를 만들어내는 데는 엄청난 노력이 들어간다. 가이세키도 부분적으로는 쇼진 요리에서 발전한 것이다. 하지만 나로서는 쇼진 요리에 지방이 거의 전무하다는 사실이 무엇보다 흥미를 끌었다.

케이블카는 어쩌면 느리고 짜증 가득했을 여정의 하이라이트였다. 애스거와 에밀은 원숭이들을 어서 만나고 싶어 안달이 나 있었다. 어찌된 영문인지 아이들은 '승려monk'가 아니라 '원숭이 monkey'가 우리를 기다리는 주인이라고 결론 내리고 있었다.(솔직히 내가 일부 틀린 설명을 해서 그런 것도 분명 있다.) 그런 상황에서 '원숭이'는 아예 있지도 않은 데다 이틀 내내 명상하는 분위기에서 조용히 지내야 한다는 사실을 알았을 때, 아이들이 느꼈을 실망감을 상상해보라. 그런 충격을 받은 뒤에는 버스를 타고 고야 산 마을로 가는 길에 여기저기 보이던 곰을 조심하라는 경고문조차 아이들을 기운 내게 할 수 없었다.

기독교의 프란체스코회처럼 불교 진언종에도 손님을 환대하는 전통이 있었고, 고야 산에 있는 사원의 절반 정도가 손님용 방을 구비하고 있었다. 일부는 평면 TV, 개인 욕실에 소형 냉장고까지 갖추고 있었다. 문에 붙은 안내문들로 보건대 대부분이 마스터카드로 결제 가능했다. 참배자들이 묵는 사찰 내의 숙소를 슈쿠보宿坊라고 부르는데, 우리가 묵는 슈쿠보는 멋있기는 했지만 다양한 시설을 갖춘 호화 숙소는 아니었다. 우리가 안내받은 슈쿠보는 전통 다다미방으로 낮은 탁자 하나에 쿠션, 전기난로 말고는 사실상 비어 있었다. 여름인데도 밤에는 제법 추웠다.

"텔레비전은 어디 있어요?" 잠시 미친 듯이 텔레비전을 찾은 뒤에 에밀이 물었다.

"안타깝지만 없는 모양이구나." 리슨의 대답을 들은 애스거가 울상을 짓더니 이내 웃음을 터뜨렸다. 엄마 말이 농담이라고 생각한 것이다.

"얘들아! 밖에 나가서 좀 살펴보자. 어쩌면 원숭이들을 발견할지도 모르잖니!" 농담으로 했던 말인데 리슨의 째려보는 눈빛이 예사롭지 않았다.

"……아니면 다른 재미난 것들이 있을지도 모르지…… 초콜릿! 포케몬?" 사실 마지막 말은 될 대로 되라는 심정으로 해본 것이었다.

고야 산에 이런 것들이 있을 리 만무했다. 이곳은 일본에서 보기 드물게 포케몬이 없는 곳이다. 마을은 사원 구역인 가람伽藍과 홍법대사가 묻혀 있는 숲속 묘지인 오쿠노인奧の院으로 크게 구분된다. 가람에는 길지 않은 중심 도로에 주변으로 몇몇

식당과 기념품가게들이 몰려 있었다. 오쿠노인은 묘지이기는 하지만 사람들은 홍법대사가 실제 죽었다기보다는 거기서 잠을 자고 있다고 생각하는 모양이었다. 승려들이 매일 저녁 묘지에 진수성찬을 가져다주니 말이다.

5시 30분까지는 저녁을 먹으러 방으로 돌아가야 해서 낮에는 오쿠노인 안으로 많이 들어가지 않았다. 그때까지만 해도 나는 오쿠노인이 그렇게 으스스하고 무서운 공간이리라고는 생각지 못했다. 그렇다고 낌새가 아주 없었다고 말하기도 그렇다. 아직 밝은 오후의 햇살 속에서도 또렷하게 감지되는 무거운 분위기는 분명 있었다. 공기 자체가 뭔가에 짓눌린 것처럼 무거웠다. 그런 탓에 야외인데도 왠지 밀실 공포증이 드는 그런 기분이었다. 어쩌면 향냄새 때문인지도 모른다. 아니면 가끔씩 울리는 구슬픈 징 소리 때문인지도. 언뜻언뜻 보이는 검은 승복을 걸친 삭발 승려들의 모습, 혹은 그들이 걸어갈 때 나무 샌들에서 나는 '딸깍딸깍' 소리 때문인지도. 아무튼 평범한 사람들에게 종교적이고 경건한 분위기는 결코 편안한 동행이 아니다.

하지만 사원들은 하나같이 아름답고 우아한 기품이 느껴졌다. 특히 사원에 딸린 정원들은 눈이 번쩍 뜨일 만큼 아름다웠다. 화가가 그린 그림도 그렇게 아름답고 깔끔할 수는 없을 듯했다. 초록 나뭇잎들 사이에 흩어져 있는 핏빛 단풍이 극적인 효과를 더하고 있었다. 바닥을 보니 우리에게 익숙한 '일본식 정원'이 틀림없었다. 바닥에 깔린 회색 자갈은 세심한 갈퀴질로 깔끔하게 정돈되어 있었고, 자갈밭 중간에 이끼 덮인 바위들이 점점이 흩어져 있었다. 자로 잰 듯 정확하게 갈퀴질된 정원을 보니 교토에서 에밀이 저질렀던 아찔한 사고가 자꾸만 떠올랐다. 한쪽에는 아슬아슬한 각도로 기울어져 자라는 노송들이 보였는데, 오랜 세월의 무게가 느껴졌다. 넘어지지 않도록 나무 기둥을 받쳐놓은 모습이 어찌 보면 지팡이를 짚고 있는 고령의 순례자들 같기도 했다.

머무는 사원으로 돌아온 우리는 문 앞에서 신발을 벗고, 무료로 제공되는 빨간 플라스틱 슬리퍼로 갈아 신었다. 나한테는 슬리퍼가 너무 작아서 신고 있으면 하이힐을 신은 천박한 복장 도착자처럼 자꾸 비틀거리게 된다. 정확히 5시 30분이 되자 창호지를 댄 미닫이문이 스르르 열리더니 승려가 말없이 들어와서 옻칠한 쟁반을 방 안에 있던 상 위에 놓고 나갔다. 쟁반 위에는 알록달록 다채로운 색깔의 요리가 놓여 있었다. 우리는 상 앞에 무릎을 꿇고 앉아서 맛난 음식들을 부지런히 먹기 시작했다. 밝은 색깔에 맛깔스러운 채소 튀김, 얇게 썰어 나온 알록달록 빛깔 고운 어묵, 우동, 샐러드, 생두부, 아삭아삭 씹히는 절임, 된장국, 생과일까지.

식사가 끝나고 나는 어슬렁어슬렁 주방으로 가서 감사 인사를 전했다. 거기서 베로니카라는 삭발한 멕시코 여승을 만났는데 8년째 이곳에 살면서 매일 저녁 50인 분의 식사를 만든다고 했다. 여기서 고기를 먹은 적이 있습니까? 내가 물었다. "아니요. 하지만 만약 고기가 나오면 먹어야지요." 그렇게 말하고 다른 손님들의 식사를 준비하기 위해 급히 자리를 떴다.

우리 가족은 저녁 산책을 나가기로 했다. 하지만 밖에 나간 지 얼마 되지 않아 저녁 산책이 이곳에서는 흔한 일이 아니라는 사실을 알 수 있었다. 일단 마을의 중심가에 인적이 없었다. 일본인들이 표면적으로는 생각도 행동도 아주 현대적인 듯하지만 실은 미신을 상당히 믿는 편이어서 어두워진 뒤에는 거의 오쿠노인으로 들어가지 않는다는 사실은 나중에야 알았다. 우리는 낮에 시간 관계상 더 들어가지 않고 돌아왔던 지점을 통과해서 계속 걸어갔다. 숲 입구에서 공물로 바칠 소나무 잔가지와 귤을 파는 할머니 두 분을 지나쳤다. 우리를 보고 많이 놀란 기색이었고, 우리가 미소를 짓는데도 애써 외면했다. 그때는 몰랐지만 결과적으로 이들 할머니 두 분이 우리가 그날 저녁 산책에서 만난 유일한 사람들이었다. 아무튼 나는 자갈 덮인 산길이 끝나는 지점, 안쪽 깊숙한 곳에 있다는 홍법대사의 무덤을 보고 싶었기에 계속해서 앞으로 걸어갔다.

키 큰 소나무가 빽빽하게 늘어선 숲속은 바람 한 점 없이 고요했다. 수천 년 된 고야 산 숲은 어두워지면 신도에서 말하는 가미사마의 세상이 된다고들 한다. 동물부터 나무, 바위까지 만물에 깃든 신들이 활개를 치는 세상. 길을 밝혀주는 빛이라고는 몇 개의 손전등이 전부인 상황에서는 그 말이 사실인 것만 같았다.

그런데 숲으로 들어서자 생각지 못한 놀라운 광경이 펼쳐졌다. 나무들 사이로 석탑과 비석들이 줄지어 늘어서 있었다. 또한 늘어선 비석과 탑들 사이사이로 섬뜩한 느낌의 작은 석상들이 놓여 있었다. 어린아이 같은 모습에 목에는 빨간색 작은 무명 턱

받이를 하고 앉은 자세였다. 일부 석상의 머리에는 뜨개질한 모자가 씌워져 있었다. 다수의 석상 앞에는 사람들이 바친 사탕이나 동전 등이 놓여 있었다. 어떤 것은 몸을 앞으로 숙인 자세였는데 게으른 주차 보조원이 꾸벅꾸벅 졸고 있는 모양새였다. 악천후에 노출되어 얼굴이 마모된 석상도 있고, 오랜 세월 비를 맞아 빨간색 턱받이가 희멀건 분홍색으로 변한 것도 있었다. 일본어로 '지조地蔵'[지장보살]라 불리는 석상으로 죽은 어린이와 아기들을 기리는 것이라고 한다. 물론 애스거와 에밀에게는 이런 사실을 말하지 않았다. 하지만 그것과 무관하게 아이들은 스스로 달라진 분위기를 감지했고 아까까지 부르던 노래도 멈추었다. 'monkey'와 'monk'라는 단어를 가지고 자기들이 지어낸 노래였다.

과거 수백 년 동안 많은 위인이 이곳 고야 산에 묻혔고, 최근에는 고야 산에 죽은 직원을 기리는 작은 기념비를 세우는 것이 일본 회사들 사이에 유행하고 있다. 보통은 회사 제품 모양으로 만드는데, 생존 직원들이 이곳을 찾아 고인의 명복을 빌고 명함을 놓고 가는 식이다.(커피 잔 모양으로 생긴 것도 있고, 우주선 발사 로켓 모양인 것도 있다.)

바로 이 로켓 모양 기념물 사진을 찍다가 에밀이 보이지 않는다는 사실을 깨달았다. 놀란 우리는 아이 이름을 소리쳐 부르면서 왔던 길을 되짚어 갔다.('속삭이듯 불렀다'는 표현이 더 맞을지도 모른다. 이곳에는 크게 소리를 지르지 못하게 억누르는 어떤 기운이 있었다.) 마음이 점점 더 불안해졌다. 사실 에밀은 종종 행방불명이 되곤 한다. 그건 그렇게 드문 일이 아니다. 하지만 곧이라도 유령이 튀어나올 것 같은 숲속 묘지에서, 그것도 이렇게 깜깜한 밤에 사라진 적은 한 번도 없었다.

마침내 에밀을 찾았다. 엄청 오래 찾아다닌 것 같았지만 실제로는 아마 5분도 안 되었을 것이다. 아이는 멀리 가지 않았다. 석상 가운데 하나 옆에서 몸을 숙인 자세로 손을 석상 머리에 대고 뭔가 말하고 있었다.

리슨이 아이를 안아 올리면서 부드럽게 말했다. 길에서 벗어나 돌아다니고 싶으면 항상 엄마아빠한테 말해야 한다고.

"에밀, 석상에 대고 뭐라고 말했니?" 내가 가라앉은 분위기를 좀 띄워보려고 물었다.

"그냥 그런 이야기요. 그 여자애가 외롭다고 했어요." 에밀의 대답이었다.

마침내 우리는 미묘노하시라는 다리를 건넜다. 그곳에서 순례자들은 국자로 물을 떠서 석상에 뿌리는데 익사하거나 버려진 아이들의 명복을 비는 행위다. 이어서 홍법대사의 묘지 앞에 세워진 도로도燈籠堂가 나왔다. 수많은 등불이 밝혀진 이곳에서 홍법대사는 지금도 미륵불을 기다리고 있다. 이름 자체가 '등롱이 켜진 방'이라는 의미인 이곳에는 무려 1만 개의 등불이 밝혀져 있는데, 두 개는 11세기부터 줄곧 타고 있으며, 이 중 하나는 11세기 당시 천황이 처음 불을 붙인 것이라고 한다. 냇물 흐르는 소리밖에는 아무 소리도 들리지 않았다. 우리는 재빨리 둘러본 뒤 서둘러 그곳을 빠져나와 숙소로 돌아왔다. 뛰지 않으려고 무진 애를 쓰면서.

숙소에 돌아온 다음 나는 쿠르트라는 스위스인 승려를 만났다. 듣기로 쿠르트는 고야 산의 비공식 대사 역할을 한다고 했다. 세계 각지에 일본 진언종과 고야 산을 알리는 일을 한다는 것이다.

우리는 쿠르트의 사무실에 앉아 떫은 이탈리아 와인을 마시면서 이런저런 이야기를 나누었다. "깨달음을 얻으려고 이곳에 왔습니다. 처음 일본에 온 것은 27년 전인데 종교 디자인을 연구하려고 왔습니다. 당시 나는 공연예술, 설치예술 등을 하는 아티스트였습니다. 나는 일종의 총체적 접근법을 택했습니다. 내 생각을 표현하기 위해서라면 뭐든 합니다. 연설도 좋고, 글쓰기도 좋고……."

그에게 쇼진 요리에 대해 물었다. 어떤 의미를 담고 있나요? "순수한 음식을 말합니다. 불교 승려는 자기에게 주어진 것을 먹어야 합니다. 다른 동물의 살생을 명해서는 안 되지만, 만약 누군가가 고기를 주면 먹어야 합니다. 물론 이곳 사찰 안에서는 채소만 먹습니다. 양파나 마늘도 허용되지 않습니다. 성욕을 자극하기 때문이지요. 두부를 좋아하지 않는 외국인 손님들도 있습니다. 그런 사람들은 보통 불안해하더군요."

그럼 와인은 괜찮은 건가요? "불교 기준으로 보면 어떤 술도 허용되지 않습니다. 의식을 없애니까요. 항상 자신이 하고 있는 일을 의식하고 그 안에 있어야 합니다. 그래서 부처가 명상을 제안한 것인데 자기 마음을 이해하는 방법이기 때문이지요. 사실 오래전에 나는 맥주, 소주, 와인 등을 취급하는 전문 딜러였습니다. 하지만 다행히도 불교도들은 사람을 비판하지 않습니다. 우리는 기독교 선교사들과는 다릅니다. 기독교도들은 '이렇게 해야 옳고 저렇게 하면 틀리다'고 말하지만 불교도들은 관대합니다. '이쪽이다' '저쪽이다'라고 판단하지 않습니다. 지각 있는 존재, 즉 인간의 수만큼 해탈에 이르는 다양한 방법이 있다고 믿습니다. 모든 인간을 있는 그대로 존중해야 합니다. 인간은 완전하지 않은 존재라는 것을 알고 있으니까요."

거기까지는 참 매력적인 생활 방식이구나 싶었다. 쿠르트가 매일 새벽 4시에 일어나 부처에게 공물을 바치고 예불을 드린다고 말하기 전까지는 말이다. 내일 아침에 함께할 생각이 있느냐고?

"어쩌면요……." 내가 애매하게 말끝을 흐리며 대답했다.

나는 쿠르트의 믿음에 대해 물었다. "아니요. 나는 신자가 아닙니다. 믿지 않습니다. 모든 것은 에너지입니다. 이렇게 생각하면 자유로워집니다. 생각, 개념, 완벽 등에 대한 집착은 고통을 야기합니다. 예를 들면 얼마나 많은 사람이 자기 파트너에게 맞추고 따라가려고 애쓰는지를 보면 항상 놀랍습니다. 아시다시피 고통은 집착에서 나옵니다. 불교는 자기 마음속의 상황을 있는 그대로 보라고 주문합니다. 일단 자기 마음이 움직이는 이치를 알게 되면, 집착과 고통에서 해방되고 현재에 충실하게 됩니다. 행복은 순간에 있습니다. 자아를 포기하는 순간 자유로워집니다."

"그게, 크렘 브륄레 첫술을 떴을 때 같은 건가요?"

"오르가슴에 가깝지요." 쿠르트의 대답이다.

"아하. 그렇군요."

일본 소고기에
대한 오해

고야 산에서 우아하지만 양적으로는 빈약한 채식 요리를 먹은 뒤 나는 고기, 그것도 다량의 고기를 먹고 싶은 마음이 간절했다. 이왕이면 맛이 풍부하고 선홍빛이 도는 신선한 소고기였으면 싶었다. 믿을 만한 것인지 모르겠지만 일본인은 힌두교도보다 소를 귀하게 여기며 숭배한다고 한다. 적어도 도살하기 전까지는 말이다. 소들이 어찌나 애지중지 보살핌을 받는지 패리스 힐튼의 치와와가 봐도 과도하게 느낄 정도라고 한다. 맥주를 마시고, 마사지를 받고, 몸에 사케를 바르고, 음악을 들으며 휴식을 취한다고 하니 말이다. 듣기로는 바로 이런 이유로 (해외에서는 고베규神戶牛, 와규和牛 등으로 불리는) 일본 소고기가 유난히 부드럽고, 소위 '마블링'이 훌륭하다고 한다.(실제로 일본 소고기를 보면 유백색 지방이 삼각주의 굽이굽이 가느다란 물줄기처럼 살코기

사이사이로 뻗어 골고루 섞여 있다.) 물론 그렇게나 비싸고 수요가 높은 이유이기도 하다. 뿔이 하나 달린 전설의 동물 유니콘을 제외하고, 일본 소만큼 신화화된 동물도 찾기 힘들 것이다.

소는 일본인이 자제심 있고 금욕적인 독실한 채식주의자로서 스스로의 이미지를 정의하는 데서도 중요한 역할을 해왔다.(물론 주장의 신빙성은 별개의 문제다.) 일본인들의 주장을 간략히 살펴보자면 다음과 같다. 불교가 이곳 섬나라에 상륙한 서기 730년경 육류 섭취가 금지되었다. 이후 1872년 어느 날 아침, 천황이 잠에서 깨어 저녁 식사로 소고기를 먹어야겠다고 마음먹고 육식금지령 해제를 공표하기 전까지, 일본인은 일절 소고기를 먹지 않았다. 그리고 그날 천황의 육식금지령 해제로 일본인은 하룻밤 사이에 '육식동물'이 되었다. 그럼에도 불구하고, 육식 금지라는 일본인의 오랜 전통이자 순수성의 상실 책임이 장사밖에 모르는 서양 오랑캐 탓이라는 것이 좀더 일반적인 생각이다. 쓰지 시즈오는 『일본 요리: 단순함의 예술』에서 "일본에서 소를 도살하기 시작한 것은 서양인 거주자들의 식탁에 올리기 위해서였다"고 말한다.

이 해석은 쓰지 시즈오가 상당히 틀린 주장을 내놓은 보기 드문 사례라 할 수 있다. 분명하게 바로잡아보도록 하자. 사실 일본인은 항상 고기를 먹어왔다. 흔히 일본인이 채식주의자로 바뀐 분수령이라고 주장하는 730년 육식금지령은 사실 농사일에 사용되어야 하는 동물의 고기를 과잉 소비하는 문제를 해결하기 위한 지극히 현실적인 대책으로 나온 것이었다. 말하자면 당시 금지령은 쟁기를 끌어야 하는 소와 말을 잡아먹는 것을 금지하려는 의도였고, 따라서 돼지는 애초에 금지 대상에 포함되지 않았다.

앞서도 말했듯이 멧돼지 고기를 무척이나 좋아했던 일본인들은 '산고래'라고 재빨리 이름을 바꿈으로써 '육식금지' 칙령을 피해갔다. 특히나 사무라이는 육식을 즐겼다. 역사가 이시게 나오미치는 『일본 요리의 역사와 문화The History and Culture of Japanese Food』에서 다음과 같이 지적했다. "육식금지령의 주목적은 소고기와 말고기 섭취를 막아서 가축 개체 수를 보호하고, 가뭄, 병충해, 기아를 방지하자는 것이었다. 더구나 이런 금지는 논 농사 철인 봄과 여름 몇 달에 한정되었다." 사실 불필요한 살생을 피하라는 불교의 가르침으로 인한 진정하고도 유일한 양보는 덫을 놓아 짐승과 물고기를 마구 잡아들이는 것을 불법화한 조치였다.

밤에 에그노그 마시는 것을 즐겼던 우리 할머니는 항상 "약술"이라고 둘러대곤 했다. 사실 일본인도 우리 할머니와 같은 핑계를 대면서 금지령에도 불구하고 계속 육류를 섭취했다. 육류의 건강상 이점을 알고 있었기에 '야쿠로', 즉 '약용 사냥'이라는 그럴듯한 말로 짐승 도살을 포장하곤 했다.

16, 17세기에 서양인과의 접촉이 늘어나면서 일본인은 자신들이 신체적으로 그들보다 작다는 사실을 자각하게 되었고, 이런 차이가 서양 상인들의 육식 습관 탓이라고 생각했다. 역사가 카타르지나 츠비에르트카에 따르면, 이즈음 말고기, 멧돼지 고기,

사슴 고기 등을 요리해서 파는 소위 '짐승고기 식당'이 인기를 얻게 되었다.

19세기 후반 나가사키, 하코다테, 요코하마, 고베 등의 무역항이 서구 상인들에게 개방되면서 육식이 더 유행하게 되었다. 천황조차 육식을 했고, 1872년 육식을 허용한다는 천황의 공식 선언으로 그동안의 금지는 완전히 풀렸다.(1873년 1월 24일에는 천황이 공개적인 식사 자리에서 소고기를 먹었다.) 그로부터 5년이 지나자 도쿄에서 하루에 25마리 분량의 소고기가 팔려나갔고, 10년이 지나자 육류 요리를 파는 수백 개의 식당이 전국에 우후죽순으로 생겨났다.

소고기 소비는 전후 극적으로 증가했는데 이유는 19세기 후반의 소비 증가와 크게 다르지 않았다. 일본인은 미국인 정복자들이 자신들보다 크고 강한 모습을 보고는 육류 섭취 때문이라고 생각했다. 1955년 일본인은 연간 1인당 평균 3킬로그램의 육류를 섭취했다. 일부 추정치에 따르면 현재는 30킬로그램을 섭취한다.

이들 개항장은 또한 육류를 넘어서 좀더 포괄적인 서구의 음식과 식탁, 의자 사용 같은 서구의 식생활 습관이 유입되고 유행하는 시발점이 되었다. 요즘 분위기만 봐서는 쉽게 믿기지 않겠지만 적어도 초기에 일본인들이 선호했던 외국 요리는 영국 요리였다. 이유는 영국 요리가 프랑스 요리에 비해 만들기도 쉽고 저렴하기 때문이었다. 당시 우스터소스와 '카레라이스'가 크게 유행했는데 이런 역사적 맥락을 모른 상태에서는 다소 의아스러운 부분이 아닐 수 없다. 우스터소스와 카레라이스는 지금까지도 일본인들 사이에서 인기가 높다. 일본인은 영국인이 인도를 정복하고 지배하는 것을 봤고 자신들에게는 그런 일이 일어나지 않기를 바랐다. 그러려면 해결책은? 고기를 먹어라!

'고베 소고기'라는 잘못된 명칭이 생겨난 원인도 여기에 있다. 19세기 일본의 개항장 중에서 고베가 가장 국제적이었다. 지금도 고베에는 150개가 넘는 국적의 사람들이 살고 있다고 하니 진정한 국제도시가 아닐 수 없다. 이미 오래전부터 외국의 배들은 고베 항구에 도착하는 즉시 맛난 스테이크를 먹을 수 있다는 사실을 알고 있었다. 더구나 고베는 일본에서 소고기를 먹는 가장 인기 있는 방법 중 하나가 탄생한 고장이기도 했다. 바로 철판구이라는 의미의 데판야키鉄板焼き다. 데판야키는 작게 깍둑썰기한 소고기를 달궈진 철판에서 재빨리 구워내는 요리다. 미국인 손님들에게 인상에 남을 만한 요리를 내놓고 싶었던 어느 오코노미야키 요리사에 의해 1950년대에 발명되었다. 어쨌든 데판야키의 인기는 고베 소고기가 세계적인 브랜드로 지위를 굳히는 데 일조하게 된다.

당연한 말이지만 모든 일본 소고기가 고베 소고기는 아니다. 사실 2001년 광우병 파동 이래 최근까지 대부분의 국가에서 일본산 소고기 수입을 금지했다. 그러므로 뉴욕이나 런던에서 푸아그라나 송로버섯 등과 함께 나오는 색다른 버거에 들어 있다는 고베 소고기는 미국 중서부, 오스트레일리아, 중국 등지에서 온 것일 가능성이 높다. 일본 내에서조차 고베 소고기가 전체 소고기에서 차지하는 비중은 크지 않다. 무엇보다 이곳은 산과 바다 사이의 좁은 지형에 자리 잡은 작은 도시다. 따라서 소를 방목할 공간도 많지 않다.

'일본 소고기'라는 의미의 '와규'라는 명칭이 적합할 수도 있겠지만 이것은 범위가 너무 넓은 감이 있다. 일본에서 소를 기르는 주요 지역은 마에사와前澤, 요네자와米澤, 야마가타山形, 고베神戸, 마쓰사카松阪 등이다. 이들 지역에서 기르는 소의 80퍼센트가 다지마규但馬牛 혹은 '일본 흑우'라 불리는 털이 검고 뿔이 짧은 종으로, 이 중 다수는 남쪽의 오키나와 섬에서 태어나 혼슈에 와서 자란다. 지금까지 내가 만난 요리사와 미식가들은 최상품 소고기는 북쪽 구모즈 강雲出川에서 남쪽 미야가와 강 사이, 마쓰사카 시에서 자란 소에서 나온다고 이구동성으로 이야기했다. 이곳 소고기는 다른 어느 지역 소고기보다 보기도 좋고 부드러우며 맛있다고 했다.

우리는 전에도 여러 차례 이 특별한 고기를 봤다. 라즈베리 아이스크림의 물결무늬에서 붉은색 부분과 흰색 부분이 뒤바뀐 그런 모양이었다. 일본어로 '사시'라고 부르는 지방층이 붉은 살코기 사이에 다량으로 절묘하게 섞여 있었고, 일본 전역의 마켓에서 팔고 있었다. 하지만 처음으로 직접 맛볼 기회가 찾아온 것은 교토에 있을 때였다. 본토초라는 교토에서도 유명한 유흥가에 위치한 샤브샤브 집에 갔을 때다.

샤브샤브는 식사이면서 동시에 행위예술이다. 숯불 위에 놓인 냄비 안에서 끓고 있는 아주 묽은 다시마 국물 위에서 베이컨처

럼 얇게 썬 소고기가 둥둥 떠다닌다. 쓰지 시즈오는 샤브샤브라
는 명칭이 끓는 국물에서 소고기가 떠다니며 내는 소리에서 나
온 것으로 추정하지만, 샤브샤브 자체는 일본 전통 요리와는 거
리가 멀다. 샤브샤브가 일본에 전해진 것은 비교적 최근인 20세
기 초반이며 몽골에서 유래했다는 것이 일반적인 의견이다. 고
기는 국물에 몇 초 동안만 넣었다가 꺼내 귤즙에 간장 등을 넣
고 만든 본즈ポン酢나 참깨 양념장, 때로는 날달걀에 찍어 먹는다.
애스거와 에밀도 엄청 신나하면서 귀하디귀하다는 소고기를 먹
었다.(행위예술처럼 보여주고 참여하면서 먹는 이런 요리 기법은 남자
아이들에게 잘 맞는 것 같다.) 소고기를 먹은 다음에는 버섯, 양파,
양배추, 두부 같은 (아무래도 아이들에게는 흥미가 덜한) 재료들을
냄비에 넣었다가 역시 양념장에 찍어 먹는다. 우리가 요리를 모
두 먹어치웠다고 생각한 순간 종업원이 국수를 가져와 국물에
넣었다.(교토에서 잔코나베를 먹었을 때와 같은 상황이었다.) 이때쯤
국물에는 그간 넣은 재료들의 맛이 어느 정도 우러나와 있었고,
덕분에 여기에 넣고 끓인 국수에서도 그만큼 깊고 풍부한 맛이
느껴졌다.

다음 날 우리는 일본 소고기를 먹는 다른 방법을 시도해봤다.
바로 스키야키鋤燒き다. 폭이 넓고 운두가 얕은 냄비를 달궈 쇠기
름을 두르고 살짝 두꺼운 소고기를 넣고 구운 다음, 설탕, 간장,
미림 등을 넣어 만든 양념장에 찍어 먹는 요리다.(간토 지방과 간
사이 지방의 조리 방법에 약간 차이가 있다. 간토 지방에서는 양념장에
고기를 넣고 익히지만 간사이 지방에서는 양념장을 찍어 먹는 용도로

쓴다.) 애스거와 에밀은 며칠 굶은 늑대마냥 게걸스럽게 먹어댔지만 나한테는 지나치게 달다는 느낌이 있었다. 설탕이 잔뜩 들어간 소고기와 빅맥 햄버거 사이에는 큰 차이가 없으니 아이들이 좋아하는 것도 이해가 되었다.

샤브샤브나 스키야키 모두 소고기 자체는 분홍빛이 도는 선명한 붉은색이었고, 하얀 지방질이 살코기 사이로 거미줄처럼 복잡하게 뻗어 있었다. 워낙 하얀 부분이 많아서 지방이 많은 고기를 먹는 것인지, 고기가 많은 지방을 먹는 것인지 판단하기 힘들 정도였다. 식감은 최고로 부드러운 송아지 고기와 비슷하고, 헤어 왁스의 일종인 브라일크림만큼이나 기름기가 많았다. 혀에 머무는 시간은 그야말로 잠깐이고, 달궈진 프라이팬 위의 버터처럼 순식간에 녹아 없어진다. 소고기 자체는 기름지면서도 뭐라고 표현하기 힘든 향긋한 맛이 났다. 굉장히 맛있는 지방처럼.

여러모로 다른 곳에서는 보기 힘든 특이한 고기임이 분명했다. 나는 문제의 고기를 둘러싼 진상을 밝히고 싶었다. 어떻게 이렇게 맛이 풍부하고 지방이 많은 소를 길러내는 것일까? 지방 양만 봐서는 자라기도 전에 소가 먼저 심장마비로 쓰러지지 않을까 싶은데 그것도 아니고. 더구나 문제의 소고기를 둘러싼 믿기지 않는 온갖 소문은 사실일까? 말하자면 음악, 사케 목욕, 마사지 등이 모두 사실이란 말인가?

이런 믿기 힘든 이야기가 가장 신빙성 있는 출처에서 나오기 때문에 더 관심이 가며 확인하고 싶었던 것도 사실이다. 예를 들면 일본 음식 전문 작가 기미코 바버는 다음과 같이 말했다. "이곳 소고기가 이렇게 마블링이 훌륭한 것은 육질 전체로 지방을 골고루 분산시키기 위해서 맥주로 마사지를 해주기 때문이다." 나는 이런 주장을 일본의 소 사육에 대해 다룬 신문 기사나 책 등에서 수도 없이 봤다. 그래도 마사지가 정말로 지방을 이런 식으로 움직이게 만들 수 있는 것인지 의문이 남았다. 사람들이 주장하는 것처럼 맥주가 정말로 고기의 지방을 늘릴 수 있는 것인가? 기르는 동물한테 음악을 틀어주는 농부가 세상에 정말로 존재하는 것인가?

이런 모든 소문이 사실이라면, 내게는 이번 소고기 조사에서 달성하고자 하는 아주 확실한 목표가 하나 있었다. 일본 소고기에 대한 글을 읽기 시작한 이래로 나는 말하기 민망한 유치한 욕망 하나를 갖게 되었다. 그때까지 누구에게도 말하지 않은 내용이었다. 심지어 아내인 리슨에게도. 이야기를 하면, 아내가 이번 일본 여행 프로젝트 전체를 제정신이 아닌 데다 미성숙한 남자의 무분별하고 이기적인 바보짓으로 규정하고 일축해버리지 않을까 우려해서다.

바로 소에게 마사지를 해주고 싶다는 욕망이었다.

분명 불합리하고 미성숙한 부분이 있지만 한편으로 세계 최고의 미식 제품 중 하나의 생산에 직접 참여한다는 천박한 명예욕 역시 일조했음을 인정한다. 나는 소 옆에 서서 의미심장한 마사지 동작을 해보는, 최고의 장면을 만들어보겠다는 집착을 갖게 되었다. 그리고 마쓰사카가 최고의 소고기가 나오는 곳이라면, 내가 소의 몸을 더듬으며 마사지해줘야 할 장소도 이곳이 되어야 했다.

미에 현 중부에 위치한 마쓰사카는 16세기 말에 건립된 같은 이름의 고성으로 유명한 도시다. 오사카에서 기차를 타고 서남쪽으로 세 시간을 가면 닿는 거리다. 일본 최고의 소고기 생산지라는 마쓰사카를 찾아내는 것이야 쉬운 일이었다. 그러나 나머지, 마쓰사카에서 축산업에 종사하는 사람 중 내게 이런저런 이야기를 해줄 인물을 찾아내는 일은 그렇게 간단하지 않았다.

마쓰사카 시의 여러 기관에 연락했지만 처음에는 의도를 오해하여 "미안합니다. 우리는 수출을 하지 않아요"라는 답변이 돌아왔다. 머지않아 오해는 불신과 의심으로 바뀌었고, 계속 이메일이 오갈 뿐 전혀 진척 없는 상황이 되어버렸다. 내가 어느 잡지에 글을 쓰고, 내가 쓴 글이 언제 잡지에 실리는가? 전에 소고기에 대해 쓴 글을 복사해서 보내줄 수 있는가? 일본 소고기에 대해서 어떤 점이 궁금한 건지 다시 말해줄 수 있는가? 이름이 뭐라고 했죠? 아무튼 예의 바른 대화가 오갔지만 일은 진척되지 않고 같은 자리를 맴도는 그런 상황이었다. 이렇다보니 마쓰사카 소목장을 방문하고 싶은 진짜 이유는 감히 입 밖에 꺼낼 수조차 없었다. 마사지 이야기를 했다가는 그걸로 모든 것이 끝일 듯싶었다.

결국, 사실상 생떼를 쓰다시피 해서 와다킨 목장 방문 날짜며 미팅 시간 등이 잡혔다. 하지만 통역 외에는 누구도 대동할 수 없다는 조건이었다. 그렇기 때문에 리슨과 아이들을 데려갈 수는 없었다. 대신 머리를 뒤로 묶은 세르비아인 사샤와 함께 오사카 역을 출발했다. 사샤는 앞에서도 말했듯이 교토에서 요리 시범을 보이면서 알게 된 친구로 일본어와 영어가 다 가능했다.

마쓰사카까지 세 시간의 기차 이동 덕분에 우리는 이런저런 이야기를 나누며 서로를 좀더 이해할 시간을 가졌다. 특히 사샤는 발칸 분쟁에서 세르비아의 선량한 역할이며 세르비아 요리의 영광스러운 면면에 대해 소상히 말할 기회를 가질 수 있었다. 사샤의 주장에 따르면, 세르비아 요리는 유럽 전체 요리를 풍부하게 만들어준 중요한 원천이었다.

이렇게 말하면 사샤가 자기 자랑하길 좋아하는 오만한 사람이거나 착각에 빠진 이가 아닌가 싶을지도 모른다. 그러나 사실 그는 상당히 겸손했다. 사샤의 꿈은 세르비아로 돌아가서 정통 일식당을 여는 것이라고 했다. "건물의 여러 층을 모두 사용할 겁니다. 1층에서는 라면이나 카레라이스 같은 대중적인 음식을 팔고, 위로 올라갈수록 복잡하고 세련된 요리가 나오는 식으로 설계할 겁니다. 물론 제일 위층에서는 화려한 코스 요리인 가이세키를 맛볼 수 있게 해야지요." 사실 상당히 좋은 아이디어였다.

기차로 마쓰사카에 도착해서 보니 아무것도 모르고 온 사람도 도시 핵심 산업이 무엇인지 한눈에 알 수 있게끔 꾸며져 있었다. 도시의 광고판이란 광고판은 모두 소고기 식당, 정육점, 목장 등을 홍보하는 내용이었다. 와다킨 목장에 도착했을 무렵, 나는 평소 나답지 않게 앞으로의 시나리오와 처신을 세심하고 신중하게 계산해두었다.(목장은 깔끔하게 정리된 골프장에 가까운 모습이었다.) 농부가 자기네 사육 방법을 설명할 때는 가끔씩 맞장구를 치며 주의 깊게 경청하고, 부지런하며 성실한 느낌을 주는 말투로 진지한 질문을 던져서 진심으로 소에 관심이 많은 사람이라는 인상을 줄 것이다. '진짜로 소들을 마사지해주느냐?'와 같은 노골적인 질문을 던지는 어리석은 모습은 결코 보이지 않으리라. '마사지'의 '마'자조차 절대로 꺼내지 않으리라! 그리고 적절한 기회를 기다려서 이때다 싶은 순간에 실제 소들을 잠깐 봐도 좋은지를 물어보리라. 어디까지나 무심한 말투로, '조사 목적'임을 강조하면서. 그러고는 마구간 주변에서 이들만의 가축사육 비법을 잠깐이라도 볼 수 있게 하리라. 마사지나 맥주 같은 소문으로 들은 내용을 직접 볼 수 있다면 더없이 좋으리라. 그러다가 사샤를 시켜 농부들의 주의를 딴 곳으로 돌린 다음, 재빨리 울타리 밑으로 들어가서 소를 가볍게 쓰다듬는 척하면서 은근슬쩍 마사지를 해주리라. 적어도 그때쯤에는 소를 마사지해주었노라고 솔직하게 말할 수 있지 않을까?

그들이 나를 붙잡는다면 어떤 최악의 사태가 일어날까? 당연히 글자 그대로 수치스럽게 그곳을 떠나야 하리라. 가족과 조국의 이름에 먹칠을 하면서. 하지만 소를 마사지해줄 수만 있다면 그 정도는 충분히 감수할 가치가 있다고 생각했다.

소문으로 들려오는 비법을 보는 것도, 소에게 다가가서 마사지를 해주는 것도 쉽지 않으리라 생각해서 이렇게 신중한 시나리오까지 짜두었는데 목장에 도착하자마자 본 광경에 얼마나 놀랐는지 모른다. 검은 털에 뿔이 달린 다지마규 네 마리가 노란 코뚜레를 하고 농장 안에서 어슬렁거리며, 목장 사람 두 명이 4리터들이 대형 소주병 여러 개, 맥주 한 짝, 짚을 엮어 만든 두 장의 마사지용 매트 옆에 서 있었다. 나름 공들여 계산한 시나리오를 비웃기라도 하듯 모든 것이 눈앞에 떡하니 펼쳐져 있었다.

내가 차에서 내리기가 무섭게 목장 사람들이 반갑게 악수를 청했다. 그리고 한 사람이 입안 가득 소주를 머금었다가 소의 옆구리에 뿜어내고, 엮은 짚 묶음으로 소의 가죽을 문질러주는 시범을 보이더니 나한테도 직접 한번 해보라고 권했다!

이번 여행 전체에서 가장 중요한 목표이자 열망이 성취되기 직전이었다. 그것도 스스로의 품격을 떨어뜨릴 필요도 없이 말이다. 이제 나는 소에게 마사지를 해주게 됐다.

커다란 소주병을 들어 입술로 가져가면서 입구 주변을 닦아야지 생각했다가 얼른 마음을 고쳐먹었다. 이곳 사람들의 구강 위생을 모욕했다가 일생일대의 기회를 날려버리면 안 된다는 생각에서였다. 그리고 독한 술을 입안 가득 머금었다. 폐의 힘을 최대한으로 끌어모으고, 얼굴을 잔뜩 찌푸린 채 소의 옆구리를 바라보는 방향으로 섰다. 그리고 입안 가득한 술을 있는 힘껏 내뿜었는데 결과는 형편없었다. 대부분이 소에게 닿지 못하고 내상의 앞쪽에 떨어지고 말았다. 목장 사람들이 활짝 웃으며 구경 중이었다. 나는 어딘가에 숨어 있던 방송국 직원이라도 나오지 않을까 생각했다. 어쩌면 소 뒤쪽에서. 몰래카메라가 아니고서야 이럴 수는 없다 싶었다. 하지만 그런 일은 일어나지 않았고 목장 사람이 짚을 내밀며 마사지를 해주라고 했다. 짐승의 거친 검은

털 속으로 소주가 골고루 스며들게 세로 방향으로 문질러주는 방법을 직접 보여주면서 말이다. 이어서 그는 내게 커다란 갈색 맥주병을 내밀었다. 소가 맥주병을 보더니 신이 나서 고개를 흔들기 시작했다. 내가 짐승의 입속으로 병을 집어넣었다. 소는 이를 갈고 혀를 마구 움직이면서 병 안의 내용물을 가능한 한 많이 빨아들이려고 필사적이었다. 하지만 그런 과도한 움직임 때문에 많은 양의 맥주가 바닥으로 흘러버리는 것도 사실이었다.

목장 사람들은 만족스러운 표정으로 지켜보고 있었고, 나는 내 인생의 중요한 페이지가 마무리되어가는 것을 느꼈다. 내가 해낸 것이다. 소를 마사지해준 것이다. 왠지 공허하고 허탈하다는 느낌, 바보 같다는 느낌이 들었지만 한편으로 엉뚱한 성취감도 일었다.

입에 술을 머금었다가 소를 향해 내뿜는 연습을 해본 적이 없다보니 나는 의도치 않게 상당량의 소주를 삼켰고, 와다킨 목장 설립자이자 일본에서 가장 존경받는 목축업자 중 한 명인 마쓰다 긴베와 인터뷰를 진행할 때는 몽롱한 취기가 돌았다. 당연히 인터뷰는 원래 생각했던 것만큼 조리 있게 진행되지 못했다. 다음 내용은 취중에 괴발개발 쓴 내용을 나중에 해독한 것이다.

이들 소는 일본의 주요 목축지역 중 하나인 효고 현에서 생후 열 달 정도 사육되다가 와다킨 목장으로 온다. 이들 소를 사육하는 목적은 오로지 고기를 얻기 위해서이며, 우유 생산이나 번식은 전혀 생각하지 않는다. 그리고 3년 10개월이 되면 새끼를 낳지 않은 상태에서 도살한다. 이때까지 주로 볏짚에 약간의 옥수수, 콩, 곡식 등을 곁들인 식사가 제공되며, 소의 무게는 600에서 700킬로그램 정도가 된다. 도살하고 나면 고기가 와다킨에서 운영하는 식당에서 100그램당 4800엔(4만8000원)에 팔리는데, 이곳은 와다킨 목장 고기를 파는 세계 유일의 직판점이다.

"왜 맥주를 주는 겁니까?" 내가 물었다.

"맥주를 먹이면 식욕을 돋우는 효과가 있습니다. 정상적인 양을 먹지 않는 소들에게 쓰는 방법이지요." 대대로 이곳 목장을 경영해온 집안의 4대손인 마쓰다가 말했다. "그러니까 항상 맥주를 먹이는 것은 아닙니다."

그럼 소주는 왜? "저렴하고 알코올 농도가 높아서 벌레 퇴치에 효과가 있습니다."

그럼 정말로 소들에게 음악을 들려주나요?

"아닙니다. 말도 안 되는 소리지요."

와다킨에서 소에게 마사지를 해주는 정확한 이유가 무엇이냐는 질문에는 앞뒤가 맞지 않는 듯한 대답을 했다. "지방 생성을 멈추라고 마사지를 해줍니다." 마쓰다가 말했다. 아니 적어도 사샤가 그렇게 통역해주었다. 마쓰다의 설명이 이어졌다. "지방은 맛에 매우 중요한 요소입니다. 건강에 아주 좋은 지방이지요. 올리브기름처럼 콜레스테롤 함량이 낮습니다."

우리는 마쓰사카 도심에 위치한 식당 겸 호텔로 가서 와다킨 소고기를 직접 먹어봤다. 호화롭게 꾸며진 5층짜리 건물이었다. 이곳 식당의 대표 메뉴는 스키야키였다. 하지만 나는 와다킨 소고기를 가장 순수한 형태로, 즉 회로 먹고 싶었다. 회에는 간장에 생강이 들어간 양념장만 딸려 나왔다. 맛이 달콤하고 크림처럼 부드러웠으며, 영국에서 맛본 소고기 회에서 느낀 쇠 냄새 같기도 하고 피 냄새 같기도 한 그런 맛은 없었다. 사실 일본에서 맛본 다른 소고기보다 살짝 질겼는데 전혀 싫지 않았다.

여러모로 대체로 성공적인 하루였다. 그러나 숙소로 돌아가는 기차 안에서 무언가가 나를 계속 괴롭혔다. 사람들이 내가 듣고 싶어하는 것들을 이야기해주었으며, 결국 나는 찾고자 하는 확실한 답을 찾지 못했다는 찜찜함을 지울 수가 없었다. 그래서 이틀 뒤 나는 홀로 마쓰사카로 향했다. 물론 전화로 이전 방문 때보다 훨씬 더 조심스럽고 신중한 협상이 오간 뒤였다.

이번에는 현지 소고기 연구소 관리자가 나를 맞았다. 우리는 그가 모는 혼다를 타고 일단의 외양간이 있는 곳으로 향했다. 200마리 헤리퍼드종 소와 다지마 흑우들이 살고 있는 곳이었다. 가는 길에 나는 그에게 질문 공세를 퍼부었다. 일본 소고기는 왜 그렇게 비쌉니까? 왜 그렇게 부드럽습니까? 소들에게 먹이로 무엇을 줍니까? 마사지와 맥주에 대한 이야기가 사실입니까? 와다킨에서 평소에 정말 그렇게 하는 겁니까? 아니면 관광객들에게 제공하는 일종의 볼거리 같은 것입니까?

"이곳에서 목축은 아주 노동집약적인 과정입니다." 그가 설명했다. "정말 오래 걸리지요. 30개월이 되기 전에는 도살을 하지 않고 그동안 우유를 생산하지도 않습니다. 보세요." 외양간에 도착하자 그는 소 한 마리의 등에 찍힌 오목한 자국을 가리켰다. "저걸 보고 도살할 시기를 판단합니다. 저 자국이 달걀 크기만큼 커지면 준비가 된 것이지요."

와다킨의 사육 방법은 쇼가 아니라 사실이라고 했다. 또한 맥주가 정말로 소의 식욕을 돋우지만, 개인적으로는 맥주 사용에 동의하지 않는다고도 했다. 관리자가 말하기로, 일본 소고기 맛의 진짜 비결은 소의 품종과 먹이다. 그리고 대부분의 소가 암컷이라는 사실도 중요하다. 암컷의 살이 수컷보다 부드럽기 때문이다. "이렇게 마블링이 좋은 것은 일본 흑우뿐입니다. 처음에는 풀만 먹입니다." 이렇게 말하면서 외양간에서 한가롭게 풀을 씹고 있는 눈이 커다란 흑우 두 마리를 몸짓으로 가리켰다. "그러고는 볏짚을 먹이는데, 마블링을 만들어내는 중요한 요인 중 하나입니다. 10개월 이후부터는 볏짚에 약간의 말리지 않은 짚이나 풀만을 먹입니다. 그것이 지방세포를 형성하는 데 도움이 되기 때문입니다. 녹색 풀에는 비타민 A가 풍부해서 지방세포 증식을 억제하는 효과가 있습니다. 그렇지만 비타민 A 역시 필요하지요. 비타민 A가 부족하면 소들의 다리가 붓고 눈이 보이지 않게 됩니다. 그래서 녹색 풀도 조금은 먹여줘야 합니다." 또한 그는 일본인이 이렇게 극도로 부드러운 고기를 좋아하는 이유가 "일본인의 턱 근육이 강하지 않기" 때문이라면서 일본인의 턱 근육이 약한 이유는 "쌀밥 위주의 식사 때문"이라고 덧붙였다. 마지막 이야기는 그리 신빙성 있어 보이지는 않았다.

그가 소 한 마리를 외양간에서 끌어내더니 내게 이가 쇠로 된 솔을 내밀었다. "원하시면 한번 해보세요." 얼결에 해본 이전 경험을 바탕으로 이번에는 능숙하게, 그리고 열심히 솔질을 했다.

그럼 마사지는요? 마사지가 어떻게 마블링에 영향을 미칩니까? "지방에 직접적으로 영향을 미치지는 않습니다. 하지만 소들이 마사지를 좋아합니다. 마사지를 해주면 긴장이 풀어지지요. 그러면 잘 먹게 됩니다. 그러나 보통은 도살하기 전에 소들을 진정시킬 때만 해줍니다."

내가 솔질을 멈췄다. 그러니까 그것이 비결이었구나. 마사지는 기본적으로 긴장을 완화시키고 기분을 좋게 하는 방법이었다. 행복한 소가 좋은 고기를 만들어내는 법이다. 마사지가 마블링을 만들어낸다는 말은 완전히 잘못된 생각이었다.

하지만 이쯤에서 분명히 해둘 것이 있다. 모든 것을 고려해볼 때 일본 소고기는 너무 부드럽고 지방이 많아서 내 입에 잘 맞지는 않는다는 사실이다. 가끔 먹으면 맛있겠지만 자주 먹고 싶지는 않았다. 지방이 건강에 미치는 영향 때문에 이렇게 말하는 것이 아니다. 나는 육질이 어느 정도 질겨서 씹는 맛이 있는 고기가 좋다. 정말 소고기가 입에서 살살 녹아야 좋은 걸까? 소고기는 아이스크림이 아니라 동물의 살인데도?

해녀

마쓰사카에서 돌아오는 기차 안에서 현지 관광안내소에서 받은 안내 책자들을 훑어봤다. 미에 현의 역사를 다룬 책자에 실린 두 여성의 사진이 이상하게도 강렬하게 와닿았다. 머리부터 발끝까지 연결된, 모자 달린 흰색 점프 슈트(바지와 상의가 하나로 붙어 있는 여성복)에 고글을 착용한 모습이었다. 건강해 보이는 암갈색 피부도 무척 인상적이었다. 사진만 보고는 굉장히 옷맵시가 좋은 용접공들이 아닌가 싶었는데, 사진에 딸린 짧은 기사를 보니 일본어로 '아마'라고 하는 전설의 여자 잠수부, 즉 해녀들이었다. 이들은 거의 2000년 전부터 미에 현의 동쪽 연안, 태평양 바닷속을 잠수해왔다.

다음 장에는 미키모토 진주 양식 회사에 관한 내용이 소개되어 있었다. 미키모토 고키치御木本幸吉가 1893년에 설립한 세계 최초의 진주 양식 회사다. 우동 가게 장남이었다는 미키모토 고키치는 도바 시 출신이다. 책자 뒤에 나온 지도를 보니 도바 시와 해녀들이 주로 활동한다는 수가지마는 모두 사키시마 반도에 위치하며 차로 한 시간 거리 정도로 보였다.

단편적인 정보를 연결시켜 극적인 이야기로 꾸미는 것은 기자라면 누구나 하는 일이고, 10년 경력의 나로서는 그만큼 자신 있는 일이기도 했다. 기차 안에서 구상에 돌입한 결과, 교토 숙소로 돌아왔을 때는 리슨과 아이들에게 식인상어를 겁주기 위해 하얀색 옷을 입고, 30분 동안이나 숨을 참으면서 집 한 채 가격은 족히 되는 진주를 찾아 잠수하는 용감무쌍한 해녀들 이야기를 그럴싸하게 꾸며 들려줄 수 있었다.

다음 날 나는 추가 정보를 얻고자 미에 현 관광국에 연락했다. 진주조개를 채취하는 해녀 가운데 지금까지 생존한 사람이 있습니까? "그럼요. 있다마다요. 그러나 해녀들이 진주조개를 채취하려고 잠수하지는 않습니다. 해당 지역에서 나오는 진주는 모두 양식이니까요." 관광국 직원의 설명이었다. 물론 내가 조금만 생각을 했다면 양식 진주를 채취하러 잠수할 필요가 없다는 사실을 자연스럽게 깨달았을 것이다. 그런 번거로움을 없애려고 진주를 양식하는 것 아닌가. 해녀 잠수부들은 물속으로 들어가서 진주가 아니라 전복, 가리비, 해삼, 해조류, 성게 등을 채취한다. 그 사람들을 만나볼 수 있을까요? 물론이죠. 내일은 어떠세요?

그리하여 이튿날인 10월 1일 우리는 도바로 가는 기차를 탔다. 관광국 직원 둘이 기차역에서 우리를 맞이했다. 내리자마자 그들의 안내를 받아 오사쓰 마을까지 가는 소형 버스를 탔다. 오사쓰 마을은 1000명 정도 되는 이 지역 해녀의 상당수가 사는 마을이다. 마을까지 가는 길에 아고 만英虞灣 주변의 눈부신 장관을 감상할 수 있었다.

버스는 바위섬이 점점이 흩어져 있는 암청색 바다 위, 깎아지른 절벽 위로 난 숲길을 따라 달렸다. 그동안 간사이 지방에서 우리가 본 일본의 이미지며 인상은 도시적인 것이 압도적으로 많았다. 하지만 이곳은 전혀 다른 인상을 주었다. 일단 콘크리트 건물과 쇼핑몰을 벗어나면 일본에도 세계 어느 곳에 견주어도 뒤지지 않을 아름다운 자연이 있음을 온몸으로 느낄 수 있었다. 그런 의미에서도 이곳은 우리 가족에게 강렬하고 색다른 추억으로 남아 있다.

마침내 우리는 말편자 모양의 만에 위치한 허름한 어촌에 도착해 해변에 차를 세웠다. 차에서 내려 절벽에 바짝 붙은 좁은 길을 따라 걸어가니 작은 오두막이 하나 나왔다. 절벽 아래로 엄청나게 높은 파도가 치는 모습을 보니 정말 아찔했다. 오두막은 만 입구에서 200미터 정도 떨어진 곳에 있었다. 이곳에 오늘 점심이 준비되어 있다고 했다. 바다 쪽으로 계속 걸어가자 왠지 모르게 으스스한 휘파람 소리 같은 것이 들리기 시작했다. 우리가 길 끝에 있는 오두막에 도착하자 두 사람이 바다에서 사다리를 타고 나타나 우리를 맞았다.

사진에서 본 암갈색 피부의 여자들이었다. 실존 해녀인 고사키 다미에와 고사키 가요였다. 이름을 보면 알 수 있듯이 둘은 자매였고 나이는 40대 초반이었다. 둘은 깊지 않은 나무통을 하나씩 들고 있었는데, 안에는 흥미롭게 생긴 조개들이 들어 있었다.

다미에와 가요가 우리를 나무 오두막 안으로 안내했다. 바닥 중앙에 모닥불이 피워져 있었다. 우리 모두 모닥불 주위에 둘러 앉았고, 다미에와 가요가 소라, 가리비 같은 갓 채취한 조개와 미리 사놓은 오징어, 대합 등을 석쇠에 구우면서 해녀들의 삶에 대한 이야기보따리를 풀어놓았다.

그들에 따르면, 30년 전에는 오사쓰 마을에만 400명 정도의 해녀가 살았지만 전체적으로 숫자가 점점 더 줄어드는 추세다. 지금은 지역 전체에 3000명 정도만 있다. 이곳 해녀에는 두 부류가 있는데, 해안에서 입수하여 헤엄을 쳐서 해변에서 10미터 정도 거리까지 나가 채취하는 부류와 배를 타고 해변에서 30미터 정도 떨어진 지점까지 가서 입수하는 부류다.(후자는 보통 부부가 함께 다닌다.) 어느 쪽이든 해녀들은 마을 어르신들과 마찬가지로 지역사회로부터 존경을 받는다.

다미에와 가요는 한 번에 한 시간 정도씩 거의 매일 잠수를 하고, 남편들은 보트에서 기다린다. 이쯤에서 나는 여느 곳과는 사뭇 다른 부부관계에 대해 썰렁한 농담을 했지만, 이 지역에서 여자들이 계속 잠수를 했던 데에는 그들 나름의 이유가 있었다. 이곳 사람들은 여자가 체지방이 많기 때문에 남자보다 차가운 물속으로 깊이 들어갈 수 있고, (실제로 그럴 것 같지는 않지만) 여자들이 폐가 커서 오래 숨을 참을 수 있다고 믿었다.

"10킬로그램 정도 되는 추를 이용해 밑으로 내려가고, 올라올 때는 쉭쉭 휘파람 소리를 내면서 호흡을 조절합니다. 너무 빠르게 호흡하면 위험합니다." 다미에가 그렇게 말하면서 직접 시범을 보여주었다. 조금 전에 우리가 도착해서 들은 숨소리가 섞인 으스스한 휘파람 소리의 정체가 바로 이것이었다.

"우리는 보통 스무 살 정도에 잠수를 시작합니다. 나이가 가장 많은 해녀는 여든한 살입니다. 그분은 지금도 잠수를 하지요. 보통은 조개를 채취하려고 잠수하지만 해조류를 채취할 때도 있습니다. 계절에 따라 다르지요. 3월에는 해조류를 채취하며, 지금은 해삼이 최고로 많은 시기입니다."

제일 값나가는 것은 무엇일까? "전복입니다. 하지만 채취가 아주 힘들어요." 가요가 말했다. "바위에 워낙 단단히 붙어 있어서 떼어내는 데 시간이 걸립니다. 숨을 참고 있기 때문에 시간이 그렇게 많지 않아요."

"얼마나 오래 숨을 참을 수 있나요?" 애스거가 물었다. 오는 기차 안에서 숨을 참는 연습도 해본 참이었다. "나는 이만큼 할 수 있어요." 애스거가 볼을 빵빵하게 부풀린 채로 숨을 참기 시작했다. 이내 얼굴이 빨갛게 변하더니 도저히 못 참겠다는 표정으로 숨을 내쉬었는데, 그동안 흐른 시간은 불과 10초 정도였다.

"1분 30초 정도야." 다미에가 귀엽다는 듯이 웃으면서 말했다. "물론 가만있으면 훨씬 더 오래 숨을 참을 수 있지만 바다 바닥에서 조개를 찾으면서 이리저리 헤엄치느라고 많은 에너지를 써야 해."

기술이 존재하지 않았던 과거에 해녀들이 산소탱크를 이용하지 않은 것은 충분히 이해가 갔다. 하지만 왜 지금도 이용하지 않는 것일까? "지금은 과도한 채취, 즉 남획을 조심해야 하니까요. 산소가 없으면 조개를 찾아 돌아다니는 시간이 한정되기 때문에 그렇게 많이 채취하지 못합니다. 이걸로 조개 크기를 체크해서 어린 조개들은 채취하지 않아야 합니다.[다미에가 핀셋처럼 생긴 측정 기구를 들어 보였다.]"

리슨이 흰색 복장에 대해서 물었다. 정말로 상어를 겁주어 쫓아내려고 흰색을 입는 것인가요? "아닙니다. 해파리와 자외선으로부터 보호하려는 목적입니다. 1미터 정도 되는 상어들을 보기는 하지만 위험하지는 않습니다. 그렇지만 우리가 하는 일이 위험하기는 하지요. 작년에도 한 사람이 밧줄에 걸리는 바람에 병원에 실려갔습니다. 우리는 이것을 착용합니다." 가요가 별 모양 배지를 가리켰다. "상어를 막아주는 부적이랍니다."

가요가 석쇠에 놓인 소라 하나를 뒤집으며 말했다. 소라에서 나온 즙이 오두막 여기저기로 튀었다. 두려움과 호기심이 공존하는 표정으로 지켜보던 애스거와 에밀은 가요가 익은 소라를 포크에 찍어 내밀자 눈을 휘둥그레 뜨고 뒷걸음쳤다.

귀빈인 내게는 거부할 특권 따위는 없었다. 사실 비슷한 종류인 달팽이를 먹어본 경험이 썩 좋지 않았다. 맛으로 보상받지도 못하는데 질기기까지 해서 엄청 씹어야 했던 기억이 지금도 선연하다. 핀란드 어느 섬의 달팽이 양식장에 갔을 때의 일이다. 양식장을 운영하는 여자는 먹기 전에 달팽이를 굶겨야 한다면서 그 이유는 (달리 완곡하게 표현할 방법이 없는데) 달팽이 몸속의 폐기물을 모두 비워내야 하기 때문이라고 했다. 이때 여기서 받은 '달팽이'들은 분명코 이런 정화 작업을 거치지 않았다. 방금 전 바다에서 채취해온 것이니 말이다. 진한 녹색을 띠는 내장 부분에서 쌉쌀한 뒷맛이 느껴지는 이유가 그 때문이 아닌가 싶었다. 아무튼 나는 그들이 권하는 소라를 다섯 개나 먹어야 했다.

이게 사람들이 좋아하는 요리인가요? 내가 물었다. "아니, 아니에요." 두 자매가 동시에 고개를 저었다. "성게알밥을 좋아하지요. 아주 간단합니다. 쌀식초를 많이 넣은 밥에 김, 채소, 성게알을 올리면 끝입니다."

도바 시로 돌아온 다음 교토행 기차를 타기 전까지 약간의 시간이 있었다. 이미 말했듯이 미키모토 고키치의 고향인 도바는 진주가 유명하다. 바위가 많고 풍경이 무척 아름다운 이곳의 만은 진주조개들을 매달아두는 나무 구조물로 덮여 있었다. 그리고 만 중앙에는 일종의 테마파크인 진주섬이 있는데, 미키모토 진주 양식 회사에서 건설한 것이다. 호화로운 전시관 안으로 들어가면 아코야 진주조개로 진주를 양식하는 방법을 설명하고 보여주는 자료들이 전시되어 있다. "내부 장기 부분을 주걱으로 벌리고 조개 몸의 표면을 (수술용) 메스로 작게 절개한다. 이어서 아주 조심스럽게 껍질을 통과해 생식선까지 길을 낸다."

진주가 유명한 곳답게 해안을 따라 진주 판매점들이 늘어서 있었다. 휴식을 즐기는 행복감으로 조금은 들뜨고 흥분한 상태에서 나는 리슨에게 마음에 드는 것으로 무엇이든 사라며 큰소리쳤다.(아내의 생일이 머지않은 시점이기도 했다.) 그러나 가격표를 본 순간 사실상 공황 상태가 되었다. 결국 그날 오후 내내 나는 아내가 마음에 들어하는 각종 진주 목걸이를 별로라며 폄하하고 깎아내리느라 바빴다. "아이구. 이건 안 돼! 너무 천박해 보여." 내가 마른침을 삼키면서 말했다. "그거 하고 있으니까 좀 퍼져 보인다." 그러나 안타깝게도 리슨은 오십 보 떨어진 곳에서도 한눈에 좋은 진주를 알아보는, 정식 교육을 받은 보석 전문가였다. 아내는 부두에 있는 대형 수족관을 둘러보라며 나와 아이들을 내보낸 뒤에 본격적인 가격 흥정에 들어갔다.

세계 최고의
간장

이튿날 나는 혼자서 버스를 타고 현수교인 아카시해협대교明
石海峽大橋를 건너 일본 내해에 위치한 어느 섬으로 갔다. 버스 창
문을 통해 보이는 섬 풍경이 어찌나 아름다운지 넋을 잃고 바라
보았다. 묘비가 빽빽하게 자리 잡은 완만한 경사의 산들과 협곡,
멀리 보이는 햇살을 받아 반짝이는 바다, 선명한 푸른 하늘을
배경으로 빙빙 도는 거대한 매, 햇빛에 건조 중인 볏단 더미, 각
종 사무라이 영화가 떠오르는 목조 기와집들까지. 그야말로 한
폭의 그림 같았다.

지금 나는 세계 최고의 간장을 맛보러 시코쿠四國 섬에 가는
길이다. 문제의 간장은 올리브기름으로 치면 단일 농장에서 생
산한 저온압착, 엑스트라 버진급이고, 발사믹 소스로 치면 50년
전통을 자랑하는 초고급 모데나 발사미코 같은 존재다. 실제로,

예전 사무라이 집안에서 전통적인 방법으로 소량만 생산하는 정말 진귀한 간장이다.

하지만 미식가를 위한 진귀한 간장에 앞서 일반적인 일본 간장에 대해 간략하게 살펴보도록 하자.

일본 요리에서 가장 중요한 재료 한 가지를 꼽으라면 쌀이 아니라 간장이다.(쌀은 단순한 재료라기보다는 일본인의 식사를 구성하는 정신적이고, 영적인 요소에 가깝다.) 일본인도 물론 요리할 때 소금을 사용하지만 양념의 대부분은 엄청나게 맛있고, 점성이 있는, 진한 갈색의 액체로 만들어진다.(오키나와에서 확인하게 되듯이 일본은 세계 최고 품질의 소금 생산국이기도 하다.)

일본인이 매년 1인당 평균 8리터 이상을 소비하는 간장에는 여러 종류가 있다. 예로부터 일본 서부 지역에서는 색깔이 옅고 짭짤한 우스쿠치 간장(연한 간장)을 사용해왔다. 전통적으로 일본 동부 지역에서 널리 사용해온 짠맛은 덜하고 색깔은 진한 고이쿠치 간장(진한 간장)이 현재 시장의 80퍼센트를 차지하고 있다. 이외에도 밀과 콩을 같은 비율로 섞어 만든 간장도 있고, (쌀밥을 물에 넣어 발효시킨 음료인) 아마자케(단술)를 첨가해서 만든 간장도 있으며, 사이시코미 간장, 시로 간장(흰 간장), 다마리 간장 등이 있다. 다마리 간장은 아주 진하고 감칠맛이 풍부한데, 밀을 거의 혹은 전혀 사용하지 않는 것이 특징이다.

일본 간장 회사 한 곳이 일본 국내 시장은 물론 해외까지 모두 지배하고 있다. 바로 깃코만이라는 회사다. 깃코만에서 나온 아래쪽이 넓고 평평하며, 돌려서 여는 빨간 플라스틱 마개에 따르는 주둥이가 두 개 있는, 독특한 모양의 작은 간장병은 그야 말로 세계 어디서나 볼 수 있다. 미국 워싱턴부터 영국 울버햄프 턴까지 모든 중식당과 일식당 식탁 위에 문제의 병이 놓여 있다. 깃코만은 네덜란드, 중국, 미국 등에도 공장이 있으며, 1년에 4억 리터가 넘는 간장을 생산한다. 말하자면 간장계의 코카콜라 회 사 같은 곳이다. 그러면 펩시콜라에 해당되는 회사는 어디냐고? 글쎄, 알고 있는 다른 간장 브랜드가 있으신지?

일본의 간장은 전통적으로 지바千葉 현에서 제조되었다. 지바 현 내에서도 조시銚子나 노다野田 시에서 제조되어 강을 따라 도 쿄로 운송되었다. 이곳 주민들은 이미 16세기부터 이곳에서 만 든 간장을 멀리 떨어진 프랑스에까지 수출했다. 루이 16세가 일 본 간장을 무척 좋아했다고 한다. 깃코만 간장은 300년 전 노다 에서 처음 시작되었으며, 지금도 노다에 본사가 있다. 우리 가족 이 처음 일본 여행을 시작해서 도쿄에 머물 무렵(거의 두 달 전이 다), 나는 무척 지루한 기차여행을 했다. 끝없이 확장된 도쿄 교 외를 가로질러 북쪽으로 가는 35킬로미터 정도의 여정이었다.

노다는 회사 하나로 이루어진 도시임이 분명했다. 공기 자체에 진한 간장 냄새가 배어 있었다. 소고기 냄새 같기도 하고 밀 냄 새 같기도 한 달콤한 냄새였다. 하지만 깃코만이 노다라는 도시 를 그렇게 부유하게 만들어주지는 못한 모양이었다. 다소 황폐하 고 허름한 낮은 건물이 주를 이루었고, 녹슨 거대한 밀 저장 탱 크들이 도시 풍경을 장악하고 있었다.

황실에 공급되는 간장만 만든다는 별개의 양조장인 고요구라

御用蔵를 둘러보고 싶었지만 안타깝게도 수리 중이었다. 정말 친절했던 홍보 담당자 야노 히로유키는 먼저 관광객 안내소를 구경시켜주었다. 시간과 공간에 구애받지 않는 절대 강자가 깃코만이라고 강조하는 회사 홍보 비디오를 보고, 공장 안으로 들어가서 유리창 너머로 콩이 간장으로 변모하는 과정을 살펴봤다.

과정은 의외로 간단했다. 제2차 세계대전 때까지 대부분의 일본 가정에서는 직접 간장을 담가 먹었다고 하는데 이렇게 간단한 과정이기 때문에 가능했던 일이 아니었나 싶다. 간장의 주요 재료는 삶은 콩과 볶아서 으깬 밀이다. 깃코만은 유전자 변형을 거치지 않은 미국, 캐나다 등지의 밀을 사용한다.(황실로 들어가는 간장은 100퍼센트 일본산 재료만 쓴다.) 이들 재료를 깃코만에서 자체 제작한 누룩곰팡이를 이용해 발효시킨 다음, 소금물을 넣고 걸쭉한 전국을 만들어 6개월 정도 숙성시킨다. 당분과 아미노산이 결합되면서 진한 캐러멜 색상으로 변하고 효모와 젖산이 특유의 향을 만들어낸다. 간장의 향은 300가지나 된다는데 보아하니 와인 향의 숫자와 맞먹는 것 같다. 주황빛 도는 갈색의 질척질척한 곤죽 형태인 전국은 보기에 썩 아름답지는 않다. 전국을 저어준 다음 2800미터 길이의 나일론 부대에 넣어 압착하여 저온 살균한다.

이런 방법과 중국인이 간장을 만드는 방법 사이에 어떤 차이가 있느냐고 물어봤다. "발효 과정이 다릅니다. 일부 중국산 간장에는 화학적 처리가 가미됩니다." 야노 히로유키가 콧방귀를 뀌며 말했다. "예를 들면 콩에서 단백질을 뽑아내기 위해 산성

화학물질을 사용하기도 합니다." 일부 회사에는 옥수수 시럽, 인공 캐러멜, 심지어 식물성 단백질 가수분해물과 염산 등을 사용하기도 하지만 깃코만은 이런 첨가물을 일절 쓰지 않는다.

30년 전까지 깃코만은 예로부터 사용해온 납작한 나무 상자에서 전국을 발효시켜 간장을 만들었다. 판을 들어올려서 공기 순환을 통제함으로써 온도를 쉽게 조절할 수 있기 때문에 고안된 방법이었다. 하지만 요즘은 온도 조절 기능을 갖춘, 거대한 유리 피복 스테인리스스틸 탱크를 이용한다. 노다 공장에만 이런 탱크가 2000개나 있다. 노다에 깃코만 본사가 있기 때문에 이곳 공장이 최대 규모일 것으로 생각하기 쉽지만 사실 깃코만 사의 최대 공장은 미국 위스콘신에 있다. 이처럼 막대한 규모의 생산 시설을 갖춘 덕분에 깃코만은 간장을 생수보다 싼 가격에 판매할 수 있다.

깃코만의 단순하면서도 비교적 '슬로푸드'에 가까운 양조 과정은 무척 인상적이었다. 하지만 교토 어느 식당에서 장인이 만들었다는 간장을 맛본 경험 때문에 소량 생산되는 고급 간장을 찾아가는 이번 여정에 나서게 된 것이다. 교토 식당에서 맛본 간장은 깃코만 사의 간장보다 훨씬 더 부드럽고 은은하면서도 한편으로 깊은 맛이 있었다. 목적지는 시코쿠 섬의 가메비시 양조장이었다.

가메비시는 옛날 방식 그대로 '무시로'를 이용해 간장을 만드는데, 지금까지 이 방식을 고수하는 공장은 가메비시가 유일하다. 무시로는 짚을 엮어 만든 거적을 말한다. 얇은 대나무 상자 안에 무시로를 깔고 그 위에 발효 콩을 펼쳐놓는다. 그렇게 해서 얻은 전국을 최소 2년간 숙성시킨다.

히가시카가와라는 작은 지방 도시에 위치한 가메비시 양조장은 200여 년 전에 처음 만들어졌으며, 지금도 원래 사무라이 집안이었던 오카다 가문의 17대손이 운영하고 있다. 양조장 건물도 예전의 사무라이 주택을 그대로 쓰고 있다. 붉은 치장 벽토에 무거운 도기 기와를 올린 지붕이 눈길을 끄는 단층 건물이다.

현재 집안의 수장은 오카다 가나에로 싱글맘인 그녀는 수년 전까지만 해도 도쿄 여행업계에서 성공적인 직장생활을 했으나 가업을 잇기 위해 고향으로 돌아왔다. "자라는 동안은 가업을 잇고 싶은 마음이 전혀 없었고 아버지도 내게 강요하지 않았습니다." 가나에의 말이다. "나는 밖으로 나가서 미국에서 일하고 도쿄에서도 일하면서 아이도 하나 낳았습니다. 일본문화센터에서 일했는데 동료들 중에는 가부키나 스모 같은 전통문화를 계승하는 이가 많았습니다. 그들을 보면서 우리 집안의 유산을 방치하는 것에 부끄러움을 느꼈지요. 미국에서도 마찬가지였어요. 모두들 우리 집안과 가업에 대해 지대한 관심을 보였는데, 정작 나는 그들의 질문에 답할 수가 없었습니다. 그래서 15년 전 고향으로 돌아와 회사를 운영하기 시작했습니다."

가나에가 돌아왔을 무렵 이곳 공장은 파산 위기였다. 가나에는 자기 집안 상품의 문화적, 상업적 가치를 충분히 알고 있었기에 포기하지 않았다. 그녀는 날카로운 사업 감각으로 회사를 파산 위기에서 구출했다. 기본적으로 고래의 전통 방법을 존중하면서 이색적인 신제품 개발도 병행했다. 양념용으로 쓰는 냉동 건조 콩, (지금까지) 27년을 묵힌 간장 등이 새로 개발한 제품들이다.

"우리는 깃코만과는 많이 다릅니다." 가나에가 공장을 안내해주면서 말했다. "우리는 섭씨 200도까지 가열한 모래 위에서 밀을 굽습니다. 또한 전지대두를 사용합니다. 깃코만에서는 기름을 제거한 말린 콩을 사용합니다. 우리는 대나무판에 짚을 엮어 만든 거적을 깔고, 섭씨 28도에서 30도 사이에서 전지대두를 발효시킵니다. 그렇게 얻은 전국을 삼나무 통에서 최소 3년 동안 숙성시킵니다. 맛도 향도 정말 강렬하지요."

가나에는 일본에서 간장 회사를 운영하는 최초의 여성이다. 열여섯 살인 그녀의 딸은 어떨까? 내가 물었다. 언젠가 아이가 회사를 물려받게 될까? "사실 우리 아이는 성장기의 저와는 다르답니다. 우리가 하는 일을 아주 자랑스러워합니다. 아이가 출장에 동행해서 고객들에게 설명을 하기도 합니다. 요즘 젊은이들 중에는 사무직에 염증을 느끼고 몸을 움직이며 뭔가 눈에 보이는 것을 만들어내고 싶어하는 이가 많습니다. 예전에는 일할 사람을 구하기가 정말 힘들었습니다. 보시다시피 여기는 어디서 온다고 해도 상당히 먼 곳이니까요. 하지만 요즘은 많은 젊은이가 이곳으로 일하러 옵니다. 그중에 소수만이 힘든 일을 감당할 수 있지만요. 아무튼 사람들이 옛날식으로 돌아가고 있다고 생각합니다. 10년 전에는 정말 위기였습니다. 판매가 많이 부진했습니다. 하지만 지금은 두 배가 되었습니다." 가메비시의 진취적이고 혁신적인 접근법이 역시 전통 산업으로 위기를 겪고 있는 두부와 사케 사업에도 도움이 되지 않을까 싶다.

우리는 여기저기 거미줄이 있는 침침한 위층 다락으로 올라갔다. 천천히 발효되는 콩을 담은 100년 된 삼나무 통들이 있는 곳이었다. 이런 환경은 공기의 흐름을 통제하기 좋고, 따라서 온도 조절에 용이하다. 벽, 바닥, 오래된 관, 천장 할 것 없이 드러난 표면이란 표면에는 타르 비슷한 물질이 덕지덕지 들러붙어 있었다. 까치발을 하고 조심스럽게 통 안을 들여다봤다. 사실 통이라기보다 바닥에 설치된 거대한 목조 탱크라고 하는 편이 옳으리라. 「올리버 트위스트」에 등장하는 그로테스크하다는 악당 페이긴이 생각나서 나도 몰래 얼굴을 살짝 찌푸리는데 가나에가 말했다. "아시다시피 더럽지 않습니다. 수십 년 키운 곰팡이지만 실제로 전체 과정이 더없이 위생적으로 진행됩니다. 우리는 여기를 청소해본 적이 없습니다. 작업 환경을 관리하는 정부 부서 사람이 와서 전부 청소해야 한다고 했습니다. 이런 환경이 있기에 우리 간장에서 그렇게 특별한 맛이 난다는 사실을 설명하느라 애를 먹었지요. 여기 있는 곰팡이는 200년 이상 된 것입니다! 실제로 실험을 통해서 우리는 이곳에 230가지나 되는 박테리아, 효모균, 미생물이 살고 있음을 확인했습니다. 이들 전부가 발효 과정에 일조합니다. 이런 극미균極微菌들은 많은 양의 알코올을 만들어냅니다. 그래서 여름이면 이곳 온도가 40도 이상으로 올라가고, 진짜 '술' 냄새가 납니다." 다시 말하자면 건물 전체에 번식력이 왕성한 미생물이 가득하며, 따라서 건물 자체가 거대한 발효실이라는 말이다.

바닥이 미끄러운 데다 통들은 깊이가 2미터 정도 되었다. 누가 빠진 적이 있나요? 내가 물었다. "네. 내가 한 번 빠졌습니다. 네 살 때입니다. 콩이 가득 들어 있는 통이었습니다. 다행히 근처에 사람이 있어서 끄집어내주었습니다. 안 그랬다면 죽었을 겁니다."

이런 모든 환경과 노력이 모여서 슈퍼마켓에서 파는 것보다 훨씬 더 부드럽고 풍부한 맛을 내는 간장이 탄생한다.(발효가 시작된 첫 이틀은 사람이 옆에서 전국을 저어주고 적절한 온도를 유지하면서 직접 살펴야 한다고 하니 보통 노력이 아니다.) 여기서 만든 간장은 일반 간장의 두 배 정도 가격에 팔린다. 그러나 제조 환경을 직접 보고 나니 들어간 정성에 비해 터무니없이 낮은 금액이다 싶었다.

우리는 가나에의 사무실로 돌아와 미래의 간장에 대해서 이야기를 나누었다. "우리는 프랑스와 이탈리아 요리사들이 사용할 간장 소금을 만들기 시작했습니다. 진한 색깔 때문에 간장을 음식 양념으로 사용하지 못하는 요리사들을 고려한 제품이지요. 이미 많은 이탈리아 요리사가 간장 소금을 사용하고 있습니다. 감칠맛이 풍부한 제품입니다. 천연 MSG라고 생각하면 됩니다. 프랑스 요리사인 파스칼 바흐보와 알랭 뒤카스 등도 관심을 많이 보입니다."

이어서 가나에가 특별한 제품을 내놓았다. "그리고 이것은", 그녀가 새까만 시럽 같은 액체가 들어 있는 병을 자랑스레 흔들면서 말했다. "27년 묵힌 간장입니다. 세계에서 유일하지요. 이탈리아 모데나에 있는 발사믹 식초 만드는 곳을 방문했을 때 얻은 아이디어입니다. 그곳에는 100년 묵은 발사믹 식초가 있었는데 정말 맛이 좋더군요. 50년이 되면 팔 생각입니다. 원하신다면 지금 맛보셔도 됩니다." 젖산 맛이 강렬한 데다 셰리주, 삼나무, 구운 스테이크 맛이 은은하게 배어 있는, 정말 깊고 풍부한 맛이었다. 마마이트 맛과도 약간 비슷했는데 다만 톡 쏘는 듯 강렬한 뒷맛은 없었다.

이곳에서는 10년 묵힌 간장을 병당 1만4000엔(14만 원)에 파는데, 세계에서 가장 비싼 간장이 아닐까? 27년 묵힌 것만큼 맛이 강렬하지는 않았지만 발사믹 식초처럼 카르파초에 끼얹어 먹으면 그만이겠다 싶었다. 카르파초Carpaccio는 소고기나 생선을 생으로 얇게 썰어서 소스를 끼얹어 먹는 요리로 이탈리아식 회요리라고 생각하면 된다. 가나에의 향후 계획에는 그보다 더 흥미로운 것도 많았다. 아이스크림용 간장 메이플 시럽, 간장을 넣은 초콜릿 바, 캐러멜 간장, 발사믹 간장 소금 등등. "초콜릿은 아직 시간이 더 필요합니다. 좀더 감칠맛을 높일 방법을 모색해야 해요."(내가 방문한 이후에 간장을 넣은 초콜릿 바가 완성되어 현재 판매되고 있다.)

가메비시를 나온 다음 버스가 오기를 기다리는 동안 주변을 거닐다가 우연히 또 한 명의 전통 식품 장인을 만났다. 와산본和三盆이라는 고급 백설탕을 만드는 사람이었다. 정말 고운 설탕 캔디 형태로 주로 판매되는 와산본은 설탕의 왕이라 불리며, 완두콩 크기로 하나하나 박엽지에 포장되어 있다. 현지에서 키우는 사탕수수를 원료로 하여 수작업으로 만들어지며 200년 넘는 역사를 보유하고 있다. 전해 내려오는 이야기에 따르면, 당시 일본에서 유일하게 사탕수수 재배가 허용되었던 규슈 남부 출신 순례자 한 명이 사탕수수 묘목 하나를 몰래 가지고 시코쿠까지 걸어왔고 도착하자마자 쓰러져 죽었다고 한다. 사람들이 그가 가져온 사탕수수를 심었는데, 알고 보니 이곳의 토양이며 수질이 사탕수수 재배에 최적이었다. 무럭무럭 자란 사탕수수에서 즙을 짜낸 다음 끓이고 정제하는 과정을 거치자 규슈에서 자란 사탕수수보다 훨씬 더 작고 고운, 가루 같은 결정이 나왔다. 킬로그램당 3000엔인 이곳 설탕은 일본에서 가장 비싼 설탕이다. 멀리 버스가 보일 무렵 약간 틈이 나 거기서 파는 봉봉 캔디 몇 개를 샀는데 정말 맛있었다. 사탕이 혀에서 사르르 녹자 흐릿한 꽃향기 같은 달콤한 뒷맛이 남았다.

두 요리학교 이야기:
2부

우리 가족은 오사카에 일주일 넘게 머물고 있었다. 이제 일본 요리계의 패권을 놓고 경쟁하는 다른 경쟁자 한 사람을 만날 시간이었다. 일본 요리계의 지도자로서 쓰지 시즈오의 자리를 대신하고자 하는 야심을 가진 남자다. 내가 도쿄에서 텔레비전 요리 프로그램인 「철인 요리왕」 제작에 참여하고, 핫토리영양전문학교 교장으로도 유명한 핫토리 유키오를 만난 사실을 독자 여러분도 기억하리라 생각한다. 핫토리 유키오는 일본 요리가 건강에 좋다는 주장을 뒷받침할 광범위한 지식으로 무장하고 있었고, 일본 정부에서 벌이는 쇼쿠이쿠(바른 식생활 교육) 프로그램에도 깊이 관여하고 있었다. 또한 초대받은 사람만 출입 가능한 일본 최고의 식당에 나를 데려가겠다는 고마운 약속도 해주었다.

이제 나는 핫토리 유키오의 최대 적수로 꼽히는 쓰지 요시키

辻芳樹를 만나려 한다. 쓰지 시즈오의 아들로 1993년 아버지가 돌아가신 뒤로 일본 최대의 요리학교인 쓰지요리전문학교TCI 교장으로 재직 중이다. 오사카에 위치한 쓰지요리전문학교는 간사이 요리 전통을 지키고 계승하는 든든한 보루다.

일본으로 출발하기 전에 이미 학교에 이메일을 보냈는데, 쓰지 요시키가 직접 방문을 환영한다는 답장을 보내와서 깜짝 놀랐었다. 그리하여 마침내 나는 고풍스러운 프랑스 가구로 둘러싸인 TCI 대회의실의 거대한 타원형 참나무 탁자 앞에서 대기하게 되었다. 탁자 옆에는 쓰지 시즈오의 흉상이 놓여 있었다. 나는 지금 그의 아들을 기다리는 중이었다.

직원들이 먼저 들어와서 차를 내놓고 쓰지가 곧 올 것이라고 알려주었다. 그리고 머지않아 그들의 상사가 나타났다. 사람 좋아 보이는 잘생긴 얼굴에 맵시 나는 회색 재킷, 검은색 바지를 입은 마흔세 살의 쓰지 요시키는 일본의 리처드 기어 같은 근사한 모습이었다. 쓰지 요시키가 철인 3종 경기에 열심이라는 이야기는 나중에 들었지만, 건강하고 늘씬해 보이는 체격과 눈에 보이지는 않지만 에너지로 똘똘 뭉친 듯한 느낌은 아마도 그 때문이 아닌가 싶다. 온화하고 나지막한 말투로 보건대 자기 말을 한마디도 놓치지 않으려고 귀를 쫑긋 세우고 듣는 그런 청중에 익숙한 것 같았다.

우리는 쓰지의 개인 사무실에 딸린 휴게실로 자리를 옮겼다. 그곳에서 운영 중인 요리학교에 대해 간략하게 설명했다. 오사카, 프랑스, 도쿄 등지에서 5000명이 넘는 학생이 이곳의 요리를 배우고 있다고 했다. 프랑스에서는 성 두 곳을 교실로 사용하고 있으며, 도쿄의 학교는 상대적으로 규모가 작다는 설명도 덧붙였다.(프랑스에 있는 학교는 아버지 쓰지 시즈오의 절친한 친구인 폴 보퀴즈가 쓰지를 기념해 세운 것이다.) 학생의 남녀 비율은 대략 같고, 주로 일본인이지만 한국, 타이완 출신 학생도 있으며, 대학 졸업생부터 60대 이상까지 연령대도 다양하다고 했다. 학생들은 일본, 프랑스, 이탈리아 요리는 물론 제과 제빵도 배운다.

스스로 일본 요리계의 패권을 쥐고 있다고 생각하느냐고 물었다. "아닙니다. 아니에요. 하지만 책임감만은 막중하게 느끼고 있습니다"라고 그가 답했다. "우리는 이곳에서 장인을 육성하고 있습니다. 워낙 힘들기 때문에 일본 요리를 배우려는 학생이 점점 줄어들고 있는 실정입니다. 우리는 이런 세태의 위험성을 깨닫고 발 빠르게 대처한 학교들 중 하나입니다."

그도 요리를 할 줄 아는지? "아침 식사 정도입니다. 열두 살부터 요리 공부를 했지만 열여덟 살에 그만두었습니다." 그의 아버지는 평생 30권이 넘는 책을 집필했는데, 요리에 관한 책만이 아니라 음악을 포함해 다양한 관심 분야를 다루고 있었다. 아들인 그도 지금까지 두 권의 책을 집필했다. 『미식문화론』『요리 관련 일을 하고 싶다』라는 책이다. 요리 대신 미국에서 배운 경영학은 쓰지가 학교를 발전시키고 확대할 새로운 방법들을 모색하는 데 도움이 되었다. 불경기에 지역 은행을 인수한 것도 그중 하나다. 교사校舍가 지역의 여러 건물에 퍼져 있는 TCI는 이제 그 자체로 하나의 작은 마을처럼 느껴진다.

"학교를 둘러보시겠습니까?" 쓰지의 물음에 내가 당연히 보고 싶다고 대답했다. 홍보 담당자가 잠깐 구경시켜주겠거니 생각하면서. "그럼 가시죠." 쓰지는 자기 학교에 대한 자부심이 대단해 보였고 직접 안내해주고 싶어했다. 그렇게 자부심을 갖는 이유는 금방 알 수 있었다. TCI는 내가 지금까지 본 것 중 가장 인상적인 요리학원이었을 뿐만 아니라 교육 시설로서도 이보다 더 나은 것은 상상하기 힘들 정도로 훌륭했다.(여기에 비하면 내 모교인 파리의 르 코르동 블뢰는 우간다 숲속에 있는 초등학교처럼 느껴졌다.)

우리가 들어간 첫 번째 교실은 최신식 주방 겸 TV 스튜디오로 영상이나 사진을 찍는 전용 공간으로 만들어졌다. 아크등 아래서 사진 촬영할 요리를 준비하는 학생들로 분주했다. 다음은 대강의실이었는데 쓰지의 설명에 따르면 도쿄에 있는 핫토리영양전문학교의 두 배 규모다. 번쩍번쩍 광이 나는 마호가니 책상과 정면에 매달려 있는 열두 개의 구리 냄비로 장식된 대형 스테인리스 스틸 작업대가 스포트라이트 아래서 빛나고 있었다. 이곳은 (「사랑도 통역이 되나요?」에 나온 호텔인) 도쿄 파크 하이엇 호텔을 설계한 존 모퍼드가 직접 설계했으며 학교의 나머지 건물들도 마찬가지다. 학교 설비에 돈을 아끼지 않은 흔적이 역력했다. 학교 전체가 푸른색이 도는 회색과 세련된 베이지색을 기조로 고급 휴양지처럼, 호화롭고도 우아하게 꾸며져 있었으며, 어디를 가든 학생들은 모두 빳빳한 흰색 유니폼에 파란색 앞치마를 두르고 회색 바지를 입고 있었다. 한편 요리사들은 외줄 단추의 흰색 재킷에 넥타이를 매고 높이 솟은 요리사 모자를 쓰고 있었다.

쓰지의 설명에 따르면, 490명에 이르는 교수진은 모두 일본인으로 대부분은 특정 분야 전문가다. 거기에는 다마고야키, 즉 일본식 계란말이 기술만 30년 넘게 연마해온 사람도 있다. "우리 학교는 최고 수준의 교육을 실시하고 있습니다. 이곳 교사가 되려는 경쟁은 정말 치열합니다. 일단 교사가 된 이후에도 학교에서 요구하는 수준을 유지하기가 이만저만 어려운 일이 아니지요." 일본 요리사들의 무자비한 행위에 대해서 이런저런 이야기를 들은 터라 이에 대해서도 물어보았다. 실제 주방에서 일하는 과정에서 폭력이나 체벌을 많이들 경험한다고 들었습니다. 학생들이 어떤 마음가짐으로 이런 행위를 받아들이게 합니까? "우리 학교 교사는 손이나 조리 도구로 학생들을 때려서는 안 됩니다. 심리적으로 괴롭혀서도 안 됩니다. 하지만 그런 선을 지키는 한에서 교사들은 무척 엄격합니다. 당연히 그래야지요."

학생들은 1년에 수업료로 최고 1만5000파운드(약 2700만 원)를 낸다. "세계에서 가장 비싼 요리학교입니다." 쓰지가 자랑스럽게 말했다. "도러시 캔 해밀턴도 자기네 뉴욕 요리센터가 가장 비싼 학교라고 주장하고 있습니다. 그런 말을 듣고 저라고 가만 있을 수는 없지요!"(지금은 쓰지 자신도 뉴욕에 진출해 있다. 미국의 요리사이자 레스토랑 운영자인 데이비드 불레이와 손을 잡고 '브러시 스트로크Brush Stroke'라는 일식당을 세워 운영 중이다.)

프랑스와 이탈리아 요리만 하는 건물도 있고 고급 제과 건물도 있었다. 쓰지는 학교 심리상담사들이 쓰는 사무실도 있다고 말했다. 학생들이 학교생활에 적응하고 개인적인 문제가 있을 때

원활하게 해결하도록 돕는 인력인데, 이런 방면의 지원이 매우 중요하다고 생각하고 있었다.

우리는 번쩍번쩍하게 닦은 깨끗하고 넓은 주방에서 직접 시범을 보이면서 진행하는 강의를 참관했다.

요리사는 '태양'을 주제로 하는 메뉴를 처음부터 끝까지 시연하면서 설명했다. 연어 알을 알주머니째로 꺼내는 방법에 이어 간장과 유자를 사용해서 연어 살코기를 요리하는 방법도 보여주었다. 요리사는 우선 능숙한 재봉사처럼, 검지와 중지 사이로 깔끔하게 뼈를 빼내어 제거했다. 그러고는 간장, 미림, 양파, 식초를 섞고 말린 고추를 살짝 가미한 양념장에 자른 연어를 재워두었다. 자리에 앉은 학생들은 교사의 일거수일투족에 온 신경을 집중하고 있었다. 교실 안은 에어컨 돌아가는 낮은 소음 말고는 쥐 죽은 듯이 고요했다.

유럽과 미국 외식업계에서는 지금도 도제 제도가 널리 활용되고 있다. 열의가 넘치는 젊은이들이 전문 요리사의 주방에서 말단 견습생으로, 종종 무보수로 일한다. 이런 제도가 가끔은 노예 제도라 불러도 무방할 정도로 악용되기도 하는데, 일본에서는 상황이 조금 달랐다. "예전에는 젊은 요리사들이 일하고 싶은 식당 앞에 앉아서 일주일 동안이라도 기다렸습니다. 주방에서 일하는 것을 허락해주기를 바라면서요. 물론 아주 유명한 식당들에 해당되지요. 하지만 이런 제도가 지금은 사실상 붕괴되었습니다. 일본에는 계급 문화가 없습니다. 우리한테도 도제 제도라는 것이 분명 있기는 하지요. 열여섯 살에 시작되는데 돈을 받지 않는 대신 숙식을 해결하고 교통비를 받습니다. 하지만 그나마도 지금은 줄어들고 있는 추세이지요."

반대로 TCI 졸업생은 전국의 일류 식당에서 서로 모셔가려고 한다. 매년 이곳을 떠나는 졸업생이 3000명인데 전국 1만5000곳의 식당에서 이곳 졸업생을 추천해달라는 요청이 들어온다.

요리 시범 강의가 끝나자 쓰지가 점심을 같이 하자고 청했다. 쓰지를 따라 학생 식당 중 하나로 갔는데 주방은 전적으로 학생들이 운영하고 있었다. 내가 다닌 르 코르동 블뢰에서는 요리사가 보여주는 세 가지 코스 요리 시범을 본 다음 학생들이 실습 주방으로 이동해서 메인 요리를 만든다. 하지만 이곳에서는 학생들이 식당에 내놓을 열 가지 코스 요리를 모두 준비하고 있었다. 머지않아 50명 정도 되는 입맛이 매우 까다로운 손님들이 와서 식당을 가득 채울 터였다.

우리는 일찍 왔던 터라 쓰지가 잠깐 주방을 둘러보자고 했다. 학생들의 기량과 그들이 준비하는 요리의 구성 및 복잡성을 보고 많이 놀랐다. 한쪽에서 남학생 한 명과 여학생 한 명이 회 접시에 마무리 손질을 하고 있었다. 다른 쪽에서는 학생 한 명이 튀김에 곁들일 소면을 튀기고 있었다.

식사는 정말 훌륭했다. 우아하고, 색감도 좋고, 신선하고, 창의적이었다. 학생들이 한 게 아니라 잘하는 식당에서 만들었다고 해도 믿을 정도였다. 우리는 몇몇 학생과 함께 앉아 이야기를 나눴다. 내가 한 학생에게 여기 온 이유를 물었다.(쓰지가 통역을 해주었다.) "일본을 좋아하다보니 일본 문화를 배우고 싶어서입니다." 미스월드 참가자 같은 모범 답안이었다. "일본 요리가 세계에서 가장 멋지고 아름답기 때문이죠." 다른 학생이 말했다. 맞는 말이다.

점심을 먹으면서 나는 그날 저녁 오사카에서 최고로 꼽히는 카할라라는 식당에 가기로 했는데 벌써부터 기다려진다고 말했다.

"아아, 그럼요. 거기 정말 대단합니다." 쓰지가 말했다. "어떻게 거기를 아셨습니까? 누구랑 같이 가십니까?"

"가도카미 씨가 추천해주었습니다. 혼자 갈 생각입니다. 아이들을 데려가기에는 좋은 장소가 아니라고 하더군요." [가도카미 다케시는 간사이 지방의 대표적인 음식비평가로 나는 전날 그를 만나 이런저런 이야기를 나누었다.]

쓰지가 얼굴을 찌푸렸다. "혼자 가신다고요…… 하지만…… 안 되지요. 안 됩니다. 그럴 수는 없지요." 쓰지가 재킷 안주머니에서 수첩을 꺼냈다. "어디 보자, 음, 저랑 같이 가면 어떨까요?"

"그러면 좋지요. 그럼요. 그런데 지금 자리를 예약할 수 있을지 모르겠습니다. 가능할까요?"(카할라에는 좌석이 여덟 개뿐인데 전체가 몇 주 전에 예약이 끝난다.)

"아, 그건 걱정하지 마세요." 쓰지가 그렇게 말하면서 손짓으로 직원 한 명을 부르더니 일본어로 뭐라고 말했다.

몇 분 뒤 직원이 다시 와서 고개를 끄덕였는데 모든 것이 잘 처리되었다는 의미인 모양이었다.

그리하여 그날 저녁 쓰지와 나는 카할라에서 다시 만났다. 카할라는 모리 요시후미森義文가 운영하는 유명한 카운터 서비스 식당으로, 모리는 작고 다부진 체격에 머리카락이 희끗희끗한 60대 초반의 남자였다. 카운터 서비스 식당은 안이 보이는 주방 앞에 설치한 카운터를 식탁 삼아 요리를 제공하는 식당을 말한다.

오사카의 대표적 유흥가 중 하나인 기타신치北新地에 위치한 식당 내부는 어두침침하면서도 세련된 분위기였다. 쓰지의 설명에 따르면, 모리 요시후미는 이곳 식당을 34년 동안 운영하고 있다. 독학으로 요리를 배운 모리의 요리는 풍부한 상상력과 창의력이 돋보인다. 최고의 품질을 자랑하는 일본 제철 재료에 프랑스 요리 기법, 요즘 유행하는 '분자 요리' 기법 등을 섞어 만든 요리를 내놓고 있다. 모리 요시후미를 일본의 페란 아드리아라고 부르는 이들도 있는데, 그날 처음으로 나온, 거품 나는 사케에 고추냉이를 풀어놓은 '요리'를 보면 타당한 지적이 아닌가 싶다. 이어서 나온 요리는 모리 요시후미의 대표 요리라고도 하는 '소고기 밀푀유'였다. 밀푀유는 천 겹 잎사귀라는 뜻으로 밀가루 반죽 사이사이에 버터가 층을 이루고 있는 패스트리 같은 프랑스 과자다. 요리사는 우리가 보는 앞에서 극도로 얇고 황홀할 정도로 부드러운 소고기 다섯 장을 가열한 철판에서 재빨리 구운 다음 밀푀유처럼 포개어 내놓는다. 송이버섯을 곁들인 끈적끈적한 샥스핀, 부드러운 다시마를 깔고 위에 커다란 겨자씨를 올린 갯장어 요리도 나왔다.

요리는 도합 열 가지가 넘게 나왔다. 나중에야 안 사실이지만 쓰지가 주문한 상당히 비싼 고급 빈티지 보르도 와인까지 합치면 그날 식사비가 10만 엔(95만 원)이 넘었다. 쓰지는 한사코 자기가 내겠다고 했고, 내가 눈치 채기도 전에 이미 계산을 완료한 상태였다. 그러나 쓰지의 호의는 여기서 끝이 아니었다.

"혹시, 술 한잔 하실 시간 있어요?" 식당을 나서면서 쓰지가 물었다.

두어 건물을 지나친 뒤에 쓰지가 나를 향해 미소 짓더니 지하 출입구로 안내했다. 회원제 클럽이라고 했다. 몸매가 드러나는 우아한 드레스에 진한 화장을 한 중년 여성이 우리를 맞았고, 밝은 조명의 길고 좁은 라운지로 안내했다.

처음에 나는 "아, 남자들이 모두 저녁에 부인을 데리고 나오다니 정말 멋지군" 하고 생각했다.(당연히 진심이었다.) '부인들' 중 한 명이 슬그머니 우리 테이블로 와서 나와 허벅지가 맞닿을 정도로 가깝게 앉았을 때에야 나는 어떤 상황인지를 확실하게 깨달았다.

우리가 앉기도 전에 클럽 창고에서 꺼낸 쓰지의 싱글몰트위스키가 테이블에 놓여 있었다. 쓰지가 내 잔과 우리와 함께 앉은 두 여자의 잔을 채웠다. 쓰지는 이들이 좋은 친구라고 말했다. "오사카에 혼자 있을 때 종종 여기에 옵니다. 아시다시피 가족은 도쿄에 살고 있답니다. 정말 좋은 친구들이고, 가끔은 이분들을 데리고 나가서 점심을 먹기도 합니다."

나는 갑자기 수줍음 많은 10대로 돌아간 기분으로 여자들을 보며 어색하게 미소를 지었다. 비록 정신적인 교류라고 해도 돈을 주고 여자를 산다는 발상은 내게는 항상 득보다 해가 많다는 생각이 들게 한다. 함께해주는 대가로 누군가에게 돈을 준다면,

당연히 그들의 나에 대한 관심은 진실할 수 없고 따라서 무의미하다고 본다. 도톤보리 애견 카페에서 개들과 나누는 우정이 그렇듯이 말이다. 이런 생각에도 불구하고 나는 금세 호스티스들의 매력에 완전히 넘어가고 말았다. 어느 순간 나는 그들이 시키는 대로 하고 있었다.

그들은 자기 일에 놀라울 정도로 능숙했고, 엉터리지만 매력적인 영어까지 구사했다. 때문에 금세 나는 그들이 정말로 나한테 관심이 있다고, 그들이 나한테 매료되어 있다고 철석같이 믿게 되었다. 그렇다. 그들은 그만큼 훌륭하게 일을 해냈다. 둘 중 나이가 어려 보이는 여성은 일본의 에이바 가드너 같았고, 다른 여성은 르네 젤위거를 연상시키는 보조개가 있으며 정말 매력적이었다. 아무튼 그들은 이렇게 멋진 여성들이 나한테 폭 빠졌다고 진심으로 믿게 만드는 묘한 재주가 있었다.

저녁이 무르익으면서 대화는 좀더 개인적인 쪽으로 흘렀다. 나는 쓰지에게 나무랄 데 없이 완벽한 영어를 어디서 배웠느냐고 물었다. 열두 살에 아버지 쓰지 시즈오는 아들을 토니 블레어의 모교이기도 한 페테스 기숙학교에 보냈다. 열두 살에 타향도 아니고 타국살이라니 분명 쉽지 않았으리라. "음, 이렇게 말하면 되겠네요. 나는 그 기숙학교에서 유일한 아시아계 학생이었습니다." 쓰지 시즈오처럼 세련된 음식에 대한 감수성을 가진 사람이 아들을 스코틀랜드에서 살게 했다는 사실이 의외라는 생각이 들었다. 쓰지가 웃으면서 말했다. "거기서 망가진 미각을 회복하는 데 10년이 걸렸습니다!"

교토의 가이세키 요리사 무라타를 만났을 때 쓰지와 핫토리의 라이벌 관계에 대한 이야기를 나눈 적이 있다. 쓰지를 어떻게 생각하느냐고 묻자 무라타는 콧방귀를 뀌며 이렇게 말했다. "쓰지는 일본과 유럽 사이를 일등석을 타고 비행하고, 리츠 칼턴 같은 최고급 호텔만 이용합니다." 쓰지에게 당시 이야기를 전했더니 의외의 반응이 돌아왔다. 흥미롭게도, 쓰지는 되레 무라타가 예로 든 호텔에 이의를 제기했다. "푸하! 나는 리츠 칼턴 호텔에서 잔 적이 없습니다." 쓰지는 모욕을 당한 듯한 표정으로 말했다. "나는 항상 포시즌스 호텔에서 잡니다!"

32.

후쿠오카

　그리하여 부스 가족의 행렬은 계속해서 덜컹덜컹 남쪽으로 나아갔다. 다음 날 아침 총알열차인 신칸센을 타고, 규슈 섬으로, 그곳의 수도 후쿠오카로.

　효율적인 철도 시스템은 인프라가 잘 갖춰진 사회의 상징으로 거론된다. 하지만 일본의 철도망 앞에서는 내로라하는 스위스의 철도망조차 무색해진다. 뭐랄까, 내가 어려서 영국에서 봤던 낙후된 철도망 같다고나 할까? 효율성 면에서 최고 중의 최고, 모범 중의 모범이다. 일단 정해진 시간에서 몇 초를 넘지 않는 시간 엄수는 기본이다.(정해진 시간에서 1분 이상 지나 도착하면 연착으로 간주될 정도다.) 시간뿐만 아니라 멈춰 서는 위치도 얼마나 정확한지 모른다. 플랫폼의 출구 표시가 있는 지점에 정확하게 선다. 그렇기 때문에 좌석이 지정되어 있을 때, 정확히 플랫폼의 어느 지점에서 기차를 기다리면 되는지 알 수 있다. 심지어 플랫폼 바닥에는 대기선까지 그려져 있어 정확한 위치를 알려준다. 이런 기계 같은 정확성 때문인지 왠지 기차 타는 일이 경건하게까지 느껴진다.

신칸센이 도착하는 순간은 그야말로 압권이다. 물고기 주둥이를 연상시키는 거대한 전면부가 속도를 줄이면서 미끄러지듯 서서히 들어와 완벽하게 멈추고, 동시에 마치 흡족하다는 듯이 증기를 내뿜는다. 리슨과 애스거, 에밀이 총알처럼 빠른 신칸센을 탄 것은 이번이 처음이었다. 나는 며칠 전부터 신칸센 이야기를 하면서 분위기를 띄우려고 기를 썼다. 그들의 첫 경험에 내가 더 흥분한 모양새였다. 하지만 애스거와 에밀은 끝까지 무관심했다. 공기역학적인 모양, 주변 풍경이 흐릿할 정도의 속도 등등을 이야기하며 아이들의 관심을 끌려는 눈물겨운 노력은 '쇠귀에 경 읽기'처럼 무시되었고, 아이들은 새로 산 포케몬 피규어에 온 정신이 팔려 있었다.

후쿠오카는 도쿄에서 1175킬로미터나 뻗어 있는 신칸센의 마지막 구간이다. 신칸센은 실제로 이곳의 하카타 역에서 끝난다. 후쿠오카 성이 있는 도심의 말쑥한 분위기와 상업이 발달한 하카타 주변은 분위기가 많이 다르다. 원래 별개의 행정구였으나 1889년에 하나로 합쳐졌고, 현재 후쿠오카에는 130만 명의 인구가 살고 있다. 후쿠오카 사람들은 자신들을 교양 있고 국제 감각을 갖춘 이들로 생각하기를 좋아한다. 고속 연락선으로 한국과 연결되어 있고, 비행기로 수도 도쿄에 가는 데 걸리는 시간과 중국 상하이에 가는 시간이 같다. 아마도 이런 이유로 후쿠오카에서는 일본어로 야타이屋臺라고 하는 길거리 포장마차를 중심으로 하는 독특한 음식 문화가 발달했으리라. 그날 저녁 도심을 어슬렁거리다가 우리도 이런 포장마차들을 봤다.

우리 가족은 후쿠오카에 도착하자마자 편안함을 느꼈다. 일본에서 방문한 모든 도시 중 다시 와서 살고 싶은 곳이 있다면 바로 이곳이었다. 후쿠오카는 감당할 수 있겠다 싶을 만큼 충분히 작으면서 한편으로 즐길 수 있을 만큼은 충분히 컸다. 또한 이곳은 좋은 의미에서 특별한 분위기를 가지고 있었다. 편안하고 따뜻하며 재미를 추구하고 가식 없이 진솔한 그런 분위기. 좋은 기후, 최고의 상점, 미술관, 공연장, 항상 인파로 붐비는 유흥가 등은 덤이다. 아무튼 이곳 후쿠오카에서 우리는 도시에서 기대 가능한 모든 것을 얻을 수 있다.

후쿠오카의 명물 포장마차도 도시가 지닌 편안한 축제 같은 분위기에 일조하고 있었다. 도착한 첫날 저녁, 도심을 배회하다가 어느 모퉁이를 돌자 나카 강변을 따라서 어지럽게 늘어선 포장마차들이 보였다. 많은 포장마차에는 바퀴가 달려 있었고, 일부는 비닐로 감싸여 있어서 어린 시절 형과 내가 숲에서 만들던 야영 텐트같이 보였다. 갓 없는 알전구, 김을 내며 끓고 있는 냄비, 줄을 서서 접이식 탁자에 자리가 나기를 기다리는 많은 손님. 일부는 안이 보이게 열린 구조이고 일부는 커튼이 드리워져 있었다. 커튼이 드리워진 어느 포장마차에 들어가려는데 요리사가 아이들을 보고는 우리를 내보냈다. 거기서 파는 음식이 아이들 입맛에는 맞지 않는다고 생각한 모양인데 아마도 옳은 판단이었으리라. 다른 곳은 우리를 반기는 분위기였고, 머지않아 우리 가족은 아늑한 저녁 공기 속에 강을 조망할 수 있는 곳에 자리를 잡았다. 우리가 앉은 자리는 공용 탁자에 접이식 의자였다. 이내 우리 앞에는 라면이 한 그릇씩 놓였다.

하카타 라면은 돼지 뼈를 고아 만든 흰색 국물을 베이스로 한다. 다른 라면보다 살짝 매운 감이 있었지만 엄청 맛있었다. 이틀날도 우리는 라면집을 찾아다녔고, 이치란一蘭이라는 유명한 가게를 찾아냈다. 손님들이 도서관처럼 1인씩 칸막이가 되어 있는 자리에 앉아서 라면을 먹는 곳이다. 이번에도 라면 맛은 최고였다. 특히 아이들은 자신만의 공간에 앉아 혼자 식사를 한다는 사실에 뿌듯해했다. 아이들이 호출 버튼 누르는 재미에 빠져 마구 눌러대는 바람에 종업원들이 왔다 갔다 하느라 혼쭐이 나긴 했지만. 칸막이 자리들은 좁은 복도 양쪽으로 배치되어 있다. 손님들의 이런저런 요구에 응하느라 종업원들이 복도를 바쁘게 돌아다니고 있었다. 그들의 인내심을 시험하는 네 살과 일곱 살짜리 꼬마들이 아니라도, 이곳 손님들의 요구는 상당히 까다롭다. 손님이 들어가면 설문지 형식의 작은 종이가 하나씩 주어진다. 손님이 자기 취향대로 채우면 되는 일종의 상세 메뉴판이다. 종이를 보면 면발 굵기(아주 단단함, 단단함, 중간, 부드러움, 아주 부드러움)부터 양파의 종류, 국물의 기름기 정도까지 가게에서 파는 라면의 사실상 모든 요소를 손님이 원하는 대로 선택할 수 있다. '휴대전화 사용 금지', 바로 옆에 있는 '옆 사람과 대화 금지' 등의 표시는 이곳이 진지한 라면 마니아들을 위한 공간임을 새삼 상기시켰다. 이런 표시를 보니 교토에서 만났던, 라면을 무척이나 사랑하는 특이한 남자가 떠올랐다.

연구원 친구 에미가 데려간 요코하마 라면 박물관에서 나는 라면왕 고바야시 다카미쓰小林孝充을 만났다. 그러나 난해하고도 흥미진진한 고바야시의 세계를 소개하기 전에, 일본에서 접하게 되는 당혹스러울 정도로 다양한 면에 대해 분명하게 설명해두고자 한다.

예로부터 일본의 면은 크게 소바(메밀국수)와 우동으로 나뉜다. 자세히 보면 얼룩덜룩한 반점이 있는 얇은 면으로 메밀가루(혹은 메밀가루와 밀가루를 섞어서 만드는 경우가 더 많다)로 만드는 소바는 일본 간토 지방에서 많이 먹는 반면 두껍고, 부드럽고, 미끌미끌하고, 흰색인 우동은 간사이 지방에서 즐겨 먹는다. 처음 이런 특성이 나타난 이유는 메밀이 도쿄 주변의 비옥하지 못한 토양에서도 잘 자라서였다. 물론 지금은 일본 전역에서 어떤 면이든 먹을 수 있다. 하지만 간토와 간사이 지방 미식가들은 이런 차이를 고스란히 간직하고 있다. 도시는 소위 자루소바笊蕎麥를 먹는 사람들의 심리에는 뭔가 있어 보이고 싶은 속물근성이 어느 정도는 있다고 장담했다. 자루소바는 삶아서 식힌 다음 네모진 어레미나 대발 위에 올려놓고 즈케지루付け汁라고 하는 함께 나온 국물에 찍어 먹는 메밀국수를 말한다. 커다란 면기에 소바를 넣고 뜨거운 국물을 부어 따뜻하게 먹는 것을 가케소바掛け蕎麥라고 하는데, 이렇게 먹는 것은 너무 평범하다고들 생각

한다.(토시는 집에서 혼자 먹을 때는 자기도 가케소바로 먹는다고 솔직하게 인정했다.) 소바는 흙 혹은 거의 금속성 맛이 있는데 프랑스에서 식후 디저트나 간식으로 즐기는 빵과자인 갈레트와 비슷하다. 갈레트도 메밀가루로 만든다. 만약 100퍼센트 메밀가루로 만든 소바를 먹는다면, 몸에 아주 좋은 거라고 확신해도 좋다. 메밀가루에는 비타민 B1과 B2가 풍부하고, 쌀보다 단백질 함유량도 높다. 또한 메밀에는 비타민 P로도 알려진 바이오플라보노이드가 풍부하다. 바이오플라보노이드는 고혈압 예방, 항산화 작용 등을 하며, 암을 예방하는 데도 효과가 있다고 알려져 있다. 메밀의 탄수화물은 서서히 분해되므로, 소바를 먹고는 30분이 지난 뒤에도 밀려드는 졸음 따위로 고생하지 않아도 된다. 파스타를 먹으면 흔히 오는 증상이다. 반면 우동은 영양가가 거의 없고 열량만 높은 음식이다. 우동의 최고 매력이자 장점이라고 하면 포만감을 주고, 부드러우면서도 쫄깃한 식감을 즐길 수 있다는 것이다. 우동은 주로 따뜻한 다시 국물과 함께 먹지만, 때로는 찍어 먹는 차가운 양념장과 함께 나오기도 한다.

우동과 소바는 100퍼센트 일본 음식이지만 라면은 중국에서 수입된 것이다.(라면이라는 명칭 자체가 광둥어 라오민에서 나왔다.) 그럼에도 불구하고 일본인은 소바나 우동을 합친 것보다 훨씬 더 많은 라면을 먹는데, 주된 이유는 즉석라면이 워낙 인기가 있기 때문이다. 라면은 20세기 초반에야 일본에 들어왔지만 육류와 마찬가지로 지방 함량이 상대적으로 높다는 사실 때문에 전후 '큰 체격'을 추구했던 대중에게 인기를 끌었고, 식량이 부족하던 시기 쌀 대체 식품으로도 유용했다. 쓰지 시즈오는 라면이 중국 음식이라 하여 전혀 관심을 갖지 않았고, 따라서 『일본 요리: 단순함의 예술』에서도 전혀 다루지 않았다. (명칭은 소바라고 하지만 실은 볶은 라면인) 야키소바가 "(솜사탕처럼) 일본의 모든 축제에 항상 등장한다"고 마지못해 인정하기는 했지만.

한편 소면은 얇고 고운 면으로 그야말로 귀한 특상품이다. 밀가루와 참기름으로 만드는데, 히야무기冷や麥라는 냉국수 면발보다 살짝 굵다. 기본적으로 얇은 우동 면발이라고 보면 된다. 하루사메春雨라는 당면은 감자 전분으로 만드는데 시라타키白瀧와 비슷하다. 시라타키는 곤약과 같은 구약나물 땅속줄기로 만든 유리처럼 '투명하고' 얇은 면이다.(이들 면은 튀김에 넣으면 너덜너덜 해체된다.) 또한 왕코소바椀子蕎麥는 이와테巖手 현의 명물로 공기에 한입 정도 분량으로 나오는 것이 특징이다. 왕코소바 가게 종업원은 손님이 그릇을 비우자마자 다시 채워주는데 혼자서 약 50그릇 정도는 먹을 수 있다. 왕코소바는 국수 먹기 대회에서 가장 흔히 나오는 음식이기도 하다.(지금까지 최고 기록은 한 번에 350그릇이라고 한다.)

그러나 이렇게 많은 면 중에서 일본 국민의 허기진 배를 채워주고 에너지를 공급하는 일등공신은 역시 라면이다. 초밥이나 튀김은 잊어라. 주로 손님 접대용이지 평소에 자주 먹는 음식은 아니다. 시간이 없을 때, 한 그릇으로 끝내는 국물 요리가 먹고 싶을 때, '감칠맛'에 도취되고 싶을 때, 탄수화물과 돼지고기 단백질이 몹시 그리울 때, 따뜻한 국물로 배를 채우고 싶을 때, 만사를 잊고 후루룩 쩝쩝 소리를 내며 면발과 국물에 탐닉하고 싶다는 유혹을 떨치기 힘들 때, 일본인들은 라면을 먹는다. 폴리스티렌 그릇에 담겨 물을 부어 먹는 즉석 라면이든, 기차를 타러 가는 길에 카운터 앞에 서서 게걸스럽게 먹는 라면이든, 진지한 라면 전문가가 장인정신을 한껏 발휘해 예쁘게 꾸며 내놓는 일품 라면이든.

순전히 라면 덕분에 발전한 산업도 있을 정도다. 라면 전문 잡지는 물론 개별 식당에 대한 상세한 토론과 의견 교환이 이루어지는 라면 전문 웹사이트와 블로그도 부지기수다. 라면의 순수성을 주장하는 보수적인 요리사가 있는가 하면, 전혀 새로운 스타일의 라면을 만들어내려고 혼신의 힘을 다하는 혁신적인 요리사도 있다. 식품산업 분석가들에 따르면 '라면 붐'이라고 불러도 좋을 만큼 현재 일본에서는 라면이 인기다. 일본 전역에 20만 개가 넘는 라면 가게가 있다.

기본적으로, 라면은 넓고 깊은 면기에 국물과 함께 노란색의 쫄깃쫄깃하고 꼬불꼬불한 면이 들어 있고 위에 토핑을 얹어 나오는 요리다.(토핑으로는 흔히 구운 돼지고기 조각이 나온다.) 그러나 일본의 컬트영화 「탐포포Tampopo」를 보면 누구나 알 수 있듯이 라면에는 훨씬 더 다양한 종류가 있다.(영화를 보면 정체를 알 수 없는 트럭 운전사가 라면 가게 주인이자 요리사인 젊은 여자에게 이따금 찾아와서 여러 라면에 대해 알려준다.) 라면왕 고바야시 다카미쓰는 면을 만드는 방법, 국물 제조 방법 등등 라면 레시피에 변화를 줄 수 있는 방법은 무궁무진하다고 말한다.

"네 가지 기본 형식이 있습니다. 도쿄의 간장 라면, 삿포로의 소금으로 간을 한 소금 라면, 된장 라면, 규슈 및 하카타의 돼지 뼈 라면 혹은 하카타 라면입니다. 돼지 뼈 라면 혹은 하카타 라면은 뼈가 붙어 있는 돼지고기를 푹 끓인 하얀 국물을 사용하지요. 사실 내가 라면에 푹 빠진 것은 이곳 박물관에 왔을 때입니다." 고바야시가 깊은 생각에 잠긴 표정으로 말했다. "돼지 뼈 국물 라면이 나왔었지요. 그보다 더 맛있는 것이 세상에 있을까 싶었습니다."

나는 '라면왕'이라 불리는 서른두 살의 고바야시가 라면 만들기 대회에서 우승했거나, 라면 빨리 먹기 대회에서 우승했으리라고 생각했다.(1991년 경제 거품이 꺼지기 전까지 일본에서 이런 빨리 먹기 대회가 유행했다. 그러나 1991년 이후에는 씀씀이가 헤퍼 보이는 대회가 다소 꼴사납다는 인상을 주어 줄어들었다.) 그러나 의외로 고바야시가 우승했다는 대회는 라면이라는 요리와 관련된 기술, 요리사, 라면 가게, 지역적 특성과 다양성, 이외에도 무수한 너무나 사소하고 잡다한 지식을 겨루는 대회였다. 고바야시는 50만 엔의 상금을 놓고, 다른 24명의 라면 전문가들과 겨뤘다. 라면 종류를 구별하고, 사진만 보고 식당 이름을 알아맞히며, 심지어 녹음된 주변 소음만 듣고 식당을 알아내는 문제도 있었다.

상금을 받기 위해 어떤 노력을 했는지 물었다. "모두 먹어봤습니다. 사실 매년 라면에 집착해서 쓰는 돈이 상금의 세 배는 됩니다." 라면에 질린 적은 없는지? "한 번도. 왜냐하면 라면 하나하나가 아주 다르니까요. 국물이 다양합니다. 돼지 뼈, 닭 뼈, 가쓰오부시, 다시마, 말린 생선 등등 국물을 내는 재료는 무궁무진하지요. 하루에 열한 그릇을 먹은 적도 있습니다. 가시죠. 안내해드리겠습니다."

우리가 만난 곳은 요코하마에 있는 라면 박물관 로비였다. 요코하마는 일본에서 중국인이 가장 많은 도시다. 입구를 지나니 300가지나 되는 다양한 라면 그릇을 전시하면서 라면의 역사를 알려주는 코너가 있었고, 라면을 주제로 하는 다양한 기념품을 파는 상점도 하나 있었다. 12가지 종류의 라면을 직접 보여주는 코너도 있었다.(나한테는 모두 같은 라면처럼 보였지만.) 그러나 박물관에서 진짜 인기 있는 전시물은 지하에 따로 있었다. 1994년 박물관이 개관한 이래 관람객의 발길이 끊이지 않는 이유이면서 (해마다 150만 명의 관람객이 이곳을 찾는다) 대여섯 도시에서 이곳 박물관을 모방하게 된 원인이기도 하다.

박물관 지하에는 1950년대 요코하마가 그대로 재현되어 있다. 황혼녘의 가로등처럼 흐릿한 조명, 어두운 골목길, 변색된 옛날풍의 간판, 녹슨 홈통, 옛날 그대로 꾸며진 정면 등이 특징인 라면 가게가 열 곳쯤 있는데, 가게마다 다부져 보이는 요리사들이 지역별 특성을 반영하는 라면을 한 가지씩 팔고 있다.

우리는 제일 먼저 일본식 다시를 베이스로 하는 국물이 특징인 도쿄 라면을 먹어봤다. 정말 끝내주는 맛이었다. 아주 깊고 풍부한 감칠맛에 톡 쏘는 다시의 맛이 느껴졌다. 시식할 종류가 한둘이 아니니 맛만 보려고 했지만, 중간에 끊지 못하고 후루룩 쩝쩝 먹다가 결국은 국물까지 벌컥벌컥 마셔버리고 말았다.(지금쯤은 나의 이런 패턴에 독자 여러분도 익숙해졌으리라 생각한다.) 후쿠오카 라면 가게에서는 백된장 국물의 하카타 라면을 팔고 있었다. 도쿄 라면에 비해서 어딘지 맛이 약한 느낌이 들었지만, 국물 색이 연하고 시간을 두고 오래 구운 듯한 돼지고기 맛이 났다. 다음으로 삿포로의 된장 라면을 먹었는데, 이름 그대로 된장으로 만든 것이다. 가게로 들어서는데 요리사가 현미경으로 라면 국물을 면밀히 관찰하고 있었다.

"도대체 뭐 하고 있는 겁니까?" 고바야시에게 물었다. "아, 흔한 일입니다. 국물의 밀도를 평가하는 중이지요. 많이들 그렇게 합니다."

내게는 삿포로 라면이 살짝 '강하다'는 느낌이 들었는데, 발효시켜서 보통과 달리 쫄깃쫄깃한 면발 때문이었다. 또 상당히 짜기도 했다. 고바야시가 그런 의견에 동의하자 나는 살짝 우쭐한 기분이 들었다. 나도 라면왕이 될 자질이 있는 것인가? 하지만 겨우 세 그릇을 먹고 나니 배가 라면으로 가득 찬 풍선이 된 듯해 더 이상은 무리였다. 이리 쉽게 지치다니 아무래도 라면왕 재목은 못 되는 모양이었다.

고바야시는 라면왕답게 계속해서 요란한 소리를 내며 라면을 먹었다. 고바야시는 일본인이 라면을 후루룩 쩝쩝 요란한 소리를 내면서 먹는 이유를 설명해주었다. 뜨거운 라면을 식히는 데 도움이 되고 맛과 향이 한층 더 퍼지게 해주기 때문이라고 했다. 실제로 고바야시는 유난하다 싶을 만큼 요란한 소리를 내며 라면을 먹었다. 마치 고급 포도주를 음미하듯이 쩝쩝 소리까지 내면서.

　그렇다면 고바야시는 맛있는 라면과 그저 그런 라면을 어떻게 구별할까? "면의 식감이 좋은 라면을 평가하는 기본 방법입니다. 이탈리아에서 파스타 면을 평가하면서 쓰는 '알단테al dente' 상태, 즉 적당히 씹히는 맛이 있어야 합니다. 중국인은 식감에 그다지 신경을 쓰지 않는 반면 일본인은 음식에서 식감을 무척 중요하게 생각합니다. 그래서 우리 일본인들은 씹는 맛을 높이고 쫄깃쫄깃하게 만들기 위해 나트륨이나 천연수 등을 첨가합니다. 또한 우리 일본인은 감칠맛을 좋아해서 국물에 다시를 사용하지요. 중국인은 그러지 않습니다. 그리고 물론 일본과 중국의 간장이 다르지요."

　미식가들이 찾는 라면 가게, 말하자면 고급스러운 라면 가게가 있는지 궁금했다. "없습니다. 라면은 대중적인 음식입니다. 가장 비싼 것이 1000엔 정도지요. 하지만 라면 요리사의 진정한 장인정신은 라면이라는 음식, 최고의 라면을 항상 이처럼 제한된 공간에서 만들어낸다는 것이지요. 나는 이것을 라면의 예술이라고 부릅니다. 라면은 일상에서 먹는 매우 실용적인 음식입니다. 그래서 제가 이렇게 라면을 깊이 사랑하는 것이지요!" 공간이 항상 부족하고 귀한 나라, 자동차부터 휴대전화까지 모든 것이 가능한 한 가장 작은 공간을 차지하게끔 만들어지는 그런 나라에서는, 그릇 하나로 한 끼 상차림이 끝나는 라면의 매력이 클 수밖에 없으리라. "맞아요. 정확합니다! 정확히 이해하셨네요!" 고바야시가 맞장구를 쳤다.

나는 그렇게 많은 라면 섭취가 고바야시의 몸에 어떤 영향을 미쳤는지도 물었다. 고바야시는 일본인 기준으로 보면 몸집이 있는 편이지만 그렇다고 많이 뚱뚱해 보이지는 않았다. 라면에 헌신하는 생활을 해온 결과 말인가요? "그럭저럭 괜찮습니다. 라면이 맥도널드 햄버거만큼 몸에 해롭지는 않습니다. 보시다시피 채소도 들어갑니다." 그렇다면 고바야시의 아내는 그가 일주일에 최소 한 번은 이곳 라면 박물관에 오고 최고의 라면을 찾아 일본 전역을 돌아다니는 것을 어떻게 생각할까?(그날 저녁에도 그는 결국 두 시간을 박물관에 있었다.) "이해해주는 편입니다. 사실 우리는 라면 관련 웹사이트를 통해서 만났고 아내는 라면 가게에서 일하고 있었답니다."

우리는 명함을 교환하고 헤어졌는데 고바야시의 명함에는 자랑스럽게 '라면왕'이라고 쓰여 있었다. "선생께서 라면을 세상에 소개한다니 정말 기쁩니다!" 요코하마 박물관 입구에서 작별 인사로 손을 흔들면서 고바야시가 말했다.

옛날 옛적
시모노세키에서

그날 아침 후쿠오카를 떠날 때 다소 불안했다는 사실을 인정해야겠다. 물론 황당무계한 소문도 많지만 복어를 먹고 죽는 불상사가 예전에도 분명 있었고 지금도 일어나고 있는 것만은 사실이다. 그러므로 내가 위험하기로 둘째가라면 서러울 악명 높은 생선 요리를 먹으러 떠난 여정에서 영원히 돌아오지 못할 희박한 가능성은 분명 있었다.(물론 일본의 버스 시간표를 제대로 해독하지 못해서 맛볼 기회조차 갖지 못할 가능성이 더 크긴 했다.)

복어는 위험을 느끼면 상대를 위협하고자 물을 빨아들여 몸을 부풀리는, 팽창어의 일종이다. 엇비슷해 보이는 몇 종의 팽창어가 일본에서 식용으로 소비되는데 정도는 다르지만 모두 독을 포함하고 있다. 복어의 난소와 간(합쳐서 일본어로 기모라고 부른다)에는 테트로도톡신이라고 불리는 치명적인 신경독이 들어 있는데, 독성이 비소보다 열세 배나 강하다. 복어 한 마리가 사람 서른 명을 죽일 수 있는 양의 독을 가지고 있으며, 특히 산란기 인 여름에는 독성이 최고치에 오른다. 기모를 너무 많이 섭취했 을 때 첫 번째 신호는 입안이 마르는 구갈口渴이다. 이어서 호흡 곤란이 오고 다음으로 눈이 초점을 잃는다. 일부 생존자가 있지 만 해독제는 없다. 대개는 몸이 마비된 채로 공포에 질려 고통스 럽게 죽게 된다. 사인은 질식이다. 오스트레일리아를 발견한 제 임스 쿡 선장은 복어를 먹을 뻔했다가 아슬아슬하게 피해간 경 험이 있다. 정말 행운이었다. 그러나 일본의 가부키 배우, 반도 미쓰고로坂東三津五郎에게는 그런 행운이 따르지 않았다. 1975년 반도는 어리석게도 기모를 몇 접시 주문해서 먹고 죽었다. 당시 요리사는 징역 8년형을 선고받았다. 일본 천황에게는 복어가 금 지 식품이다.

지금은 독이 없는 복어를 양식하기 시작했지만 대부분은 여 전히 독성이 있다. 게다가 일본에서는 지금도 잘못 손질된 복어 를 먹고 죽는 사람이 해마다 예닐곱 명씩 나온다는 기사도 읽은 터였다. 중독되었다가 간신히 죽을 고비를 넘기고, 집중 치료를 받은 다음 회복되는 사람도 한 해에 수십 명은 된다고 했다.(생명 유지 장치를 사용하면서 24시간이 지나면 사망 위험을 벗어났다고 볼 수 있다.) 복어 손질에 대한 규제가 엄격한데도 이런 모든 사고가 끊이지 않는 것이다. 알다시피 식당에서 복어 요리를 하는 데는 특별한 자격증이 필요하며, 자격증 취득에는 2~3년이 걸린다. 또한 최근에는 식당 쓰레기통을 뒤졌다가 복어독에 중독된 안타까운 사건이 있은 뒤로, 요리사가 독이 있는 모든 부위를 잠금장치가 있는 상자에 보관하도록 하고 있다. 일반인이 집에서 요리하려고 복어를 살 때는 반드시 위험한 부위를 제거한, 손질이 완료된 복어만 사도록 하고 있다. 사망자의 다수는 직접 복어를 잡아 집에서 손질해 먹는 사람, 혹은 혀가 마비되는 느낌, 나아가 일시적인 혼수상태를 경험해보려는, 소위 '스릴'을 찾아다니는 사람들 사이에서 많이 나온다. 그러나 식당에서 전문가가 손질한 복어를 먹고 사망하는 사람도 소수이지만 끊이지 않는다. 말하자면 순수한 사고인 것이다. 가장 최근의 치명적인 사고는 2009년 1월에 일어났다. 야마가타 현의 어느 식당에서 자격증 없는 요리사가 손질한 복어 회와 정소精巣를 먹고 식당 손님 일곱 명이 중독되었다. 68세 남성은 즉사했고, 나머지는 손발의 감각 마비, 얼얼함 등을 경험하고 며칠 뒤에 회복되었다.

(이쯤에서 잠시 유명한 「심슨 가족」의 에피소드 하나를 소개해볼까 한다. 아버지 호머가 새로 생긴 '해피 스모'라는 일식집에 가서 수습 요리사가 해주는 복어 요리를 먹고 탈이 난다. 이때 의사 히버트가 호머에게 24시간 뒤에 사망한다는 진단을 내린다. 그렇지만 호머는 죽지 않고 살아난다. 아내 마지는 이튿날 아침 심슨이 흘리는 침이 따뜻한 것을 보고 그가 살아 있음을 안다. 호머는 이후부터는 건강을 소중히 여기겠다고 맹세하고 지방을 제거하지 않은 돼지 껍데기 스낵 대신 다이어트용 돼지 껍데기 스낵을 먹으면서 텔레비전 앞에서 볼링 경기를 본다.)

일본에서 '복어의 도시'로 널리 인정받는 곳이 바로 항구도시 시모노세키下關다. 후쿠오카에서 북쪽으로 두 시간 거리이며, 남

쪽 규슈와 북쪽 혼슈 사이의 물살이 거센 간몬 해협關門海峽 바로
옆이다. 간몬 해협은 시모노세키 해협이라고도 불린다. 물론 마음만 먹으면 일
본 어디서든 복어를 먹을 수 있다. 일본 대부분 도시의 전문 식
당에는 복어가 있고, 유리창 너머 수조에서 헤엄치는 복어의 모
습을 어렵지 않게 볼 수 있다. 그러나 가장 신선한 복어, 그리고
최고의 복어 요리사는 바로 이곳 시모노세키에 있다고 했다. 시
모노세키는 그리 크지 않은 도시이지만 일본에서 가장 많은 복
어를 잡고 요리한다. 1년에 대략 3000톤 정도인데 일본 전체 연
간 어획량의 절반이 넘는다. 일부는 복어 양식장에서 나오고, 일
부는 자연산이다. 따라서 나한테 가장 안전한 복어 회를 제공할,
믿을 만한 누군가가 있다면 그들은 바로 시모노세키 복어 요리
사일 수밖에 없다는 결론이 나온다. 한편, 내가 위험하다면 위험
한 복어 찾기 여정을 떠나는 시점에서 리슨과 아이들이 보여준
태도를 생각할 때 솔직히 실망했다고 말할 수밖에 없다. 걱정은
커녕 관심조차 없는 것 같았다. 내가 시모노세키로 떠나는 이른
아침 다들 깊은 잠에 빠져 있었다.

후쿠오카의 버스 터미널은 거대한 쇼핑몰 건물 3층에 있었는
데 그것 때문에 생각지 못한 어려움이 닥쳤다. 건물이 너무 넓어
서 시간을 맞추기 위해 상당 시간을 달려야 했다. 달리기는 나로
서는 오랫동안 해보지 않은 일이었고, 층계를 두 계단씩 뛰어올
라가는 것도 마찬가지였다. 해낼 수 있을까 싶었는데 크게 힘들
이지 않고 해내서 스스로도 많이 놀랐다. 드물기는 하지만 일이
있어 뛰어야 할 때는 항상 경험하던 폐가 터질 것 같고 어지러운

증세가 나타나지 않았다. 물론 이후 두어 시간 동안 힘이 달리기는 했지만 적어도 병원에 있는 환자 같은 상태가 되지는 않았다. 몇 달 전이라면 그런 상태가 되고도 남았을 텐데 말이다. 지난 두어 달 일식을 먹은 것이 벌써 효과를 나타내는 것일까? 일식 덕분에 내 몸이 정말 전보다 더 건강해진 것일까?

후쿠오카 버스 터미널 역시 나를 실망시키지 않았다. 깨끗하고 조용하고 질서 정연했다. 버스를 타러 나가는 게이트마다 회색 폴리에스테르 제복을 입은 안내원이 있었다. 이들이 부지런히 역내를 돌아다니면서 손님들을 모아 버스를 놓치지 않도록 했다. 버스를 타려고 꾸역꾸역 앞으로 나서는 나를 대여섯 명의 안내원이 공손하게 거절했다. 당연히 나는 시모노세키로 가는 버스라고 생각했지만 사실은 아니었기 때문이다. 결국 나는 몇 번이고 투명한 유리창에 부딪힌 파리처럼 포기하고 죽음을 기다렸다. 몇 분 뒤에 안내원 한 명이 나를 발견하고 맞는 버스를 타게끔 도와주었다. 하얀 장갑을 낀 손길로 나를 안내해 차에 오르게 해주었다. 물론 실제 접촉은 없이 손짓만으로.

복어가 많다고 해서 시모노세키가 덕분에 크게 번영을 누린 것 같지는 않았다. 적어도 막 도착해서 본 풍경은 분명히 그랬다. 녹슨 조립식 건물, 지저분한 콘크리트 외벽, 제멋대로 자란 초목, 전반적으로 방치된 느낌을 주는 황폐하고 남루한 모습이었다. 그러나 시모노세키는 여전히 이곳의 명물을 자랑하고 있었다. 이곳에서 복어는 '후쿠'라고 발음된다. 맨홀 뚜껑에도 복어 그림이 양각되어 있었고, 버스 좌석에도 복어 그림이 프린트

된 덮개가 씌워져 있었다. 여기저기 가게에는 귀여운 복어 인형, 열쇠 고리, 머그잔, 복어를 주제로 디자인한 휴대전화 고리 등이 널려 있었다. 버스를 타고 항구 근처 어시장으로 가는 길에도 고장의 유명 정치가나 문학가 같은 영웅의 석상이 놓여 있어야 마땅할 그런 지점에 커다란 청동 복어상이 놓여 있는 것을 보았다. 오므린 주둥이와 둥그렇게 퍼진 몸통 때문에 단박에 알아볼 수 있었다. 멀리 인파가 보였다. 가까이 가서 보니 바람이 빵빵하게 들어간 거대한 복어 모양 고무풍선 주변에 사람들이 모여 있었다. 참으로 공교롭게도 내가 시모노세키를 방문한 날이 매년 있는 복어 축제 기간이었다.

어시장 밖에서는 아이들이 뛰놀고 있었고, 안으로 들어가니 대규모 인파가 어느 수조 주변에 모여 있었다. 인파를 비집고 앞으로 들어가 보니 대여섯 명의 아이가 수조 안에 있는 복어를 잡으려고 낚싯줄을 드리우고 있었다. 수조 안에서는 20여 마리의 복어가 활기 없이 헤엄치고 있었다. 2000엔(2만 원)을 내면 누구든 참가할 수 있었다. 벽돌 크기의 가엾은 복어들이 껍질, 눈, 꼬리 등이 고리에 걸려 끌려나오고 있었다. 부모가 부추겨서 나온 아이들에게는 수단이 어떻든 잡기만 하면 되는 모양이었다.

일단 잡힌 복어는 시장 사람이 잽싸게 뒤쪽 어딘가로 가져갔다. 물론 살아 있는 채로였다. 주변을 둘러보고 아무도 보지 않는 것을 확인한 다음 그들 중 한 사람을 따라갔다. 뒤에 가니 면도칼로 목을 그어 사람을 죽였다는 전설의 연쇄살인마 스위니 토드도 울고 갈 잔혹한 광경이 펼쳐지고 있었다. 복어를 재빨리 죽이고 손질한 다음 비닐봉지에 담아 손님들에게 가져다줄 준비를 하고 있었다. 나는 눈앞에서 펼쳐지는 도살 장면을 얼이 빠진 채 바라보았다. 남자 넷이 금속 작업대 주변에 서서 작업하고 있었는데, 복어의 피며 내장이 그들의 앞치마와 하얀 장갑 등에 마구 튀었다. 나는 복어도 다른 팽창어처럼 등뼈가 있는지 궁금했다. 복어 등뼈를 확인하기에 이보다 더 좋은 환경은 없을 테니까. 아무래도 보이지 않는 것을 보고 복어는 등뼈가 없다는 결론을 내렸다.(복어의 머리를 잘라내고 내장을 떼어내는 등의 모든 작업이 진행되고 있었으므로 등뼈가 있다면 보이지 않을 수 없었다.)

나는 고기나 생선의 붉은 피만 봐도 '꺄악' 소리를 지르고 뒷걸음치는 여자애 같은 성격은 전혀 아니다. 살아 있는 가재, 게, 랍스터를 뜨거운 기름이나 끓는 물에 집어넣고, 아직 온기가 남아 있는 야생오리의 목을 잘라내고 깃털을 제거하고 내장을 제거하면서 손질해본 경험도 있는 사람이다. 그럼에도 불구하고 이들이 꿈틀거리는 생선을 자기 앞의 도마 위에 올려놓은 다음, 칼손잡이로 재빨리 대가리 뒷부분을 내리쳐 기절시키는 장면을 보면서 살짝 구역질이 났다는 사실을 인정하지 않을 수 없다. 이어서 그들은 대가리와 지느러미를 잘라낸다.(지느러미는 한쪽에 모아두었다가 볶아서 따뜻한 사케에 안주로 곁들여 낸다.) 그리고 잽싼 손놀림으로 껍질을 벗겨낸다.(껍질 역시 독이 있을 가능성이 있다.) 복어는 아직도 산소를 찾아 숨을 헐떡인다. 대가리 앞에 새로 생긴 구멍에서 혀가 튀어나와 있고, 아가미는 풍선처럼 부풀어 있다. 어부들이 손가락을 속으로 집어넣어 독이 있는 내장을 꺼내 바닥에 놓인 양동이에 던져넣는 동안에도 복어는 움직이고 있다. 맹꽁이자물쇠가 달린 상자 따위는 여기에 없었다. 마지막으로 눈알을 후벼 파낸 다음 나머지는 커다란 조각으로 자른다. 그리고 비닐봉지에 담아 고객에게 가져간다. 워낙 빠른 손놀림이 마냥 신기해서 얼마나 걸리나 시간을 재보았다. 전체 과정이 30초밖에 걸리지 않는다. 일반인이 치명적인 독을 품은 생선을 손질하는 과정에서 기대하게 마련인 세심함과 꼼꼼함은 분명 보이지 않았다. 하지만 그들은 자기네 일을 아주 잘 알고 있기에 걱정할 필요는 없어 보였다.

내가 미소를 지은 채 남자들에게 다가갔다. 그들도 나를 보고 미소 지었는데, 이런 모든 과정을 지켜보는 목격자가 있다는 사실을 그리 걱정하는 것 같지는 않았다. 내가 양동이에 담긴 내장을 가리켰다. 거기 버려진 부분이 독이 있는 부위인지를 확인하고 싶었다. 그 순간 모든 이성과 상식을 피해가는, 정말로 정말로 어리석은 생각이 머리를 스쳤다. 간을 맛볼까 하는 생각이었다. 사실 불법이 되기 전까지 사람들은 실제로 소량의 간을 먹었다. 혀에 기분 좋은 얼얼함과 마비 느낌이 일어난다고 한다.

내가 양동이를 가리키면서 질식사하는 무언극을 해 보였다. 손으로 목을 감싸고, 혀를 밖으로 내밀고, 눈알을 굴리면서. 그리고 마지막으로 질문하는 의미로 손바닥을 펼쳐 보였다. 그들이 고개를 끄덕였다. 그러니까 실제로 그것은 복어 독이 들어 있는 양동이였다.

생선 손질하는 사람들이 다시 일을 시작한 뒤에도 나는 잠시 근처를 어정거렸다. 그러고는 양동이 옆에서 무릎을 굽혀 신발 끈을 묶었다. 많이 맛볼 생각은 아니었다. 손가락 끝으로 살짝 찍어서 핥아볼 생각이었다. 절대 죽지 않으리라고 확신하는 만큼만. 그러나 내가 양동이를 향해 손을 내미는 순간 남자들 중 한 명이 나를 보았고 손가락을 저었다. 내가 내밀었던 손을 거둬들이고 멋쩍게 미소를 짓자 그는 다시 생선 손질 작업을 시작했다. 그와 동시에 나는 다시 손을 내밀어 간 부분을 찍어서 재빨리 손가락을 핥았다.

그리고 아무 짓도 안 했다는 듯이 태연하게 일어섰다. 거의 동시에 공간이 흐릿하게 보이기 시작했다. 자욱한 안개가 낀 듯 시야가 흐릿해지면서 반점들이 보였다. 겁에 질려 어쩔 줄 몰랐다. 내가 무슨 짓을 한 건가? 인간은 정말 얼마나 어리석은 짓을 하는 동물인가? 혀가 전보다 많이 말랐는가? 그래 이거야. 다음에는 경련이 나타나고, 이어서 몸을 비비 꼬며 몸부림을 치고, 바닥에 거품을 토하고, 복어 독으로 죽은 사망자 수가 하나 늘어나겠지. 그러나 이상한 느낌은 시작과 거의 동시에 멈췄다. 나는 괜찮았다. 당혹감도 끝났다. 현기증이 났던 것은 간 때문이 아니라 너무 급하게 일어서서였다. 혀에서 어떤 느낌이나 맛도 느끼지 못했다. 어쩌면 내가 만진 것이 애초에 간이 아니었는지도 모른다. 앞으로도 이를 확인할 길은 없다.

시장으로 돌아간 나는 아침 먹을 곳을 찾기 시작했다. 드럼 연주단이 사람들의 흥을 돋우고 있었다. 나는 그곳의 유일한 서양인이었다. 복어 회는 접시 크기에 따라 1000엔 또는 2000엔에 팔리고 있었다.(접시에는 아주 얇게 뜬 투명한 복어 회가 꽃잎 모양으로 곱게 펼쳐져 있었다. 일본어로 '후구사시' 스타일이라고 하는데, 해석하면 '복어회'라는 말이다.) 나는 작은 접시를 사서 부둣가의 널빤지를 깐 산책로로 나갔다. 시장 안보다 더 많은 인파가 모여 각자의 '야외' 아침 식사를 하고 있었다. 부두의 넘실거리는 파도와 위쪽의 웅장한 현수교를 구경하면서.

복어 회는 극적인 명성에 결코 부응하지 못했다. 용두사미였다고 말할 수밖에 없겠다. 물기가 많은 흐릿한 맛에 질겼고, 살짝 오징어 같기도 하고 도미 같기도 한 맛이 났다. 사람들이 복어 회를 칠리소스나 본즈를 듬뿍 찍어 먹는 데는 다 이유가 있었다.

그런데 깍두기 모양으로 썰어 튀긴 복어는 회와는 전혀 달랐다. 바삭바삭하고 토실토실한 식감도 있고 촉촉해서 정말 맛있었다. 과거 나는 넙치, 즉 광어가 튀김옷을 입혀 튀겨 먹기에 더없이 좋은 생선이라고 생각했는데 복어는 광어보다도 나았다. 탄탄한 질감과 풍부한 맛이 튀김옷과 아주 잘 어울렸다. 튀김옷 덕분에 형태는 그대로였지만 기름 열기로 식감은 부드럽게 바뀌어 있었다. 우리 동네 부둣가 식당에도 이런 메뉴가 있으면 매일이라도 가서 먹겠다 싶었다.

복어 회와 튀김을 먹은 다음에도 여전히 배가 고팠던 나는 초밥 노점들을 순례하기 시작했다. 도합 열두 곳이었는데, 하나같이 정말 맛있는 초밥을 팔고 있었다. 모두 신선도가 특급 수준이고 전문가의 손길로 만들어졌으며, 일부 노점에서는 난생처음 보는 다양한 초밥을 팔고 있었다. 대부분이 개당 100엔 정도였다. 그런데도 일본에서 먹은 최고의 초밥에 속하는 것들이었다. 크림색의 신선한 가리비 초밥은 기름지고 달콤했으며, 커다란 붉은 살코기를 올린 참치 초밥도 정말 맛있었다. 지나치게 많이 먹어서 배가 아프기 시작했다. 결국 치명적인 복어 독이 아니라 나의 끝 모를 식탐이 화를 부르고 말았다.

34.

오키나와

일본의 도시지역은 누구보다 까다롭고 요구 조건이 많은 방문자조차 마음을 빼앗길 만큼 희한하고 흥미로운 오락거리를 풍성하게 제공한다. 그러나 전원 풍경이라고는 빠르게 움직이는 기차나 비행기에서 스치듯 보는 게 전부인 생활을 두 달 넘게 하다보니 해변이 그립고 아열대 바다가 무척 보고 싶었다.

우리 가족은 후쿠오카에서 비행기를 타고 날아와 밤늦게 오키나와 본섬에 도착했다. 작은 렌터카를 타고 밤길을 운전해 몇 주 전에 예약한 호텔로 갔다. 호텔 웹사이트에는 바다와 모래 해변 풍경이 나와 있었기 때문에 다음 날 아침 우리 가족은 기대 속에서 잠을 깼다. 그러나 커튼을 젖혀보니 우리는 콘크리트의 바다에 둘러싸여 있었다. 청록색 아름다운 바다는 저기 멀리서 신기루처럼 감질나게만 보일 뿐이었다.

오키나와는 159개의 크고 작은 섬으로 이루어진 군도로, 1879년 오키나와 현으로 편입되기 전에는 류큐琉球 왕국으로 알려져 있었다. 오키나와는 타이완과 일본 중간에 위치하며, 일본 본토 남단에서 남쪽으로 685킬로미터 떨어져 있다. 159개 섬 중 37개의 섬에 주민이 거주하지만, 131만 명의 주민 가운데 대다수는 오키나와 본섬에 살고 있다. 오키나와는 주둔 인원이 2만 명이나 되는 서태평양 최대 규모의 미국 공군 기지가 있는 곳이기도 하다. 오키나와 미군 기지는 제2차 세계대전 당시 피해가 가장 컸던 몇몇 전투가 남긴, 아픈 과거의 유산이기도 하다. 그런 탓에 요즘은 대부분이 달가워하지 않는 분위기다. 그때의 전투로 그전까지 평화롭게 살았던 이곳 주민의 3분의 1이 죽었다. 제2차 세계대전 당시, 나가사키와 히로시마에서 원자폭탄 투하로 죽은 인원을 합친 것보다 더 많은 인원이 오키나와에서 죽었다는 사실을 아는 사람이 얼마나 될까? 당시 오키나와 본섬의 많은 부분이 무차별 폭격으로 폐허가 되었다.

아무튼 첫날 투숙했던 호텔의 바깥 풍경이 기대만큼 예쁘지 않다고 구구절절 불평을 늘어놓고 싶지는 않았기에 우리는 말없이 체크아웃을 하고 섬의 동북쪽으로 향했다. 해변에서 가까운 새로운 숙소를 찾기 위해.

부세나 테라스 비치 리조트에 도착한 우리 가족의 행색은 말이 아니었다. 헝클어진 머리며 부스스한 옷매무새에 정돈된 맛이라고는 없이 제멋대로인 짐가방을 주렁주렁 들고 있었다. 우리 입장에서 리조트는 '바로 이거다!' 싶은 상태였다. 리조트 입장에서는 당첨이 반가운 소식이 아니었을 수도 있으리라. 어쨌든 우리는 시골에서 갓 상경한 벼락부자처럼 그곳에는 어울리지 않는 모습이었으니 말이다. 호텔 접수처 직원이 남는 방이 없어 죄송하다고 말했다. 죄송하다고 말하면서 'afraid다의어로 유감스럽다는 뜻과 두렵다는 뜻이 모두 있다'라는 표현을 썼는데, 실제로 우리 때문에 약간은 불안하고 두려운 것 같기도 했다.

결국 우리는 부세나 테라스 비치 리조트가 보이는 호텔에 체크인을 했고, 덕분에 거액을 절약할 수 있었다. 대신 리조트 해변에 몰래 들어가서 수영이나 하자고 생각했다. 그때가 이미 10월이었지만 오키나와 바다는 수영하기 딱 좋은 온도였다. 하지만 물에 들어갈 경우 우리에게 상해를 입힐지 모르는 생물을 열거한 각종 경고 표지판 때문에 흥미가 반감되었다. 결국 우리는 모래찜질, 모래성 쌓기 등으로 바다에 뛰어들고 싶은 마음을 대신했다.

여느 때와 마찬가지로 나는 15분쯤 지나자 싫증을 느꼈고 몸이 근질근질해졌다. 오키나와 현청 소재지인 나하那覇 당일치기 여행을 준비하면서 어느 정도 흥미와 열정을 되찾을 수 있었다. '평화 거리'라는 의미의 '헤와도리'에 엄청 좋은 시장이 있다고 들어서 둘러보고 싶었다.

다음 날 길을 나선 우리는 아와모리泡盛 가게에 들렀다. 아와모리는 오키나와에서만 생산되는 증류주로 소주처럼 쌀로 만든다. 그런데 우리가 들른 가게의 아와모리에는 특이한 재료가 들어 있었다. 바로 뱀이다. 오키나와에는 '하부波布', 즉 반시뱀이 우글거린다는 표현을 써도 좋을 정도로 많은데, 오키나와 사람들이 찾아낸 뱀 활용 방법 중 하나가 바로 이것이다. 산 채로 술에 넣어 익사시키고 시체에서 맛이 우러나도록 두는 것이다. 반시뱀은 맹독을 가지고 있지만 표준 도수 95의 알코올이 독을 중화시킨다. 그렇다고 술에서 뱀 맛이 느껴지지는 않는다. 짐작대로 아와모리에서는 알코올 이외에 다른 맛은 별로 느껴지지 않는다.

시장 규모는 일본의 다른 지역보다 작았지만 내용물은 훨씬 더 흥미로웠다. 이곳 시장 상품은 일본 본토에서 본 어느 것과도 달랐다. 도쿄 쓰키지 시장처럼 어시장이 중심이었지만, 도중에 우리의 관심을 분산시키는 것이 많았다. 우선 뱀이 많았다. 길이가 2미터나 되는 뱀을 말려서 돌돌 말아 천장에 대롱대롱 매달아놓은 것도 있었다. 13만 5000엔에 파는 보존 처리한 상어 대가리, 단단해 보이는 오키나와 도넛, 진공 포장한 돼지머리 등등.(이곳에서는 일본 본토와 달리 돼지고기가 아주 흔한데 수천 년 동안 중국과의 무역이 중단 없이 계속된 결과다.) 다시마와 가쓰오부시를 파는 대형 상점은 이곳 오키나와 요리에서도 다시가 중요한 역할을 한다는 신호다.(오키나와 사람들은 일본 어느 지역 사람들보다도 1인당 다시마 섭취량이 많다.) 그리고 호기심을 자극하는 연보라색의 고구마 케이크도 있었다. 생선 장수들의 좌판에는 더없이 특이하고 진기한 열대 물고기가 가득했다. 주황색과 노란색 줄무늬가 있는 것도 있고, 데이비드 호크니의 그림에 나오는 수영장만큼이나 파란 물고기도 있었다. 어류뿐만 아니라 갑각류도 많았다. 괴물처럼 생긴 게, 희한하게도 집게발이 없는 바닷가재, 작은 자주색 게, 거대한 소라고둥, 바다 우렁이 등등.

좌판 주인 중 한 명이 무엇이든 원하는 대로 주문하면 위층 식당으로 보내 요리를 해줄 수 있다며 이곳 시스템을 설명해주었다. 무작정 커다란 소라고둥을 주문하려다가 리슨이 물리력을 행사해 저지한 뒤에야 포기했다. 하지만 그것도 잠시, 이내 나는 수많은 다른 물고기를 주문했다. '이라부 지루', 즉 뱀탕 한 접시까지 포함해서.

위층은 기분 좋게 복잡하고 붐비는 버스 터미널 같은 분위기였다. 우리는 하나같이 허름한 식당 대여섯 곳 중 하나에 앉아서 뱀탕이 나오기를 기다렸다. 조리를 했는데도 까만 껍질을 비롯해서 모든 것이 달라지지 않고 뱀 모양을 하고 있어 살짝 놀랐다. 그런데 대견하게도 애스거와 에밀은 수많은 잔가시를 발라내면서 아주 열심히 먹었다. 이쯤 되니 나도 망설이고 있을 수만은 없어서 심호흡을 하고 조금 뜯어 먹었다. 뭉근한 불에서 오래 끓인 쇠꼬리 맛과 살짝 비슷했다. 부드럽고, 고기 냄새가 나고, 정말 가시가 많았다. 하지만 뱀을 먹고 있다는 사실이 자꾸만 떠올라서 계속 먹을 수가 없었다. 결국 그릇을 슬그머니 옆으로 밀어놓고 통째로 석쇠에 구운 생선과 엄청 맛있는 성게를 공략하기 시작했다. 현지에서 잡은 성게는 굉장히 비쌌지만 지금까지 맛본 음식 중 가장 감각적이면서 동시에 감각을 초월하는 그런 맛이었다. 만약 인어들이 바닐라 맛만 있는 수제 아이스크림 가게를 연다면, 그곳 아이스크림이 이런 맛이 아닐까 싶다.

그날 밤, 여행 시작 이래 처음으로 구성원 중 한 사람이 아팠다. 에밀이 기분이 '이상하다'고 불평하기 시작했다. 팔이 아프다는 것이었다. 옷소매를 걷어올렸다. 아니 그러려고 노력했지만 그러지 못했다. 팔이 퉁퉁 부어서 올라가지 않았다. 아이에게 알레르기 치료제인 항히스타민제를 먹였지만 효과가 없었다. 병원으로 데려가야 했다.

가장 가까운 병원은 작은 해안 도시 나고名護에 있었다. 만이 내려다보이는 언덕에 위치한 병원을 찾기까지 시간이 엄청 걸렸다. 도무지 어디가 어딘지 알 수 없는 낯선 땅에서 방향감각이라고는 없이 (뱀독에 중독되었을지도 모르는) 아픈 아이를 데리고 짙은 어둠 속을 헤매고 다니자니 두려움이 점점 더 커졌다. 에밀은 색색 가쁜 숨을 몰아쉬기 시작했고, 나는 아이에게 뭔가 심각한 알레르기 반응이 생겨 목구멍을 막고 있는 것은 아닌가 싶어 겁이 났다.

드디어, 순전히 요행으로, 병원을 찾았다. 허름하고 볼품없는 건물은 지구에서 가장 부유한 선진국 중 하나에 있는 병원 같지는 않았다. 대기실은 반쯤 차 있었는데 대부분 노인이었다. 나와 에밀을 보는 그들의 눈에서 두려움이 느껴졌고, 에밀 역시 그들을 보고 두려움을 느껴 내 뒤로 숨었다. 나는 접수처 직원 앞에서 힘없이 미소를 지었고, 에밀의 팔을 가리키면서 느린 영어로 설명을 했다. 에밀은 얼굴이 백짓장처럼 하얗고 눈 밑에는 다크서클이 진하게 드리워져 있었다. 도대체 뭐가 잘못된 것인가?

의도한 바는 아니지만 우리가 우선 치료를 받게 되어 살짝 민망하기도 했다. 몇 분 정도 기다린 뒤 의사가 있는 진료소로 안내되었다. 숫기 없어 보이는 젊은 남자 의사는 외국인이 자기 환자인 것을 알고 놀란 모양이었다. 잠깐 그의 눈에 당황한 기색이 비쳤는데, 우리를 거기 두고 도망쳐버리지나 않을까 살짝 걱정될 정도였다.

의사의 관심을 끌기 위해 나는 재빨리 에밀의 소매를 걷어올렸다. 에밀이 놀라서 움찔했다.

의사가 에밀의 팔을 모호하고 조금은 산만해 보이는 표정으로 살피더니 청진기로 에밀의 숨소리를 들어보았다. "걱정 마세요. 지금도 휘파람을 불 수 있어요." 에밀이 말했다.(최근 에밀은 휘파람 부는 법을 배웠다. 휘파람을 불지 못하는 형한테는 짜증스러운 일이지만.) 그리고 시범을 보여주려고 했지만 소리가 나지 않았다.

이때 의사가 밖으로 나갔다. 당연히 고무적이지 않은 상황이었다. 하지만 금세 돌아왔는데 이번에는 나이가 있는 여자 의사와 함께였다. 여자 의사는 영어를 잘했다. 여자 의사가 에밀에게 주사를 놓을 것이라고 말했다. 어떤 주사인지에 대해서는 말하지 않고, 아이가 알레르기 반응을 보이는 것이 있느냐고 오히려 물었다. 나는 "네. 분명히 있습니다"라고 말하고 싶었지만 그렇게 말했다가는, 답하기 힘든 추가 질문들이 쏟아질 것 같아 내가 아는 한은 없다고 말해버리고 말았다.

지금까지도 나는 무엇이 에밀을 물었는지 알지 못한다. 어쩌면 에밀이 뱀에 알레르기가 있는지도 모른다.(우리가 사는 동네에서는 쉽게 테스트해볼 수 없는 부분이다.) 아니면 그날 낮에 우리가 먹은 열대 물고기 중 하나에 알레르기 반응을 보인 것인지도 모르고, 아니면 곤충이 물었을 가능성도 없지 않다. 최초 원인이야 무엇이든 주사를 맞고 그날 저녁이 지나면서 아이 팔의 부기가 빠졌다. 부기가 사라질 무렵 에밀은 딸그락거리는 냄비 소리만큼 이나 크게 휘파람을 불고 있었다.

35.

영원히
살고 싶은
사람?

　많지는 않지만 죽음에 대해 유독 의연한 태도를 취하는 그런 사람들이 있다. 그들은 자신이 태어나는 순간부터 죽음을 향해 다가가고 있다는 사실을 받아들이고, 죽음과 더불어 살며 그렇기에 삶을 더 적극적으로 산다. (이런 사람 몇몇을 직접 만나보기도 했는데) 언젠가는 자신이 세상에 존재하지 않으리라는 사실, 자신의 심장이 멈추고, 쓰러져서 아무것도 느끼지도 인지하지도 못하는 영원한 공허 속으로 사라지리라는 사실에 전혀 불안을 느끼지 않는 그런 사람도 있었다.

　그리고 물론 정신적으로든 육체적으로든, 죽음이 임박한 질환이 닥치는 경우 자발적으로 자기 생명을 끝내겠다는 사람들도 있다. 안락사 개념을 받아들이는 이들, 주방에 들어온 이유를 까먹기 시작하는 순간 죽을 각오가 되어 있는 이들이다. 예를 들면 우리 아버지는 (반쯤은 농담으로) 만약 당신이 정신이 나가면, 자식들이 당신이 내린 엄격한 지시에 따라서 아버지를 방목장으로 데리고 나가 총을 쏘아 죽여야 한다고 우기곤 하셨다.(다행히 아버지는 정신이 온전한 채로 돌아가셨다. 애초에 우리 집에는 총도 방목장도 없었으니 더욱더 다행이 아닐 수 없었다.) 한편 나는 하루에도 몇 번씩 죽음에 대해 생각한다.(하루에도 몇 번씩 죽음에 대해 생각한다 함은 몇 분 동안 아무것도 하지 않고 멍하니 허공을 바라보면서 내 생명이 유한하다는 비참한 현실과 싸운다는 의미다.) 누군가가 "정신 차려. 그런 일은 일어나지 않아!"라고 할 때마다 내가 1파운드씩 받았더라면 지금쯤은 큰돈이 되었을 것이다…… 하지만 그런 일은 결국은 일어날 것이다! 그렇기 때문에 지금 내가 이렇게 늙고 초라한 몰골이 된 것이 아닌가!?

나는 이런 버릇, 이런 태도가 정확히 언제 시작되었는지까지 분명하게 말할 수 있다. 햇살이 유난히 좋던 어느 날 오후, 학교 교실에서 유리창 너머로 밖을 바라보고 있을 때 문득 깨달음이 찾아왔다. 내가 언젠가는 죽을 것이고, 세상은 내가 없이도 아무 일 없다는 듯이 계속되리라! 내가 2층 유리창 아래로 몸을 던져 밑의 야구장으로 떨어진다고 해도, 차들은 여전히 도로를 달리고, 사람들은 소파에 앉아 텔레비전을 보고, 학교 관리인이 톱밥을 준비해주면, 웨딕 선생님은 아이들을 조용히 시킨 다음 오스트레일리아 배수구에서는 소용돌이 방향이 왜 반대인지를 설명하리라.

그로부터 몇 달 전에 나는 이미 신의 존재 가능성을 배제했다. 신이 있다면 윔블던테니스대회에서 심술쟁이 존 매켄로가 고결한 성품의 비에른 보리를 이기도록 방치했을 리가 없기 때문이었다. 그때가 아홉 살이었을 것이다. 지적으로든, 사회적으로든, 육체적으로든 어느 방면에서도 내가 조숙한 편은 아니었다는 사실을 분명히 하고 싶다. 내가 또래를 능가하는 유일한 영역이 존재의 덧없음과 헛됨에 대한 이른 인식이었다는 사실은 순전히 운이었다. 바로 그것 때문에, 중년이라 불리는 나이에 접어들고, 몸과 정신이 서서히 붕괴되어 점점 더 굴욕적인 노쇠의 증거들을 보이고 있는 시점에도, 나는 가능한 한 오래 삶에 매달리겠노라고 맹세한다. 대소변을 가리지 못하고, 정신이 오락가락해 횡설수설하는 바람에 모든 사람이 나한테 넌더리를 낸다고 해도 상관없다. 침대 옆의 생명 유지 장치를 치우려는 간호사의 손을 검버섯 핀 손으로 붙잡고 악착같이 놓지 않을 것이다. 또한 가능한 한 오래 자식들에게 짐이 될 작정이다. "천수를 누렸다"는 정도로는 나한테 충분하지 않다. '70세'가 아니라 100세 이상의 장수는 해야 내가 생각하는 천수에 가깝다.

노화학자들은 인간의 육체는 이론적으로 120세가 훌쩍 넘어서까지 지속되어야 마땅하다고 본다. 지금까지 가장 오래 살았던 사람은 122세 6개월을 살았던 프랑스 여성이다. 노화학자들은 또한 죽음과 노화 원인의 25퍼센트만이 인간의 DNA에서 발견되고, 나머지는 인간이 통제할 수 있는 범위에 있다고 말한다. 그런 이유로 나는 매일 신문에 넘쳐나는 건강염려증을 부채질하는 기사에 쉽게 속아 넘어간다. 무슨 복음이라도 되는 양 덥석 받아들이고, 나의 식습관, 운동 부족, 정신적인 스트레스 지수 등을 우려한다. 내가 엄격한 채식주의자가 되지 못한 것은 만족을 모르는 식탐, 중독에 약한 의존성, 타고난 나태함, 근본적으로 강하지 못한 성격 때문이다. 그것들만 아니었으면 엄격한 채식주의자가 되고도 남았으리라. 하지만 나는 생활에 근본적인 변화를 주기보다 건강한 생활을 가능하게 해주는 마법의 특효약 같은 것을 끊임없이 찾아왔다. 이성적으로는 말도 안 된다고 생각하면서도, 낡을 대로 낡은 내 육신을 향후 70년 정도는 거뜬히 버티게 해줄 비전의 식품 혹은 생활 방식이 있지 않을까 하는 미련을 버리지 못하고 있다.

그러므로 리슨과 아이들은 오키나와의 목가적인 모래사장과 열대의 푸른 바다를 꿈꾸었던 반면, 내가 이곳, 일본 남단의 천국 같은 섬으로 온 이유는 사실 신이 함께하지 않는 죽음에 대한 절망과 두려움 때문이었다.

알다시피 오키나와 주민들은 영생의 비밀을 알고 있다. 영생까지는 아니더라도 적어도 100세를 넘겨서도 건강하고 활동적인 삶을 영위하는 비결을 알고 있다. 그들은 지구상의 어떤 지역 사람보다 더 오래 산다. 그리고 최장수 주민 타이틀이 자기네 것이라고 주장만 하는 여느 지역 사람들과 달리 이들은 증명할 수단도 가지고 있다. 1879년 이래 세심하게 관리되어온 공식 출생 기록을 가지고 있기 때문이다.(예를 들면 파키스탄 훈자 계곡, 에콰도르에 속하는 안데스 산맥 주민들이 자기네가 세계 최장수 주민임을 주장하고 있다.) 또한 오키나와 노인들은 값비싼 의약품과 기계의 도움을 받아 겨우 생명의 끈을 붙잡고 있는 정도가 아니라, 100세 혹은 100세를 훌쩍 넘겨 110세에 접어든 시점에도 활동적이고, 혼자 생활하고, 사회에 기여하고, 건강한 상태를 유지한다. 오키나와에서 80대 노인을 만난다면, 그의 아버지가 아직 살아 계실 확률이 높다.

서구세계에서 3대 사망 원인은 심장 질환, 뇌졸중, 암이다. 하지만 오키나와 주민은 이런 질환으로 고생하는 비율이 세계 그 어느 지역보다 낮다. 미국에서는 연간 10만 명 중 100명 이상이 심장 질환으로 죽지만 오키나와에서는 18명에 불과하다. 물론 오키나와가 아니라 일본 전체로 봐도 기대수명이 세계 최고에 속한다. 일본 여성은 기대수명이 85.99세로 세계 최고이고, 일본 남성은 79.19세로 세계 두 번째다. 아이슬란드 남성이 79.4세로 근소한 차이로 앞서고 있다. 세계 105세 이상 노인의 40퍼센트가 일본에 있으며, 내가 글을 쓰는 지금 세계 최고령 남성 역시 111세인 다나베 도모지田鍋友時라는 일본인이다. 다나베 도모지는 2009년 6월 113세 274일의 나이로 세상을 떠났다.(역시 일본인이었던 세계 최고령 여성은 내가 도쿄로 출발하기 몇 달 전에 세상을 떠났다.) 이것 자체로도 일본인의 식단과 생활 방식을 세심하게 들여다볼 충분한 이유가 된다.(예를 들어 미국에서 비만 인구는 전체 인구의 30퍼센트에 이르는데, 일본은 3퍼센트에 불과한 이유 등등.) 그러나 오키나와 사람들의 장수는 아주 특별한 사례다. 오키나와는 전체 주민 대비 100세 이상 장수자의 비율이 일본 본토의 2.5배에 달한다. 오키나와 여성은 평균 86.88년을 산다. 내가 글을 쓰는 지금 오키나와 전체 주민 131만 명 중 800명 이상이 100세 이상 인구인데 이는 세계에서 가장 높은 비율이다.(일본 전체로 보면 현재 1억2700만 인구 중 100세 이상 장수자의 수가 3만 명이다.)

오키나와 사람들은 분명코 올바른 무언가를 하고 있다. 그것도 하나가 아닌 여러 가지를. 그러므로 죽음에 대한 병적인 공포에 시달리는 나 같은 사람이(그렇지 않은 사람 있나요?) 가서 비결을 찾을 최적의 장소는 이곳 오키나와일 수밖에 없다.

일본 본토의 장수는 상당히 최근의 현상이다. 1970년대까지만 해도 스웨덴 사람이 장수 기록을 가지고 있었다. 그러나 오키나와 사람들의 건강한 장수 명성은 수백 년, 어쩌면 수천 년 전까지 거슬러 올라간다. 과거 오키나와에 있던 류큐 왕국과 기원전 3세기부터 교역을 해온 중국인들은 이곳을 '불로장생의 땅'이라고 말했다. 심지어 어떤 이들은 중국 신화에 나오는 지상낙원인 샹그리라가 오키나와를 말하는 것이라고 주장하기도 한다.

그러나 한편으로 이곳 오키나와는 아무리 봐도 세계 최장수 주민들이 살 만한 장소 같지는 않다. 우선, 오키나와 사람들은 일본에서 가장 가난하다. 따라서 이들의 '건강한 장수'는 건강과 수입이 직결된다는 일반 통념에 전적으로 배치된다. 오키나와는 항상 태풍과 기아에 시달려왔다. 주민들은 그럴 때마다 일어서서 마음가짐을 새롭게 하고, 다시 굶주림에 시달리는 생활을 되풀이한다. 오키나와는 한때 무기 소지가 일절 금지되고 칼 대신 기타를 들고 다니도록 했던, 자타 공인 비무장에 평화를 사랑하는 땅이었지만 그렇다고 외부 침략자가 이를 존중해준 것은 아니었다. 오히려 주기적인 침략과 잔인한 정복에 시달렸다. 1609년에는 본토에서 사쓰마 번薩摩藩이 침략해와 가혹한 세금을 부과하고, 본국이 쇄국 정책을 유지해야 하는 시기에 이곳을 중국과의 무역 창구로 활용했다. 1850년대 중반에는 페리 제독이 이끄는 함대가 오키나와에 정박했다가 좀체 벌어지지 않는 굴 껍데기를 벌리듯이 쇄국을 고집하는 일본의 문호를 어떻게든 개방시킬 작정을 하고 본토로 향했다. 알다시피 미국인들은 제2차 세계대전 때 다시 왔다. 당시 인구의 4분의 1(어떤 이들은 3분의 1이라고 한다) 이상이 죽었는데, 이들 중 다수가 항복하느니 차라리 자살을 택해야 한다는 일본인들의 설득에 넘어가서 죽은 것이었다.(안타깝게도, 이런 비극은 히로히토 천황이 마지못해 "전쟁이 반드시 일본의 이익에 도움이 되지는 않는다"고 인정함으로써, 항복을 선언하기 불과 몇 주 전에 일어났다. 물론 천황의 항복 선언은 전쟁의 정당성을 믿었던 일본인들에게 엄청난 충격이었다.) 마지막, 그러나 역시나 중요한 것으로 이곳은 맹독을 가진 뱀들이 그야말로 득시글거리는 곳이다. 우리가 머무는 동안 대여섯 명의 주민이 보여준 각양각색의 물린 자국만 봐도 얼마나 심각한지 알 수 있다. 맹독성 뱀이 조금 있는 정도가 아니라 곳곳에 득시글거린다면 주민 수명 단축에 어느 정도는 영향을 미치지 않을까?

　이에 비하면 일본 본토 사람들의 장수 원인은 한결 명확하다. 전후 경제 성장이 무시무시한 속도로 이루어졌고, 덕분에 의료 분야가 측정하기 힘들 정도로 비약적으로 발전했으며, 결핵 같은 치명적인 질병이 근절되었다. 그리고 단백질과 동물성 지방을 이전보다 많이 섭취하기 시작했다. 체격이 커졌다. 평균 신장이 7.5센티미터 늘었다. 그러나 일본 국민 전체의 건강 상태 개선에 가장 크게 기여한 것은 1970년대 초반 정부 정책으로 시행된 염분 섭취 줄이기 운동이었을 것이다. 일본인은 과거에도 심장 질환으로 죽는 비율은 항상 낮았다. 하지만 염분이 많은 식사습관 때문에 뇌졸중으로 그만큼 많은 수가 죽었다. 지금도 일본인은 서구 사람들보다 염분을 많이 섭취하고 있다.(일본 정부의 1일 염분 섭취 권장량이 12그램인 반면 서구 여러 나라 정부의 1일 염분 섭취 권장량은 절반인 6그램이다.) 그러나 1970년 일본 정부는 간장에 들어가는 소금을 줄이도록 권장하는 정책을 시행했다. 그때 이후 이런 기조는 지속되고 있다. 덕분에 뇌졸중 발생이 극적으로 줄었다. 비만과 콜레스테롤 수치가 올라가기 시작한 것은 최근 서양식 패스트푸드의 유행 때문이다. 그러나 오키나와가 이렇게 이례적인 장수를 자랑하는 이유는 도대체 뭘까?

나는 오키나와 사람들의 장수 원인을 연구하는 세계적인 전문가 한 사람과 미리 연락을 해두었다. 캐나다 노화학자인 크레이그 윌콕스 박사로 당시 오키나와에 거주하고 있었다.(현재는 하버드대학에서 연구 중이다.) 윌콕스는 쌍둥이 형제 브래들리, 오키나와 현지의 스즈키 마코토鈴木信 박사와 함께 10년 넘게 오키나와 사람들의 장수에 대해서 연구하고 있다. 스즈키 마코토 박사는 오키나와 사람들의 장수 현상을 처음으로 발견하고 1970년대 중반 정부의 재정 지원을 받아 '오키나와 100세 이상의 노인 연구'를 시작한 학자다.

몇 년 전 셋은 그간의 연구 결과를 토대로 『오키나와 프로그램: 세계 최장수 주민은 어떻게 영원한 건강을 얻으며 우리는 무엇을 배워야 할까?The Okinawa Program: How the World's Longest-Lived People Achieve Everlasting Health and How You Can Too』라는 책을 출판했다. 이 책은 『뉴욕타임스』 선정 베스트셀러가 되었고, 윌콕스 형제는 「오프라 쇼」에 출연하기도 했다.

오키나와에 도착해서 일주일쯤 흐른 어느 날 아침, 나는 (게 괴롭히기, 일 없이 모래 파기 같은) 각종 해변활동을 즐기라고 리슨과 아이들을 남겨두고, 남쪽의 나하로 차를 몰았다. 나하에 있는 오키나와국제대학교 산하 오키나와 장수과학 연구센터에서 윌콕스 박사를 만나기로 했기 때문이다.

하와이풍의 화려한 셔츠에 숱이 많은 머리카락을 어깨까지 기르고, 햇볕에 탄 구릿빛의 깨끗한 피부를 자랑하는 윌콕스는 스스로 자기가 하는 연구의 효과에 설득력을 더해주는 좋은 본보기였다. 내가 나이를 물었다. 윌콕스가 뒤에서 작업 중인 학생들을 슬쩍 보더니 일부러 음모라도 꾸미는 양 속삭였다. "46. 비밀입니다." 윌콕스가 10년은 젊어 보인다고 말한다면 거짓말일 것이다. 하지만 그는 적어도 아주 건강한 마흔여섯으로 보였다. 솔직히 바로 그것이 내가 바라는 전부다. 건강한 제 나이라는 희망이면 충분하다.

간단히 자기소개를 하고 인사를 마친 뒤 우리는 점심 식사를 하면서 대화를 이어가기로 했다. 지역을 잘 아는 윌콕스가 안내한 곳은 캠퍼스에서 몇백 미터 정도 떨어진 곳에 위치한 작은 목조 건물이었다. 그곳에서 우리는 전통 오키나와 요리 몇 가지를 주문했고 본론으로 들어갔다.

오키나와 사람들은 도대체 얼마나 건강한 겁니까? "콜레스테롤 수치가 낮고, 다른 어느 곳 사람들보다 심장 질환으로 고생할 확률이 낮습니다. 담배와 술도 과하게 하지 않습니다. 또한 호모시스테인 수치가 세계에서 가장 낮습니다. 심장병으로 인한 사망의 최소 10퍼센트가 호모시스테인이 원인이지요." 윌콕스는 고야 참파루라는 요리를 걸신들린 사람처럼 입속으로 밀어 넣으면서 그렇게 말했다. 고야 참파루는 고야와 다른 재료를 섞어 볶은 오키나와의 전통 요리다. 고야는 표면이 유난히 울퉁불퉁하고 맛이 쓴 오이의 일종으로, 당뇨병 환자의 혈당을 떨어뜨리는 효과가 있고, AIDS 치료에도 쓰인다고 한다. "이들은 동맥 경화 위험도 낮습니다. 위암에 걸리는 비율도 낮습니다. 일본의 다른 지역 사람들은 위암으로 고생하는 경우가 많지요. 또한 예로부터 뇌졸중은 일본인에게 많이 생기는 병인데, 오키나와 사람들은 소금을 많이 먹지 않아 뇌졸중 위험도 낮아요. 또한 유방암, 전립선암처럼 호르몬 의존성 암에 걸릴 위험 역시 매우 낮습니다. 이곳 사람들은 평균적으로 일주일에 세 가지 생선 요리를 먹습니다. 볶을 때는 올리브유보다 건강에 훨씬 더 좋은 카놀라유를 사용하는 편입니다. 이곳 주민들은 정제하지 않은 곡물, 즉 전곡全穀을 많이 먹고, 채소와 콩 제품 역시 많이 섭취합니다. 또한 세계 어느 지역 사람보다 두부와 다시마를 많이 먹습니다. 역시 이들이 많이 먹는 오징어와 문어에는 콜레스테롤과 혈압을 낮춰준다는 타우린이 풍부하게 들어 있지요."

내가 맹렬하게 글씨를 휘갈겨 쓰는 모습을 보고 윌콕스가 잠시 이야기를 멈추고는 고야 참파루를 몇 번 집어 먹으면서 메모를 정리할 시간을 주었다. 나는 교토에서 이미 고야를 먹어본 적이 있다. 슈퍼마켓 채소 코너에서 요상하고 보기 흉한 모양의 오이 하나(멜론이라고 부르는 사람도 있다)를 사서 숙소로 가져온 다음, 아이들에게 오후마다 주는 생과일과 채소 간식으로 주었다. 애스거가 머뭇머뭇 한입 베어 물더니 내 손 위에 모두 게워냈다. 나도 먹어보고는 엄청 쓰다고 생각했고, 입에 맞지 않는 일본 음식 장르, '도대체 어쩌자는 건데?' 카테고리 안에 집어넣었다. 그러나 여기서는 달걀 및 돼지고기와 함께 볶아놓으니 고유의 쓴맛이 많이 완화되었고, 요리의 기름기를 줄이는 데도 도움이 되었다.

윌콕스 박사의 설명이 이어졌다. "이곳 사람들은 뼈도 튼튼합니다. 생선을 많이 먹는 것은 말할 필요도 없고, 햇빛을 충분히 쏘이는 데다, 콩 제품을 통해서 비타민 D를 많이 섭취하기 때문입니다. 치매 발병 비율도 낮은데, 여기서 많이 먹는 은행 열매와 관련 있을 겁니다. 아니면 고구마랑 연관 있을 수도 있고요."

맞다. 오키나와 고구마. 나는 전날 저녁 우리가 묵고 있는 호텔 맞은편 식당에서 무척이나 인상적인 오키나와 고구마를 먹어보았다. 오키나와 고구마는 겉모양만 보면 기본적으로 주황색 비슷한 일반 고구마 같지만, 속은 정말 생각지도 못한 짙은 보라색이다. 자연에서는 좀처럼 찾아보기 힘든 진한 색이라 천연 색깔이라기보다는 인공 색소가 아닌가 싶을 정도다. 주교가 의식 때 쓰는 모자인 미트라, 1976년식 모리스 마리나 차량처럼 정말로 정말로 진한 보라색이었다. 나한테는 세상에서 가장 아름다운 색깔의 채소였다. 고운 빛깔만큼 맛도 훌륭했다. 특히 튀김으로 먹으면 좋은데 식당에서 내가 먹은 것도 고구마튀김이었다. 지나치게 달지도 않고, 기분 좋은 꽃향기 같은 뒷맛에, 식감은 거의 크림에 가까울 정도로 부드러웠다. 오키나와 특산물 중 하나인 고구마 아이스크림도 먹어봤다. 처음 도쿄에서 만났을 때 에미가 알려준 것인데 나는 그 자리에서 즉시, 지상 최고의 아이스크림이라고 선언했다. 지금도 당시 주장을 철회할 생각이 없다. 아이스크림이 되면서 고구마는 영어 이름 'sweet potato'가 말해주듯이 '감자potato' 비슷한 맛은 사라지고 향긋한 달콤함이 전면에 드러난다.(리슨도 먹어봤는데, 우리 둘은 '세상을 더 살기 좋은 곳으로 만들기 위해 일본에서 수출하고 싶은 열 가지' 목록에 누가 고구마 아이스크림을 넣을 것인가를 놓고 전쟁을 벌였다.)

'붉은 감자'라는 의미의 '베니 이모'라 불리는 오키나와 고구마는 1605년에 처음 노구니 소칸野國總官에 의해 이곳에 들어왔다. 노구니는 오키나와에 이 기적의 채소를 들여왔다는 이유로 현재까지도 '고구마 대왕'이라 불리며 영웅으로 추앙받고 있다. "남미가 원산지인 고구마가 중국을 통해 들어온 이래 오키나와 사람들은 거의 생선과 고구마만 먹었습니다. 칼로리의 60퍼센트를 고구마에서 섭취하던 시기도 있었습니다." 윌콕스가 열변을 토했다. 요즘 서구에서 유행하는 여러 다이어트 방법과는 반대로 오키나와 사람들의 식단에서는 복합탄수화물이 중요한 부분이다. 내가 탄수화물을 피하고 단백질만 섭취하는 앳킨스 다이어트에 대해서 묻자 윌콕스는 깔깔거리며 호탕하게 웃었다. "물론 앳킨스 다이어트를 하면 처음에는 살이 빠집니다. 그러나 수분과 순수 근육을 빼앗깁니다. 실제로 체지방률은 올라갑니다."

"고구마는 플라보노이드가 풍부합니다. 플라보노이드는 항산화 작용과 호르몬 저해 작용을 합니다. 오키나와 사람들은 세계 어느 지역 사람보다 다량의 플라보노이드를 섭취합니다. 서구 사람들보다 50배나 많습니다. 고구마는 또한 카로티노이드, 비타민 E, 섬유질, 리코펜 등이 풍부합니다. 리코펜은 전립선암 예방에 효과가 있다고 알려진 카로티노이드 색소군 중 하나입니다." 실제로 고구마 하나에 비타민 A는 성인 1일 권장량의 4배, 비타민 C는 2분의 1이 들어 있다. 최근 연구에 따르면 혈당 수치를 안정시키고, 인슐린 주사를 놓아도 혈당이 떨어지지 않게 되는 인슐린 내성을 떨어뜨리는 데도 효과가 있다고 한다.

물론 오키나와 사람들이 먹는 음식이 이들이 누리는 놀라운 장수를 모두 설명해주지는 않는다. 윌콕스에 따르면, 이곳 사람들이 먹지 않는 것도 마찬가지로 중요했다. 그가 보기에는 칼로리 제한, 다시 말하자면 많이 먹지 않는 것이 장수의 핵심이다. "칼로리 제한은 영장류를 포함하여 모든 동물에게서 본능적으로 작동하고 있습니다. 그런데 유독 인간에게서는 작동하지 않는다는 점이 놀라울 따름입니다. 비만과 건강 사이에는 깊은 연관이 있습니다."

"정확히 어떤 종류의 칼로리 제한을 말하는 겁니까?" 하고 묻는 내 목소리에는 어딘지 불안한 기색이 배어 있었다. "음, 1960년대의 어느 연구에 따르면, 오키나와 아이들은 다른 일본 아이들에 비해서 칼로리 섭취량이 거의 40퍼센트나 낮다고 합니다. 그렇다면 서구 아이들과 비교하면 얼마가 될지 상상해보십시오. 동시에 오키나와 성인들은 건강에 좋다고 권장하는 일반적인 양보다 10퍼센트 이상 적은 양의 칼로리를 섭취하고 있었습니다." 평균적으로 오키나와 사람들은 하루에 2761칼로리를 섭취하는데, 영국은 3412, 미국은 3774칼로리다. 물론 그들은 신체적으로 우리보다 작다. 그럼에도 여전히 줄일 여지가 있으리라고 생각된다. 그렇지 않은가?

소식小食은 오키나와 사람들의 정신에 깊이 각인되어 있을 뿐만 아니라 그들의 유전자에도 각인되어 있을 가능성이 농후하다. 태풍, 질병, 빈곤, 지리적 고립 때문에 오키나와 사람들은 잦은 기아를 견뎌야 했다. 그리고 거기에 맞춰 진화하고 적응해왔다. 우리 서구인이 휴대용 비상식량이라고 생각하는 정도의 양을 일상적으로 먹으면서. 오키나와에는 이런 소식 철학을 표현하는 격언도 있다. '하라 하치-부腹八分'라는 말인데 '배가 80퍼센트 찰 때까지 먹어라'라는 의미다.

미용 산업에서 어떤 판촉 및 광고 전략보다 효과적이었던 세 단어가 바로 샴푸 병에 인쇄된 'rinse and repeat(반복해서 씻으세요)'라는 말이었다고 한다. 그렇게 보면 건강, 미용, 다이어트, 운동업계 전체를 순식간에 전멸시킬 2.5단어가 여기 있지 않나 싶다. '하라 하치-부'는 우리가 그만한 자제력을 가질 수만 있다면 인류 전체의 건강 상태를 완전히 바꿔놓을 수도 있다. 이는 더없이 간단한 생리 원리에 토대를 두고 있다. 위의 팽창감응기stretch receptor가 위 근육이 팽창했음을 감지하고 뇌에 배가 부르다는 사실을 전달하기까지 20분 정도가 소요되므로, 80퍼센트 정도 배가 찼다고 느껴질 때까지 먹고, 20분을 기다리면, 제대로 포만감을 느끼게 된다. 직접 해보라. 정말 효과가 있다.(내가 무제한 뷔페에서 식사하고 나면 항상 느끼는 거북함도 이것으로 설명이 된다.) 하나의 종으로서 인류의 발전 과정에서 인류 대다수가 음식을 과다섭취하게 된 것은 불과 100년 전쯤에 와서다. 그러나 우리 몸은 훨씬 더 적은 양의 음식 섭취에 물리적으로 맞춰져 있다.

실제로 '하라 하치-부' 원칙이 내 삶에 대변혁을 일으켰고, 무려 25킬로그램을 감량하게 해주었다는 사실도 이 자리를 빌려 밝히고자 한다. 나의 식탐 많은 미각 수용기는 보통 위의 수용능력까지 무시하는 데다, 우리 집 맞은편에는 정말 맛있는 제과점까지 있어서 그런 원칙이 없었다면 불가능했을 일이다. 물론 '하라 하치-부' 원칙을 실천하는 데는 어느 정도 자제력이 필요하다. 하지만 대부분의 사람은 각자의 생활에서 이를 실천할 정도의 자제력은 가지고 있다는 게 내 생각이다.

이것 때문에 나는 최근 유행하는 다이어트에 대해서도 생각하게 되었다. 과거 10여 년 동안 우리 서구인들은 지중해식 다이어트가 최고라고 생각하도록 세뇌를 당해왔다. "그것도 좋습니다." 월콕스가 말했다. "예를 들면 이탈리아 사르디니아 섬 사람들은 장수를 누리는 경향이 있습니다. 그러나 유제품 섭취가 여전히 과하지 않나 싶습니다."

흔히 둘 이상의 사람이 모여 일본인의 건강에 대한 이야기를 나누다보면 누군가가 확신에 차서 일본인은 서구인보다 골다공증에 걸리는 비율이 훨씬 더 높다고 주장하고 나선다. "그들은 유제품을 먹지 않아 충분한 양의 칼슘을 섭취하지 못하기 때문"이라고 이유를 대면서 말이다.(이건 마치 당신이 밖에 나가서 걷다가 백조 한 마리를 봤는데, 누군가가 항상 '백조가 네 팔을 부러뜨릴 수도 있어. 알지?'라고 말하는 것과 같다.) 근거 없는 이야기다. "골다공증 발생 비율은 사실 일본이 낮습니다." 윌콕스의 설명이다. "여기 사람들이 우리보다 비타민 D 섭취량이 높고, 운동도 많이 하니까요. 그렇지만 흡연이 문제입니다. 폐암이 증가하고 있어요. 지금 폐암이 문제가 되는 것은 폐암이 나타나는 데는 20~30년이 걸리기 때문입니다. 20~30년 전인 1980년대를 보면 일본 남성의 80퍼센트가 담배를 피웠습니다."

윌콕스와 쌍둥이 형제, 그리고 스즈키 박사는 앞의 책에서 지방에 대한 이야기를 많이 하는데, 주로는 부정적인 내용이다. "지방에서 얻는 칼로리는 10퍼센트 이하로 해야 하지만, 소량의 돼지고기는 좋은 단백질 공급원입니다." 윌콕스가 말했다. 그렇다면 오키나와 사람들이 예로부터 가장 많이 먹는 육류는 무엇일까? 그렇다. 돼지고기다. 실제로 오키나와 사람들은 돼지고기 요리로 유명하며 "돼지에는 울음소리 빼고는 버릴 것이 하나도 없다"는 유명한 속담도 있다.

그러므로 오키나와 사람들은 몸에 그다지 좋지 않은 음식을 먹을 때마저도 좋은 효과를 본다. (최소한 일본에서는) 유명한 오키나와 흑설탕에 대해서도 같은 논리가 적용된다. 일본어로 고쿠토黑糖라고 하는 색깔이 진하고 몸에 해로워 보이는 감자당甘蔗糖, 사탕수로 만든 설탕은 당밀이나 무스코바도 설탕처럼 엄청 맛이 진하고 풍부하다. "이곳 설탕이 가공이나 정백 과정을 거치지 않기 때문에 훨씬 더 좋다는 말은 사실입니다. 또한 철분이 많이 함유되어 있습니다. 그렇지만 소금과 마찬가지로 설탕은 가능한 한 멀리하고 싶으실 겁니다." 윌콕스가 말했다.

그러나 식사와 발전된 의료 기술은 오키나와 사람들 장수 비결의 일부분일 뿐이다. 전후 발전된 일본의 의료 기술이 멀리 오키나와까지 흘러들어온 것은 전쟁을 견뎌낸 사람들(당연히 그들 세대 중에서 회복력이 가장 강한 사람들)이 중년에 접어들었을 무렵이다. 이들은 이때까지도 여전히 오키나와 전통 식사를 했고, 여기에 발전된 현대 의학이 결합되면서 특정 세대가 눈에 띄는 장수를 누리게 되었다는 사실은 이미 밝혀진 바다. 지금 이들은 100세에 가까워지거나 100세를 훌쩍 지나 장수를 누리고 있다.

윌콕스에 따르면, 오키나와 사람들이 지상에서 가장 스트레스를 적게 받는 사람들처럼 보인다는 사실 역시 중요한 역할을 했다. 오키나와 사람들의 시간관념은 시계의 횡포에 지배되지 않으며, 시간을 엄수해야 한다는 관습도 없다. 윌콕스는 또한 '우이마-루'라고 하는 오키나와 지역 특유의 상호부조 제도 역시 이곳 사람들의 장수에 지대한 영향을 미친다고 생각한다. 예를 들면 '마오이'라고 하는 상부상조하는 금융 시스템이 있는데, 열 사람 정도가 모여서 공동으로 돈을 내 일정한 금액을 만들고, 매달 투표로 돈을 가질 사람을 결정한다. 한편, 이들의 의료 체계에는 전통 약재와 '유타'라고 하는 영능력자에 의한 치료 역시 포함되며, 태극권이 널리 보급되어 있다. 특히 오키나와 여성이 유난히 장수를 누리는 이유는 신앙생활 때문일 가능성이 높다는 흥미로운 결과도 나와 있다. 높은 곳에 있는 강력한 존재에 대한 믿음 덕분에 신의 존재를 인정하지 않는 나 같은 사람보다 심리적 안정감과 충만감이 큰 모양이었다.

또한 오키나와 방언에는 '은퇴'라는 단어가 아예 없다. 윌콕스와 동료들이 인터뷰했던 100세 이상 노인들 가운데 다수가 당시까지도 일을 하고 있었다. 풀타임으로 하는 일까지는 아니더라도 적어도 정원을 돌보고, 채소를 키우는 등의 활동을 했다. 일부는 파트타임 일자리를 가지고 있기도 했다. 그러므로 서구에서는 수명이 길어지면서 공공 의료 재정에 부담이 되고 있다는 우려, 심지어 분노가 점점 더 커지는 반면, 오키나와에서 100세 이상 노인은 사회에 부담이라기보다는 활력소가 되고 있었다.

오키나와에서는 노인, 심지어 103세 이상의 노인들마저도 자기 집에서 생활하는 것이 일반적이다. 저서에서 윌콕스는 자신이 만난 100세 이상 노인들을 "젊은이 같은 광채"가 나며, "예리하고 맑은 눈빛에 재치가 넘치고 다양한 분야에 적극적으로 관심을 가진다"고 말했다. 또한 그들은 "시간에 쫓기지 않았고" 자신감이 넘치며, 독립적이고, 낙천적이며, 유유자적한 태도를 가지고 있었지만 동시에 완고하기도 했다고 썼다.

"그건 어때요?…… 그러니까……" 내가 직접 말하지 못하고 더듬거렸다. "뭐 말씀입니까? 성생활이요?" 윌콕스가 웃으며 말을 이었다. "분명 그것은 흥미로운 연구가 될 겁니다. 오키나와의 100세 이상 고령자들이 성호르몬 수치가 높다는 것은 확실하고, 서구의 100세 이상 노인 가운데 일부가 적극적인 성생활을 하고 있다는 것도 이미 분명하게 밝혀진 사실입니다. 그러나 이곳 노인들에게 감히 이런 질문을 던질 수는 없는 일이지요."

윌콕스는 안타깝게도 오키나와 노인들의 장수 시대가 끝나가고 있다고 말했다. 다음 세대는 80세를 많이 넘기기가 힘들 것으로 보인다. 미국의 패스트푸드, 설탕이 많이 들어간 식사를 즐기기 때문이다.(예를 들어 오키나와 젊은이들은 부모 세대에 비해 육류를 두 배나 많이 섭취한다.) 결과적으로 현재 50세 이하 오키나와 주민은 일본 내에서 비만 인구 비율이 가장 높으며, 당연히 심장병과 조기 사망률도 가장 높다. 지난 몇십 년 동안 오키나와는 일본에서 주민의 체질량지수BMI가 가장 낮은 지역 중 하나에서 가장 높은 지역으로 급변했다. 폐암 발병률 역시 증가하고 있다. 머지않아 나고야가 오키나와를 앞지르고 최장수 현이 되지 않을까 싶다.

이제 식당 주인은 저녁 식사 준비를 위해 청소를 시작했다. 내게는 개인적으로 중요한 한 가지 질문이 남아 있었다.

"친구가 한 명 있습니다. 나는 아니고요. 그 친구가 가벼운 탈모 증상이 있어서 요즘 고민이랍니다. 여기 와보니 일본 남자는 나이에 상관없이 머리숱이 많아 보이는데 비결이 뭡니까? 해조류를 많이 먹어서입니까?"

이미 말했듯이 숱이 빽빽한 윤기 흐르는 갈색 곱슬머리가 인상적인 윌콕스는 내 말을 듣고 크게 웃었다. "글쎄요. 사람들이 다시마가 탈모에 좋다고 하기는 하지요. 들깨도 좋다고 하고요. 하지만 '친구분'께 이런 말은 과학적으로 검증된 것이라기보다는 사람들 사이에 전해지는 민간요법에 가깝다고 말씀드려야 하지 않을까 싶습니다. 안타깝지만." 탈모는 어쩔 수 없고 영생으로 만족해야 하지 않나 싶다.

해안 도로를 따라 운전해 돌아오는 길에 레이저 와이어로 둘러싸인 광대한 미군 기지를 지나면서 윌콕스와 나눈 대화를 곰곰 생각해보았다. 윌콕스의 이야기를 종합해보면, 오키나와 고령자들은 기본적으로 네 가지 요소의 균형 덕분에 건강과 장수를 누리고 있다. 식사, 운동, 영적인 만족감을 주는 신앙, 우정과 사회적 네트워크 같은 심리적 안정감. 사람을 싫어하고 종교도 없는 나로서는 영적인 부분과 심리적인 요소에 대해서는 어찌 해볼 것이 많지 않다. 그러나 앞으로는 재스민 차를 마시고, 채소와 생선 섭취를 늘리겠다고 맹세했다.(사실 나는 도쿄에서 시노부 여사의 다도 수업에 참석하기 전까지는 차를 마셔본 적이 없었으니 차를 마시기로 한 것은 일생일대의 결심이었다. 윌콕스에 따르면, 콜레스테롤 수치를 낮추는 데는 재스민 차가 녹차보다 효과가 훨씬 더 좋다.) 윌콕스는 많은 오키나와 주민이 강황으로 만든 영양보조식품을 매일 먹으며 자신도 그렇게 하고 있다고 했다. 강황은 암과 담석 예방에 좋은 것으로 알려져 있다.

요즘 일본 본토에서는 흑설탕, 시콰사(오키나와 현에서 자생하는 운향과 식물로 항암 효과가 있다고 알려져 있다), 해염 같은 오키나와 특산품이 '장수 상품'으로 인기리에 팔리고 있다. 런던이나 뉴욕의 고급 건강식품 판매점에서 이런 제품들을 볼 날도 머지않았다는 생각이 든다.

"가능한 한 먹이 사슬에서 아래쪽에 있는 것을 먹어라." 윌콕스는 『오키나와 프로그램』에서 그렇게 말했다. 또한 윌콕스는 수렵 채집인으로서 인간이라는 개념은 오해의 소지가 있다고 말한다. 인류의 식사를 보면 항상 채집한 식량이 수렵한 식량을 훨씬 초과했다. 윌콕스는 내게 우리 서구인은 필요량보다 훨씬 더 많은 단백질을 섭취하고 있으며, 사실은 하루 카드 두 벌 크기, 즉 100그램 정도만 먹어야 한다고 말했다. 어쩌면 앞으로 나의 식사에 약간의 MSG를 넣게 될지도 모른다. 내 몸이 실제보다 많은 단백질을 섭취하고 있다고 믿게 만들기 위해서. 물론 두부도 많이 먹기 시작하리라. 해조류도 당연히 중요하다. 오키나와 주민들은 일본 어느 지역 사람들보다 다시마를 많이 먹는다. 그러나 중요한 것은 진짜 음식을 먹는 것이다. 말린 것도 상관없다. 영양보조식품은 생각만큼 건강에 좋지는 않을 것이다.

이제 남은 과제는 건강에 좋다는 오키나와의 생활 방식이 실제로 어떤 효과가 있는지를 보여주는 사례를 직접 보는 것이었다. 100세 이상의 고령자를 직접 만나봐야 했다.

세계
최장수 마을

오키나와에서, 아니 어쩌면 세계에서, 100세 이상의 고령자를 찾기 가장 좋은 장소는 오키나와 섬 서북쪽에 위치한 오기미 마을이다. 이곳 주민 3500명 중 3분의 1 이상이 65세 이상이고, 100세 이상 고령자도 10여 명이나 있다. 일본 내에서도 가장 높은 비율이고, 아마도 세계 전체로 봐도 최고일 가능성이 농후하다.

우리 가족은 햇빛을 받아 반짝반짝 빛나는, 황홀할 만큼 아름다운 동중국해를 보며 해안 도로를 달려 마을로 갔다. 일요일 점심시간에 맞춰 식당에 도착했다. 장수 음식을 전문으로 하는, 마을의 유일한 식당에 예약을 해둔 터였다.

오기미 마을 바로 밖에는 다음과 같은 내용이 새겨진 팻돌이 서 있었다. "일흔이면 아직 어린아이에 불과하고, 여든이면 이제 겨우 젊은이이며, 아흔에 조상들이 천국으로 초대하거든, 백 살까지 기다려달라고, 그때 가서 생각해보겠노라고 말하라."

마을 자체는 그다지 볼품이 없었다. 유일한 진입로는 엉성하고 조잡했을뿐더러, 집들은 작고 낮았으며, 대부분이 목조였다. 그리고 하나같이 완벽하게 관리된 초목이 무성한 정원이 딸려 있었다. 일부 정원에서는 연세 지긋한 남녀가 꽃, 과일, 야채들을 보살피고 있었다. 지나가는 장례 행렬만이 목가적인 분위기를 방해할 뿐 이외에는 모든 것이 고요하고 평화로웠다.

식당은 정면이 트인 소박한 건물로, 골 진 플라스틱 지붕에 나무로 만든 탁자와 의자가 놓여 있었다. 입구 위에는 괴상하게 생긴 분홍색 용과가 주렁주렁 달린 덩굴이 있었다. 나는 식사 전에 주인 긴조 에미코에게 100세 이상 노인을 소개시켜줄 수 있느냐고 물었다.

몇 분 뒤 주인이 돌아와서 자기를 따라 큰길로 오라는 신호를 보냈다. 우리는 전면이 개방된 전통 오키나와 주택에 도착했다. 진한 색깔의 목조 주택이었고, 기본적으로 넓은 거실 겸 침실과 이를 둘러싼 작고 깔끔한 정원으로 이루어져 있었다.

집에서 노부인이 천천히 걸어 나와 우리를 맞았다. 노부인은 애스거와 에밀을 향해 환한 미소를 보였고, 우리도 엉겁결에 미소로 화답했다. 하지만 사진 찍는 기술이 발명되기도 전에 태어나서 두 차례의 세계대전을 겪은 사람을 어떻게 대하는 것이 올바른 예의인지는 솔직히 알 수 없었다. 노부인의 이름은 다이라 마쓰였다. 다이라의 동작은 우아하면서도 편안했고, 얼굴에서는 광채가 났다. 노부인이 다시 미소를 지으며 집의 나무 마루에 앉았고 우리에게도 옆에 앉으라는 손짓을 했다.(무릎에서 우두둑 소리가 난다든지 하는 일은 없었다.) 엄청 마른 몸매였고, 숱이 많은 회색 머리카락은 뒤로 깔끔하게 빗어 넘겼다. 노부인의 얼굴은 세월에 찌들어 있었지만 평온한 기운이 느껴졌다. 다이라 마쓰는 자신이 집에 혼자 살고 있지만 가족들이 매일 찾아온다고 말했다. 지금도 직접 텃밭을 가꾸는데, 고야와 감자를 키우고 있다고 했다. 자신은 소식을 하며, 식품은 모두 신선한 것으로 주로 자기 집 혹은 친구네 집 텃밭에서 나온 산물이라고 했다. 유일하게 나쁜 버릇이 있다면 가끔 오키나와 흑설탕을 먹는 정도였다. 다이라 마쓰는 에스거와 에밀에게도 흑설탕을 주었다. 지금까지 아이들은 평소 보지 못하던 고령의 여인에 잔뜩 경계심을 품은 채 거리를 두고 서 있었다. 하지만 이제 수줍게 다가와 흑설탕을 받았다.

나는 전쟁에 대해서 물었다. 다이라 마쓰는 전투가 벌어지는 몇 주 동안 어머니, 자매와 함께 산속에 숨어 있었다고 했다. 아버지는 전쟁 통에 죽고 말았다. 문득 오키나와의 이들 세대, 말하자면 전쟁을 견디고 살아남은 이들 세대는 정말로 특별하다는 생각이 들었다. 윌콕스가 들려준 이야기도 새삼 떠올랐다. 윌콕스는 자기가 만났던 100세 이상 고령자의 다수가 보여주는 강한 의지와 고집에 정말 깊은 인상을 받았다고 했다. 물론 구성원의 3분의 1이 사라지는 시기에 살아남으려면 놀라운 수준의 기지와 임기응변 능력 역시 필요했으리라. 당연히 두 차례의 전쟁 속에 살아남은 강한 의지는 이후의 생에서 누린 남다른 장수에서도 중요한 역할을 했으리라.

식당 주인 긴조 에미코는 오키나와 사람들이 사실 100세를 서구인들처럼 삶의 중요한 사건이자 이정표라고 생각하지 않는다고 했다. 오히려 아흔일곱 번째 생일을 '가지마야'라고 하는 공개적인 잔치를 열어 기념한다. '가지마야' 이야기가 나오자 다이라 마쓰는 자신의 아흔일곱 번째 생일잔치를 떠올리며 환한 미소를 지었다. 가족과 친지들이 모두 오고 당연히 바람개비도 있었다. 바람개비는 가지마야를 장식하는 도구로 항상 등장하는데, 오키나와 사람들이 나이 들면 찾아온다고 믿는 젊음으로의 회귀, 즉 회춘을 상징한다. 이때는 정부도 일정액을 축의금으로 내놓는다.

다이라 마쓰 부인은 말수가 없어지는가 싶더니 서서히 그녀의 얼굴에 피곤한 기색이 올라왔다. 그러자 에미코가 가야 할 것 같다며 말없이 암시를 보냈다.

식당으로 돌아와서 우리는 밥과 두부, 죽순, 해조류, 새우튀김, 채소절임, 깍두기 모양으로 썰어 뭉근한 불에 푹 삶은 돼지 삼겹살, 디저트로 약간의 케이크와 아이스크림을 먹었다. 특히 식탁에 올라온 해조류가 인상적이었다. 오키나와 사람들은 바다 포도라는 의미로 '우미-부도'라 부르고, 일반적으로는 '바다 캐비어'라고 하는 해조류였다. 모양을 보면 그런 이름이 붙은 이유를 금방 알 수 있다. 식용 줄기를 중심으로 DNA 나선처럼 배열되어 있는 작은 알갱이들이 흡사 캐비어 같기 때문이다. 맛도 마찬가지였다. 작은 알갱이가 입에서 터지는데 캐비어를 먹었을 때처럼 바다 내음이 그윽이 퍼진다.

에미코가 오키나와 사람들은 '구스이문'이라는 약효가 있는 음식과 '우지니문'이라는 영양 가치가 있는 음식을 구별한다고 설명했다. 우리에게 전통 오키나와 음식으로 발효 두부인 도후요를 내놓으면서 자신은 둘을 혼합하려 노력한다는 말도 덧붙였다.(중국의 쑤푸와 비슷한데 실제로 오키나와 사람들이 거기서 착안했을 가능성이 농후하다.) 도후요는 깍두기처럼 썰어서 이쑤시개와 함께 나오는 암적색 두부로 맛이 몹시 고약하다. 원래는 아주 조금씩 뜯어 먹어야 하는 것이다. 그런데 이런 설명을 해주는 이가 없다보니 나는 이쑤시개를 꽂아 전체를 한입에 먹어버렸다. 효과는 즉각적이고 반응은 생각할 겨를도 없이 기계적으로 나타났다. 손으로 입을 가리고 접시에 뱉어내고 말았다.

에밀이 말린 가리비 먹었을 때가 생각나는지 '이제 알겠죠?' 하는 표정을 지었다. "세상에, 욱, 욱, 퉤, 퉤, 정말 끔찍하네!" 내가 어떻게든 맛을 중화시키려고 물을 벌컥벌컥 마시면서 말했다. 입안이 타들어가는 듯했다. 로크포르 치즈와 핵폐기물의 경계에 있는 무언가를 먹은 그런 기분이었다. 하지만 사실 이것은 건강에 좋은 음식이다. 실제로 일본 약사회가 도후요에 대한 연구를 진행한 결과 다음과 같은 결과가 나왔다.

자연적으로 고혈압 증세를 보이는 8주 차 수컷 쥐들에게 6주간 동결 건조한 도후요가 함유된 먹이를 먹였다. 13주 차에 도후요 함유 먹이를 먹은 쥐들의 수축기 혈압이 통제 집단에 비해 상당히 떨어졌다. 실험용으로 처치된 먹이를 먹은 뒤, 신장의 ACE(안지오텐신 전환효소)의 활동도 도후요 집단에서 통제 집단에 비해 상당히 낮게 나타났다. 도후요 집단의 혈청 내 총 콜레스테롤은 상당히 낮아진 반면, 총 콜레스테롤 대비 HDL, 즉 고밀도지단백질의 비율은 도후요 집단에서 통제 집단에 비해서 높은 경향을 보였다.

그러나 이런 모든 장점에도 불구하고, 맛이 어찌나 고약했던지 할 수만 있다면 도후요는 멀리하고 높은 콜레스테롤 수치 그대로 살고 싶은 마음이었다.

건강에 좋은
소금

내가 여성 잡지의 건강 관련 기사들을 보면서 신경증이다 싶을 만큼 끝없이 안달복달하고 불안해하면서 배운 것이 있다면, 그것은 바로 전통적인 식사 및 건강에 대한 충고는 세 가지 물질을 악마 취급하는 데 토대를 두고 있다는 것이다. 소금, 설탕, 동물성 지방. 소금은 고혈압과 뇌졸중을 일으킨다. 설탕은 비만과 당뇨병의 원인이 된다. 그리고 동물성 지방에 대해서 말하자면, 위의 모든 것에 농업 파괴와 환경 재앙이 더해진다.

그러나 오키나와에서는 상황이 달라진다. 고쿠토라고 하는 이곳의 흑설탕에 대해서는 이미 언급한 바 있다. 100퍼센트 사탕수수로 만들어진, 정제되지 않은 진한 갈색, 아니 거의 검은색의 설탕이다. 상대적으로 가공이 덜 되었기 때문에 이곳 설탕에는 미네랄과 칼륨이 특히 풍부하다. 동물성 지방에 대해서라면, 오키나와 주민들은 예로부터 육류를 아주 소량만 섭취하나 한 가지 예외는 돼지고기였다. 돼지고기만은 항상 일본 본토 사람들보다 많이 먹었다. 돼지고기는 비교적 기름기가 적은 단백질 공급원이었고 철분, 아연, 비타민 B6, 리보플라빈, 니아신 같은 다른 유용한 물질도 풍부하다.

그리고 소금이 있다. 미식가들이 좋아하는 고급 소금은 오래전부터 식품 저장고의 중요한 액세서리였다. 맬든 소금[영국의 고급 소금] 상자나 셀 드 게랑드[프랑스의 최고급 바다 소금] 통이 없이는 주방이 완성되지 않는다. 일본은 세계에서 가장 유명한 소금 중 몇몇을 생산하는 나라다. 가장 유명한 것으로는 오시마 섬의 최고급 소금이 있다. 하지만 아무리 예쁘게 포장하고 아무리 비싸도, 여전히 소금은 소금이다. 그리고 우리는 항상 소금이 살인자라는 이야기를 들어왔다.

그러나 오키나와에서는, 적어도 누치 마스 소금 회사의 다카야스 마사카쓰라면, 그렇게 생각하지 않는다. 오키나와에서 생산되는 고품질 소금은 일본 전역에서 유명하다. 내가 대화를 나눈 일류 요리사 가운데 여럿이 자기 주방에서 오키나와 소금을 사용하고 있었다. 그러나 오키나와 소금 장수 다카야스에 대해 알려준 사람은 에미였다. 다카야스는 최근 최첨단 소금 가공 공장을 새로 개장했다. 에미에 따르면, 그곳에서는 새로운 바다 소금 채취 방식을 통해 혈압을 높이기는커녕 낮춰주고 세계 어느 곳의 소금보다 다량의 미네랄(주로 마그네슘과 칼륨)을 제공하는 소금을 생산한다고 한다. 건강에 좋은 소금이라고? 그것이 가능한 일인가? 만약 그렇다면, 이것이 인류의 숙원인 고혈압 문제를 해결할 비책이 될 수 있을까?

누치 우나 공장은 제임스 본드 영화에 나오는 악당의 은신처 같은 분위기를 짙게 풍겼다. 오키나와 현 우루마 시에 딸린 작은 섬, 헨자 섬平安座島에 위치해 있는데, 측면에 보기 드물게 아름다운 바위 해안 풍경을 끼고 있는 둑길을 건너면 도착하는 곳이다. 나무가 우거진 절벽 위로 올라가는 길을 따라가면 섬 동쪽에 이르게 된다. 그곳에 눈이 부실 만큼 새하얀 현대식 소금 정제 공장과 방문객 안내소 건물이 태평양을 내려다보며 자리 잡고 있다.

조금은 어수선한 분위기의 사무실에 앉자 다카야스는 자신이 대학에서 물리학을 전공했고 진화론에 일가견이 있다고 말했다. 체크무늬 남방에 멜빵바지를 입은 다카야스는 모습만 봐서는 영락없는 감자 재배 농부였지만 소금에 대해 상당히 복잡하고도 흥미로운 이야기들을 들려주었다.

"이렇게 생각해보세요." 다카야스가 의자에 앉은 채 몸을 앞으로 기울여 팔꿈치를 책상 위에 올리면서 말했다. "생명은 40억 년 전에 바다에서 태어났습니다. 생명체가 지상에서 생활한 것은 불과 4억 년 전부터입니다. 말하자면 36억 년 동안은 바다 소금 속에서, 바다 소금 안의 미네랄을 섭취하면서 진화해왔다는 의미가 됩니다. 최초의 양수는 바닷물이었던 셈이고, 현재도 양수에는 바닷물 성분과 비슷하게 염분이 들어 있습니다. 그런 바닷물 속의 미네랄을 섭취하는 것이 어떻게 몸에 좋지 않을 수가 있겠습니까?"

오케이. 거기까지는 이해가 된다. 정맥 주사에 사용되는 링거 용액이 바닷물과 비슷한 구성이라는 것은 나도 이미 아는 사실이었다. 그러나 이런 논리를 따른다면, 모든 소금, 심지어 지상에서 채굴한 소금도 여전히 우리 몸에 좋은 것 아닐까? "아닙니다. 왜냐하면 소금을 정제하기 위해서는 가열해야 하는데, 가열 과정에서 미네랄이 단단하게 뭉치기 때문에 우리 몸에서 이를 쉽게 흡수할 수가 없습니다. 그러나 우리는 자연 온도와 순간 증발 기술만 이용해서 소금을 채취하는 시스템을 고안했습니다. 덕분에 미네랄이 뭉치지 않고 분리되어 있으며, 장에서 녹으면 철분이 되고 몸에 쉽게 흡수됩니다. 우리의 특수한 시스템 덕에 실제로 이곳 소금에는 다량의 포타슘이 함유되어 있고 따라서 혈압을 낮춰줍니다. 몸이 소변을 통해 체내에서 나트륨을 배출하도록 도와주기 때문입니다. 바닷물에는 아연, 철분, 구리, 망간 등등 온갖 미네랄이 들어 있습니다. 그것도 [가공되지 않은] 순수 미네랄이지요."

시스템 개발에는 거의 10년의 세월이 걸렸다. 다카야스는 이를 '상온, 순간 진공 결정화 프로세스'라고 부르는데, 기본적으로 바닷물을 일종의 촘촘한 그물인 '역삼투막' 방향으로 가는, 극도로 입자가 작은 비말로 바꿈으로써 바닷물에서 소금을 추출하는 방식이다. 다카야스는 난초 묘목장을 운영했던 경험을 통해서 이런 아이디어를 얻었다. 안개처럼 뿜어져 나오는 아주 미세한 물방울로 꽃에 물을 주는 것을 보고서. 다카야스는 작업장을 보여주었다. 둥근 창을 통해 분무실 안을 들여다보니 소금이 사방의 표면으로 폭포처럼 흘러내리는 놀라운 설정이 보였다. 마치 북극의 눈보라처럼 소금이 공중에 진하게 퍼져 있었다. 선풍기에서 나오는 따뜻한 바람이 바닷물을 극도로 미세한 안개로 바꾸어 증발시키는 동안, 미네랄이 분리되어 실내 곳곳에 쌓였다.

다카야스 씨는 소금 분무 시스템이 이것만은 아니라고 설명한다. 하지만 다른 시스템에서는 고온으로 소금을 건조시킨다. 반면 누치 마스에서는 저온으로 소금을 건조시킨다. 결과적으로 여기서 생산된 소금에는 포타슘을 비롯한 스물한 가지 미네랄이 포함되어 있는데, 포타슘은 혈압을 낮추는 데 도움이 된다. 또한 이렇게 만들어진 소금은 동맥 경화를 야기하는 질산나트륨 수치가 훨씬 더 낮다. 하지만 효과를 보려면 엄청난 양의 소금을 먹어야 하는 것은 아닌가요? 그러니까 내 말은 보통 우리는 하루에, 음, 소금을 10그램 정도만 먹지 않나요?

"들어보세요." 다카야스는 능수능란한 정치인처럼 질문을 피해가면서 자기 이야기를 했다. "오키나와 사람들이 왜 그렇게 오래 산다고 생각하십니까?" "음식, 기후, 운동, 좋은 의료 시스템 …… 아, 설마, 소금 때문이라고 말씀하시는 건 아니죠?" 내가 말했다.

"정확해요. 바로 그겁니다! 오키나와에는 세계 어느 지역보다 태풍이 잦습니다. 태풍 때문에 오키나와 토양은 끊임없이 바닷물에 젖습니다. 바닷물에 풍부한 미네랄이 이런 과정을 통해 토양으로 들어가고, 다시 오키나와 땅에서 자라는 과일, 채소, 풀, 동물 등에게 들어갑니다. 다들 오키나와 사람이 많이 먹는 다시마와 이곳 기후 때문에 오래 산다고 말합니다. 하지만 아닙니다. 아무튼 다시마와 기후의 역할은 그리 크지 않습니다. 먹이에 미네랄이 풍부해서 돼지고기도 정말 좋습니다. 오키나와의 모든 토양에 각종 미네랄이 함유되어 있습니다."

그럴싸한 말이었다. 어쩌면 오키나와에서 태어나 일정 기간이 지난 뒤 마쓰사카나 고베로 가는 소들의 우수한 품질도 이런 식으로 설명이 가능할지 모른다. 그런데 잠깐, 다른 지역에는 태풍이 자주 불지 않나요? 플로리다는 어떤가요? 다카야스가 간단하게 대답했다. "플로리다에서는 뭔가를 재배하거나 기르지 않습니다. 하지만 오키나와 사람들에게는 선택의 여지가 없었습니다. 식량을 자급자족해야 했으니까요. 이곳 사람들은 태풍이 적이라고 하지만 나는 오히려 좋은 것이라고 부릅니다! 태풍이 없었다면 나는 쉰 살에 죽었을 겁니다.(그는 지금 예순 살이었다.) 그래서 나는 사람들에게 말합니다. 태풍이 없고 일찍 죽는 것과 태풍 덕분에 토양이 좋아져서 백수를 누리는 것 중 어느 쪽이 좋으냐고요."

다카야스가 소금처럼 지극히 소량을 먹게 되는 음식에서 얻는 이득이 얼마나 되겠는가라는 질문을 교묘하게 회피하기는 했지만, 그의 주장은 여전히 매력적이었다. 잦은 태풍으로 토양에 침투한 바닷물이 오키나와 주민의 장수를 설명해줄 근거가 될 수 있을까? 오키나와의 섬들은 산호로 둘러싸여 있는데, 당연히 산호에는 각종 중요한 미네랄이 풍부하다. 그리고 이런 산호의 일부가 태풍 때마다 육지에서 발견되는 것도 사실이다. 나는 다시 신기한 오키나와 고구마를 생각했다. 고구마는 이곳에서 수백 년 동안 잘 자란 유일한 작물이었다. 고구마는 육지로 밀려온 바다 미네랄을 모두 빨아들이는 스펀지 같은 역할을 했을 것이다. 물론 이것이 오키나와 사람들의 장수를 설명해줄 유일한 이유일 수는 없다. 앞서 설명했듯이 윌콕스 박사의 연구에서 이미 여러 원인이 나왔다. 그러나 다카야스의 주장은 논리가 있고, 그는 자기주장을 뒷받침할 상당한 과학적 연구도 수행했다.

심지어 다카야스는 누치 마스가 소금에서 염화나트륨을 제거하고 바닷물에 들어 있는 미네랄만 남기는 연구도 진행할 계획이라고 했다. "건강식품 코너에서 볼 수 있겠네요. '해양건강보조식품' 코너에서."

내가 정말 멋지다며 맞장구를 쳤다. 이것이 어디서나 가능할까요? "모든 사람이 이런 식으로 생산된 소금을 먹어야 합니다. 그러나 사람들은 아직 이런 시스템의 가치를 인식하지 못하고 있습니다. 오염되지 않은 바다가 있는 곳이라면 어디서든 이런 방법을 사용할 수 있습니다. 소금을 채취해도 될 만큼 바다가 깨끗하다면 말입니다. 물론 이런 시스템에 대한 특허는 제가 가지고 있지요."

그런데 맛은 어떤가요? 맛도 다른 소금보다 좋습니까?(물어보면서도 나는 답을 이미 알고 있었다.) "그럼요. 그럼요." 다카야스가 나를 공장 매장 겸 식당 건물로 데려가면서 자신 있게 대답했다. 연한 청록색 바다가 보이는 근사한 풍경에 전체가 현대 스칸디나비아 스타일로 고상하게 꾸며진 곳이었다. 배경 음악으로 재즈가 흐르고, 매력적인 젊은 도우미들이 손님들을 탁자로 안내하거나 매장 이곳저곳을 보여주고 있었다. "우리 소금의 감칠맛에 관한 연구를 의뢰했는데, 우리 소금이 일반 소금보다 감칠맛이 훨씬 더 풍부한 것으로 나타났습니다. 그야말로 '울트라 감칠맛' 소금이랄까요?"

다카야스가 최근 출판한 책을 한 권 보여주었는데 제목은 다음과 같았다. 『소금: 현대인을 구할 건강 혁명』, 부제는 「고혈압을 유발하지 않으며 당뇨 및 피부 건조와도 이별한 기적의 소금」이었다. 바로 옆에는 이곳 소금으로 만든 각종 목욕 용품과 마사지 용품이 있었다. 소금 캐러멜도 있고, 소금을 넣은 250그램짜리 우아한 비닐 주머니는 100엔(1000원이 안 되는 금액)에 팔리고 있었다. 나는 집에서 써볼 요량으로 작은 꾸러미 하나를 샀다. 이곳 소금은 놀라울 정도로 곱고 부드러웠다. 가루설탕처럼. 내 입에는 살짝 순하고 부드러운 맛이었다. 아구니, 이시가키같이 그동안 맛본 다른 오키나와 소금보다도 더 그런 편이었다. 워낙 고와서 프랑스 염습지 소금이나 영국의 맬든 소금 등에서 느껴지는 씹는 맛이 주는 즐거움은 없었지만, 고운 만큼 재빨리 녹기 때문에 튀김을 찍어 먹거나 마지막 순간 고기구이에 뿌려 마무리하는 데는 최적이었다.

누치 마스는 현재 한 달에 8톤 정도의 소금을 생산하고 있지만, 시설은 30톤까지 생산 가능하도록 마련되어 있다. 다카야스는 한 달 전부터 독일에 '라이프 솔트Life Salt'라는 이름으로 이 소금을 수출하기 시작했고, 2007년에는 벨기에 브뤼셀에서 열리는 대규모 식재료 박람회인, 몽드 셀렉션에서 금상을 수상했다. 시코쿠 섬에 있는 최상급 간장을 만드는 회사인 가메비시에서도 누치 마스 소금을 이용하고, 일본 전역의 일류 요리사들이 뒤를 따르고 있다.

소금은 됐고, 앞으로 일본인이 '무지방' 푸아그라와 프렌치프라이를 만들어낸다면, 내가 살아 있는 동안 다른 여성 잡지 따위는 필요하지 않으리라. 당연히 나는 백수를 훨씬 더 넘겨서까지 살 것이고.

세계 최고의
식당

우리는 다음 날 비행기를 타고 오키나와에서 도쿄로 날아갔다. 핫토리 유키오가 일본 최고의 식당이라고 했던 미부에서의 놓칠 수 없는 식사 약속에 딱 맞춘 것이었다.

미부가 조엘 로부숑을 감격해서 울게 만들고, 페란 아드리아를 겸허한 마음이 들게 만든 장소라는 사실은 여러분도 기억할 것이다. 이곳은 일본인들이 '이치겐상오고토와리一見さんお断り'라고 하는 곳인데 직역하면 '처음 온 손님은 거절'이라는 의미로, '초대받은 손님만 입장 가능'이라고 해석할 수 있다. 핫토리는 한 달에 한 번 일곱 명의 손님과 함께 그곳에서 식사할 수 있고, 이번 달에는 나도 핫토리의 손님이 되기로 했다.

도쿄행 비행기 안에서 다시 한번 정상이 눈으로 덮인 후지 산이 저 아래로 서서히 지나가는 모습을 보았다. 그러나 내 마음은 하나도 평화롭지 않았다. 평화롭기는커녕 불안으로 괴로운 상태였다. 리슨은 분명 내가 원래 그런 사람이라고 일축해버리겠지만 그날은 그 정도가 아니었다. 걱정과 불안을 넘어서 머리가 터질 듯한 혼란 상태에 빠져들고 있었다. 나한테 무엇을 기대하는 거지? 엄청난 부자에 권력자이고 영향력도 막강한 이 남자가 왜 하필 나한테 이런 놀라운 초대장을 내민 것일까? 음식은 소문대로 훌륭할까? 그렇다고 해도 내가 제대로 알아볼 수나 있을지? 미부는 웹사이트도 없었다. 아니 인터넷상에는 미부라는 식당에 대한 어떤 언급도 없었다. 따라서 나는 어떤 곳인지, 어떤 복장을 해야 하는지, 어떻게 처신해야 하는지에 대해서 전혀 알수가 없었다. 돈은 내가 내야 하는 것인가? 최소한 내가 내겠다고 말이라도 해야 하나? 그랬다가 괜히 불쾌감을 주려나? 어떤 사람들하고 식사를 하게 되는 걸까? 바보같이 에티켓을 어겨서 얼마나 많은 망신을 당하게 될까?

에미도 같이 초대를 받았기에 그날 저녁 우리는 긴자銀座에서 미리 만났다. 그때도 에미는 내 불안과 두려움을 어떻게든 누그러뜨리려고 애썼다. 도쿄 도심에 위치한 긴자는 호화롭게 고가의 식사와 유흥을 즐기는 지역이다. 긴자에는 세계에서 가장 비싼 레스토랑 중 몇몇이 있다. 1980년대에 일본이 엄청난 경제 성장을 구가할 무렵에는, 나체 여인의 배 위에 놓여 있는 금박으로 싼 초밥을 먹고 싶거나(이런 식으로 음식을 내놓는 방식을 뇨타이모리女体盛り라고 한다), 희귀한 싱글몰트위스키를 마시면서 평균 연봉을 하룻밤에 쓰고 싶다면 찾아가는 곳이 바로 이곳 긴자였다.

넓은 대로에는 빨간 벽돌이 깔려 있고, 인도에는 나무가 줄지어 늘어선 오늘날 긴자의 모습은 원래 20세기 초 영국에 의해 만들 어졌다. 긴자라는 이름은 에도 시대 은화 주조소, 즉 긴자銀座가 이곳에 있었던 데서 유래했다. 일본의 경제 침체가 계속되는 지 금도 이곳 긴자는 변변찮은 작은 국가 하나는 저리 가라할 정도 로 엄청난 부를 창출하고 있으며, 세계 최고의 소비 거리라고 불 릴 만한 충분한 자격을 갖추고 있다.

에미가 핫토리의 비서에게 전화해서 물었더니, 비용은 핫토리 가 지불할 것이며, 음식 전문 작가 두 명과 핫토리영양전문학교 요리사 세 명이 합석할 것이라고 했다.

오후 6시 30분, 긴자에서도 가장 유명한 지형지물 중 하나로 통하는 소니 빌딩 앞에 가보니, 핫토리와 일행은 이미 와서 기다 리고 있었다. 핫토리는 검디검은 실크 마오 재킷에 테 없는 안경 을 쓴 익숙한 모습이었다. 요리사인 남자 셋도 검은색 정장에 넥 타이를 매고 있었고, 음식 작가인 여자 둘은 긴 타이트스커트에 흰색 상의로 사무직 여성의 분위기를 풍기고 있었다. 우리는 서 로 자기소개를 하면서 간단하게 이야기를 나누었다.

핫토리가 샛길로 들어가더니 모퉁이에 위치한 이름 없는 건물 로 우리를 데려갔다. 열린 전면을 지나니 막대 모양 형광등이 켜 진 계단이 나왔다. 식당 입구라기보다는 복층 주차 타워 입구 같은 분위기였다. 아무튼 우리는 핫토리를 따라 두 층의 계단을 올라갔다.

이곳 주방장의 부인이 입구에서 우리를 맞이했다. 60대 후반의 인상적인 여성으로, 화려한 검은색 기모노를 입고, 윤기 나는 검은 머리카락은 통통한 얼굴 위로 올린 모습이었다. 미부에는 조명이 약하고 창이 없는 작은 방 하나가 있을 뿐이었고, 그곳에서 매일 저녁 회원과 그들이 데려온 손님이 식사를 했다. 현관을 통과해 들어간 다음 바닥을 내려다보았다. 판석에 방금 물을 뿌린 것을 알 수 있었는데 이는 환영의 마음을 표시하는 일본의 관습이다. 내부는 노송나무를 댄 흰색 흙벽이었다. 노송나무는 천황의 관을 짜는 데 쓰일 정도로 일본에서는 가장 사치스럽고 값비싼 목재다. 그러나 정작 미부는 비싸고 화려해 보이는 것과는 거리가 멀었다. 내부는 걸그림 하나에 화병 하나로 선방처럼 단순하고 소박하게 장식되어 있었다. 나중에 알고 보니 걸그림과 화병 모두 값을 매기기 힘들 만큼 귀한 물건이었지만.

바닥에 무릎을 꿇고 앉는 식이 아니라 의자에 앉는 식이어서 상당히 안심되었다. 그런데 이번에는 탁자 위에 다다미가 깔려 있었다. 나는 핫토리 맞은편에 앉았고, 에미가 그의 왼쪽에 앉았다. 작가들은 내 오른쪽, 요리사들은 내 왼쪽에 앉았다. 요리사들은 저녁 내내 말을 하지 않고 부지런히 무언가를 메모하고 사진을 찍었다.

입구에서 우리를 맞이했던 부인이 주둥이가 유난히 긴 술병을 가져와 사케를 따라주면서 주방장 이시다 히로시石田廣義가 미부를 30년 넘게 운영해오고 있다고 설명했다. 그리스 술 우조를 마실 때는 술병을 유난히 높이 들어 따르는데, 부인도 그만큼이나 높이 들고 술을 따랐다. "옛날 방식이랍니다." 그녀가 설명했다. "술에 독이 들어 있을 위험이 있던 시절이죠. 이렇게 술을 따르면, 산소에 접촉하면서 술의 산성이 약해지고, 따라서 위험이 줄어든답니다." 술 용기가 100만 엔은 되어 보였다. 부인이 벽에 걸린 그림으로 우리의 관심을 유도했다. 무희가 그려져 있는 것이었다. "70년 된 그림입니다. 선이 끊긴 부분 하나 없이 그려진 모습을 보세요." 저렇게 순도 높은 작품을 창조하는 경지에 이르기까지 화가가 들였을 수십 년의 노력이 생생하게 느껴졌다. "우리는 예술에서 힘을 얻지요." 주방장의 아내가 방을 나가면서 거의 혼잣말하듯이 나직하게 말했다.

첫 번째 요리를 가지고 돌아온 부인은 이번에는 걸그림 외에 방을 장식하고 있는 유일한 물체인 꽃에 대해서 설명했다. 일본어로 '하마기쿠'라고 하는 흰색 국화의 일종으로, 가을 축제 시기를 상징하며 이것이 그날 밤 식사의 주제이기도 했다.

첫 번째 요리는 부채 모양의 은행잎이 둥둥 떠 있는 맑은 국물이었다. 안에는 밀가루 반죽을 입혀 튀긴 은행도 하나 있었는데, 쫄깃한 식감에 견과 맛이 나고 씁쓸하기도 했다. 살짝 데쳐 미끈미끈한 망둑어도 있었다. 우아하면서도 활력을 주는 상쾌한 시작이었다. "은행잎도 드세요." 이시다 부인이 말했다. "치매를 예방해주는 비타민이 아주 풍부하답니다."

"이곳 요리사는 사계절을 정말 제대로 이해하고 있습니다." 핫토리가 말했다. "16년 동안 한 해에 열두 번씩 여기 와서 식사를 하는데, 항상 그때그때의 달을 환기시키는 음식이 나옵니다. 제철 음식을 먹어야 합니다. 주어진 순간을 즐기는 것이지요. 그날 그날 신선한 재료를 먹어야 합니다."

이어서 이시다 부인은 제철 민물고기인 석쇠에 구운 은어를 가져왔다. "사케와 잘 어울립니다. 내장의 쌉쌀한 맛이 일품이지요." 핫토리가 말했다.

훈련시킨 가마우지를 이용해 물고기를 잡는 '가마우지 낚시꾼'들이 잡은 은어로, 내장까지 통째로 석쇠에 구워서 원뿔형으로 만 종이 안에 넣어 내왔다. 이시다 부인이 [젓가락으로] 꼬리에 있는 살과 등뼈 주위의 살을 발라 먹는 방법을 직접 알려주었다.

"지금은 '오치아유落ち鮎' 시기입니다. 통통하게 살이 오른 아유[은어]가 산란을 하러 강 하류로 돌아가는 시기이지요. 산란을 하고 나면 은어의 생명은 끝나지요. 어부는 하루 종일 기도하면서 아유가 소중한 자양분이 되게 해달라고 빕니다. 그러므로 우리는 감사하는 마음으로 아유를 먹습니다." 이시다 부인의 말이다.

기름지고 짭조름한 생선 맛은 부인의 말처럼 차가운 사케와 완벽한 조화를 이루었고, 생선 내장으로 인한 쌉쌀한 뒷맛은 기존 틀에서 벗어나 미각을 한 단계 끌어올리게 해주는, 미각에 대한 반가운 도전이자 자극이었다. 쓰지 시즈오는 책에서 은어 요리에 대해 다음과 같이 말했다. 그것은 "일본의 석쇠구이 요리 중에서도 단연 돋보이는 인상적인 요리다. 특히 쌉쌀한 맛을 즐겨야 하는 일본에서 몇 안 되는 요리 중 하나다." 서구 요리에는 다섯 가지 기본 미각 중 쓴맛을 활용한 요리가 거의 없지만 일본 요리에서 쓴맛은 흥미로운 요소다. 은행 열매의 쌉쌀한 뒷맛 역시 끈적끈적 산뜻하지 못한 식감을 마무리하는 데 도움이 된다.

"다들 살짝 열이 오르고 있는 것 같습니다." 회 접시를 가지고 온 이시다 부인이 말했다. 접시에는 빨강부터 보라까지 무지개 빛깔을 띤 가다랑어 회가 놓여 있었다. 그리고 아래에는 잘게 으깬 얼음층 위에 망둑어 회가 놓여 있었다. 먹어본 것 중 가장 맛있는 생선회였느냐고? 두말하면 잔소리다. 냉동한 적이 없이 신선한 가다랑어였다. 이전에 회로 먹어본 가다랑어나 참치는 착색된 게 많고 육질이 저하되어 입안에서 분해된다 싶을 만큼 흐물흐물한 것도 드물지 않았으나 여기서 내놓은 가다랑어는 쫄깃쫄깃해서 제법 씹는 노동을 해야 했다. 당연히 식감도 있고 맛도 있었다.

다음으로 나온 음식은 가지였다. 이시다 부인에 따르면, 보통 요리사들은 제철이 끝나가는 시점에 수확한 과일이나 채소는 최상의 상태가 지났다고 생각해 쓰지 않으려 한다. 그러나 그녀의 남편은 오랜 경험을 통해 이렇게 늦게 수확한 작물이 맛이 풍부하다는 것을 알게 되었다. 실제로 이시다는 다른 요리사라면 버렸을 채소를 가지고 요리하는 것을 즐긴다. 그날 우리가 먹은 가지도 일본어로 나고리名殘라고 하는, 제철이 끝나가는 시점에 나온 끝물 가지였다.(한편, 하시리走り는 맏물로 나온 어린 채소, 사카리盛り는 한창때에 나온 잘 익은 채소를 말한다.)

"우리는 채소의 생명이 끝날 때까지 충분히 즐기며, 이를 소중하게 생각합니다. 이것이 우리 요리의 원칙입니다. 이들 채소가 우리 곁에 머무는 기간은 1년 중 3~4주에 불과합니다. 그러고는 사라져버리지요. 짧은 몇 주가 가고 나면 다시 먹을 수가 없습니다. 그래서 우리는 생명이 다해 사라질 때까지 기념하고 사랑하는 것입니다."

가지 요리는 미끌미끌하고 금세 부서질 정도로 부드러웠다. 이렇게 풍미가 강한 가지는 일찍이 먹어본 적이 없었다. 가지는 수분이 많은 채소다. 그래서 조리하면 기름을 비롯한 다른 맛을 빨아들이는 스펀지 같은 역할을 해서 자기 본래의 맛을 잃어버리기 쉽다. 그러나 약하게 찐 것으로 보이는 이곳의 가지 요리는 자기 맛을 그대로 간직했을 뿐 아니라 맛이 한층 더 강해졌다. 구슬 크기의 작고 부드러운 참마가 함께 나왔다.

이때까지의 식사도 나한테는 흥미진진하고, 깨달음을 주었으며, 그 맛도 아주 좋았다. 그러나 다음 요리는 이전까지의 모든 것을 초월하는 새로운 경지였다. 노란 국화 꽃잎을 흩뿌린 다시 국물 안에 들어 있는 하모, 즉 갯장어였다.

살짝 김이 나는 국물을 한 모금 먹었다. 칡녹말을 써서 걸쭉하게 만든 국물이었다. 서구에서 국물을 걸쭉하게 만드는 데 흔히 사용하는 밀가루, 버터, 옥수수전분 등과 달리 칡녹말은 기본 맛을 해치지 않으면서 몸에 그대로 전달되었고 글자 그대로 쾌감에 몸이 저절로 떨렸다. 핫토리가 내 반응을 보더니 미소 지으며 뿌듯하다는 표정으로 고개를 끄덕였다.

"선생에게 제대로 된 다시를 맛보게 해주고 싶은 마음이 간절했습니다." 핫토리가 말했다. "이제 내가 말한 의미를 아실 겁니다. 이것이 일본 최고의 다시입니다. 보통 식당들은 아침에 다시를 준비해둡니다. 하지만 여기서는 요리가 나오는 바로 그 순간 다시를 준비하지요. 가쓰오부시도 마지막 순간에 대패로 깎아냅니다. 다시의 냄새는 재빨리 증발하기 때문에 보통은 흐릿한 흔적만 남아 있습니다. 그러나 이곳 요리에서는 맛을 100퍼센트 느낄 수 있습니다."

쾌감에 몸서리를 치는 게 다소 민망하기는 했지만 무의식중에 나온 동작으로 마치 작은 오르가슴 같았다. 온몸의 털이란 털이 모두 곤두서는 그런 느낌이었다. 이곳 주방장이 내 안에 있다는 사실을 스스로는 인지조차 못 했던 미각 수용체, 일종의 미각 'G-spot'을 발견해내고, 요리로 애무를 해준 것 같았다. 맛을 언어로 표현한다는 것은 항상 어려운 일이다. 맛이 연상되는 단어를 사용해봐도 좀처럼 효과적으로 전달되지 않는다. 건축에 대해 표현하기 어려운 것처럼 말이다. 어쨌든 이때 나온 다시 국물은 깊은 감칠맛에 중독성 있는 기분 좋은 맛이 중심을 잡아주는 그 위에서 짜릿한 바다 향이 코를 간질이며 유혹하듯 춤추고 있었다. 맛과 향을 분리하기란 불가능했다. 이것이야말로 이곳의 다시, 아니 모든 좋은 다시의 막강한 힘이 아닌가 싶다. 이런 경험을 다시 할 수만 있다면 뭐든 아깝지 않을 것이다.

그때 핫토리가 말했다. "이시다는 오늘 오후에 이 요리를 막 생각해냈습니다. 10년 동안 나는 같은 요리를 두 번 먹어본 적이 없습니다. 말하자면 지금까지 먹은 거의 1500가지나 되는 요리가 모두 달랐습니다."

"그렇지만, 그래도……", 나는 믿기지 않아서 말을 더듬거렸다.

"믿을 수가 없습니다. 이 요리는 항상 했던 요리 아닌가요? 예전에도 분명 있었을 겁니다. 그러니까 이렇게 맛있게 만들었을 테지요."

"페란 아드리아가 여기서 식사를 할 때도 바로 그렇게 말했습니다." 핫토리가 의기양양하게 말했다. "아드리아는 이시다의 요리가 예전부터 항상 우리 곁에 있었던 것 같다고 말했습니다. 당신이 정말로 일본 요리의 핵심과 기본 원리를 알고 싶다면 여기가 최적의 장소입니다. 요리를 하면서 지나치게 손을 많이 대면 재료가 가진 기본 맛을 해치게 됩니다. 그러나 이시다는 재료의 맛이 최대한 발현되도록 하지요."

일본에서는 항상 그렇듯이 밥이 나오면 맛있는 식사가 끝난다는 신호다. 그러나 오늘의 밥은 배의 마지막 '빈 부분을 채우기 위해' 공기에 담겨 나오는 평범한 밥이 아니었다. 일본 효고현 단바 시에서 생산된 밤이 점점이 박혀 있는, 아주 공들여 지은 부드럽고 따뜻하며 찰진 밥이었다.

디저트는 군마 현에서 생산된 홍옥사과였는데 성찬식에 쓰이는 빵처럼 가볍고 얇게 썰어서 조리한 것이었다. 이시다 부인의 설명에 따르면 디저트가 담긴 은식기 역시 진귀한 것이었다. 사과즙이 한 방울도 흐르지 않고 완벽하게 고여 있게 해주는 식기로 이런 종류의 식기는 그들이 알기로는 이것밖에 없다고 했다. 마치 접시에 스와로브스키 사의 아름다운 수정이 점점이 박혀 있는 것 같았다. "최고의 디저트입니다!" 핫토리가 말했다.

주방장 이시다가 직접 디저트를 가지고 왔다. 이시다는 키가 작고, 등이 꼿꼿하며, 다부져 보이는 체격의 남자로, 외줄 단추의 흰색 재킷에 검은색 바지를 입고, 머리는 삭발한 상태였다. 얼굴은 더없이 인자한, 말하자면 온화한 할아버지 같은 모습이었다.

내가 악수를 하려고 일어났지만 이시다는 미소를 지으며 어서 앉으라는 제스처를 했다. 어디서 영감을 얻었는지 물었다. "아주 어려운 일이지요. 그렇지만 매달 내가 하는 일을 지금보다 더 잘할 수 있기를 항상 바랍니다." 이시다가 말했다.

"이시다는 자기 자신과 경쟁하고 있는 것이지요!" 핫토리가 말했다. "누구도 그만큼 요리를 하지는 못합니다."

이시다는 모든 재료를 어디서 얻을까? 쓰키지 시장에서? "물론 가끔은 쓰키지 시장에 갑니다. 그러나 주로는 농부, 어부 등에게서 직접 얻습니다."

예를 들어 알랭 뒤카스나 토머스 켈러 같은 유럽이나 미국의 유명 요리사가 있는 식당에 가서 식사를 하면 거기서 나오는 요리는 보통 해당 요리사의 성격이나 자아를 직접적으로 표현하는 것이다. 한편 다른 종류의 일류 식당도 있다. 예를 들면 노부 Nobu나 디 아이비The Ivy가 대표적인데 그곳의 분위기, 장식, 왕을 모시듯 하는 직원들의 극진한 대접 때문에, 혹은 그곳을 운영하거나 자주 찾는 유명인을 보러 가는 그런 곳이다. 그리고 뉴욕에 있는 앤서니 보데인의 레 알, 세계 각지에 분점이 있는 고든 램지 식당 등 유명 요리사의 제휴 식당이 있다. 솔직히 나는 사람들이 그런 식당에 가는 이유를 모르겠다. 이름이 거론된 유명 요리사가 주방에서 하는 일은 포드 가문 사람이 소비자가 타는 피에스타 자동차 제조에 관여하는 정도만큼이나 미미할 테니 말이다.

그러나 미부는 이들과는 다른 어떤 종류다. 사실 미부는 서구인이 생각하는 전통적인 개념으로는 식당이 아니다. 실내장식이 좋아서 가지도 않고, 유명하니까 가볼까 해서 가지도 않으며, 특권층이나 유명인이 자주 가기 때문에 가지도 않는다. 굳이 말하자면 이야기 때문에 간다. 그곳의 음식이 자연과 맛, 식감에 대한 이야기를, 그리고 어쩌면 자기 자신에 대한 이야기까지 들려주기 때문에 간다. 이곳에서의 식사는 영적인 경험, 역사에 대한 환기, 철학, 인생, 창조, 죽음, 자연의 더 깊은 신비로 다가가는 일종의 통로로서의 식사다. 언어적인 의미에서나 현실적인 의미에서나 근본적인 어떤 것을 향해 다가가게 해준다고 생각하면 된다. 솔직히 내가 이곳 요리가 말해주는 의미와 철학, 이야기의 80퍼센트는 제대로 포착하지 못했으리라고 생각한다.

"우리한테 손님은 미술가의 후원자와 같습니다." 이시다 부인이 하는 말이다. "여기 음식은 돈을 주고 살 수 있는 그런 것이 아닙니다. 신께서는 이런 기회를 즐길 시간을 주시지만, 또한 주어진 기회를 즐길 능력이 있어야 합니다. 그런 능력은 돈을 주고 살 수 있는 것이 아니지요."

그것은 내게는 땅이 송두리째 흔들리는 것과도 같은 충격적인 순간이었다. 모든 재료는 철저하게 제철 재료였다. 이것은 이시다 주방장의 변치 않는 원칙이었다. 재료 자체를 그대로 반영하는 순수하고 깨끗한 맛에, 그것이 의미하는 바는 미묘하고 은은하면서도 필요할 때는 강렬하게 전달되었다. 이시다는 하나의 요리 안에 다양한 맛과 의미의 강도를 공존시키면서도 각각이 분명하게 구분되게 하는 묘한 재주가 있었다. 런던, 파리, 뉴욕 등지에서 최근 인기 있는 소위 '핫 플레이스' 요리사 가운데 자신의 요리가 현지에서 나는 제철 재료를 쓰고, 신선하며, 단순하다고 말하는 요리사가 얼마나 되는가? 그러고는 거품을 잔뜩 내거나, 젤라틴을 사용하거나, 수비드 조리를 하거나, 퓌레로 만든 그런 음식을 내놓는다. 탑처럼 높이 쌓은 음식, 동그란 틀로 찍은 음식, 소스에 대해 말하자면 어느 비평가의 인상적인 지적처럼 "스틸레토 힐을 신은 누군가가 똥을 밟고 미끄러진 것처럼" 지저분하게 소스를 처바른 음식 등등. 이쯤에서 나도 이런 요리를 만드는 훈련을 1년 동안 받았고, 이후에는 파리에 있는 미슐랭 스타 둘인 식당 주방에서 이런 음식을 손님에게 내놓는 일을 했다는 사실을 고백하지 않을 수 없다. 처빌허브의 일종 이파리, 끈적끈적해질 때까지 졸인 육수, 이상한 모양으로 자르거나 손질한 채소 등을 자로 잰 듯 정확하게 올려놓은 그런 음식을 말이다. 그러나 이제는 다른 세상을 보았고 그런 것이 최고라고 생각하지 않는다. 미부에서도 음식을 우아하게 접시에 담아내지만 교묘한 손장난이나 요란스러운 장식 따위는 전혀 없다. 단지, 요리가 있어야 할 곳에 '있다'라는 느낌을 줄 뿐이다.

　미부에서의 식사는 내가 이틀 전 밤 도쿄의 만다린 오리엔탈 호텔 38층에서 먹었던 식사와는 완전히 대비되는 것이었다. 몰레큘러 타파스 바Molecular Tapas Bar라는 곳인데 카운터에 여섯 명만 앉아 식사할 수 있는, 도쿄에서 가장 인기 있는 식당 중 하나다. 일본계 미국인 요리사 제프 램지가 절반은 음식이고 절반은 마술 묘기 같은 요리들을 내놓았다. 올리브오일을 드라이아이스에 부어서 만든 올리브오일 그래니타으깬 얼음을 넣은 음료나 디저트, 형체가 없는 된장국, (두부를 만들 때처럼) 당근즙을 염화칼슘 용액에 떨어뜨려 작고 부드러운 구체로 굳히는, 엘 불리의 대표 요리인 당근 캐비어 등등. 이는 미부의 음식과는 대극에 있다. 원재료를 완전히 변화시켜서 형체조차 알아보기 힘들게 만든 요리라는 점에서 그렇다. 어떤 이들은 음식을 가지고 '장난을 너무 많이 친다'며 이런 요리를 무시한다. 램지의 요리 방식을 일종의 타락이라고 보는 견해가 상당히 솔깃한 것도 사실이다. 그러나 개인적으로 나는 음식을 다루는 이시다와 램지의 방식이 모두 나름의 장점과 가능성을 지닌다고 생각한다. 또한 적어도 가끔은 소위 '분자 요리'의 독창성과 극적인 연출에서 거부할 수 없는 스릴과 매력을 느낀다. 물론 이런 요리에서 '단순함' '순수성' 같은 것은 느껴지지 않은 게 사실이다. 특히 그날 램지가 내놓은 '기적의 과일Synsepalum dulcificum'이 낸 효과는 평생 잊지 못할 것이다. 아프리카에서 자생하는 작은 올리브 열매 같은 딸기류인데 살짝 씹고 나면 생 레몬 조각의 신맛조차 달콤하게 느껴졌다.

한편 미부에서 우리가 먹은 식사에는 마음 깊이 파고드는 무언가가 있었다. 어딘지 모르게 애수가 느껴지는 무엇, 기분 좋은 감각의 축제가 아니라면 거의 우울하다고 느꼈을지 모르는 어떤 것이 있었다. 미부의 음식은 실로 다양한 방향과 수준으로 작용했다. 눈이 즐거웠고 뇌가 즐거웠고 맛이라는 측면에서 본능에도 호소력이 있었다. 이시다 주방장은 마음과 영혼을 담아 요리를 했다. 이시다와 그가 만든 요리는 불가분의 관계에 있었다. 그날 저녁 우리를 위해 특별히 만든 (그리고 두번 다시 만들지 않을) 요리들은 이시다의 평생 경험과 일본 문화에 대한 깊은 이해에서 탄생한 것들이다. 이런 수준의 풍부한 경험과 이해를 갖춘 일본 요리사는 지금도 거의 없으며, 앞으로는 더 적어질 것이다. 그날 식사는 대략 열 가지 코스로 구성되었는데 식사를 마쳤을 무렵 나는 배가 너무 부르지도 고프지도 않은, 완벽하고 더없이 행복한 만족감을 느꼈다. "다른 괜찮은 식당에서도 이런 수준의 음식을 두어 가지는 만들 수 있습니다. 그러나 이렇게 다양한 종류를 일관되게 최고 수준으로 만들어내지는 못합니다." 핫토리가 미부 음식을 찬양하는 내 의견에 맞장구를 치며 하는 말이었다.

식당을 나서면서 우리는 사과 디저트, 은박지에 싼 회, 이시다가 직접 깎은 가쓰오부시 등을 따로 포장해서 담은 비닐봉지를 받았다. 그날 우리 식사를 준비하고 남은 것들이다. 이시다의 까다로운 기준으로 보면 이제는 신선하지 않은 음식이요 재료이기도 하다.

문간에서 나는 이시다 부인에게 남편이 몇 살인지를 물었다.

"예순다섯입니다." 그녀가 대답했다.

"아, 그럼 앞으로 오랫동안 요리를 할 수 있겠네요." 내가 말했다.

"아닙니다." 그녀가 워낙 조용히 말해서 이시다는 듣지 못했다. "요리가 남편의 수명을 단축시키고 있답니다."

미부에 다녀온 이후 그날 저녁 일을 계속해서 되돌아봤지만, 지난달에야 비로소 미부 방문의 핵심 교훈이 분명해졌다. 진정 위대한 요리사가 되고, 전문 분야에서 동료들을 능가하는 탁월한 실력을 발휘하고, 단순한 식사 이상의 무언가를 창조해내려면, 무엇보다 겸손함을 갖춰야 한다. 자신의 기술에 대한 겸손. 그리하여 항상 열린 마음으로 새로운 방식과 재료를 받아들이고 배울 수 있도록. 자신의 동료들에 대한 겸손. 그리하여 현재의 영광과 승리에 안주하지 않도록. 그러나 무엇보다 중요하고 결정적인 것은 재료에 대한 겸손이다. 재료가 없다면, 말하자면 과일, 생선, 고기, 채소 등이 없다면, 요리사는 아무것도 아니기 때문이다. 이시다는 더없이 존중하는 마음으로 재료를 다루며, 각각의 재료가 순수성과 단순함을 가지고 고유의 맛을 충분히 내도록 요리한다. 내가 오래도록 노력할 수는 있겠지만 실제로는 감히 시도조차 못 할 그런 단순함의 경지로. 요리사가 그런 단순함을 얻으려면 겸손은 물론이고 대단한 용기가 필요하기 때문이다. '주방 일'을 논하면서 용기라는 단어를 쓰는 것이 과장처럼 들릴 수도 있으리라.(이라크의 전쟁터나 아프리카 광산 등에서 매일 죽음의 위험에 직면하는 사람들도 많은 시점에 말이다.) 그러나 가지를 찌기만 해서 그대로, 이것이 자신의 최고 작품이라고 내놓으려면 상당한 각오를 해야 한다.

몇 주 전 미슐랭 사에서 처음으로 일본 도쿄 식당 안내서를 발간했다. 일본과 프랑스 모두에서 요란하게 환영하는 사람이 있는가 하면, 엉터리라며 분노하는 사람도 적지 않았다. 아무튼 안내서에 따르면 도쿄는 파리보다 거의 두 배의 별점을 받을 가치가 있다고 평가되었다. 그러나 안내서 어디에서도 미부는 찾을 수 없었다. 미부는 미슐랭 조사관의 평가 참여를 거부했던 식당 명단에도 언급되지 않았다.

그래서일까? 가끔 나는 그곳이 정말 존재했던 것인지 의심스럽다.

일본 요리는 언뜻 보기에는 아주 간단하다. 핵심 재료는 두 가지뿐이다. (대형 갈조류인) 다시마와 대패질하듯 얇게 깎은 말린 가다랑어포로 만든 다소 은은한 국물(다시), 그리고 쇼유라고 하는 일본 간장이다.

— 쓰지 시즈오, 『일본 요리: 단순함의 예술』

내가 보기에 여기서 핵심 단어는 '언뜻 보기에는'이 아닌가 싶다. 실제 일본 요리는 결코 간단하지 않기 때문이다. 나는 한 번의 여행으로 일본 요리에 대한 모든 것을 알게 되리라고는 단 한 순간도 생각해본 적이 없다. 여행이 아무리 많은 프로그램과 음식으로 채워진다고 해도 마찬가지다. 그러나 동시에 나는 일본 요리가 얼마나 다양한 색채와 지역적 특성을 지니고 있는지 역시 충분히 이해하지 못한 채로 여행을 떠났다. 현장에서 만난 일본 요리가 보여주는 다양성은 때로 현기증이 나고 당혹스러울 정도였다.

도쿄에서의 마지막 날도 우리는 그때까지 남아 있던, 반드시 이루고 싶었던 목적을 달성했다. 우리는 대구의 정소精巢를 가리키는 시라코白子(강력 추천이다)와 닭고기 회를 시식했다. 닭고기 회 역시 일단 심리적 장벽을 넘고 나니 상당히 먹을 만했다. 또한 에밀은 그날 나중에 먹은 식사에서 자기가 생선 눈알 하나를 기꺼이 먹은 사실을 책에 꼭 써주었으면 하고 바랐다. 그러나 먹고 싶었지만 먹어보지 못한 것도 많고, 가고 싶었지만 시간이 없어서 가지 못한 도시도 많으며, 무엇보다 맛보고 싶은 여러 계절 음식이 아직도 많다. 일본 요리 가운데 하나만을 평생 연구하고도 확실한 레시피를 찾아내거나 기술을 완벽하게 연마하지 못할 수도 있으리라.(라면 박물관에서 만난 라면왕 고바야시나 다시에 평생을 헌신하는 무라타 등은 실제로 이를 실천하고 있는 친구들이다.) 그러니 일본 요리의 모든 것에 정통하기를 바라는 것은 당연히 망상일 수밖에 없다.

파리에 돌아와 처음 토시를 만난 자리에서 나는 이런 모든 사실을 털어놓고 내 한계를 인정했다. 이런 사실을 인정하고 일본 음식의 가치를 인정하는 나의 변화로 인해 그동안 꽁해 있던 토시의 마음이 조금은 녹지 않을까, 가시 돋힌 말들을 쏟아내는 반항적인 성격도 조금은 누그러지지 않을까 기대했다. 그러나 토시는 입을 삐죽하고 어깨를 한번 으쓱했을 뿐이다. 마치 "바보,

다 알고 있었던 건데 뭐"라고 말하는 것처럼.

"자아, 그럼 자네는 앞으로는 생선을 불에 오래 조리하지는 않겠네. 그렇지?"

"그래. 토시. 그러지 않을 거야."

"크림도 사용하지 않고. 채소도 더 좋은 걸로 쓰고."

"그럼. 토시."

"한 가지 더. 이걸 배워야 해. '고치소사마 데시다.'"

내가 따라 했다. "고치소사마 데시다. 이게 무슨 뜻인데? 백인은 요리를 못 한다?"

"불교에서 나온 말이야. 먹거리를 수확하는 사람, 요리를 만들어주는 사람에게 감사하는 표현이야. 이제 매번 식사할 때마다 그렇게 말하도록 해."

요즘 나는 매일 아침 재스민 차를 마시고, 윌콕스 박사가 조언한 대로 강황 건강보조식품을 먹는다. 집에 찾아온 손님에게 손수 만든 누드 김밥을 대접하고(도쿄에서는 참담한 모양새였지만 지금은 실력이 훨씬 더 나아졌다), 온갖 음식에 본즈와 된장을 넣어 먹는다. 두부와 된장국을 즐겨 먹고, 이전보다 생선을 더 많이 먹고 고기는 적게 먹으며, 채소 섭취량을 늘리고 유제품 섭취는 줄였다. 덕분에 몸이 훨씬 더 좋아졌고, 특히 5킬로그램이나 살이 빠졌다. 일본에서 얼결에 사온 말린 가쓰오부시 덩어리는 지금도 냉장고 안쪽에 놓여 있다. 제대로 된 도구의 부재로 아직까지는 깎지 못한 덩어리 그대로. 자세히 보면 아무렇게 그은 듯한 칼자국이 몇 개 보이는데, 집에 있는 스탠리 사의 칼로 어떻게 해보려고 하다가 실패해서 생긴 자국들이다.

　여행 중의 메모를 읽으면서 좀더 명확하게 정리해두었으면 좋았을걸 하는 생각이 갑자기 들기도 한다. 내가 여행 도중 많은 시간을, 아이들은 아내한테 맡겨두고 혼자서 맛있는 음식을 찾아 여기저기 건들거리며 다녔다는 인상을 주지는 않을까 살짝 걱정되는 것도 사실이다. 그러나 이는 부분적으로만 사실이다. 적어도 여행이 끝날 무렵 아내 리슨은 나만큼이나 일본에 매료되었다고 나는 기쁜 마음으로 말할 수 있다. 우리는 지금도 가능하면 다음 주에는 일본에 가고 싶다는 말을 자주 한다.
　그럼 우리 아이들은? 지금도 매주 튀김과 초밥을 먹자고 아우성이다. 최근 학교에서 애스거의 반에 점심 급식으로 초밥이 나왔다. 친구들은 아무도 초밥에 손대지 않았지만 애스거는 친구들이 먹지 않고 남긴 것까지 먹어치우면서 점심시간 내내 탁자들을 돌아다닌 모양이었다. 한편, 오키나와에서 먹은 뱀탕은 에밀이 좋아하는 여행 일화 중 하나다. 생선 눈알 하나를 깨끗이 먹어치운 경험과 함께. 에밀은 지금도 애정을 듬뿍 담아 일본의 의료 서비스를 이야기하고, 오키나와 해변에서 자기가 발견한 죽은 거북에 대해 이야기한다. 아이는 지금도 잠자리라는 일본어 단어 '톤보'를 기억하고 있다. 우리가 처음 일본 라면을 맛본 삿포로의 라면 가게에서 배운 것이다. 애스거는 지금도 자기가 거대한 스모 선수를 넘어뜨렸던 일을 이야기하고, 직접 만져보기도 했던 킹크랩의 크기를 살짝 과장해서 이야기한다.

우리 가족은 지금도 종종 당시 사진을 본다. 물론 시간이 흐를수록 일본에 대한 기억이 흐려지는 것을 안타까워하면서. 나는, 최소한 잠재의식에서라도, 아이들 눈이 고국에서의 일상을 넘어서서 존재하는 가능성의 세계에 열려 있기를 진심으로 바란다. 일본 여행을 통해서 아이들은 세계가 얼마나 다양한지를 보여주는 작은 조각 하나를 생생하게 직접 체험했다. 아이들 없이, 그리고 물론 리슨 없이 그때 여행을 해낼 수 있었으리라고는 상상도 할 수 없다. 아내의 눈을 통해서 세상을 보는 것은 항상 매혹적이다. 아이들을 데리고 여행한 덕분에, 훨씬 더 많은 문이 열렸고, 훨씬 더 많은 사람을 알게 되었으며, 평소 허용 범위를 훨씬 더 넘어서는 많은 행동이 가능했다.

그러나 일본은 항상 그곳에 있을 것이고, 우리는 언젠가 다시 갈 것이다. 그러면 그곳 음식은 다시 한번 우리에게 경외심을 갖게 할 것이다. 가장 안심되었던 것은 일본의 요리 전통이 사라지지 않을까 하는 쓰지 시즈오의 우려와 걱정이 전반적으로 근거 없어 보였다는 점이다. 일본 요리는 물론 변화하고 있다. 그렇다고 쓰지가 변화를 거부했다고는 생각하지 않는다. 물론 서구 음식을 쫓는 걱정스러운 경향이 지속되고 있으며, 더불어 서구인이 직면한 각종 건강 문제가 생기고 있지만 희망의 메시지도 적지 않다. 가메비시 간장 공장의 오카다 가나에, 핫토리 유키오, 톡 쏘는 된장을 만드는 토니 플렌리, 다카야스 마사카쓰와 그가 연구하는 건강에 좋은 소금, 그리고 쓰지 자신의 아들인 쓰지 요시히로 등이 있기 때문이다. 나는 이들, 열정과 능력을 겸비한 듬직한 사람들의 손에 일본 요리의 전통과 미래가 달려 있으며, 따라서 믿고 안심해도 좋으리라고 생각한다.

현지 조사원으로 활약해준 도이 에미코에게 정말 많은 도움을 받았다는 사실은 아무리 강조해도 지나치지 않다. 에미가 없었다면 존재조차 알지 못했을 곳들을 알려주고, 체험하게 해준 탁월한 업무 처리 능력뿐만 아니라 우리 가족이 일본에 머무는 동안 그녀가 보여준 아량과 온정에 진심으로 고맙다는 말을 전하고 싶다. 애스거와 에밀은 그렇게 특별한 일본인 이모가 있어서 정말 행운이였고, 나와 리슨 역시 그런 좋은 친구를 두었으니 축복받은 사람들이라고 할 수밖에 없다.

책을 준비하는 동안 실로 많은 사람이 기꺼이 시간을 내어 나를 도와주었고, 닥치는 대로 산만하게 던지는 고전적이지 못한 인터뷰 기법을 참아주는 놀라운 인내심을 보여주었다. 대부분 이미 본문에서 이름을 언급한 이들이지만 여기서 다시 한번 그들이 내준 시간과 관대함에 깊은 감사를 표하고 싶다. 토시야 빠질 수 없는 인물이다. 내가 여기서 말한 내용 중 토시에게 새로운 것은 하나도 없으리라 생각되지만.

핫토리 유키오, 나중에 나는 유키오의 도쿄 시식 행사에 참석해 정말 즐거운 시간을 보냈다. 쓰지 요시키, 오사카 방문 당시 정말 후하게 대접해준 사람이다. 된장 전문가 토니 플렌리, 나중에 그는 배수구 냄새가 한결 개선되었다고 알려주었다. 시노부 에쓰코, 도쿄의 주부. 거기서 빌려준 빨간 플라스틱 슬리퍼를 신고 그녀의 다다미 바닥을 더럽혔더랬다. 안도 요시오, 고추냉이 전문가. 사사키 다카히코, 다시마 전문가. 필립 하퍼와 도코 아키라, 기꺼이 지식과 열정을 공유해준 사케 전문가들이다. 오카다 가나에, 놀라운 간장 복고주의자. 고보리 슈이치로, 교토 특산품으로 유명한 후 전문가. 우다 이쿠코, 고추냉이 요리의 최고 권위자. 소금 혁명을 꿈꾸는 다카야스 마사카쓰. 최고의 요리사인 이시다 히로시, 무라타 요시히로, 모리 요시후미, 아이하라 다카미쓰, 하야시 에이지, 제프 램지. 비길 데 없이 훌륭한 초밥 요리사 오사무. 특히 그는 인내심을 가지고 정말 친절하게 쓰키지 시장을 안내해주었다. 교토에서 만난 준코와 사샤. 오사카에서 믿기지 않을 만큼 따뜻하게 환대해준 지아키와 히로시. 100년 넘는 세월을 살아온 다이라 마쓰. 라면왕 고바야시 다카미쓰. 오노에 스모도장의 친구들.(우리가 만난 이후에 크나큰 성공을 거두고 있다는 스모 몬스터와 바루토에게 축하 인사를 전한다. 그들에 관한 소식은 에밀이 전해준 것이다.) 해녀 고사키 다미에와 고사키 가요. 고야 산에서 만난 스승 쿠르트. 노화학자 크레이그 윌콕스 박사. 후지 TV, 와다킨 소목장, 야이즈 생선 가공 센터, 아지노모토와 깃코만 사람들. 모두가 정말 너그럽고 친절하게 나를 맞아주었다.

본문에서 명시적으로 언급하지는 않았지만 크나큰 도움과 영감을 주었던 분들도 있다. 런던 소재 일본관광안내소의 카일리 클라크.(진정한 일본 요리 마니아로서 나와 비슷한 생각을 가진 '솔메이트' 같은 분이었다. www.seejapan.co.uk에 가면 일본 방문과 관련하여 궁금한 모든 사항에 답을 얻을 수 있다.) 유명한 오사카 음식 작가 가도카미 다케시. 다케시는 친절하게도 귀한 시간을 내어 문외한인 내가 오사카 음식의 특성을 이해하도록 도와주었다. 그리고 정말 도움이 되었던 일본 각지 관광안내소의 직원들. 특히 미에 현과 오사카 시 관광안내소 분들께 감사의 마음을 전한다.

그리고 긴자의 횡단보도 앞에서 전화통화 중인 내게 다가와 예의 바르게 어깨를 두드리면서 방해해서 미안하지만 바닥에 고액의 지폐를 떨어뜨린 것을 아느냐고 묻던, 여성이 있었다. 내게 있어 그녀는 우리가 여행 도중 만났던 사실상 모든 일본인이 보여준 예의 바르고 친절한 모습의 완벽한 본보기다. 깜짝 놀랄 만큼 아름답고, 재미난 것들이 넘치고, 철저하게 문명화되고 교양이 넘치는 일본이라는 나라 전역에서 나는 그런 사람들을 수도 없이 만났다.(어느 날 저녁 교토 택시 뒷좌석에서 고액권 지폐가 가득 들어 있는 지갑을 발견하고 운전사에게 알려준 적이 있다. 이것이 그들에게 받은 만큼 나 나름대로 선업을 쌓은 것이라 생각하고 싶다. 내가 택시에 떨어진 지갑을 택시 운전사에게 주는 것이 올바르고 신중한 행동이라고 생각할 나라는 지상에 이곳뿐이리라. 운전사가 경찰에게 지갑을 전하리라고 믿어 의심치 않기 때문이다.)

영국항공(www.ba.com)과 일본항공(www.jal.com)에서는 아주 실질적인 여행 관련 도움을 받았다. 위에서 말한 일본관광안내소도 마찬가지다. 만다린 오리엔탈 호텔(www.mandarinoriental.com/tokyo)은 정말로 끝내주는 곳이었다! 그리고 오크우드 아파트(www.oakwood.com)는 가족과 함께하는 여행에 더없이 좋은 숙소다.

런던에도 감사할 사람이 많다. 커티스 브라운의 커밀라 혼비의 한결같은 지원과 건강한 충고에 깊이 감사한다. 또한 엘라 올프리의 능숙하고도 감각적인 편집, 본서의 출판자인 댄 프랭클린이 책에 대해 보여준 믿음과 열정에도 감사한다.

마지막으로 특히 리슨에게. 이번 여행 내내 당신이 보여준 놀라운 인내심과 지지에 무한히 감사한다는 말을 전하고 싶소. 음식에 미쳐 물불 안 가리는 대책 없는 사람처럼 보였을지 모르지만, 이 책을 읽으면서 당신이 내가 벌인 엉뚱한 계획과 행동이 적어도 어느 정도는 유익했음을, 낯선 타국에서 잠시도 가만있지 못하는 남자 아이 둘을 데리고 당신이 씨름하듯 보낸 많은 시간이 마냥 헛되지만은 않았음을 알아주었으면 하오.(예를 들면 내가 소목장 두 곳을 방문하는 데 당신의 그런 노력이 얼마나 절대적으로 필요했는가를 알 것이오.)

언젠가 다시 일본에 가서 기쿠노이에서 같이 식사를 합시다. 약속하리다.

오로지 일본의 맛

1판 1쇄	2017년 5월 15일
1판 6쇄	2021년 11월 15일

지은이	마이클 부스
옮긴이	강혜정
펴낸이	강성민
편집장	이은혜
기획	노만수
마케팅	정민호 김도윤
홍보	김희숙 함유지 김현지 이소정 이미희
독자모니터링	황치영

펴낸곳	㈜글항아리	출판등록 2009년 1월 19일 제406-2009-000002호

주소	10881 경기도 파주시 회동길 210
전자우편	bookpot@hanmail.net
전화번호	031-955-8897(편집부) 031-955-2696(마케팅)
팩스	031-955-2557

ISBN	978-89-6735-425-1 03590

www.geulhangari.com